高等职业教育计算机类系列教材

C 语言程序设计

（理实一体化教程）

主　编　杜　恒
副主编　李　森
参　编　李金锁　李　垒　王　慧
　　　　金　梁　方华丽
主　审　李怀刚

机械工业出版社

C 语言是一种面向过程的高级编程语言，它是按照结构化的编程思想、模块化的程序设计方法来进行程序的编写和代码的组织。C 语言程序设计主要内容有：数据类型、运算符及表达式、顺序结构程序设计、选择结构程序设计、循环结构程序设计、数组、函数、指针、编译预处理、结构体和共用体、位运算、文件操作等。C 语言功能强大，数据类型和运算符丰富、语言表达能力强，指针的使用又使 C 语言非常灵活，指针是 C 语言的精华。C 语言的特点使它既适合编写系统软件，又适合编写应用软件。

本书适合应用型本科、高职高专、中职等院校计算机、电子信息、机械、电气类等专业学生学习 C 语言程序设计，也是计算机等级考试和编程爱好者的重要参考书。

图书在版编目(CIP)数据

C 语言程序设计：理实一体化教程/杜恒主编. —北京：机械工业出版社，2011.8（2022.8 重印）

高等职业教育计算机类系列教材

ISBN 978-7-111-34849-8

Ⅰ. ①C… Ⅱ. ①杜… Ⅲ. ①C 语言—程序设计—高等职业教育—教材 Ⅳ. ①TP312

中国版本图书馆 CIP 数据核字（2011）第 146705 号

机械工业出版社（北京市百万庄大街 22 号 邮政编码 100037）

策划编辑：王玉鑫　　责任编辑：王玉鑫

封面设计：王伟光　　责任印制：郜 敏

北京盛通商印快线网络科技有限公司印刷

2022 年 8 月第 1 版第 10 次印刷

184mm×260mm · 20.5 印张 · 507 千字

标准书号：ISBN 978-7-111-34849-8

定价：49.00 元

电话服务　　网络服务

客服电话：010-88361066　　机 工 官 网：www.cmpbook.com

010-88379833　　机 工 官 博：weibo.com/cmp1952

010-68326294　　金 书 网：www.golden-book.com

封底无防伪标均为盗版　　机工教育服务网：www.cmpedu.com

前　言

C 语言是当今世界上流传最广泛、使用最多的面向过程的高级程序设计语言之一。C 语言功能强大，语法灵活，数据类型和运算符丰富，语言表达能力强，用 C 语言编写的程序执行效率高、可移植性好。C 语言是一种高级语言，但是又具备低级语言的特点，因此 C 语言既适合编写系统软件，又适合编写应用软件，是不可多得的高级程序设计语言。

本书的编写按照理论与实际一体化教材的编写思路进行，注重理论联系实际，尤其是学生技能的培养、创新性思维的启发更能在本书中得到体现。本书第 1 章是 C 语言的总体概括，并介绍了 VC++ 6.0 调试平台，为学习好 C 语言提供了良好的基础；从第 2 章开始，每章内容组织形式全部采用“知识导例+相关知识+实践训练”的编写模式进行，读者学习时也按照该步骤，从“知识导例”中获取“疑问”，在“相关知识”中解决“疑问”、得到启发，在“实践训练”中强化知识并运用到实践中去，部分章节还增加了“知识拓展”，对不常用的语法规则或者较深的知识点在知识拓展中详细介绍，为读者较为全面地掌握 C 语言提供帮助。

本书共分 12 章，分别由河南工业职业技术学院的杜恒（第 1、8 章）、李森（第 2、10 章）、李金锁（第 4 章）、李垒（第 3、12 章）、王慧（第 6、11 章）、金梁（第 7 章）、方华丽（第 5、9 章）编写，参加编写的人员都有着较为丰富的编程经验，均在教学一线从事 C 语言教学多年。本书由杜恒任主编，李森任副主编，各章节标题的图标由河南工业职业技术学院于璐老师设计制作，全书由河南工业职业技术学院李怀刚副教授进行最后统稿与审定。

本书可以作为应用型本科、高职高专、中职等院校计算机及电子信息类等专业学生学习 C 语言程序设计的教材，也可以作为全国计算机等级考试的重要参考书。同时，也是 C 语言学习爱好者的自学用书。本书内容翔实，知识点讲解全面，技能培养准确到位，在选用本书作为教材时，可根据各专业所制订的课程标准的要求或者根据学生的学习情况，对本书的内容进行取舍。

由于编者水平有限，对于编写 C 语言理论与实际一体化教程的经验还很欠缺，书中难免有错误、遗漏之处，恳请广大读者批评指正。

本书在编写过程中，得到了河南工业职业技术学院领导的大力支持，在此表示感谢。

编　者

目　录

第1章　C语言概述

计算机技术的发展日新月异，计算机程序设计语言也层出不穷。语言是人与人、人与其他事物或者其他事物之间交流的工具，计算机语言是人与计算机交流的工具，本书介绍的C语言，是一种结构化的、面向过程的高级语言，它有着丰富的数据类型和运算符、灵活的语法和强大的功能。本章主要介绍程序、程序设计语言的相关概念、程序设计语言的发展历程、算法及算法的描述方法、结构化程序设计方法、C语言程序的基本结构和执行流程，还介绍了本书所使用的调试工具 Visual C++ 6.0 集成开发环境。

1.1　程序与算法

1．程序与程序语言

（1）计算机语言　什么是计算机语言？一提到语言这个词，人们自然想到的是汉语、英语等这样的自然语言，因为它是人与人之间进行信息交流不可缺少的工具。同样在今天，人和计算机进行信息交流时也需要使用语言，这就是计算机语言。

（2）程序与程序语言　计算机是一种以二进制数据形式在内部存储信息、以程序存储为基础、由程序自动控制的电子设备。人们需要计算机所做的任何工作，都必须以计算机所能识别的指令形式送入计算机内存中。这种可以被连续执行的一条条有序指令的集合，就称为程序。

更确切地说，所谓程序，是用计算机语言对所要解决的问题中的数据以及处理问题的方法和步骤所做的完整而准确的描述。对数据的描述就是指明数据结构；对处理方法和步骤的描述就是算法。因而，著名计算机科学家 Niklaus Wirth 教授提出一个著名的公式：程序=数据结构+算法。

我们知道，指令是二进制编码，用它编制的程序很难掌握。所以，计算机工作者就研制出了各种计算机能够执行、人们又方便使用的计算机语言，程序就是用计算机语言编写的。因此，计算机语言也被称为“程序语言”。

程序语言按语言级别可分为低级语言和高级语言。

计算机语言的发展也经历了多个发展阶段。

第一阶段，是机器语言阶段，也叫做二进制语言阶段。因为计算机作为一种电子产品，是依靠电流工作的，因此计算机也只能识别0（低电平）和1（高电平）组成的二进制指令。计算机发展初期，科学家及计算机的使用者都是使用二进制语言进行编程，当时编制程序的工具多数使用的是“纸带穿孔机”，它的原理是在特制的黑色纸带上打上许多小孔，然后用光电输入设备读取纸带，同时用光线照射纸带，有光线穿过的，就有电信号产生，读为1；没有光线穿过的，没有电信号，读为0，从而形成一连串的0和1构成的序列。

机器语言编程，计算机不需要翻译就可以直接执行，所以执行效率高，但是编程效率极低，人们往往很难记住那么多的二进制指令，编程时需要不停地查阅工具书，而且编制一个较小的程序就可能需要很多的纸带。所以，编程效率极低，而且不适合大规模软件的开发。

第二阶段，是汇编语言。因为利用二进制语言进行编程，大量的二进制序列人们无法记忆，所以，科学家就将这些二进制序列用较容易记忆的一些单词、符号代替，使编程变得较为容易，这种语言叫做“助记符语言”。用这种语言编制出来的程序，必须经过一个称为“汇编”的编译工具，这种工具将助记符语言的一条语句或指令转换成机器能接受的二进制指令，转换的过程称为“汇编”。

例如下面一段代码片段，实现的是一个加法操作。

```
mov bl,ah
mov dl,al
add dl,30h
```

ah、al 表示 CPU 中的 ax 寄存器的高字节和低字节，add 表示执行加法指令。虽然助记符语言使用可以帮助记忆，但也只是稍微降低了编程的难度和门槛，使程序员在编制程序的时候，不至于总是一味地依靠工具资料。即便如此，汇编语言仍然难以普及，只在专业人员中使用，而且汇编语言可移植性较差，编译受机型的限制较大。汇编语言对于编程效率的提高没有质的变化，仍然难以编写大规模的软件，同时也不适合团队开发使用。

以上两种语言有一个共同的特点，都是非常依赖机器，在编程过程中，计算机的内存、寄存器等对于编程人员几乎“透明”，但是这些语言编制出来的程序计算机能够直接识别，或者经过简单编译即可翻译成计算机所需要的二进制代码，所以通常称这些贴近于计算机的语言为“低级语言”。

第三阶段，是面向过程的高级语言阶段。为了克服低级语言的这些弱点，在 20 世纪 50 年代，计算机科学家们开始研制适合于人类使用的，能用人类易懂的、贴近于人类自然语言的高级语言。Fortran 语言是第一个高级语言，它是由美国著名的计算机科学家约翰·巴克斯在 20 世纪 50 年代末设计出来的，约翰·巴克斯因此被誉为“Fortran 之父”。

在 Fortran 产生的几十年里，全世界涌现出 2 500 多种高级语言，其中广泛使用和流传下来的有 100 多种，很多已在计算机发展过程中被淘汰了。影响较大的语言如 Fortran、Basic、QBasic、Pascal、Cobol、PL/1、Lisp、C、C++、Java 等，多数都在目前广为流传使用。这些语言功能很强，具有很多优点，如不依赖于某个具体机器、使用贴近于人类的自然语言进行编程，因此称为高级语言。

高级语言从执行过程上分为两大类，一类是编译型的语言，另一类是解释型的语言。编译型的语言，是通过编译程序把用高级语言编制的源程序进行编译，生成机器能够识别的二进制目标文件，称为目标程序，然后再进行链接，将目标代码和所需要的函数等进行链接，生成可执行文件，再执行可执行文件得出结果，所以执行效率高。解释型的语言通过解释工具，边解释边执行，最后得到执行结果，所以解释型的程序执行效率较低。

在利用第三阶段的语言编制程序的时候，需要面向解决问题的每一个过程，考虑问题的每一个细节，代码重用性较小，所以也称这些语言为面向过程的高级语言。本书所介绍的 C 语言就是目前国内外广泛流行的面向过程的高级程序设计语言，它不仅可以用来编写系统软件，也可以用来编写应用软件。

第四阶段，是面向对象的高级语言。大规模软件的开发，使面向过程的高级语言逐渐暴露出不足之处，如开发效率较低，主要表现在代码的重用性不强；不太符合人类认识事物的规律，人类认识事物往往通过事物的个体入手，先认识整体，看到一个个对象，然后透过现象看本质，才认识事物的静态特征（属性）及动态行为。据此，科学家发明了面向对象的高级语言。面向对象的语言将对象的属性和行为进行封装，封装成类，这符合事物的固有特征，而且大大提高了编程的效率，使规模化的开发成为可能，使软件工厂得以实现。面向对象程序设计语言的问世，在软件开发界产生了革命性的影响，使软件开发的规模和速度产生了质的飞跃。面向对象的程序设计产生于 20 世纪 70 年代，当时设计出的 Smalltalk 语言被公认为面向对象语言的鼻祖。现在常用的面向对象语言有 C++、Java、C# 等，其中 C++语言仍然支持面向过程的开发。

计算机的发展日新月异，同样程序设计语言的发展也是永不止步的，但无论怎样发展，目标只有一个，就是程序设计语言会越来越高级，开发软件会越来越方便，高度智能化的程序设计语言将是下一代计算机语言发展的目标。

2．程序设计

程序设计就是使用某种程序语言编写程序的过程。

一般来说，程序设计应该包含以下 5 个步骤：

（1）分析问题，建立模型　使用计算机解决具体问题时，首先要对问题进行充分的分析，确定解决问题的步骤。针对所要解决的问题，找出已知的数据和条件，确定所需的输入、处理及输出对象。对于多数数值类的科学计算问题，可以将解题过程归纳为一系列的数学表达式，建立各种量之间的关系，即建立起解决问题的数学模型；对于有些数据，不一定能得出其数学公式，但是可以通过分析建立非数学模型。

（2）确定数据结构和算法　根据建立的模型，规划输入的数据和预期输出的数据，确定存放数据的数据结构，并选择合适的算法加以实现。算法是指为解决某一特定问题而采取的确定的有限的步骤。对同一问题，每一个人确定的算法都可能有所不同。

（3）编写程序　根据确定的数据结构和算法，使用某种程序设计语言把这个解决问题的方案按照严格的语法规则描述出来，就是编写程序。

（4）调试程序　程序开发人员编写的程序称为源程序或源代码，源代码不能直接被计算机执行。源代码要经过编译程序编译，生成目标程序，然后链接其他相应的代码，最后生成可被计算机执行的可执行文件。在程序调试过程中，要不断分析所得到的运行结果，进行程序的测试和调整，直至获得预期的结果。

（5）运行测试　程序编写、调试完毕，得出运行结果，必须要进行测试。测试是发现问题的过程，发现问题越多，说明测试的效果越好。一个程序测试没有发现问题，并不等于该程序没有任何问题，可能是没有发现问题，或者是由于设计的测试用例不科学等原因造成。所以一般在程序开发完毕进行测试时，都由第三方或者软件企业中独立的测试部门进行测试，也可以邀请用户进行测试，以求达到最佳的测试效果。

3．算法

（1）算法的基本概念　在日常生活中解决任何问题的过程都是由一定的方法和步骤组成的，这些确定的方法和有限的步骤就是算法。

例如，计算圆的面积。算法可以书写如下。

第一步：给出圆的半径 r。

第二步：计算出圆的面积 s。

第三步：输出圆的面积 s。

求圆的面积问题，由于步骤非常简单，而且存在着一个已经发现的数学模型，即数学公式 $s=\pi r^2$，所以问题很好求解。

再如，求 1+2+3+⋯+99+100 的值。

算法 1：

1+2=3，3+3=6，6+4=10，⋯，4 851+99=4 950，4 950+100=5 050

算法 2：

100+（1+99）+（2+98）+⋯+（48+52）+（49+51）+50=100+49×100+50=5 050

当然还可以有其他的算法。很明显，算法有优劣之分，一般希望采用简单的和运算步骤少的方法。由此可以看到，对同一个问题，也可以有不同的解题方法和步骤。为了有效地解决问题，不仅需要保证算法正确，还要考虑算法的质量，选择尽可能合适的算法。

以上介绍的两个例子均是可以建立数学模型来解决的问题，对于非数学模型，在此不做探讨。

（2）算法的基本特征　一个算法应该具有以下基本特征：

1）有穷性。一个算法必须在执行有限个操作步骤后终止。

2）确定性。算法中的每一个步骤都应该是唯一的和确切的，不可出现二义性。

3）有零个或多个输入。在执行算法时，需要从外界得到的必要信息就是输入。有些特殊算法也可以没有输入。

4）有一个或多个输出。算法的目的是为了求解，算法得到的结果就是该算法的输出，没有输出的算法是没有意义的。一个算法可以有一个或多个与输入相关的输出。

5）有效性。算法的每一步操作都应该能有效执行，并得到确定的结果，一个不可执行的操作是无效的。例如，b=0 时，a/b 是不能有效执行的，应当避免这种操作。

4．算法的表示

为了表示一个算法，可以使用不同的方法。通常可使用的方法有自然语言、传统流程图、N-S 结构化流程图、PAD 图、伪代码等。

（1）自然语言　自然语言就是人们日常使用的语言，可以是汉语、英语或其他语言。用自然语言表示通俗易懂，但文字冗长，可能还会出现语义表达上的问题等。

（2）传统流程图　所谓流程图，就是用一些图框表示各种操作。用图形表示算法，其优点是形象直观、易于理解、便于修改和交流。美国标准化协会（ANSI）规定了一些常用的流程图符号（见表1-1），已被世界各国的广大程序设计工作者普遍接受和采用。采用这些流程图符号所表示的流程图称为传统流程图，又称为一般流程图。

表 1-1　一般流程图所使用的标准符号

符号名称	符　号	功　能
起止框	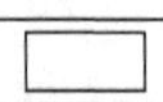	表示算法的开始和结束
输入输出框	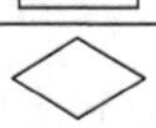	表示算法的输入/输出操作，框内填写需输入/输出的各项
处理框		表示算法中的各种处理操作，框内填写处理说明或算式
判断框		表示算法中的条件判断操作，框内填写判断条件
注释框		表示算法中某操作的说明信息，框内填写文字说明
流程线		表示算法的执行方向
连接点		表示流程图的延续

例如计算 s=1+2+3+…+99+100 的值，用传统流程图表示，算法如下：

首先，确定变量 s 的初始值为 0，变量 i 的初始值为 1。

其次，确定公式 s=s+i（这里的“=”不同于数学里的等号，它表示赋值）。

当 i 分别取值 1，2，3，4，…，99，100 时，重复计算公式 s=s+i，计算 100 次后，即可求出 s 的最终结果。

用传统流程图表示，如图 1-1 所示。

（3）N-S结构化流程图　1973年，两位美国学者Nassi和Shneiderman又提出了一种新的流程图形式，这就是N-S结构化流程图（简称N-S流程图）。N-S流程图是将算法的每一个步骤，按序连接成一个大的矩形框来表示，矩形框由三部分构成，最上面是输入，最下面是输出，中间是流程的主要部分，可以任意扩展，从而完整地描述一个算法。N-S图由于从整体上看是一个大的矩形，像一个盒子，所以又称为盒图。用N-S流程图表示1+2+3+…+99+100的问题求解算法如图1-2所示。

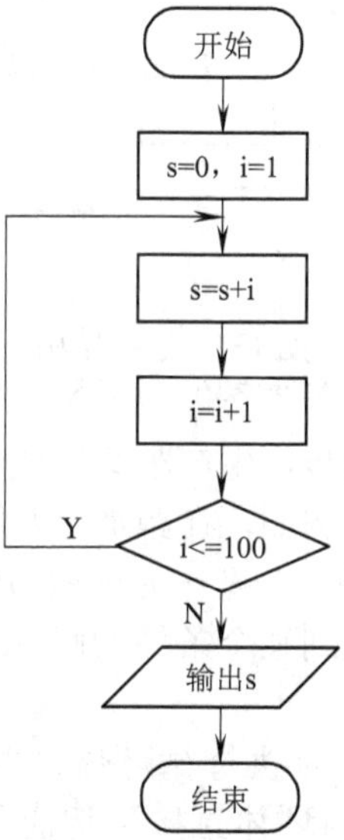

图 1-1　传统流程图

图 1-2　N-S 流程图

1.2　结构化程序设计方法

1．程序的三种基本结构

结构化程序的概念首先是从以往编程过程中无限制地使用无条件转移语句（goto 语句）而提出的。如果一个程序中多次出现转移情况，将会导致程序流程无序可寻，程序结构杂乱无章，阅读者要花很大精力去理解流程，分析算法的逻辑，算法的可靠性和可维护性难以保证。结构化语言比非结构化语言易于程序设计，使用结构化语言编写的程序清晰易懂，便于维护。

1966 年，计算机科学家 Bohm 和 Jacopini 提出了程序设计的三种基本结构，也是结构化程序设计必须采用的结构。

（1）顺序结构　顺序结构表示程序中的各操作是按照它们出现的先后顺序执行的，其流程如图1-3所示。图中的A和B表示两个处理步骤，整个顺序结构只有一个入口点和一个出口点。这种结构的特点是：程序从入口点开始，按顺序执行所有操作，直到出口点处，所以称为顺序结构。顺序结构是最简单的一种基本结构。

（2）选择结构　生活当中充满了选择，人的一生每一步都在进行选择。例如，走到岔路口要选择应该走哪一条路，去餐厅吃饭要选择吃什么饭等。在自然界和社会生活中，选择结构是非常常见的。选择结构有一个特点，就是在做某件事情之前就要进行判断，放在程序中就是要书写判定条件。选择结构表示程序的处理步骤中出现了分支，需要根据某一特定的条件选择其中的一个分支执行，其流程如图1-4所示。在图1-4中，用P表示需要判断的条件，用Y表示条件为真，用N表示条件为假，用A和B表示流程的两个分支，分支由语句或语句块组成的。由图1-4可见，在结构的入口点处是一个判断框，表示程序流程出现了两个可供选择的分支，如果条件满足执行A处理，否则执行B处理。在这两个分支中只能选择一个且必须选择一个执行，但不论选择了哪一个分支执行，最后流程都一定到达结构的出口点处。

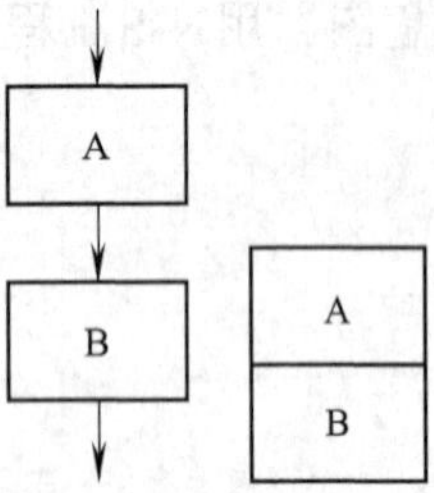

a）　b）

图 1-3　顺序结构
a）传统流程图　b）N-S 流程图

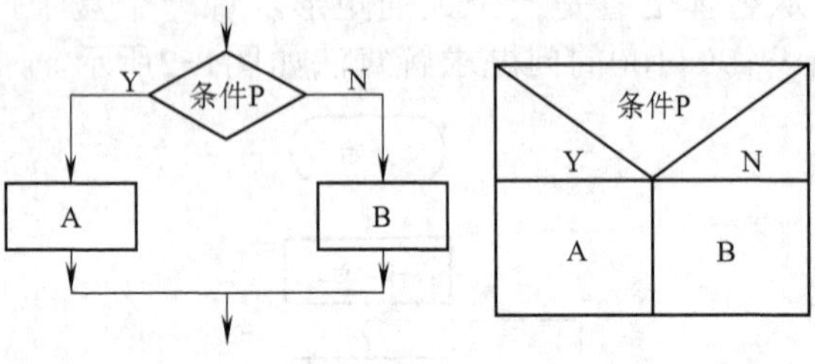

a）　b）

图 1-4　选择结构
a）传统流程图　b）N-S 流程图

（3）循环结构　生活当中，在操场上一圈圈地跑步，生产车间里重复生产某个零配件等都是重复某一个既定过程，直到达到目标要求为止。例如，在跑道上跑够10圈，在车间里生产完成客户需要的1 000个零配件等。这种重复执行某一个操作的过程叫做循环。在程序设计中，循环结构表示程序反复执行某个或某些操作，直到某个条件为假时才可以终止循环。

循环结构又分为两类：当型循环和直到型循环。

1）当型循环。先判断条件，当满足给定的条件时执行循环体，并且在循环终端处流程自动返回到循环入口；如果条件不满足，则退出循环体直接到达流程出口处，即先判断后执行。其流程如图 1-5 所示。

2）直到型循环。从结构入口处直接执行循环体，在循环终端处判断条件，如果条件满足，返回入口处继续执行循环体，直到条件为假时再退出循环到达流程出口处，是先执行后判断。其流程如图 1-6 所示。

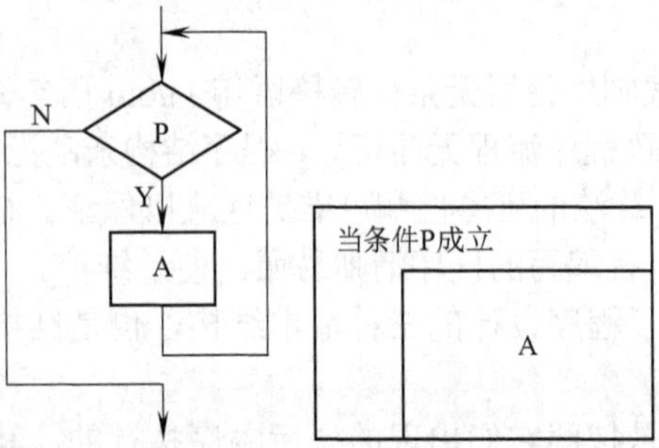

a）　b）

图 1-5　当型循环
a）传统流程图　b）N-S 流程图

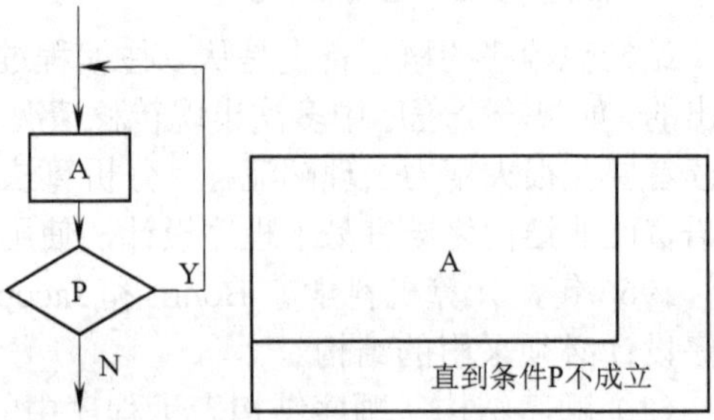

a）　b）

图 1-6　直到型循环
a）传统流程图　b）N-S 流程图

2. 结构化程序设计方法

（1）结构化程序设计特征　结构化程序设计主要有以下几个特征。

1）采用自顶向下，逐步求精的编程思想来进行整体设计。

2）以三种基本结构的组合来描述程序。

3）整个程序的编写采用模块化的组织方法。

4）采用结构化程序设计语言书写程序，并使程序清晰、易读。

（2）结构化程序设计方法　结构化程序设计及方法有一整套不断发展和完善的理论和技术，对于初学者来说，完全掌握是比较困难的。但在学习的起步阶段就了解结构化程序设计的方法，学习好的程序设计思路，对今后的实际编程是很有帮助的。

一个结构化程序就是用高级语言表示的结构化算法。结构化算法设计的总体思路是采用模块化结构，自顶向下，逐步求精。即首先把一个复杂的大问题的求解过程分解为若干个相对独立的小问题，如果小问题仍然比较复杂，则可以把这些小问题进一步分解成若干个子问题，这样不断地分解，使得小问题或子问题简单到能够直接用程序的三种基本结构表达为止。然后，对应每一个小问题或子问题编写出一个功能上相对独立的程序块，这些程序块称为模块。每个模块完成之后，最后再统一组装，这样，对一个复杂问题的解决就变成了对若干个简单问题的求解。这就是自顶向下、逐步求精的程序设计方法。

由此可见，模块是程序对象的集合，模块化就是把一个程序划分成若干个模块，每个模块完成一个确定的功能，把这些模块集中起来组成一个整体，就可以完成对问题的求解。这种用模块组装起来的程序称为模块化结构程序。在模块化结构程序设计中，采用自顶向下、逐步求精的设计方法便于对问题的分解和模块的划分。所以，它是结构化程序设计的基本原则。

基于结构化编程思想、采用三种固定的程序结构和模块化的程序设计思想这三条原则设计的程序设计语言，称为结构化程序设计语言。C 语言就是一种结构化程序设计语言。结构化程序设计语言非常多，如 PASCAL、QBASIC、FORTRAN77 等。

1.3 C语言程序初探

1. C 语言的发展

C 语言是国际上广泛流行的、很有发展前途的计算机高级程序设计语言。它既适合于作为系统描述语言，又可用来编写应用软件。

对 C 语言的研究起源于系统程序设计的深入研究和发展。1967 年，英国剑桥大学的 M.Richards 在 CPL 语言的基础上实现并推出了 BCPL（Bisic Combined Programming Language）语言。1970 年，美国贝尔实验室的 Ken Thompson 以 BCPL 语言为基础，又进一步简化设计出了 B 语言，并用 B 语言写了第一个 UNIX 操作系统。由于 B 语言过于简单，功能有限，1972 年，贝尔实验室的 Dennis M.Ritchie 在 B 语言的基础上设计出了 C 语言。1973 年，贝尔实验室的 K.Thompson 和 Dennis M.Ritchie 合作，用 C 语言重新改写了 UNIX 操作系统。此后，伴随着 UNIX 操作系统的发展，C 语言越来越广泛地被人们接受和应用。

至此，C 语言不断得到改进，但主要还是作为实验室产品在使用，因为它仍然依赖于具体的机器。直到 1977 年才出现了独立于具体机器的 C 语言编译版本。1978 年，Brian W.Kernighan 和 Dennis M.Ritchie 正式出版了影响深远的《The C Programming Language》一书，此书中介绍的 C 语言成为后来广泛使用的 C 语言版本基础，被称为标准 C 语言。

C 语言的标准化工作是从 20 世纪 80 年代初期开始的。1983 年，美国国家标准化协会（ANSI）颁布了 C 语言的新标准 ANSI C。由于 C 语言的不断发展，1987 年，美国国家标准化协会又颁布了新标准 87 ANSI C。1990 年，87 ANSI C 成为 ISO C 的标准，目前流行的 C 编译系统都是以它为基础的，如 Borland 公司的 Turbo C、Microsoft 公司的 Microsoft C 和 Visual C++等，这些编译系统在我国使用也十分广泛。

1999 年，C 语言颁布了最新的标准 C99。

2．C 语言的特点

C 语言是目前世界上计算机广泛应用的一种高级程序设计语言，具有较强的生命力。C 语言之所以能够存在且持续发展，正是由于它自身具备的突出特点。

C 语言的主要特点如下：

1）语言简洁、使用方便。C 语言一共只有 32 个关键字，程序书写自由。与其他语言相比，C 语言的书写形式更为直观、精炼。

2）适应性强、应用范围广。C 语言能够适应从 8 位微型机到巨型机的所有机种，并可应用于系统软件以及各个领域的应用软件。

3）运算符丰富，语言的表达能力强。C 语言共有 34 种运算符，把括号、赋值号、强制类型转换等作为运算符处理，使其运算类型丰富、灵活、多样，功能强大，可直接处理字符，访问内存地址，进行位操作等。

4）语法限制不严格，程序设计灵活自由。一个比较明显的语法规则就是数组的越界问题，在 C 语言中，数组越界，编译系统并不给出错误提示，而是由设计者自己去处理。这些问题给初学者带来不便，但是对于掌握了 C 语言的编程人员则有好处，因为设计程序灵活，自由度大，而且能实现较强的功能。

5）数据结构系统化。C 语言具有现代化语言的各种数据结构，且具有数据类型的构造能力，因此，便于实现各种复杂的数据结构的运算。

6）具有结构化的控制语句。C 语言是结构化的程序设计语言，提供了各种控制语句（如 if、while、for、switch 等），对程序的逻辑结构提供了很好的基础。其程序结构清晰，层次分明，有利于采用自顶向下、逐步求精的程序设计方法。

7）具有低级语言的某些特征。C 语言通过指针或位运算，能使程序直接访问到内存的物理地址，甚至能对某个存储单元的二进制位进行操作，而这些正是低级语言所具备的功能。也正是 C 语言的这种双重特征，使 C 语言功能更加强大，不仅可以开发系统软件，也可以开发应用软件。

8）运行程序质量高，程序运行效率高。试验表明，C 语言源程序生成的运行程序的效率仅比汇编程序的效率低 10%～20%。

9）可移植性好。C 语言编译程序基本上不做修改就能用到各种型号的计算机和各种操作系统上。

3．C 语言程序的基本结构

用 C 语言编写的程序称为 C 语言程序或 C 语言源程序。下面，通过一个简单的 C 语言程序实例来认识一个完整的 C 语言程序的基本结构。

该程序的功能是求两个数的最大值，其中求两个数的最大值定义成一个函数，在主函数中进行调用。

```
#include   "stdio.h"                /*包含标准的输入输出头文件*/
int   max(int x,int y);             /*函数声明*/
main ( )                            /*主函数*/
{
  int   a,b,c;                      /*声明部分，定义 a，b，c 为整型变量*/
  scanf("%d,%d",&a,&b);             /*由键盘输入 a 和 b 的值*/
  c=max(a,b);                       /*调用 max 函数，将得到的值赋给 c*/
  printf("max=%d",c);               /*输出 c 的值*/
}
int   max(int x,int y)              /*定义 max 函数*/
{
  int   z;                          /*在 max 函数中定义变量 z 为整型*/
  if (x>y)   z=x;
  else   z=y;                       /*如果 x>y，将 x 赋值给 z，否则将 y 赋值给 z*/
  return(z);                        /*将 z 的值返回到函数的调用处*/
}
```

这个程序在执行时，如在屏幕上输入 3，5，则在屏幕上输出：max=5。

说明：

1）本程序包含两个函数：main 函数和 max 函数。

2）由一对花括号“{ }”括起来的是函数体。

3）在 main 函数中通过赋值语句“c=max(a,b);”调用 max 函数。

4）max 函数的功能是将 x 和 y 中较大者的值赋给变量 z，return 语句将 z 的值返回给主调函数 main。

5）程序开头使用“#include "stdio.h"”宏定义命令包含了标准输入输出头文件，因为在程序中，用到了 stdio.h 头文件中的输入函数 scanf 和输出函数 printf。

6）max 定义在调用它的函数后面，所以在调用之前必须进行声明。本程序把声明语句 int max(int x,int y); 放在了主调函数的前面，也可以放在调用的语句前面。

一般来说，一个完整的 C 语言程序结构有以下特点：

1）C 语言是由函数构成的。函数是 C 语言程序的基本单位。其中 main 函数是一个特殊的函数，一个完整的 C 语言程序必须有且仅有一个 main 函数，它是程序启动时的唯一入口（不论 main 函数的位置如何）。除 main 函数之外，C 语言程序也可以包含若干个其他 C 语言标准函数和用户自定义的函数，它们可以相互调用，并最终返回给主函数。

2）一个函数是由函数头和函数体两个部分组成。

函数头主要包括函数的类型、函数名、形式参数的类型、个数及形式参数名称。如上例中的 max 函数：

int	max	(int x	,	int y)
↓	↓	↓		↓
类型名	函数名	形参 x 为整型		形参 y 为整型

函数体是由函数头下面的一对花括号“{ }”内的一系列语句和注释构成。函数体包括变量的定义和可执行语句两部分。

变量定义：如 main 函数中的“int a,b,c;”语句，max 函数中的“int z;”语句。

可执行语句：完成当前函数功能的语句。

3）程序书写格式较自由，一行可写几条语句，一条语句也可以分行书写。

4）语句以分号结束，如“z=y；”。

5）在每条语句后，可用/* … */对该语句进行注释，中间的省略号表示注释的内容。该注释方式可以注释多行，以增加程序的可读性。注释不影响语句的功能。本书所使用的 VC++ 6.0 平台中，注释还有另一种写法，即使用“//”符号。使用“//”注释方式只能注释单行。

4. C 语言程序的执行流程

C 系列的语言是编译型的语言，C 语言是其中的一种。用 C 语言编写的源程序必须要经过编译和链接这两个最主要的阶段，才能最终生成可以执行的文件，执行效率非常高。编译型的语言有别于解释型的语言，解释型的语言对于写好的源程序，边解释边执行，所以执行效率较低。

一般来讲，一个完整的 C 语言程序从开始编辑到最后生成可执行文件要经过这样几个步骤。

（1）C语言程序编辑　通过编辑器编辑好的程序称为源程序。C语言源程序可以通过文本编辑器或者通过Turboc 2.0、Visual C++ 6.0等编译系统的编辑器来进行编写。编写完的源程序是文本文件，但是其扩展名必须定义为“.C”，这样才是C语言的源程序文件。

（2）C语言程序源文件的编译　编辑完的C语言源程序可以通过编译系统进行编译，编译的主要功能对源程序进行词法分析、语法检查等，如检查标识符的定义是否合法；检查程序的三种基本结构是否正确；语句是否正确；检查函数定义与调用是否正确等。通过编译的C语言源程序生成一个后缀名是“.obj”的目标文件，该文件是一个二进制文件。

在编译阶段需要注意，如果 C 语言的源程序里面用到了 include、define 等预编译命令时，那么在 C 语言源程序编译之前，又会多出一个阶段，叫做预编译。预编译的主要功能是进行内容的替换，该阶段并不进行语法检查。该阶段因为它位于编译之前，所以称为预编译。在多数编译系统中一般都没有单独的预编译命令菜单，此命令往往是和编译合在一起的，但是执行过程仍然是按照先预编译再编译这个顺序执行的。

（3）C语言程序目标文件的链接　对于编译通过的C语言目标文件，通过编译系统的链接命令，可以进行目标文件和C语言的标准库函数以及用户自定义函数等进行链接，链接成功后，将生成一个扩展名是“.exe”的可执行文件。如果在链接过程中，没有相应的函数，则链接不能进行，也无法生成可执行文件。

（4）C语言程序可执行文件的运行　通过链接生成的扩展名是“.exe”的文件，可以在DOS控制台中通过输入可执行文件的文件名执行，也可以在Windows可视化窗口中通过鼠标点击执行。可执行文件执行后，会按照程序的要求输出相应结果。

下面用图示来表示一个 C 语言程序的编译执行过程，如图 1-7 所示。

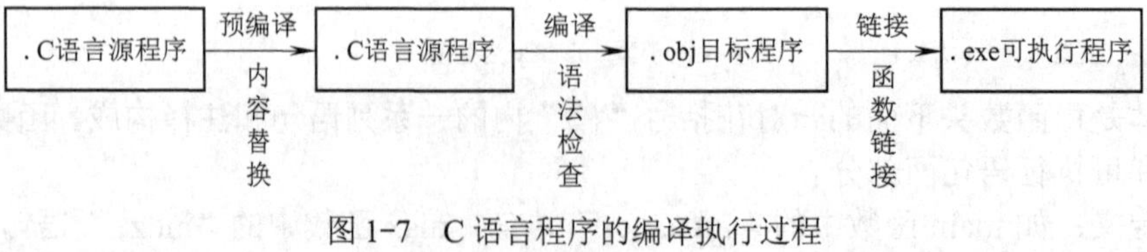

图 1-7　C 语言程序的编译执行过程

1.4　Visual C++ 6.0 开发平台简介

C 语言的调试工具非常多，常用的有 Borland 公司的 Turbo C 系列和 MicroSoft 公司的 Visual C++系列。本书使用 Visual C++ 6.0 集成开发环境。

Visual C++ 6.0 是一个可视化的编程工具，功能非常强大，尤其是调试功能更是其他语言调试工具无法相比的。

1. Visual C++ 6.0 集成开发环境的启动

如果计算机中已经安装了 Visual Studio 6.0，可以通过在开始菜单中“开始→所有程序→Microsoft Visual Studio 6.0→Visual C++ 6.0”步骤打开 Visual C++ 6.0 集成开发环境，如图 1-8 所示。启动后的 Visual C++ 6.0 集成开发环境如图 1-9 所示。

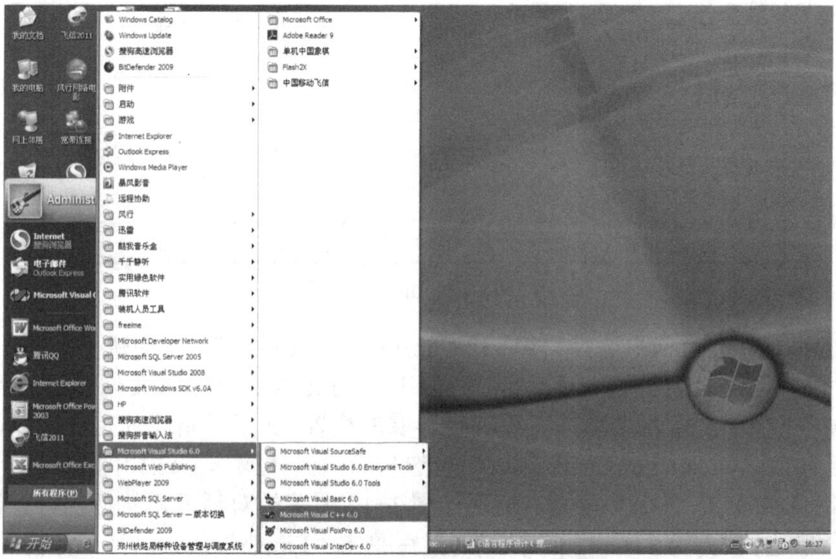

图 1-8　准备启动 C 语言的编译环境 Visual C++ 6.0

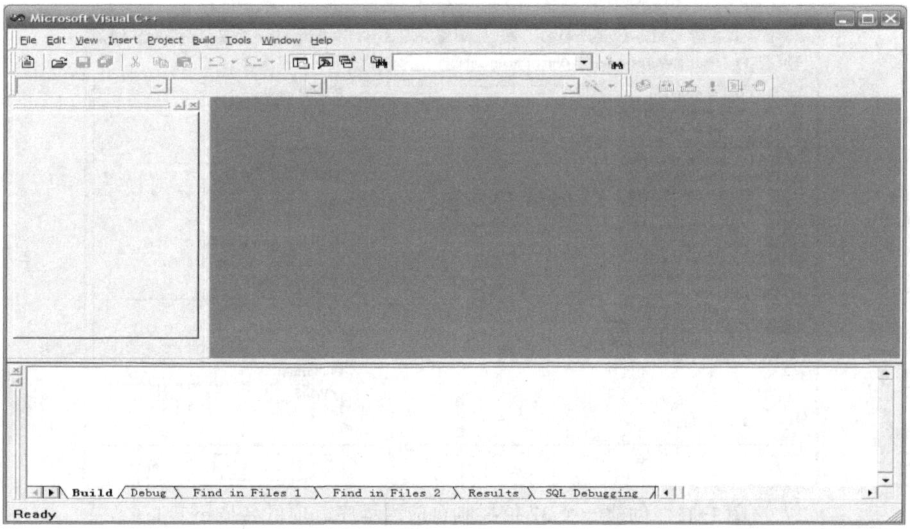

图 1-9　Visual C++ 6.0 集成开发环境

2. 创建一个 C 语言程序的步骤

在 Visual C++ 6.0 集成开发环境中选择“File→New”命令，打开一个对话框，在这个对话框中有 4 个选项卡，第一次打开，将默认定位到第二个选项卡上，即“Projects”选项卡，如图 1-10 所示。意思是如果要创建一个文件，首先要创建一个“工程”项目，然后在这个工程项目中添加一个或多个文件。在第一个选项卡中选择要创建的文件类型。

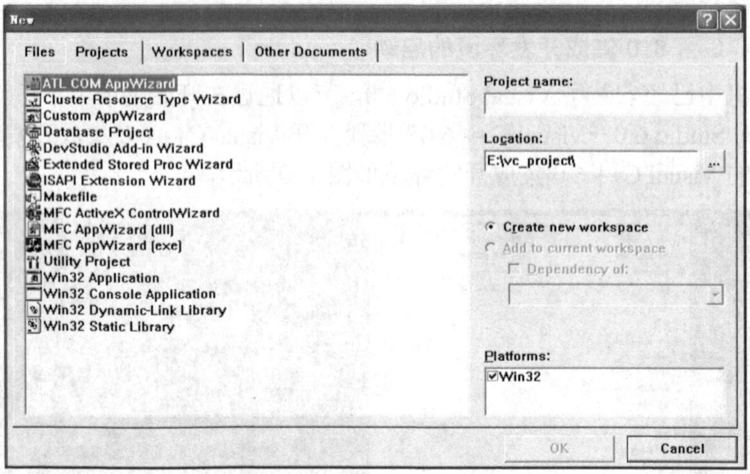

图 1-10 “Projects”选项卡

在“Projects”选项卡中选择“Win32 Console Application”，即创建一个基于 32 位的控制台应用程序。在右边的“Project name:”下面的文本框中输入要创建的工程名称，在“Location:”下面的文本框中填入工程项目存储的位置，如果是新建的工作区（Workspace），还要选择下面的“Create new workspace”单选按钮。具体操作方法如图 1-11 所示。

在图 1-11 中单击“OK”按钮，出现如图 1-12 所示的对话框，然后保持默认选择，即选择第一个单选按钮“An empty project”，然后单击“Finish”按钮，打开如图 1-13 所示的对话框，再单击“OK”按钮。一个空的工程项目创建完毕，如图 1-14 所示。

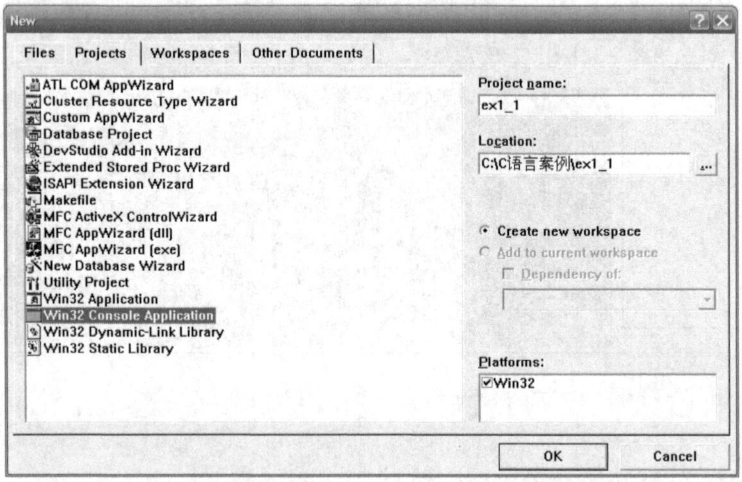

图 1-11 创建一个 32 位控制台应用程序，项目名是 ex1_1

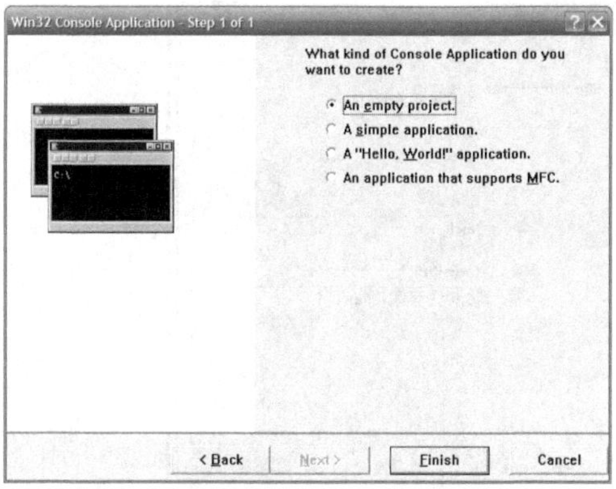

图 1-12 创建一个空的工程项目

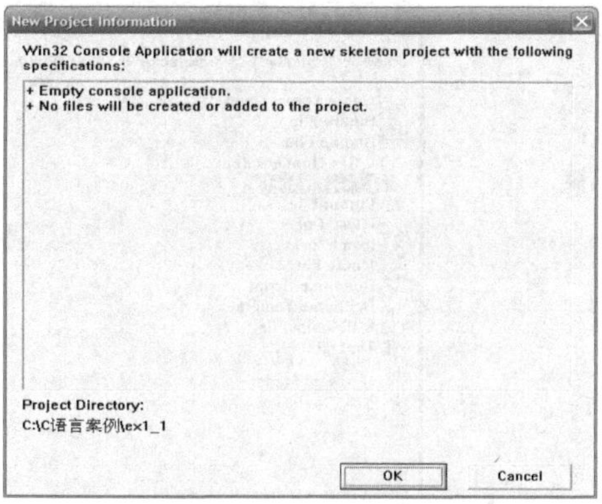

图 1-13 一个空的工程项目创建成功

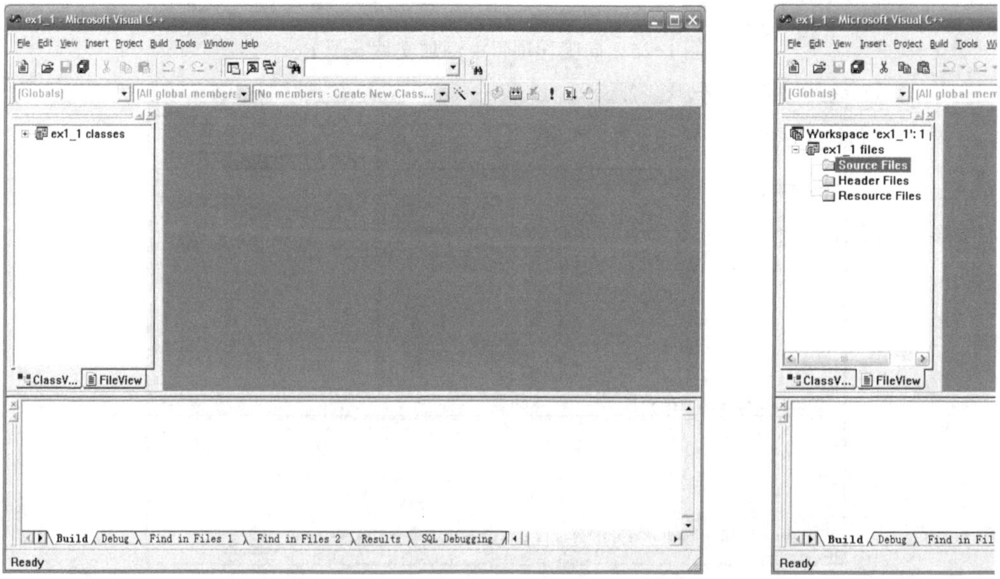

a） b）

图 1-14 创建了一个工程项目后的 VC++ 6.0 主界面

a）空工程界面中的类视图 b）空工程界面中的文件视图

总结一下，利用 VC++ 6.0 创建一个 C 语言的项目，第一步是先创建一个工作区，这一步可以省略，在创建工程时会自动创建；第二步，创建一个空工程；第三步，往空工程中添加文件。

接下来就是如何向一个空工程中添加 C 语言程序文件。在 Visual C++ 6.0 集成开发环境中仍然选择“File”→“New”命令，打开和图 1-10 一样的对话框，但是本次不同的是，默认定位在“Files”选项卡，如图 1-15 所示。意思是已经创建了工程，现在应该为工程添加文件了。

在图 1-15 中，选择第五项即“C++ Source File”，然后在右边选择复选框“Add to project”。在下面的下拉列表框中，选择刚才创建的工程“ex1_1”，然后在下面的“File”文本框中输入文件名，文件名必须是以“.C”作为扩展名。在默认情况下，如果仅输入文件名而不输入扩展名，则以“.CPP”为扩展名，这是 C++语言源文件的扩展名。如果保持默认，也不影响程序的输入和运行，但是会按照 C++语言的语法规则来对程序员所创建的 C 语言源文件进行编译。

按照如图 1-15 所示填写文件名和扩展名，文件名可以与工程名称重复，也可以另外命名。同时设置好其他选项，单击“OK”按钮，将进入到编写代码界面，如图 1-16 所示。然后输入代码，如图 1-17 所示。

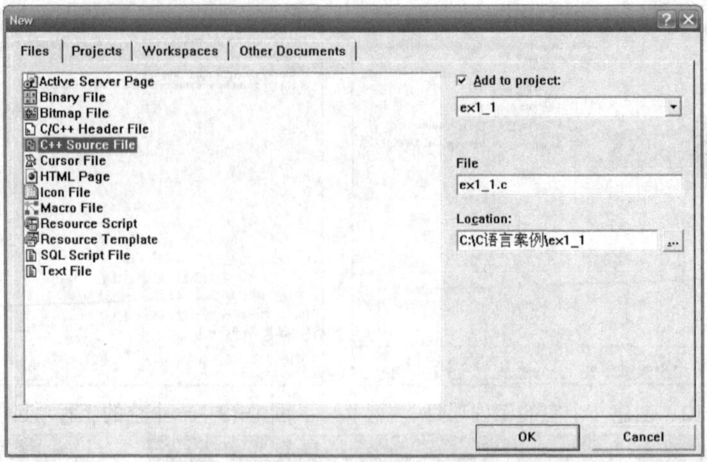

图 1-15　向工程项目中添加文件 ex1_1.c

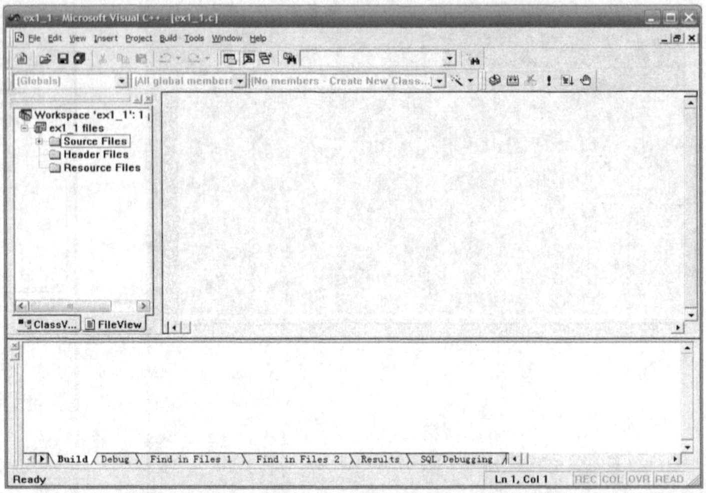

图 1-16　向文件 ex1_1.c 中输入 C 语言代码的窗口

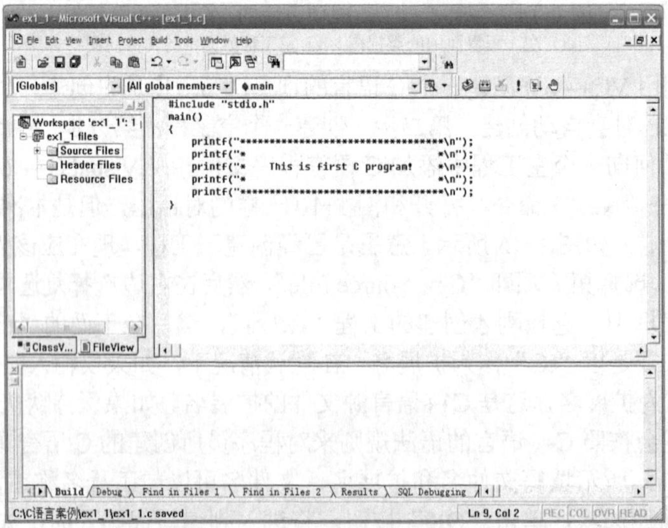

图 1-17　向文件 ex1_1.c 中输入 C 语言代码

3. C语言程序的编译、链接与运行

输入C语言代码以后，要对C语言源程序文件进行编译、链接和运行，最后才能得出程序处理的结果。

（1）编译　单击“Build”菜单，选择下拉菜单中的第一项“Compile ex1_1.c”（见图1-18），对程序进行编译，编译主要是检查程序有没有语法错误。编译通过后，将给出本程序的错误和警告；如果没有错误和警告，错误输出窗口将显示“ex1_1.obj - 0 error(s), 0 warning(s)”字样。编译成功后如图1-19所示。

（2）链接　C语言程序编译成功后，生成扩展名是“.obj”的文件。下一个步骤就是进行链接，主要将程序的函数调用与函数定义进行链接，包括用户自定义函数和库函数等。在VC++ 6.0中，链接是用“Build”命令来完成的。

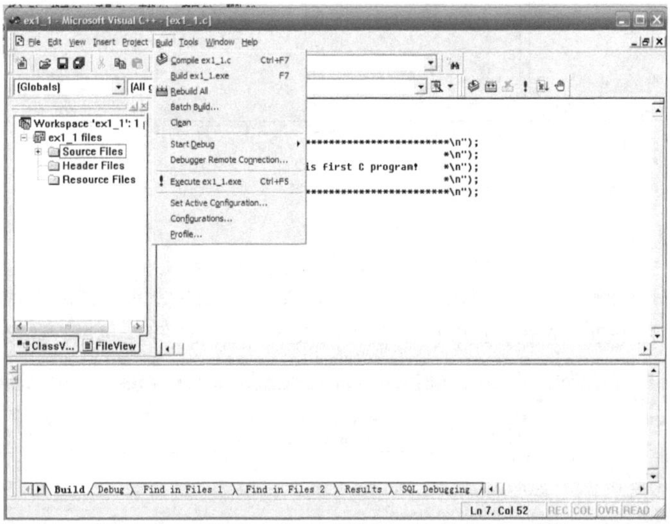

图1-18　单击“Build”下的“Compile”子菜单进行编译

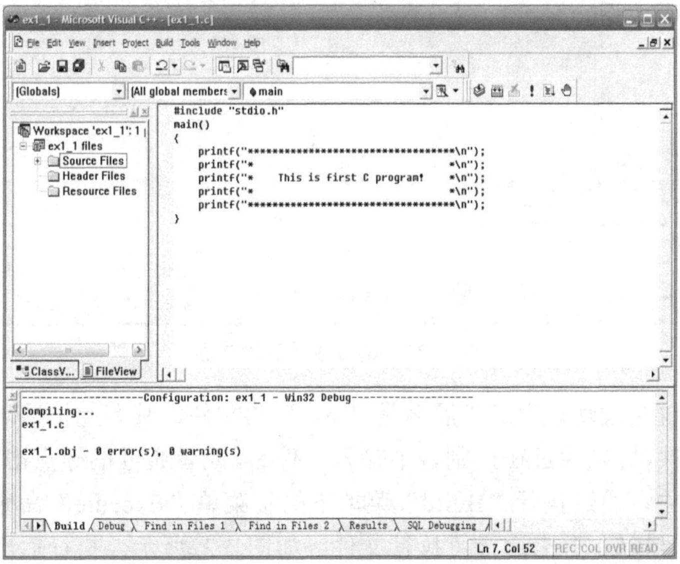

图1-19　ex1_1.c编译成功后的界面

如图 1-20 所示，单击“Build”菜单，选择下拉菜单中的第二项“Build ex1_1.exe”对目标程序进行链接，链接成功后，如图 1-21 所示。

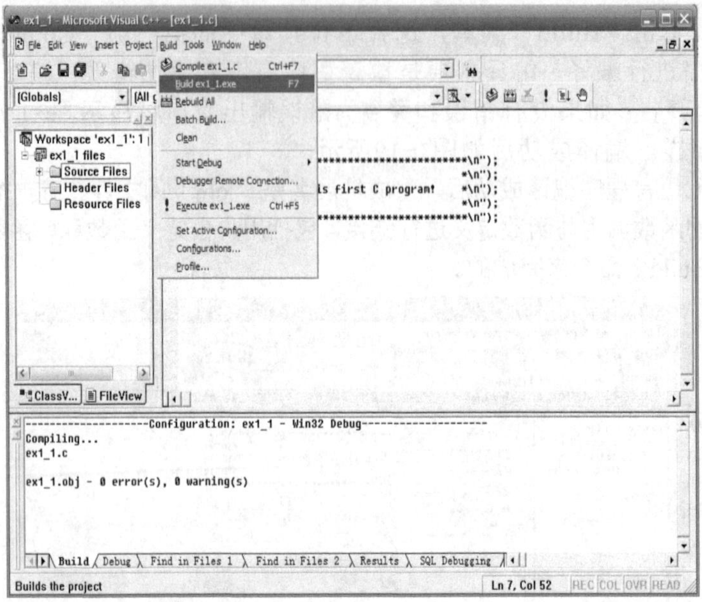

图 1-20　单击“Build”下的“Build ex1_1.exe”子菜单进行链接

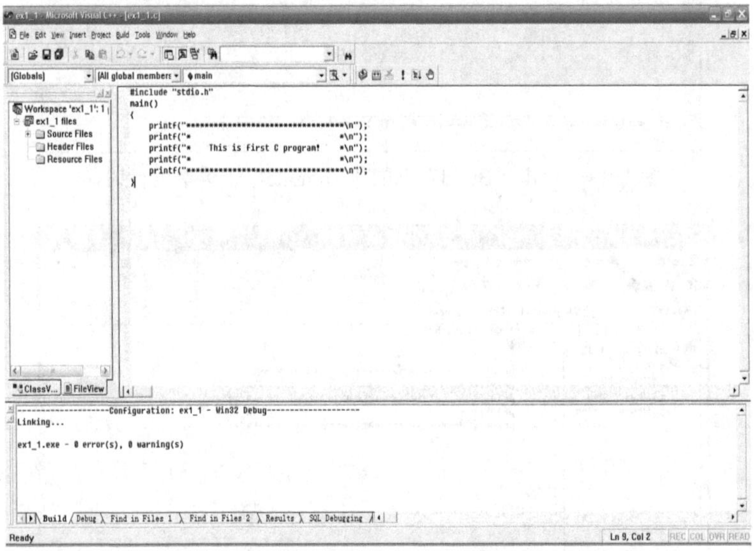

图 1-21　链接成功后的界面

（3）运行　链接成功，生成扩展名是“.exe”的文件，具有此扩展名的文件说明是一个可以执行的文件，可以通过在控制台中输入文件名，或者通过鼠标点击的方式进行运行。在VC++ 6.0界面中，通过执行“Build”菜单下的子菜单“Execute”命令，或者单击工具栏中的红色感叹号按钮 ! 来运行可执行文件，如图1-22所示。执行后出现如图1-23所示的结果。

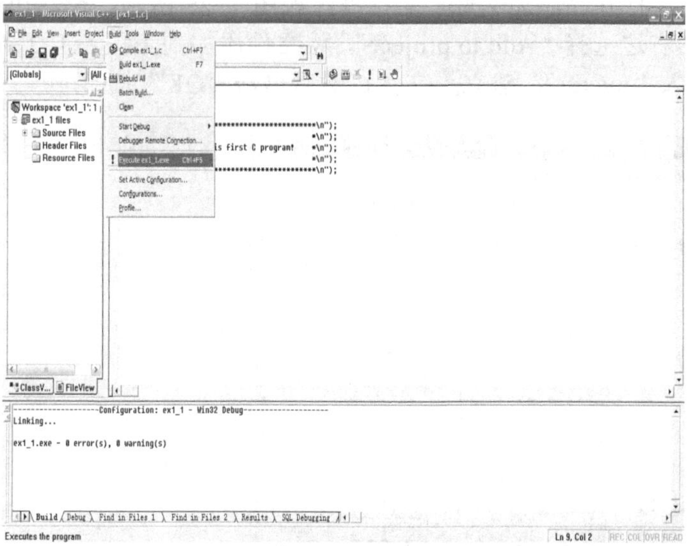

图 1-22 单击“Build”下的“Execute ex1_1.exe”子菜单运行

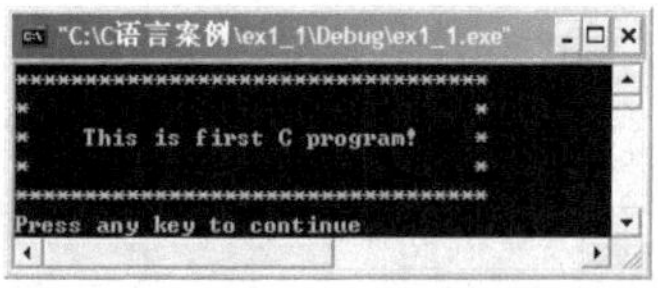

图 1-23 程序 ex1_1.c 的运行结果

以上各个步骤，可以通过单击“Build”菜单下的子菜单“Execute”命令，或者工具栏中的红色感叹号按钮 ! 一次直接完成，不用分步执行，中间的步骤由编译系统自动执行。

程序全部处理完毕，将所有内容保存后，关闭工作区。然后重新建一个工程，进行下一个程序的调试，也可以在当前的工程项目继续下一个程序的调试。但是要注意，在一个程序中不能出现两个主函数，因此可以通过注释掉原来的代码或建立多文件程序等方式来调试下一个程序。

4. 建立带头文件的C语言程序

在 Visual C++ 6.0 集成开发环境中选择“File”→“New”命令，按照如图 1-10～图 1-14 所示的各个步骤，建立一个工程 ex1_2，如图 1-24 所示。

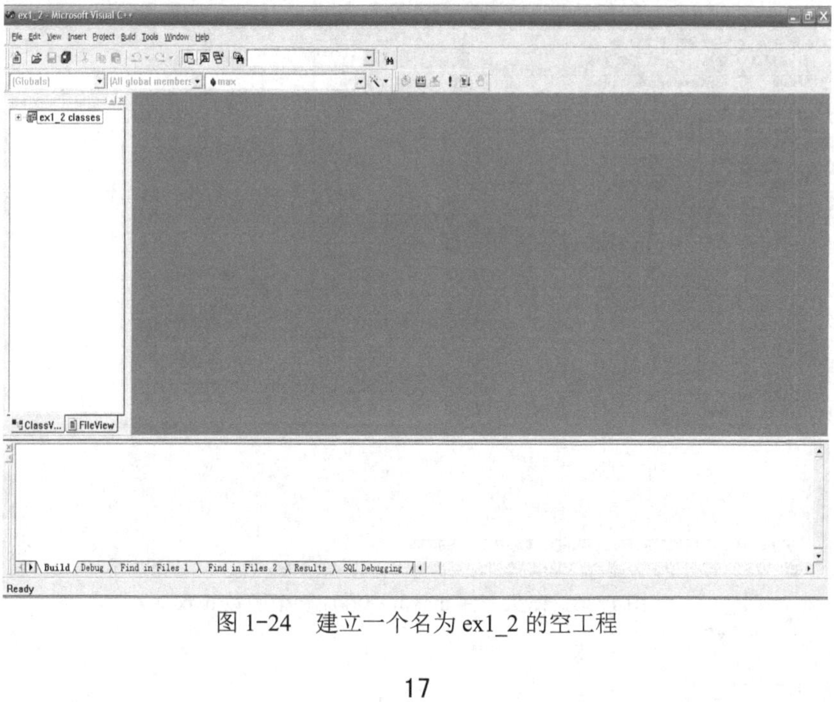

图 1-24 建立一个名为 ex1_2 的空工程

再次单击“File”→“New”，打开“添加文件”对话框，如图 1-25 所示。在左边选择第 4 项“C/C++ Header File”，右边选择“Add to project”，将文件添加到工程 ex1_2 中，并在“File”下面的文本框中输入“max.h”，建立头文件，然后单击“OK”按钮。

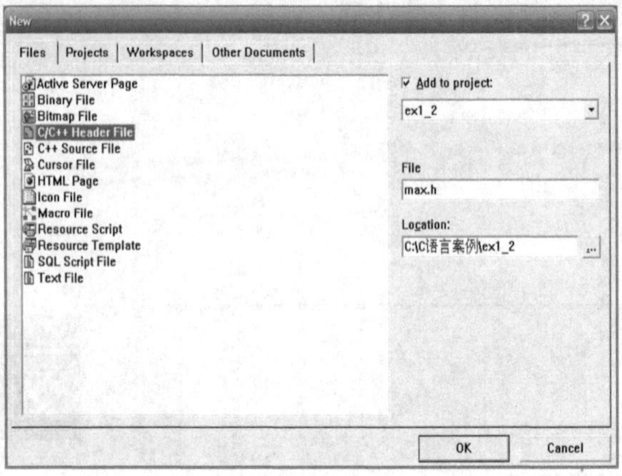

图 1-25　向工程 ex1_2 中添加头文件

在图 1-26 所示的头文件代码输入界面中，输入头文件代码。在本项目中，定义了一个头文件为 max.h，里面写了一个函数 max，功能是用来求两个数的最大值。

继续单击“File”→“New”，打开“添加文件”对话框，准备添加一个 C 语言源程序文件，如图 1-27 所示。在左边选择第 5 项“C++ Source File”，右边选择“Add to project”，将源程序文件添加到工程 ex1_2 中，并在“File”下面的文本框中输入“ex1_2.c”，然后单击“OK”按钮。出现如图 1-28 a 所示的界面。在界面中输入代码，调用 max 函数来求两个数的最大值。从图 1-28 a 中可以看出，对于已经定义过的函数，系统会给出智能提示。按照图 1-28 b 输入全部代码，然后单击“保存”按钮。

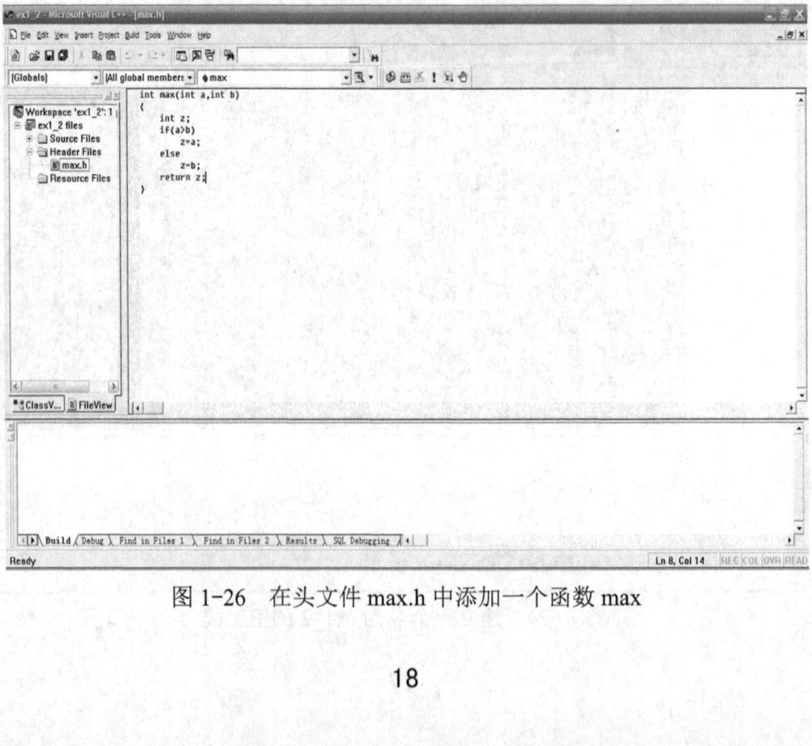

图 1-26　在头文件 max.h 中添加一个函数 max

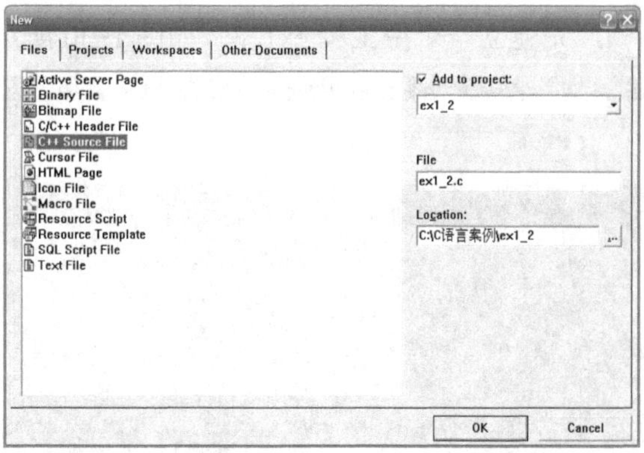

图 1-27　向工程 ex1_2 中添加源文件 ex1_2.c

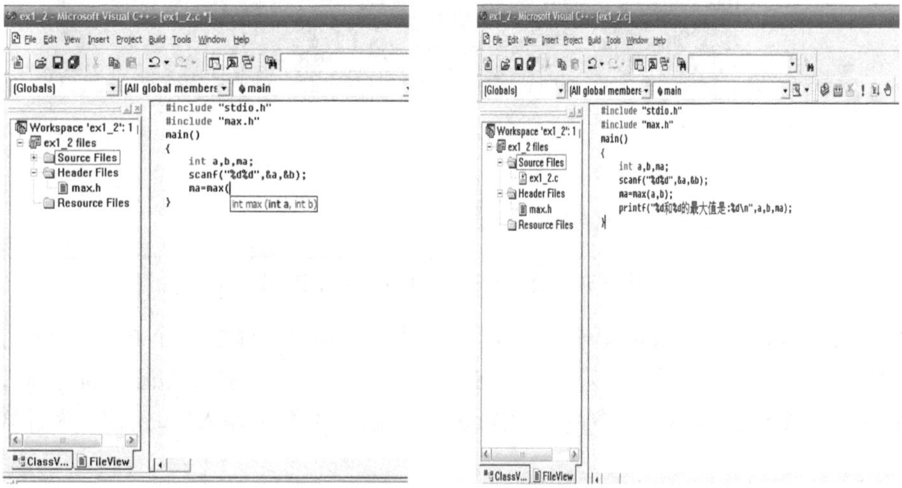

a）　　　　　　　　　　b）

图 1-28　在源文件 ex1_2.c 中输入主函数等代码

a）书写代码过程中已经定义过函数 max，系统进行智能化提示　　b）ex1_2.c 中的完整代码，必须使用#include "max.h"包含头文件

通过编译、链接和运行，结果如图 1-29 所示。

图 1-29　程序 ex1_2.c 的运行结果

5．建立多个源文件的 C 语言程序

一个 C 语言程序不一定只包含一个文件，它可以由多个文件组成。例如，它可以包含多个头文件（扩展名为.h）和一个含有主函数的源文件（扩展名为.c）；也可以包含多个源文件，但是只能在一个源文件中有主函数；也可以既包含多个头文件，又包含有多个源文件。当一个 C 语言程序包含多个源文件时，必须只有一个源文件里面有主函数，而且在主函数所在源文件中调用其他源文件里面的函数时，必须在主函数所在的源文件中调用之前进行声明。下面，创建一个多源文件程序，在此先做一下整体介绍。在下面的工程 ex1_3 中，定义了一个源文件 max.c，里面有一个求三个数的最大值的函数；定义了一个源文件 min.c，里面有一个求三个数的最小值的函数；定义了一个源文件 ex1_3.c，里面有 main 函数，在 main 函数中，实现对 max.c 和 min.c 两个源文件中的函数的调用，从而求出给定的三个数的最大值和最小值。

按照以上介绍的步骤，先建立一个空工程 ex1_3，如图 1-30 所示。

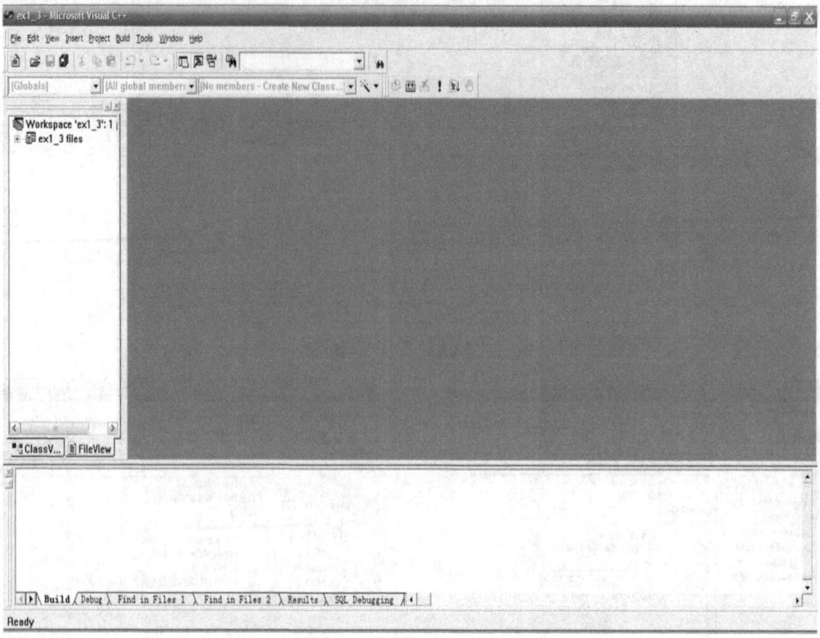

图 1-30 建立一个名为 ex1_3 的空工程

然后单击“File”→“New”，打开“添加文件”对话框，添加一个 C 语言源程序文件，如图 1-31 所示。在左边选择第 5 项“C++ Source File”，右边选择“Add to project”，将源程序文件 max.c 添加到工程 ex1_3 中，并在“File”下面的文本框中输入“max.c”，然后单击“OK”按钮。

在新添加的 max.c 输入求三个数最大值的代码，如图 1-32 所示。

继续单击“File”→“New”，打开“添加文件”对话框，再添加一个 C 语言源程序文件，如图 1-33 所示。在左边选择第 5 项“C++ Source File”，右边选择“Add to project”，将源程序文件 min.c 添加到工程 ex1_3 中，并在“File”下面的文本框中输入“min.c”，然后单击“OK”按钮。

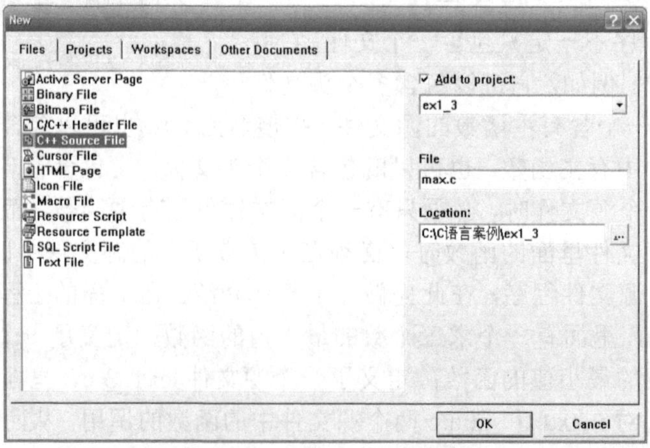

图 1-31 向工程 ex1_3 中添加一个源文件 max.c

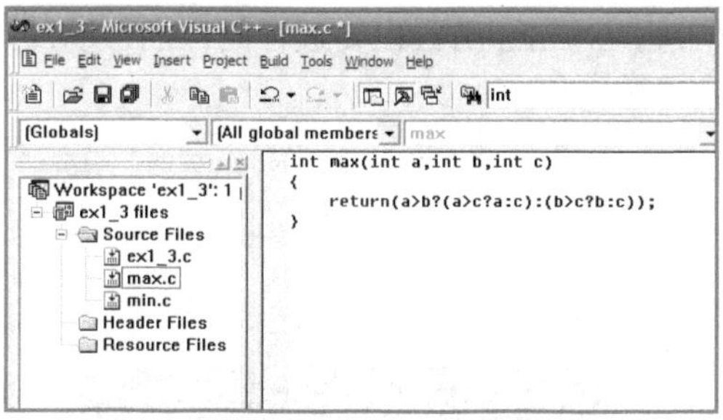

图 1-32　向源文件 max.c 中写入代码

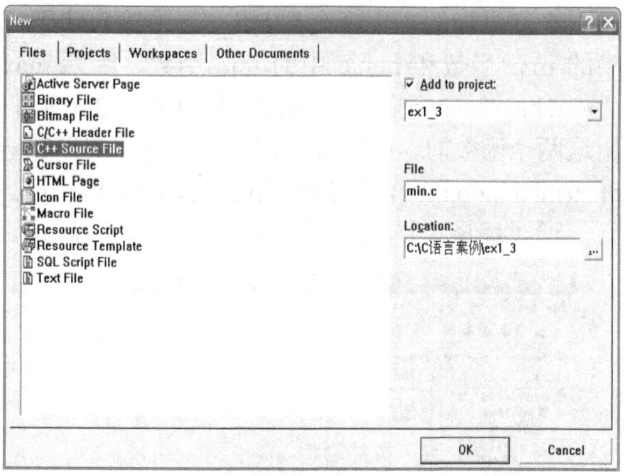

图 1-33　向工程 ex1_3 中添加一个源文件 min.c

在新添加的 min.c 输入求三个数最小值的代码，如图 1-34 所示。

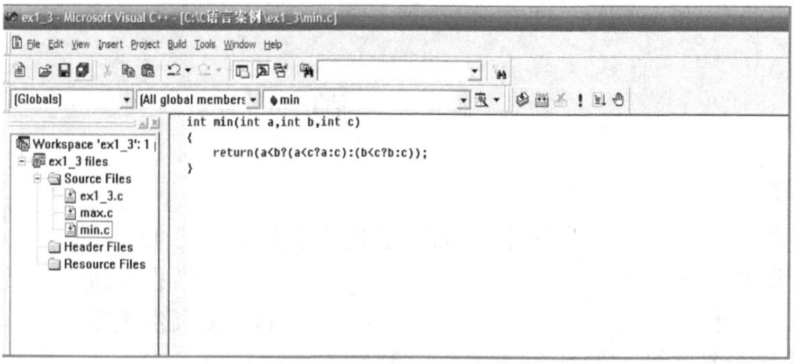

图 1-34　向源文件 min.c 中写入代码

继续单击“File”→“New”，打开“添加文件”对话框，再添加第三个 C 语言源程序文件，如图 1-35 所示。在左边选择第 5 项“C++ Source File”，右边选择“Add to project”，将源程序文件 ex1_3.c 添加到工程 ex1_3 中，并在“File”下面的文本框中输入“ex1_3.c”，该源文件是主程序文件，即主函数在该源文件中，此文件将调用另外两个源文件中的函数，从而实现同时求出三个数的最大值和最小值。然后单击“OK”按钮。

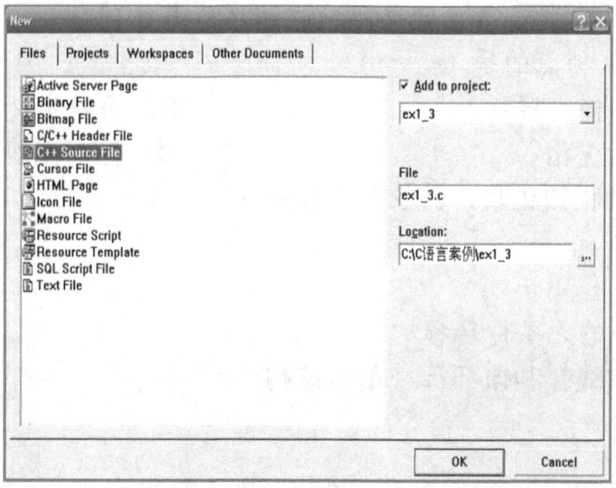

图 1-35　向工程 ex1_3 中添加一个主程序文件 ex1_3.c

在新添加的主程序文件 ex1_3.c 中输入代码，如图 1-36 所示。在此源文件中，要调用 max.c 中的 max 函数和 min.c 中的 min 函数，因为 max.c 和 min.c 均在 ex1_3 工程中，所以不必用“#include "max.c"”来包含源文件到 ex1_3.c 主程序文件中。但是，在主程序文件 ex1_3.c 中调用这两个函数前，必须进行声明，否则在编译时会出现警告。声明的方法是在调用前写上“int max(int a,int b,int c);”或者“int max(int,int,int);”。同理，对 min 函数也要进行同样的声明。

通过编译、链接运行，结果如图 1-37 所示。

图 1-36　在主程序文件 ex1_3.c 输入代码，实现对 max 和 min 两个函数的调用

图 1-37　程序 ex1_3.c 的运行结果

习　题

一、选择题

1. C 语言规定，在一个源程序中，main 函数的位置（　　）。
   A. 必须在最开始　　B. 必须在系统调用的库函数的后面
   C. 可以任意　　D. 必须在最后
2. 以下不属于算法基本特征的是（　　）。
   A. 有穷性　　B. 有效性
   C. 可靠性　　D. 有一个或多个输出
3. 以下说法中正确的是（　　）。
   A. C 语言程序总是从第一个定义的函数开始执行
   B. 在 C 语言程序中，要调用的函数必须在 main 函数中定义
   C. C 语言程序总是从 main 函数开始执行
   D. C 语言程序中的 main 函数必须放在程序的开始部分
4. 以下不是 C 语言特点的是（　　）。
   A. 语言的表达能力强　　B. 语法定义严格
   C. 数据结构系统化　　D. 控制流程结构化
5. N-S 图与传统流程图比较，其主要优点是（　　）。
   A. 简单、直观
   B. 有利于编写程序
   C. 杜绝了程序的无条件转移
   D. 具有顺序、选择和循环三种基本结构

二、填空题

1. C 语言的程序是以________为基本单位，整个程序由________组成。

2. 一个完整的C语言程序至少要有一个________函数。

3. 结构化程序由________、________和________三种基本结构组成。

4. C语言源程序文件的后缀是________，经过编译后，所生成文件的后缀是________，经过链接后，所生成的文件后缀是________。

5. 函数体以符号________开始，以符号________结束。

三、简答题

1. 什么是程序？什么是程序设计？什么是程序设计语言？请简述一个程序的开发步骤。

2. 结构化程序设计的特征有哪些？

3. 判断一个年份（用 year 来表示）是否是闰年的方法是：第一种情况，这个年份是否能被400整除，如果可以，则这个年份是一个闰年；第二种情况，这个年份能被4整除，但是要求不能被100整除。除了以上两种情况，则该年份是平年。请根据此叙述，画出判断某一年是闰年或者是平年的一般流程图和N-S图。

4. 结合上面的题，画出求解2000～3000年之间的闰年及平年的一般流程图和N-S图。

5. 一个C语言程序的执行流程是什么？编译的作用是什么？链接的作用是什么？

第 2 章 数据类型、运算符及表达式

数据是程序处理的主要对象，数据承载着信息。在计算机世界里，数据是指计算机能识别的所有符号的统称，不同的数据有不同的表现形式，在计算机中也有不同的存储结构。数据根据其描述事物的不同，又进行了分类，也就是把数据分为不同的类型，如整型、实型等。本章主要介绍数据类型、表示数据的常量和变量、处理数据的各种运算符、由运算符和操作数构成的各种表达式等，还介绍了整型、实型、字符型等基本数据类型，算术运算符、关系运算符、逻辑运算符、条件运算符、赋值运算符、逗号运算符以及由这些运算符和操作数组成的表达式。

2.1 C 语言中的标识符与数据类型

知识导例

下面的例子定义一个整型数据类型的变量 a，然后判断 a 的值是否等于 1，并根据判断的情况分别输出一条语句。

程序名：ex2_1_1.c

```
#include "stdio.h"              /*引入标准输入输出头文件*/
main()                          /*main 函数，程序执行入口*/
{
      int a=2;                  /*定义一个整型变量 a，它的值等于 2*/
      if(a==1)                  /*判断 a 的值是否等于 1*/
            printf("自定义的整型变量 a 的值等于 1。\n");
      else
            printf("自定义的整型变量 a 的值不等于 1,a 等于%d\n",a);
}
```

程序运行结果如图 2-1 所示。

图 2-1　程序 ex2_1_1.c 运行结果

相关知识

上面的程序是一个简单的 C 语言的源程序，它经过编译、链接之后生成可运行的.exe 文件，运行生成的.exe 文件可以得到如图 2-1 所示的结果。

1. 标识符

从宏观上看，C 语言的源程序由包含的头文件、main 函数及其他函数组成。从微观上看

C 语言的源程序由一个个字符、数字、标点符号、空白符等组成。实际上，C 语言的源程序是由一个特定的字符集构成的字符序列，这个字符集由以下元素构成：

1）52 个大小写字母：A、B、C……Z、a、b、c……z。

2）10 个阿拉伯数字：0、1、2……9。

3）运算符：+、–、*、/、%等。

4）空格符、制表符、换行符和一些特殊字符等。

空格符和制表符等空白符在编译时将被忽略，但使用它们可以将 C 语言的源程序排版为易读的格式，方便程序员的阅读与交流。

在程序中频繁出现的字符或者字符序列，如 main、include、int、a、printf 等有一个统一称谓叫标识符，实际上就是为了描述和交流的需要而取的一个名字。在程序设计语言中，为了操作和使用数据，往往需要为不同的对象起一个名字，这就是标识符。在程序设计中为各种不同的对象（如变量、函数、数组、文件等）取一个名字的操作，就叫做定义一个标识符。

C 语言中，通常把标识符分为三类：关键字、用户自定义标识符和预定义标识符。

关键字是标识符的一种，它们在 C 语言中有特定的含义，不能用做普通标识符（但可以用做宏名）。在标准 C 语言的 1 989 版本（也称为 C89）中有 32 个关键字，在 1999 年新修订的 C 语言标准（即 C99）中新增加了几个关键字，不过初学者一般用不到。下面列出 C 语言中常用的关键字：

auto、break、case、char、const、continue、default、do、double、else、enum、extern、float、for、goto、if、int、long、register、return、short、signed、static、sizeof、struct、switch、typedef、union、unsigned、void、volatile、while 。

C99 中新增加了_Bool、_Complex、_Imaginary、inline、restrict 几个关键字。

用户自定义的标识符是指根据编程的需要对变量、函数、文件等进行命名时所起的名字，不能和关键字重名。用户在自定义标识符时还要遵循一定的规则：标识符的名字长度从 1 个到若干个字符不等，但只能由数字、字母和下画线构成，并且必须以字母和下画线开头。用户自定义标识符区分大小写，也就是说 “ab”、“Ab、“aB”、“AB” 实际上是 4 个不同的标识符。

根据此规则可以定义合法的标识符，如 abc、a_b12、_1 234、A123；不遵循此规则的标识符都是非法的，如 123_、1abcD、–abc、$a12c。

预定义标识符通常指 C 语言的库函数名和预处理命令，由于它们经常使用，因此名字往往被固定下来，不另做他用。例如，程序中的“include”、“printf” 等都属于预定义的标识符。

变量是用户自定义的标识符，导例中定义了一个整型变量 a，a 就是一个合法的标识符。在定义标识符时，也有很多规则可以遵守。例如，在定义变量标识符时，要使定义出的变量能反映事物的本来含义，如定义年龄的变量，可以用 Age 或 age，有时为了表明该变量是整型数据类型，还可以在前面加上修饰符 “i”，定义成 iAge 或 iage 等，以增强其可读性，而且还可以预防赋值时出错；同样，价格的变量可以定义为 fPrice 等，这种命名的方法叫做匈牙利命名法。

2．数据与数据类型

数据是程序处理的对象，程序运行的结果也是以数据的形式呈现，它以某种特定的形式存在。这就犹如在现实生活中用来描述事物个数的自然数，描述某人身高的实数一样，不同的数其分类、用途也不一样。自然数描述物体的个数，以单位 1 递增，不会出现半个或零点几个，而某人的身高就会是 1 米零多少，用实数来描述。同样，在程序中要处理的数据也不都是相同的类型，也需要对它们进行分类，这些不同的分类实际上就是数据类型。

一种数据类型就指定了该类型的数据所描述的数据范围和属性，同类型的数据具备相同的性质，可以对它们进行相同的操作。例如，整型数据就相当于数学中的整数，可以是正数、负数或零，但不能是小数，而浮点类型的数据相当于小数。在 C 语言中定义了整型、字符型、单精度型、双精度型等基本类型和以此为基础的其他类型，它们的分类和之间的关系如图 2-2 所示。

- C语言数据类型
  - 基本类型
    - 整型 int
    - 浮点型（实型）
      - 单精度型 float
      - 双精度型 double
    - 字符型 char
  - 构造类型
    - 数组类型
    - 结构体类型 struct
    - 共用体类型 union
    - 枚举型 enum
  - 指针类型
  - 无值类型 void

图 2-2　C 语言数据类型

在 C 语言的程序中，对用到的数据都必须指定其数据类型，然后才能使用。

实践训练

【实训项目】

1．实训内容

熟悉并掌握 C 语言中数据类型的使用方法。

2．解决方案

程序名：prac2_1_1.c

```
#include "stdio.h"
main(){
    int a=10;
    double b=10.2;
    printf("输出语句开始\n");
    printf("a=%d,b=%lf\n",a,b);
    printf("输出语句结束，程序运行也结束\n");
}
```

程序运行结果如图 2-3 所示。

图 2-3　程序 prac2_1_1.c 运行结果

3．项目分析

该程序的代码很简单。程序在 main 函数中使用 int、double 关键字定义了两个变量 a 和 b，它们分别是整型和实型变量，a 的值是整数 10，b 的值是小数 10.2，然后使用 printf 函数输出了三句话，在第二句话中分别输出了 a、b 的值。

程序中出现的标识符 int、double 是关键字，printf 是预定义标识符，a、b 是自定义标识符。定义 a 和 b 的关键字分别是 int 和 double，它们限定了 a 和 b 中只能存储特定的数据，即整数和浮点数（也就是通常所说的小数）。

2.2　C 语言中的基本数据类型、常量与变量

知识导例

阅读并理解下面的 C 语言源程序，体会基本数据类型的使用方法。

程序名：ex2_2_1.c。

```
#define PI 3.14                    /*定义 PI 代表 3.14*/
#include "stdio.h"
main()
{       double area=0.0;
        const double r=2.0;        /*使用 const 关键字定义一个 double 类型的常量 r，它的值为 2.0*/
        area=PI*r*r;
        printf("%f\n",area);
}
```

程序运行结果如图 2-4 所示。

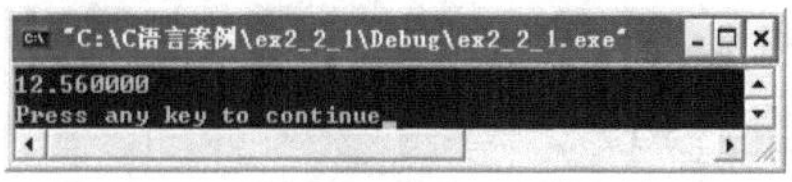

图 2-4　程序 ex2_2_1.c 运行结果

相关知识

1．常量与变量

常量是指在程序运行过程中值不能改变的量。根据数据类型的不同，常量又可以分为整型常量、字符型常量、浮点型常量、字符串常量等。例如，1、–25、0 为整型常量，'a'、'2'、'\n'为字符型常量，"hello"为字符串常量，0.618、1e2 为实型常量，由于这类常量只是字面值，因此又称为字面常量或直接常量。

也可以用标识符表示一个不能改变其值的常量，通常称之为符号常量。符号常量有两种使用方法，一是通过宏定义一个常量；二是用 const 修饰符定义一个常量。

程序 ex2_2_1 中使用"#define PI 3.14"定义了一个符号常量，名字为 PI，值为 3.14。该行代码中，#define 是用来定义常量的一个命令（详细的内容请参考第 9 章），后面是常量的名字 PI，然后用空格隔开，紧跟着常量的值 3.14，注意结尾没有分号。

在 main 函数中，语句"const double r=2.0;"也定义了一个常量，它使用了关键字 const 来修饰。在 main 函数中，凡是用到 PI 的地方，都会被替换为 3.14；凡是用到 r 的地方，r 的值都等于 2.0，且该值不能被修改，也就是说在后面的使用中都不能重新进行赋值。但二者有区别：字面常量和宏定义的常量不占用内存空间；但用 const 修饰的常量 r 却占用存储空间，编译程序把这类变量放入只读区域。

除了程序中出现的 PI、r 为符号常量以外，还定义了一个自定义标识符 area 作为变量。变量是指程序运行过程中其值可以变化的对象，它们对应内存中的一块存储区域。在程序中，可以把变量理解为一个存储数据的容器，在这个容器中数据可以根据需要进行改变，变量名就可以看做是容器的名字，通过变量名能够找到该容器并对其进行值的改变，但在任何某一特定时刻，变量的值唯一且确定。

变量在使用的时候必须先定义，然后才能使用，并且一般要在函数的开头统一定义，而不能放在一般的操作性语句之后。定义的形式如下：

变量数据类型　变量名;

例如，程序中定义的变量：double area=0.0;

变量名的选择应尽量做到见名知义。

2．整型数据

整型数据可以分为短整型、一般整型、长整型、无符号整型等多种类型，这些类型的区别是所表示的数值范围不同，并且无符号整型只表示正数。在 C 语言的标准中，只给出了每种类型表示数值的最小范围，而不限制每种类型所占内存的具体字节数，因此不同的系统中相同类型所占字节数往往不同。本书的系统环境是 32 位 Windows 操作系统和 VC++ 6.0 编译环境，下面所讲到的各种类型所占用的字节数也是限定在该环境下。

（1）整型常量　整型常量也就是整型常数，C语言中可以用下面3种形式表示：

1）十进制整型常量。如 709，–128 等。

2）八进制整型常量。它是以数字“0”开头的八进制数字串，如 0245，–0710，–010 等。八进制数可以转换为十进制数，如 0245 对应的十进制整数为：$2\times8^2+4\times8^1+5\times8^0$。因此可知 010 等于十进制的 8。

注意：由于是八进制，因此常量中只能出现 0～7 这 8 个数字，而没有 8、9 这 2 个数字。

3）十六进制整型常量。它是以“0X”（或 0x）开头的数字串。数字串由数字 0～9 和字母 a～f（或大写的 A～F）组成。其中，a 相当于十进制的 10，b 相当于 11，依次类推，f 相当于 15。

例如，十六进制整数 0x78af，0X1 258 等。0x78af 相当于十进制数：$7\times16^3+8\times16^2+10\times16^1+15\times16^0$。

二进制、八进制、十六进制和十进制之间常用的数制转换见表 2-1。

表 2-1　数制转换表

十 进 制	二 进 制	八 进 制	十六进制
0	0 000	0	0
1	0 001	1	1
2	0 010	2	2
3	0 011	3	3
4	0 100	4	4
5	0 101	5	5
6	0 110	6	6
7	0 111	7	7
8	1 000	10	8
9	1 001	11	9
10	1 010	12	a
11	1 011	13	b
12	1 100	14	c
13	1 101	15	d
14	1 110	16	e
15	1 111	17	f

（2）整型变量　定义整型变量常用的类型修饰符有long（长整型）、int（普通整型）、short（短整型）和unsigned（无符号整型）。这些修饰符相互组合可以构成多种不同类型的整数类型，具体见表2-2。表中所占用字节数是在32位Windows操作系统VC++ 6.0环境

下的值。

表 2-2 ANSI 标准定义的整型变量属性表

类型名称	占用的字节数	二进制位	数值范围
int	4	32	-2147483648～2147483647
unsigned int	4	32	0～4294967295
signed int	4	32	-2147483648～2147483647
short [int]	2	16	-32768～32767
unsigned short [int]	2	16	0～65535
signed short [int]	2	16	-32768～32767
long [int]	4	32	-2147483648～2147483647
unsigned long [int]	4	32	0～4294967295
signed long [int]	4	32	-2147483648～2147483647

表 2-2 中的类型是标准 C 语言中规定的类型，在 VC++ 6.0 中使用时，signed 修饰符都可以省略，整数默认是有符号类型（signed），除非用 unsigned 修饰，也就是说 int 等同于 signed int，signed long int 等同于 long int，也等同于 long。unsigned 类型的整数，称为无符号类型的整数，也就是说它所表示的全部是正数而没有负数，即最高位如果是 1，也按数值 1 来计算而不代表符号为负。

用表 2-2 中的类型定义的变量就是整型变量。例如：

```
int a;               /*定义了一个整型变量 a*/
unsigned int a1;     /*定义了一个无符号整型变量 a1*/
long a2;             /*定义了一个长整型变量 a2*/
```

在程序中，根据需要可以对已经定义的变量重新进行赋值操作，即可以任意改变变量的值。

（3）整型数据在内存中的表示　数据在内存中是以二进制的形式存放的，在程序运行时，程序中定义的变量都会对应于内存中的一块空间，这块空间的大小就是该类型所占用的字节数。参考表2-2可知，一个int类型的变量在内存中占用4个字节的空间，unsigned int也是4个字节，但二者所表示的数值范围却迥然不同，究其原因，就是因为整数在内存中的存放与解释形式的不同。下面以short int为例进行说明。

数值在存储时，以二进制补码的形式存储在内存中，最高位数字是 0，表示该数是正数，为 1 则说明是负数。一个十进制整数在内存中就是以该数的二进制补码的形式存放。例如，short int 类型的整数-3 和 3，它们的补码形式分别为：

-3：	1	1	1	1	1	1	1	1	1	1	1	1	1	1	0	1
3：	0	0	0	0	0	0	0	0	0	0	0	0	0	0	1	1

上面就是整数-3 和 3 在内存中的存储示意图。对于-3，若按照 unsigned short int 类型进行计算，它所代表的数值就变成了 65 533（$1\times2^{15}+1\times2^{14}+\cdots+1\times2^{0}$）。

至此，表 2-2 中所表示的数值范围也就不难理解了，实际上就是按照二进制补码的形式计算出来的。

3. 实型数据

（1）实型常量　实型常量也称浮点型常量，小数点是实数的标志，它有小数形式和指数形式两种表示方法。

1）小数形式，由整数部分、小数点、小数部分和符号组成。

例如，0.468、−5.468、296.0 等都是小数形式的实型常量。要注意像 296.0 这样的小数，小数点不能省略，因为如果是 296，就变成十进制整数了。

2）指数形式，由数字、小数点、字母 E（或 e）和正负号组成，类似于数学中的指数形式。

例如，123e3、−3.168E−6、0.468e+2 等都是指数形式的实型常量。123e3 表示“123×10^3”，−3.168E−6 表示“-3.168×10^{-6}”，0.468e+2 表示“0.468×10^2”。

注意：字母 E 后面必须为整数，表示 10 的幂次，当为幂次为正数时“+”可以省略；字母 E 的前面必须有数字，这样才是一个合法的实型常量。

（2）实型变量　实型变量有3种类型：单精度（float）、双精度（double）和长双精度（long double），它们在VC++ 6.0中的有关信息见表2−3。

表 2-3　实型数基本类型表

类 型 名 称	占用的字节数	有效数字位数	数 值 范 围
float	4	6	10^{-38}～10^{38}
double	8	15	10^{-308}～10^{308}
long double	8	15	10^{-308}～10^{308}

用表 2−3 中的 3 种类型定义的变量就是实型变量。例如：

```
float f;                /*定义 float 类型实数 f */
double d,d1,d2;         /*定义 double 类型实数 d，d1，d2*/
long double d3;         /*定义 long double 类型实数 d3*/
```

4．字符型数据

（1）字符型常量　字符型常量也称为字符常量，通常是用一对单引号括起来的单个字符。例如，'a'、'1'、' '（空格）、'$'等都是字符常量。注意：'a'和'A'以及'1'和1是不相同的。

除了这些简单易懂的字符常量外，还有一类特殊的字符常量，叫做转义字符，它是以“\”开头的字符序列，用来表示不能从键盘输入的特殊字符或有其他特殊含义、功能的字符。常见的转义字符及其功能见表 2−4。

表 2-4　常见转义字符及其功能

字 符 形 式	含　义	ASCII 代码
\n	换行，将当前的光标移到下一行的行首	10
\a	警报声（滴滴声）	7
\t	水平制表（光标跳到下一个制表位）	9
\b	退格，将光标移到前一列	8
\r	回车，将光标移到本行的行首	13
\f	换页，将光标移到下一页的页首	12
\\	反斜杠字符（\）	92
\'	单引号字符（'）	39
\"	双引号字符（"）	34
\ddd	1～3 位八进制数代表的字符	
\xhh	1～2 位十六进制数代表的字符	
\0	ASCII 编码值为 0 的字符	0

在前面的程序中，已经反复使用转义字符'\n'，用来在输出的时候进行换行。

（2）字符变量　在C语言标准中，字符型变量有3种类型，见表2-5。

表 2-5　字符型数据基本类型表

类型名称	占用的字节数	二进制位数	数值范围
char	1	8	−128～127
unsigned char	1	8	0～255
signed char	1	8	−128～127

这 3 种类型类似于整型的 int、unsigned int 和 signed int，char 和 signed char 可以认为是相同的，需要注意的是在有的编译器中，char 是无符号的，即没有 singed char。在 VC++ 6.0 中 char 是有符号的。

用关键字 char 定义的变量就是字符变量，用来存放字符常量。要注意一个字符变量只能放一个字符，所以一个字符型变量占用 1 个字节的内存空间。

字符变量的定义方法和整型、实型变量的定义方法类似。

```
char c;            /*定义一个字符变量 c*/
char c1='a';       /*定义一个字符变量 c1，并赋初值为'a'*/
```

（3）字符数据在内存中的存储　当定义一个字符变量并为它赋初值时，实际上是将该字符初值的ASCII码值放入了相应的变量的内存中。

例如，字符'A'的 ASCII 码为 65，字符'B'的 ASCII 码为 66，如果将它们分别存放在字符变量 c1 和 c2 中，那么内存中实际存储的就是 65 和 66，实际上也就是这两个数的二进制补码形式。因为字符型数据在内存中占用 1 个字节的空间，所以它们的存储形式如图 2-5 所示。

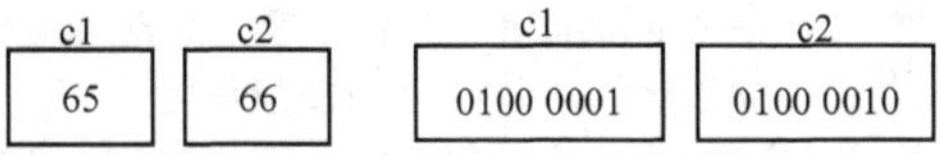

a）　　　　b）

图 2-5　字符数据在内存中的存储
a）十进制存储形式　b）二进制存储形式

因此，在定义字符数据时也可以给字符数据赋整型的值。例如，char c1=65 等价于 char c1='a'。

（4）字符串常量　字符串常量是指用一对双引号括起来的字符序列，实际上就是一串字符常量的序列。例如，"I am a student."、"$123"、"CHINA"、"a"等都是合法的字符串常量。但是在C语言中没有字符串类型，字符串的操作可以通过相应的字符串函数和字符数组来完成，详情请参见后面相关章节。

C 语言规定字符串以字符'\0'作为结束符。也就是说当存储一个字符串时系统会自动在字符串存储区域的结束位置加上一个结束标记'\0'来标记该字符串的结束。

例如，字符串"HELLO"在内存中的存储情况如下所示：

H	E	L	L	O	\0

因此，不要将字符串常量"a"和字符常量'a'混淆，字符串常量"a"是只含有 1 个字符的字符串，在内存中占用 2 个字节的存储空间，因为有'\0'结束符，而'a'只占 1 个字节的存储空间，可以用 sizeof 操作符来得到它们的长度。

例如，sizeof("abcdef")的值为 7，sizeof("a")的值为 2。

5．变量的赋值方法

在程序中定义变量时可以同时为它赋初值，也可以在使用之前赋初值。例如：

```
int a=3,b,c;
b=5;
c=a+b;
```

在语句中定义了 a、b、c 三个整型变量，a 在定义的同时赋初值为 3，定义之后单独为 b 赋初值为 5，然后将 a+b 的值赋值给 c。

实践训练

【实训项目一】

1．实训内容

学习并掌握 C 语言的整型数据。

2．解决方案

阅读下面的代码，理解并掌握整型数据的使用。

```
程序名：prac2_2_1.c
#include "stdio.h"
main()
{
    short int i1=32767;      /*定义整数 i1，类型为短整型*/
    short int i2=1;          /*定义整数 i2，类型为短整型*/
    short int i3=0;          /*定义整数 i3，类型为短整型*/
    printf("i1=%d,i2=%d,i3=%d,i3=%hu\n",i1,i2,i3,i3);        /*分别输出*/
    i3=i1+i2;                /*进行加法运算，并对 i3 重新赋值*/
    printf("i1=%d,i2=%d,i3=%d,i3=%hu\n",i1,i2,i3,i3);        /*再次输出*/
}
```

程序运行结果如图 2-6 所示。

图 2-6　程序 prac2_2_1.c 运行结果

3．项目分析

1）程序中分别定义了 3 个短整型整数 i1、i2、i3 并赋初值，然后输出。接着进行加法运算 i1+i2，并把结果赋值给 i3，然后再次输出。

2）在整个程序的运行中 i1、i2 的值没有改变，而 i3 的值从 0 变为 i1、i2 之和，从输出结果也可以看出来。

3）printf 语句的作用是按照指定的格式输出相应的值，详细介绍请参考第 3 章。这里“%d”是指把输出项按照有符号整数的形式输出，“%hu”是按照无符号短整型形式输出（长度格式符为 h、l 两种，h 表示按短整型量输出，l 表示按长整型量输出）。

4）在第二条输出语句中，i3 按照“%d”和“%hu”的格式输出的结果大不相同，为什么？结合前面所讲整数在内存中的存储形式进行如下分析：

i1：	0	1	1	1	1	1	1	1	1	1	1	1	1	1	1	1	32 767

i2：	0	0	0	0	0	0	0	0	0	0	0	0	0	0	0	1

i1+i2：

1	0	0	0	0	0	0	0	0	0	0	0	0	0	0	0

–32 768

i1+i2 的值的二进制形式就是 1 000 0 000 0 000 0 000，因此转换为有符号十进制数就是–32 768，无符号十进制数就是 32 768。

5）在为变量赋值时，可以在整型常数后面加上字母 L（l）或 U（u）指定常数的类型。例如，125L 说明 125 是长整型（long int）类型，789U 说明 789 为无符号整型（unsigned int）。

【实训项目二】

1．实训内容

学习并掌握 C 语言的实型数据。

2．解决方案

阅读下面的代码，理解并掌握实型数据的使用。

程序名：prac2_2_2.c

```
#include "stdio.h"
main()
{
      float f=12.123456789f;              /*定义 float 类型的变量 f */
      double d=12.123456789;              /*定义 double 类型的变量 d*/
      long double ld=12.123456789;        /*定义 long double 类型的变量 ld*/
      double d1=–3.168E–6;                /*定义 double 类型的变量 d1*/
      double d2=3.23e+3;                  /*定义 double 类型的变量 d2*/
      printf("%f,%f,%f\n",f,d,ld);        /*输出 f，d，ld*/
      printf("%f,%f\n",d1,d2);            /*输出 d1，d2*/
}
```

程序运行结果如图 2-7 所示。

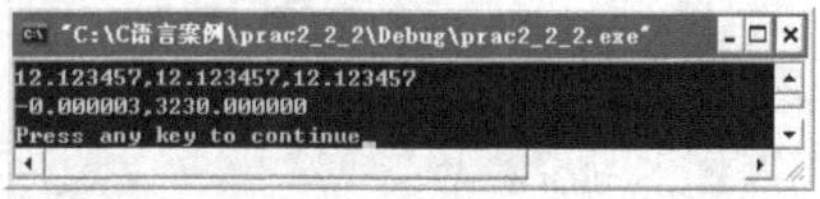

图 2-7　程序 prac2_2_2.c 运行结果图

3．项目分析

1）本程序演示了如何定义并输出实型变量。

2）浮点类型的数默认为 double 类型，因此如果要说明一个浮点型常量为 float 类型，需要在常量后面加上字母 F（或 f）。

3）在定义浮点型变量 f 时，在实型常量 12.123456789 后面加上 f，来说明它是 float 类型；如果不加，程序可以正常运行，但会给出编译警告："truncation from 'const double ' to 'float '"。

4）从运行结果可以看出，对于小数位数多于 6 位的系统会自动四舍五入输出 6 位小数。

【实训项目三】

1．实训内容

学习并掌握 C 语言的字符型数据。

2．解决方案

阅读下面的代码，理解并掌握字符型数据的使用。

程序名：prac2_2_3.c

```
#include "stdio.h"
main()
{
      char a = 'a';
```

```
        printf("a=%c\ta=%d\n",a,a);
        printf("\n\'a\' is not \"a\"\nend!\a\a\n");
}
```

程序运行结果如图 2-8 所示。

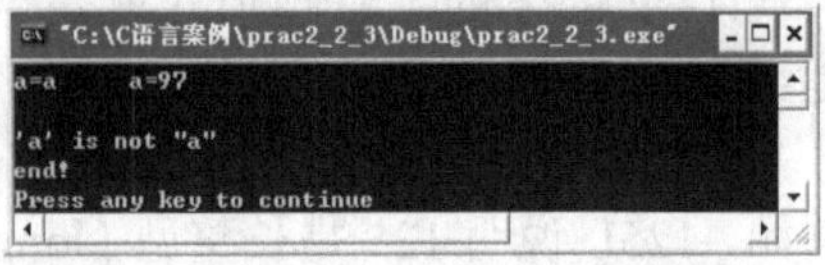

图 2-8　程序 prac2_2_3.c 的运行结果

3. 项目分析

1）本程序定义了一个字符型的变量 a，它的值就是字符 a，即'a'。然后是两条输出语句，第一条输出语句分别以整数和字符的形式输出变量 a 的值，中间的空白是转义字符'\t'在起作用。本句输出后换行，新的输出将从下一行开始。

2）第二条语句比较复杂。首先是字符'\n'，其作用是换行，也就是在下一行行首进行后面的输出。然后是'\'，转义字符输出“'”，接着输出一般字符 a，再输出“'”，依次下去。

3）在输出结果“end!”之后并没有看到其他输出，原因是“\a”的含义是警报响铃，所以程序结束会听到滴滴两声响，就是它在起作用。

【实训项目四】

1. 实训内容

学习并掌握 C 语言中变量的赋值方法。

2. 解决方案

阅读下面的代码，理解并掌握变量的赋值方法。

程序名：prac2_2_4.c

```
#include "stdio.h"
main()
{
    int a;              /*定义一个变量 a，没有赋初值，此时 a 的值不确定*/
    long b,c,d=1;       /*定义变量 b、c、d，同时为 d 赋初值 1*/
    char e ='3';        /*定义一个变量 e 并同时赋初值*/
    b=c=d;              /*为 b、c 赋值，都赋值为 d*/
    a=-1;               /*为变量 a 赋值*/
    printf("a=%d,b=%d,c=%d,d=%d,e=%c\n",a,b,c,d,e);
    /*int m = 0;变量 m 定义在其他语句后面，如果不加上注释会出现编译错误*/
}
```

程序运行结果如图 2-9 所示。

图 2-9　程序 prac2_2_4.c 运行结果

3. 项目分析

程序演示了定义变量的各种方法和形式。在定义一个变量时，应该为其赋初值，否则所定义变量的值不确定，而不是没有。因此，要避免不赋初值直接使用变量的情况发生，当然在程序的运行期间也可以对已经有值的变量重新赋值。

另外要注意，在 VC++ 6.0 环境中所有变量的定义必须放在最前面，然后才能是赋值语句或其他语句，否则会出现语法错误。

2.3　算术运算符、自增自减运算符及其相应表达式

知识导例

一个有混合运算的 C 语言程序。

程序名：ex2_3_1.c

```
#include "stdio.h"
main()
{
        int a=10,b=3,c=0,d=2;
        double d1=10.0,d2=3.0,d3=0.0,d4=-3.0;         /*定义变量*/
        c=a/b+d;                     /*先进行“a/b”运行，然后和 d 相加，把最后的结果赋值给 c*/
        d=a%3;                       /*先进行求余操作，然后把结果赋值给 d*/
        d3=d1/d2;                    /*先进行除法操作，然后进行赋值操作*/
        /*d4=d1%d2;*/                /*本表达式错误，浮点数不能进行取余运算*/
        printf("%d,%d\n",c,d);
        printf("%f,%f\n",d3,d4);                      /*输出结果*/
}
```

程序运行结果如图 2-10 所示。

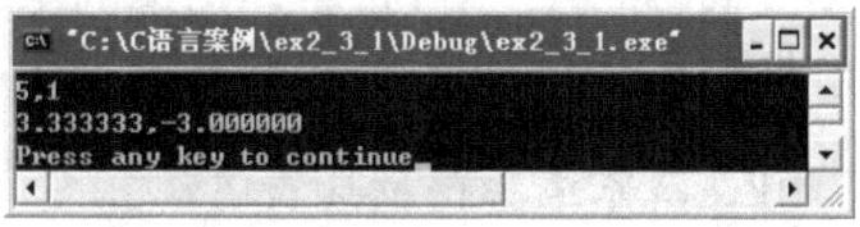

图 2-10　程序 ex2_3_1.c 运行结果

相关知识

在数学计算中，如果有加、减、乘、除在一起的混合运算，先算乘除，再算加减，因为乘除运算的优先级比加减高。在 C 语言的程序中同样也有一套规定如何运算的运算规则，并且比较复杂。

所谓的运算规则，是指计算机在进行运算时先算什么后算什么及怎么算的问题。这些规则是计算机运算的依据，也是学习 C 语言语法进行编程的依据。这些规则主要与运算符、表达式和运算符的优先级及结合性有关。下面对有关知识进行介绍。

1．C 语言的运算符及运算规则

（1）运算符　C语言的运算符按其连接操作数的个数可以分为：

1）单目运算。即一个运算符连接一个操作数。

2）双目运算。即一个运算符连接两个操作数。

3）三目运算。即一个运算符连接三个操作数。

按它们在表达式中的作用又可以分为：

1）算术运算符。包括：+、–、*(乘法)、/、%。

2）自增自减运算符。包括：++、– –。

3）赋值与复合赋值运算符。包括：=、+=、–=、*=、/=、%=、<<=、>>=、&=、^=、|=。

4）关系运算符。包括：<、<=、>、>=、= =、! =。

5）逻辑运算符。包括：！、&&、||。

6）位运算符。包括：|、^、&、<<、>>、～。

7）条件运算符。即“? :”。

8）逗号运算符。即“,”。

9）其他运算符。包括：sizeof、*（指针）、()、->等。

（2）表达式　表达式就是用运算符将操作数连接而成的符合C语言语法规则的式子。根据运算符的不同，C语言的表达式可分为：

1）算术表达式。例如，x+y、a/b。

2）自增自减表达式。例如，+ +i、i− −。

3）赋值表达式。例如，s=6、a+=8。

4）关系表达式。例如，a<b、x! =y。

5）逻辑表达式。例如，(a>b)&&c、!a。

6）位表达式。例如，a>>6。

7）条件表达式。例如，(a>b)?a：b。

8）逗号表达式。例如，b=a=3，4*b。

9）表达式中的操作数可以是常量、变量、函数调用等。

（3）优先级和结合性　优先级是指同一个表达式中不同运算符进行运算时的先后次序，类似于数学中的先乘除后加减，也就是乘除的优先级高于加减。结合性是同一个表达式中相同优先级的多个运算应遵循的运算顺序。例如，表达式“a−b+c”就是按照从左往右的顺序先进行a−b计算，然后再加c。

关于 C 语言各种运算符的优先级及结合性请参考附录 B。

在程序 ex2_3_1.c 中，出现的主要是算术运算符及其表达式，下面介绍有关算术运算符及其表达式的知识。

2．算术运算符及其表达式

（1）算术运算符　C语言中的算术运算符及其说明见表2−6。

需要说明的是：

1）算术运算符中的“+”和“−”，既可以作为单目运算符（即正负），也可以作为双目运算符（即加减），要结合实际情况进行分析。当作为单目运算符使用时，其优先级高于双目运算符，也高于其他算术运算符。

2）对于除法运算，如果参加运算的两个操作数都是整数，则运算结果也为整数。不能整除时，只取结果的整数部分，小数部分全部舍去。例如，15/4=3、1/6=0。

3）求余运算符“%”要求两个操作数都为整数，其结果是整数相除的余数。例如，2%3=2、11%4=3、−15%2=−1。

表 2−6　算术运算符

运算符	功能	操作数个数	结合方向	优先级	
+	取正运算	单目	自右向左	同级	
−	取负运算	单目	自右向左		
*	乘法运算	双目	自左向右	同级	高
/	除法运算	双目	自左向右		↓
%	求余运算	双目	自左向右		低
+	加法运算	双目	自左向右	同级	
−	减法运算	双目	自左向右		

（2）算术表达式　由算术运算符和操作数组成的符合C语言规则的式子称为算术表达

式。例如，a+b、x−y*z、−6*（−19%4+8）等都是算术表达式。

算术表达式的值是指该表达式根据运算规则进行运算最后得到的值。例如：

```
3+5             /*表达式的值为 8*/
2+4*2−9/3       /*表达式的值为 7*/
```

（3）算术运算符和表达式的使用说明

1）知识导例中定义了 4 个整型变量和 4 个浮点型变量并赋初值，然后进行算术运算并输出，运算的优先级遵循表 2-6 中所列出的运算符的优先级。

2）如果进行除法运算（/）的两个操作数为整数，那么表达式的值也为整数，舍去小数部分，因此 10/3 结果为 3。但只要其中一个操作数为浮点类型，那么结果就是包括小数部分的值，因此 10.0/3.0 结果为 3.333 333，自动进行四舍五入，保留 6 位小数。

3）取余运算符（%）的两个操作数都必须为整数，不能是浮点数，运算的结果就是整数除法的余数，因此 10%3 就等于 1。

3. 自增自减运算符及表达式

（1）自增、自减运算符　自增“++”、自减“− −”运算符是单目运算符，它的结合性是自右向左的，优先级高于算术运算符。在使用时分为前置和后置两种情况，分别构成自增自减表达式。

1）前置形式为++i、− −i，表示变量在使用前先自动加 1 或减 1。

2）后置形式为 i++、i− −，表示变量在使用后自动加 1 或减 1。

即 i++相当于 i=i+1，++i 也相当于 i=i+1，如果单独使用 i++或++i，它们是没有区别的。

（2）自增自减表达式　由自增自减运算符连接操作数构成的式子称为自增自减表达式。它所连接的操作数要求是变量，不能是常量或其他表达式。

例如：

```
int i=0;
i++、i− −、− −i、++i                /*都是合法的表达式*/
(−i)++、3++ 、(3+5) − −             /*非法表达式*/
```

实践训练

【实训项目】

1. 实训内容

学习并掌握 C 语言中自增、自减运算符及其表达式的使用。

2. 解决方案

阅读下面的代码，理解并掌握自增、自减运算符及其表达式的使用。

程序名：prac2_3_1.c

```
#include "stdio.h"
main()
{
      int i=1,j=1,m=0,n=0;
      m=++i;          /*i 先进行自增运算，然后把加 1 之后的值赋值给 m*/
      n=j++;          /*先进行赋值运行，然后再进行 j 的自增运算*/
      printf("m=%d,i=%d,n=%d,j=%d\n",m,i,n,j);          /*第一次输出*/
      m=0,n=0;
```

```
        m=--i;            /*i 先进行自减运算，然后把减 1 之后的值赋值给 m*/
        n=j--;            /*先进行赋值运行，然后再进行 j 的自减运算*/
        printf("m=%d,i=%d,n=%d,j=%d\n",m,i,n,j);          /*第二次输出*/
        i=1,j=1;
        printf("%d,%d\n",++i,j++);                         /*第三次输出*/
}
```

程序运行结果如图 2-11 所示。

图 2-11　程序 prac2_3_1.c 运行结果

3．项目分析

1）本实训项目演示了自增自减运算符及表达式的使用。

2）在第一次输出之前，分别进行了++i 和 j++操作，从输出结果可以看出 i 和 j 的值都增加了 1，而 m 和 n 的值不同。m=++i 及 n=j++操作相当于把表达式++i 的值和表达式 j++的值分别赋值给了 m 和 n。对于++i，是首先把 i 的值加 1，然后把 i 的值作为表达式++i 的值赋值给 m；而 j++则首先把 j 的值作为表达式 j++的值赋值给 n，然后再把 j 的值加 1。这里就体现出来了自增自减运算中前置和后置的区别。

3）第一次输出后，i 和 j 都等于 2，m、n 重新赋值为 0。然后进行了 m=– – i 和 n=j – – 操作，和自增操作类似，– –i 是先进行减 1 操作再赋值，j––是先赋值再进行 j 的减 1 操作，因此运算后 m=1，i=1，n=2，j=1，即第二次输出的结果。

4）第三次输出则是分别输出表达式++i 和 j++的值，输出结果清楚地呈现了前置和后置自增自减表达式值的不同。

2.4　关系、逻辑、条件运算符及其相应表达式

知识导例

阅读程序并理解输出结果。

程序名：ex2_4_1.c

```
#include "stdio.h"
main(){
        int i=1,j=2,k=3;
        printf("%d,%d\n",i>j,k<=i+j);
        printf("%d,%d\n",i==j,k!=j);
        printf("%d,%d\n",i<j && j<k,i>j || j<k);
        printf("%d\n",i<j?i:j);
}
```

程序运行结果如图 2-12 所示。

相关知识

程序 ex2_4_1 是一个简单的 C 语言程序，程序中定义了三个整型变量，然后分别输出了由这三个变量构成的关系表达式、逻辑表达式和条件表达式的值。

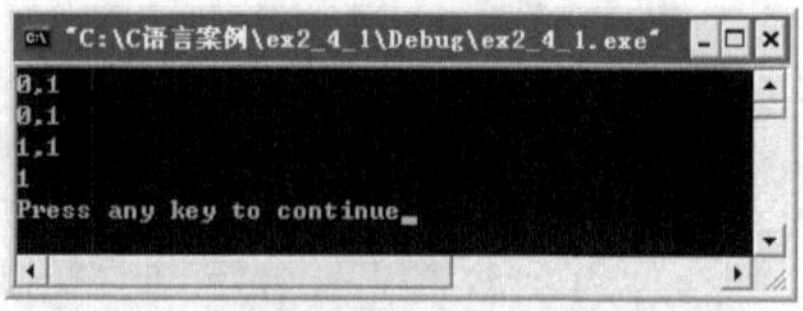

图 2-12　程序 ex2_4_1.c 运行结果

1．关系运算符及其表达式

（1）关系运算符及优先级　关系运算是用来比较各值之间的大小关系的。关系运算符是二元运算符，具有左结合性，用来连接两个操作数，运算结果表示它们之间的关系是否成立，非0即真，表示成立，0为假就是不成立。

在C语言中关系运算符有以下几种：

1）<表示小于。

2）<=表示小于或等于。

3）>表示大于。

4）>=表示大于或等于。

5）==表示等于。

6）! =表示不等于。

需要注意的是由两个字符组成的关系运算符之间不可以加空格，如<=就不能写成：< =。

这 6 种关系运算符的优先级分为两个等级，前 4 种关系运算符（<、<=、>、>=）的优先级别相同，后 2 种（==、!=）优先级相同，且前 4 种的优先级高于后 2 种。

另外，所有关系运算符的优先级低于算术运算符和自增自减运算符，这 3 类运算符的优先级从高到低分别为：自增自减运算符、算术运算符、关系运算符。

由关系运算符连接操作数所组成的式子称为关系表达式。

关系表达式的一般形式为：

```
操作数 1　关系运算符　操作数 2
```

其中，操作数 1 和操作数 2 可以是一个常量、一个变量或其他合法的 C 语言表达式。

例如，a+b>c–d、x>3/2、'a'+1<c、–i–5*j==k+1 等都是合法的关系表达式。由于构成关系表达式的操作数也可以是关系表达式，因此允许出现嵌套的情况。例如，a>(b>c)、a!=(c==d)等。

（2）关系表达式的值　关系表达式的值是一个逻辑值，即“真”或“假”。C语言没有逻辑型数据，以1代表“真”，以0代表“假”。

例如，5>0 的值为“真”，即为 1。

(a=3)>(b=5)由于 3>5 不成立，故其值为假，即为 0。

关系表达式常用在条件语句和循环语句中。

当关系运算符两边的值类型不一致时，要进行类型的转换。例如，若一边是整型，一边是实型，系统将自动把整型数转换为实型数，然后进行比较。若 x 和 y 都是实型数，应当避免使用 x==y 这样的关系表达式，因为通常存放在内存中的实型数是有误差的，因此不可能精确相等，这将导致关系表达式 x==y 的值总为 0。

2．逻辑运算符及其表达式

（1）逻辑运算符及其优先级　C 语言中有三种逻辑运算符，分别是：

1）单目逻辑非运算符。即!（逻辑非运算）。

2）双目逻辑与运算符。即&&（逻辑与运算）。

3）双目逻辑或运算符。即||（逻辑或运算）。

单目运算符“！”优先级最高，其次是“&&”，“||”的优先级最低。逻辑运算符和前面所讲到的运算符之间的优先级关系依次是：

!（逻辑非）>算术运算符>关系运算符>&&（逻辑与）>||（逻辑或）

根据这些运算符的优先级可知：

```
(a>b)&&(c>d)            等价于    a>b && c>d
((!b)==c)||(d<a)        等价于    !b==c||d<a
((a+b)>c)&&((x+y)<b)    等价于    a+b>c&&x+y<b
```

（2）逻辑表达式　逻辑表达式的一般形式为：

```
操作数 1　逻辑运算符　操作数 2
```

其中，操作数 1 和操作数 2 可以是一个常量、变量或其他表达式。逻辑表达式的值应该是一个逻辑值“真”或“假”，但在判断一个值的真假时，以 0 代表“假”，以非 0 代表“真”。

逻辑表达式进行运算时其结果遵循一定的规律，称之为逻辑运算的“真值表”，见表 2-7。

表 2-7　逻辑运算的真值表

a	b	!a	!b	a&&b	a||b
非 0	非 0	0	0	1	1
非 0	0	0	1	0	1
0	非 0	1	0	0	1
0	0	1	1	0	0

表 2-7 给出了操作数 a、b 为不同值时各逻辑表达式所得到的结果。可以看出，逻辑运算的结果不是 0 就是 1，不可能是其他值。

根据逻辑运算的真值表，可以对逻辑表达式进行求解。例如：

若 a=4，则!a 的值为 0。因为 a 的值为非 0，被认为是“真”，对它进行“非”运算，则得“假”，“假”以 0 代表。

若 a=4，b=5，则 a&&b 的值为 1。因为 a 和 b 均为非 0，被认为是“真”，因此 a&&b 的值也为“真”，值为 1。

因此，4&&0||2 的值为 1。

需要注意的是，在由“&&”和“||”构成的逻辑表达式中，它们所连接的两个操作数不一定都进行求解运算，如果当前所求得的值已经能够确定整个表达式的值时，将不进行后续求解运算。例如：

```
int a=1,b=2,c=3,d=0;
```

则在进行表达式“(a<b)||(++a>b)”求解时，因为“a<b”的值为真，已经可以确定整个逻辑表达式的值也为真，因此“||”所连接的第二个操作数“++a>b”将不进行求解运算。也就是说，a 不执行自增操作，也不进行和 b 比较大小的操作。

同样，在进行表达式“(a>b)&&(++a>b)”求解时，因为“a>b”的值为假，由此可以确定整个逻辑表达式的值也为假，因此“(++a>b)”不进行求解运算。

这种表达式也称为短路表达式。

3．条件运算符

条件运算符“? :”是 C 语言中唯一的三目运算符。

条件运算符的优先级高于赋值运算符，低于关系运算符、逻辑运算符和算术运算符，结合方向为右结合性。

由条件运算符和操作数组成的式子称为条件表达式，条件表达式的一般形式为：

```
操作数 1? 操作数 2：操作数 3
```

条件表达式的执行顺序是：先求解操作数 1，若为非 0（真），则求解操作数 2，此时操作数 2 的值就作为整个条件表达式的值。否则求解操作数 3，此时操作数 3 的值就作为整个条件表达式的值。

实践训练

【实训项目】

1．实训内容

学习并掌握 C 语言中关系、逻辑、条件运算符及其相应表达式的使用。

2．解决方案

程序名：prac2_4_1.c

```
#include "stdio.h"
main()
{
      int a=1,b=2,c=3,d=4,i=0,j=0,k=0;
      i = a>b || ++a>b;
      printf("%d,%d\n",i,a);          /*输出 i 和 a 的值*/
      a=1;                            /*将 a 的值重新赋值为 1*/
      j = a>b && ++a>b;
      printf("%d,%d\n",j,a);          /*输出 j 和 a 的值*/
      k=a>b?a:c>d?c:d;                /*相当于 k=a>b?a:(c>d?c:d);        */
      printf("%d\n",k);
}
```

程序运行结果如图 2-13 所示。

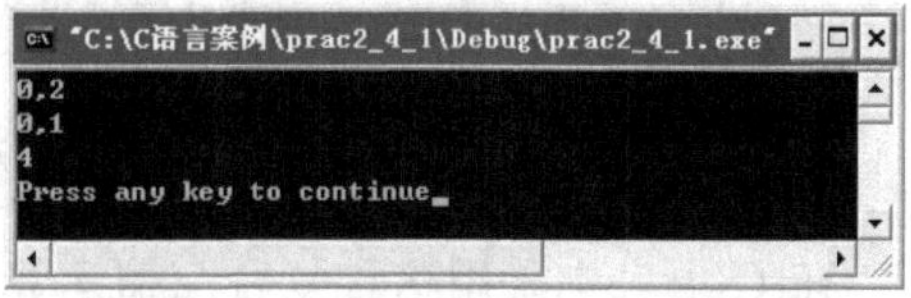

图 2-13　程序 prac2_4_1.c 的运行结果

3．项目分析

源程序中首先定义了 7 个整型变量，然后计算表达式“a>b||++a>b”的值。根据变量的初值和运算符的优先级，首先计算“a>b”，结果为 0，因此要接着计算“++a>b”以确定逻辑或运算的最终值。首先 a 加 1 变为 2，然后求解表达式“++a>b”，结果为 0，因此整个表达式的值为 0，i 的值也就是 0。

接下来求解 j 的值，当计算出“a>b”的值为 0 时，由于是“&&”运算，此时就可以确定出整个逻辑或表达式的值为 0，而不需要再计算“++a>b”。因此 a 的值不变，j 也等于 0，这就是所谓的短路表达式。

最后是求解 k 的值，首先要计算表达式“a>b?a:c>d?c:d”的值，该表达式是由两个条件运算符组成的复合条件表达式，根据条件表达式的右结合性的特点可知，该表达式等价于“a>b?a:(c>d?c:d)”，由此可以计算出表达式的值为 4，因此 k 的值也为 4。

2.5　赋值、逗号运算符及其相应表达式

知识导例

阅读程序并理解输出结果。

程序名：ex2_5_1.c

```
#include "stdio.h"
main()
{
    int a=1,b=2,c=3,d=4,i=0,j=0,k;
    k=0;                        /*简单的赋值运算*/
    i+=a;                       /*复合赋值运算*/
    j*=b+4;                     /*复合赋值运算*/
    k = (c+2,d+3,2+5);          /*赋值运算、逗号运算 */
    printf("%d,%d,%d\n",i,j,k);
}
```

程序运行结果如图 2-14 所示。

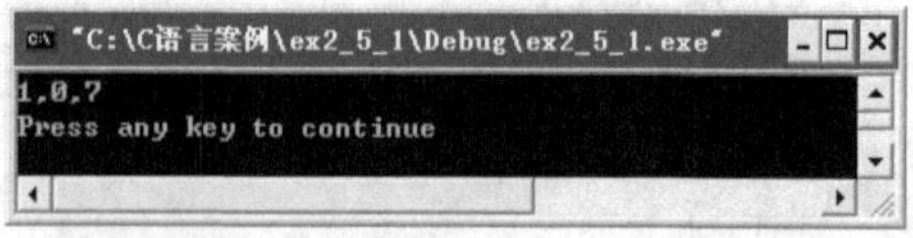

图 2-14　程序 ex2_5_1.c 的运行结果

相关知识

1. 赋值运算符及其表达式

（1）赋值运算符　赋值运算符，即“=”，其功能是把赋值运算符“=”右边表达式的值赋值给左边的变量。赋值运算符是二目运算符，具有自右向左的结合性，它的优先级在所有的运算符中排倒数第二位，仅高于后面要介绍的逗号运算符。

在 C 语言中，有时会在赋值运算符的前面加上其他运算符而构成复合的赋值运算符。例如，+=、–=、*=、/=、%=、<<=、>>=、&=、^=、|=等，这些复合的赋值运算符的优先级与单个的赋值运算符相同，同时也具有自右向左的结合性。

下面是一些复合赋值运算的例子：

```
a=5             /*把 5 赋值给 a，即 a 的值为 5*/
a+=5            /*等价于 a=a+5*/
x*=y+8          /*等价于 x=x*(y+8) */
y%=3            /*等价于 y=y%3*/
```

在 C 语言中采用这种复合赋值运算符的目的，一是为了简化程序，二是为了提高编译效率。

（2）赋值表达式　用赋值运算符或复合赋值运算符将一个变量和一个表达式连接起来的式子，称为赋值表达式。它的一般形式为：

```
变量　赋值运算符　表达式
```

例如，上面的 a=5、a+=5 等都是赋值表达式。

赋值表达式的值就是赋值运算符左边变量的值。例如，“x=3”是一个赋值表达式，该表达式的值就是 3，也就是 x 的值。

需要注意的是，赋值运算符左边的操作数只能是变量，而不能是常量或表达式。因此，诸如 4=4、(a+3)=6 等表达式都不是合法的赋值表达式。

赋值表达式中还有一种连续赋值的情况，如 a=b=c=d=e=5，这样的表达式该如何求解计算呢？

求解表达式的根据是运算符的优先级和结合性。该表达式只有赋值运算符，优先级当然相同，而赋值运算符的结合性是自右向左的，也就是从右往左计算。因此先计算 e=5，e 的值就变为 5，该表达式的值也为 5，然后再把表达式的值 5 赋值给 d，依次下去可知，a、b、c、d、e 的值都为 5，整个表达式的值也为 5。

（3）赋值运算中的类型转换　在赋值运算中，如果赋值运算符左右两边的类型不同，则会发生类型转换。类型转换的原则是将赋值表达式右边的值的类型转换为左边变量的类型。

例如：

```
int a=0,b;
char c,c1='x';
c=a;
b=c1;
```

在赋值表达式 c=a 运算时会将整型 a 的值转换为字符类型。由于整型在内存中占用 4 个字节，而字符型占用 1 个字节，该转换会截取整型 a 的低字节（低 8 位）赋值给 c，而抛弃 a 的 3 个高字节。在 b=c1 运算时，会将字符型的 1 个字节扩充为 4 个字节，值不发生变化，只是改变了值的表示形式。

2．逗号运算符及其表达式

逗号运算符“,”是 C 语言中一种特殊的运算符，它将多个操作数连接起来构成逗号表达式。组成逗号表达式的多个操作数可以是表达式，也可以是变量或常量。

逗号表达式的一般形式为：

```
操作数 1，操作数 2，…，操作数 n
```

在所有运算符中，逗号运算符优先级最低，其结合性是自左向右。

逗号表达式的求解过程是将逗号表达式中各操作数按从左至右的顺序依次求解，整个逗号表达式的值为最后一个表达式的值。

例如：

```
a+3,3,3+5,a++,a=2+4
```

该表达式即为逗号表达式，它由 5 个操作数构成，求解时从左至右依次求解各个操作数（也就是表达式），最后一个表达式 a=2+4 的值即为整个逗号表达式的值，即值为 6。

很多时候使用逗号表达式的目的是实现一系列的运算，并不关心逗号表达式的值。

需要注意的是，并不是任何地方出现的逗号都是作为逗号运算符的。

例如：

```
printf("%d,%d,%d",a,b,c);
```

这里出现的逗号不是逗号运算符，它只是起到了分隔符的作用。

实践训练

【实训项目】

1．实训内容

学习并掌握 C 语言中赋值、逗号运算符及其相应表达式的使用。

2．解决方案

程序名：prac2_5_1.c

```
#include "stdio.h"
main()
{
 int a=3,b=2,c=4,d=8,e=0;                        /*定义变量*/
 a+=b*c;                                          /*语句 L*/
 b-=c/b;                                          /*语句 M*/
```

```
    d%=a;                                                  /*语句 N*/
    printf("a=%d,b=%d,c=%d,d=%d\n",a,b,c,d);               /*输出结果*/
    e=(a+b>d,b||c,c++,++d,3+2);                            /*语句 Z*/
    printf("a=%d,b=%d,c=%d,d=%d,e=%d\n",a,b,c,d,e);        /*输出结果*/
}
```

程序运行结果如图 2-15 所示。

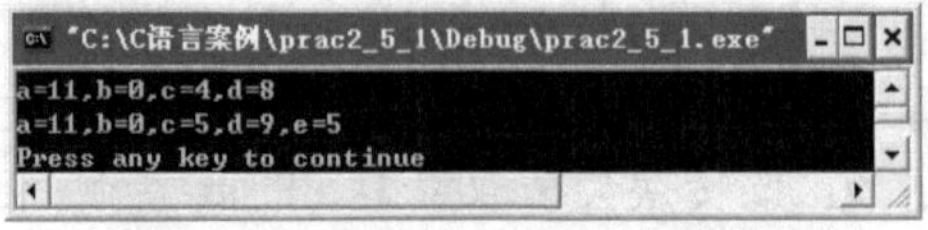

图 2-15　程序 prac2_5_1.c 运行结果

3．项目分析

1）程序先定义了几个整型变量，然后是有关的运算语句。

2）在语句 L 中，表达式 a+=b*c 是由算术运算符和复合赋值运算符组成的表达式，求解时根据运算符的优先级和结合性进行计算，应先计算 b*c，得到表达式的值为 8，然后计算 a+=8，可得 a 等于 11，b 和 c 的值没有变化。

3）在语句 M 中，求解方法和语句 L 类似，可得 b 等于 0。

4）在语句 N 中，d 等于 8%11，结果为 8。

5）在语句 Z 中，是把圆括号中的逗号表达式“a+b>d，b||c，c++，++d，3+2”的运算结果赋值给 e，该表达式根据逗号表达式的运算规则，依次计算各个子表达式的值，把最后一个子表达式“3+2”的值作为整个表达式的值赋值给 e，即 e 等于 5。在求解过程中 c 和 d 的值都进行了加 1 操作。

2.6　混合运算及数据类型转换

知识导例

阅读程序并理解输出结果。

程序名：ex2_6_1.c

```
#include "stdio.h"
main()
{
        char c='a';
        int i = 10;
        float f = 10.5;
        double d =0.0;
        d = c+i+f;
        printf("%lf\n",d);
}
```

程序运行结果如图 2-16 所示。

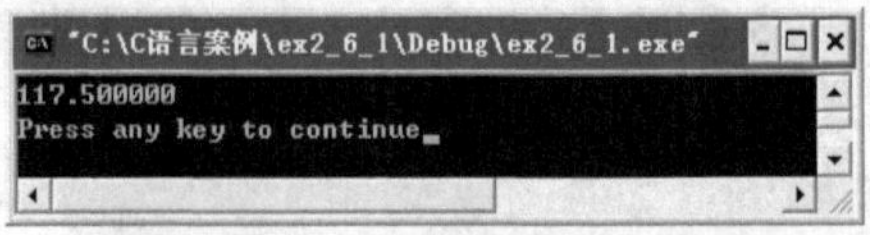

图 2-16　程序 ex2_6_1.c 运行结果

相关知识

1．不同数据类型之间的混合运算

混合运算是指在一个表达式中有多种不同的运算符并且所连接的操作数具有不同数据类型的运算。

例如，程序 ex2_6_1 中的“d=c+i+f”，该表达式涉及的数据类型有整型、实型和字符型，对这类表达式求解时，首先要把参加运算的两个操作数转换为同一类型，然后再进行运算。

2．数据类型转换

（1）自动类型转换　自动类型转换是由系统自动完成的，转换的法则如图2-17所示。

在图 2-17 中，横向向左的箭头表示必定的转换。也就是说，在两个操作数进行运算时，如果有 char 或 short int 类型的值，首先将它们转换为 int 类型，即使是两个 char 类型或两个 short 类型的值进行运算也要先转换为 int 类型。而纵向的转换是需要的时候才进行的转换。例如，int 和 long 类型的值进行运算，首先应将 int 类型的值转换为 long 类型，然后再进行运算，其结果也是 long 类型。如果两个操作数都为 int 类型，则不需要进行转换，都以 int 类型进行运算，其结果仍为 int 类型。

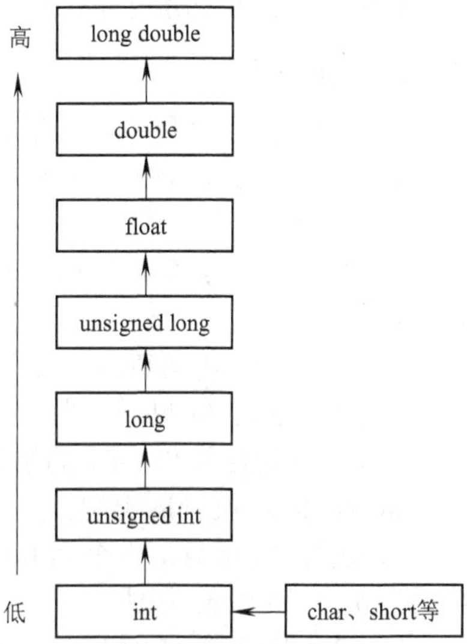

图 2-17　数据类型转换

（2）强制类型转换　强制类型转换是根据处理问题的需要将一种类型强制转换为另一种所需类型，这种转换可能会造成数据的丢失，它由程序员完成，系统不会自动进行处理。

强制类型转换的一般形式为：

```
(类型名)(表达式)
```

例如，(int)(5.6+9)表示将(5.6+9)转换成 int 类型，即将 14.6 转换成 14。如果写成(int)5.6+9，则意味着将 5.6 变为 int 类型，然后再与 9 相加。

再如，(float)(20%7)表示将(20%7)的值转换成 float 类型；(double)a 表示将 a 转换成 double 类型。

请注意：不要写为 int(1.2+3)，这样是错误的。

和自动类型转换一样，强制类型转换并不改变原来变量和表达式的类型属性。

实践训练

【实训项目】

1．实训内容

学习并掌握 C 语言中不同数据类型之间的转换。

2．解决方案

程序名：prac2_6_1.c

```
#include "stdio.h"
```

```
main()
{
 char c='b';
 short int i=2;
 float f=2.1f;
 double d1=0.0,d2=0.0;
 d2=(c/i)-(f-d1)+(f*i);          /*混合运算*/
 printf("%ld,%lf\n",(long)d2,d2);
}
```

程序运行结果如图 2-18 所示。

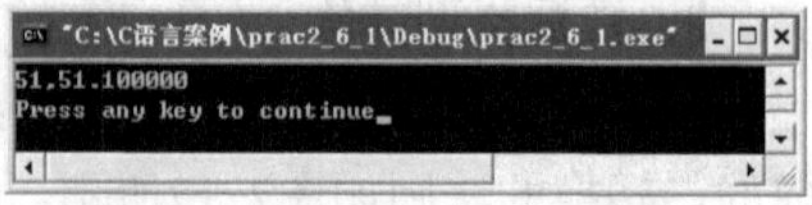

图 2-18　程序 prac2_6_1.c 运行结果

3．项目分析

程序中定义了几种不同类型的变量，然后是对表达式“d2=(c/i)–(f–d1)+(f*i)”进行求解，求解时将进行如下的类型转换：

1）在进行 c/i 运算时，要将 c 和 i 都转换成 int 类型进行运算：98/2，得到结果 49，为 int 类型。

2）在进行 f–d1 运算时，d1 为 double 类型，因此要将 f 转换为 double 类型进行运算，其结果为 2.1，也为 double 类型。

3）将 c/i 的结果和 f–d1 的结果进行运算，需要将前者的结果 49 从 int 转换为 double，结果为 46.9，仍为 double 类型。

4）进行 f*i 运算，一个为 float 类型，一个为 int 类型，将 i 转换为 float 然后进行运算，结果为 4.2，为 float 类型。

5）最后是计算 46.9+4.2，需将 4.2 转换为 double 类型，结果为 double 类型。

在进行表达式求解时的类型转换由系统自动进行，而在输出语句中，首先将 double 类型的 d2 强制转换为 long 类型然后输出，强制类型转换的结果是舍弃了 d2 的小数位（不是四舍五入），然后输出 d2 的原始值。

在进行类型转换时，只是将变量的值进行了类型转换，而变量的类型并没有改变。

2.7　综合实例

【综合实训】

1．实训内容

阅读下面的程序，根据对本章知识的理解写出运行结果。

2．解决方案

程序名：prac2_7_1.c

```
#include "stdio.h"
main()
{
 short s1=1,s2=2;
 int i1=1,i2=2,i3=3;
 long l1=1,l2=2;
 unsigned u1=1;
```

```
    char c1='a',c2='A';
    float f1 =1.0,f2=2;
    double d1=1,d2=2.0;
    printf("%d,%d,%d,%d,%d,%d,%d\n",sizeof(s1),sizeof(i1),sizeof(l1),sizeof(u1),sizeof(c1),sizeof(f1),sizeof(d1));
                                            /*输出结果：2,4,4,4,1,4,8*/
    printf("%d,%d,%d,%d,%d,%d,%d\n",sizeof(short),sizeof(int),sizeof(long),sizeof(unsigned),sizeof(char),sizeof
(float),sizeof(double));                    /*输出结果：2,4,4,4,1,4,8*/
    d1 = s1+i1+l1+u1+c1+f1;
    printf("%lf\n",d1);                     /*    102.000000
    u1 = i1++ + ++i2;
    l1 = (s1++,++s2,s1+s2);
    printf("%d,%d\n",u1,l1);                /*输出结果：4,5*/
    printf("%d,%d,%d\n",i1,i2,i3);          /*输出结果：2,3,3 */
    l1 = i1<i2<i3;
    l2 = i1<i2 && i2<i3;
    printf("%d,%d\n",l1,l2);                /*输出结果：1,0*/
    d1 = 2.1;
    d2 = 2.9;
    s1 = (short)d1;
    s2 = (short)d2;
    printf("%d,%d,%lf,%lf\n",s1,s2,d1,d2);  /*输出结果：2,2,2.100000,2.900000*/
}
```

程序运行结果如图 2-19 所示。

3．项目分析

1）本程序首先定义了各种基本数据类型的变量，然后使用 sizeof 运算符求出不同类型的数据所占的空间大小。通过运行结果可以看出 sizeof 运算符既可以对类型名（如 int、char）进行运算，也可以对该类型的变量进行运算，并且结果是一样的。

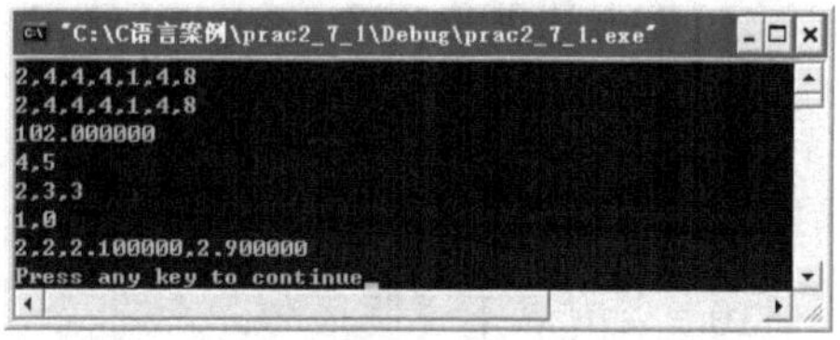

图 2-19　程序 prac2_7_1.c 运行结果

2）接下来进行了各种类型的混合运算，并将结果赋值给 d1，结果是 102.0，因为字符 'a' 对应的 ASCII 码是 97。

3）接下来是自增运算符和逗号运算符构成的表达式的求解，可以根据本章所讲内容和输出语句的结果进行理解分析。

4）然后是关系运算符和逻辑运算符构成的混合运算，最后是强制类型转换的运算和结果输出。

习　题

一、选择题

1. 在 C 语言中，字符型数据在内存中存储的是（　　）。
   A. 原码　　B. 补码　　C. 反码　　D. ASCII 码
2. 在 C 语言中，最简单的数据类型包括（　　）。
   A. 整型、实型、逻辑型　　B. 整型、实型、字符型
   C. 整型、字符型、逻辑型　　D. 整型、实型、逻辑型、字符型

3. 在 C 语言中，合法的字符常量是（　　）。

A. '\084'　　B. '\x43'　　C. 'ab'　　D. "\0"

4. 在 C 语言中，short 类型的整数−8 在内存中的存储形式是（　　）。

A. 1 111 1 111 1 111 0 111　　B. 1 000 0 000 0 000 1 000

C. 1 111 1 111 1 111 1 000　　D. 0 000 0 000 0 000 1 000

5. 已知在 ASCII 代码中，字母 A 的序号为 65，以下程序的输出结果是（　　）。

```
#include    "stdio.h"
main( )
 {char    c1='A',c2='Y'; printf("%d,%d\n",c1,c2);}
```

A. 输出格式非法，输出错误信息　　B. 65，90

C. A，Y　　D. 65，89

6. 下面程序段的输出结果是（　　）。

```
int i=010, j=10; printf("%d,%d\n",++i, j--);
```

A. 11，10　　B. 9，10　　C. 010，9　　D. 11，9

7. 已知 int i;　float f;　正确的语句是（　　）。

A. (int f) % I　　B. int (f % i)　　C. int (f) % I　　D. (int) f % i

8. 设有如下定义：

```
int    x=10,y=3,z;
则语句：
printf("%d\n",z=(x%y,x/y)) ;
```

输出结果是（　　）。

A. 1　　B. 0　　C. 4　　D. 3

9. 下列常数中不能作为 C 语言的常量的是（　　）。

A. 0XA5　　B. 2.5e−2　　C. 3e2　　D. 0 582

10. 若有以下说明语句：

```
int    a=5;a++;
```

此处表达式 a++的值是（　　）。

A. 7　　B. 6　　C. 5　　D. 4

11. 设 a 为整型变量，不能正确表达数学关系 10<a<15 的 C 语言表达式是（　　）。

A. 10<a<15　　B. a==11||a==12||a==13||a==14

C. a>10 && a<15　　D. !(a<=10)&&!(a>=15)

12. 若 t 为 double 类型，表达式“t=1 , t+5 , t++”的值是（　　）。

A. 1　　B. 6.0　　C. 2.0　　D. 1.0

13. 设 x 和 y 均为 int 型变量，则语句“x+=y ; y=x−y ; x−=y ;”的功能是（　　）。

A. 把 x 和 y 按从小到大排列　　B. 把 x 和 y 按从大到小排列

C. 无确定结果　　D. 交换 x 和 y 中的值

14. 下面标识符中是 C 语言合法关键字的是（　　）。

A. Float　　B. signed　　C. integer　　D. Char

15. 以下选项中不正确的实型常量是（　　）。

A. 0.8 103e 2　　B. 2.67e−1　　C. −77.67　　D. 456e−2

16. 以下选项中不合法的用户标识符是（　　）。

A. abc.c　　B. file　　C. Main　　D. PRINTF

17. 以下选项中不合法的用户标识符是（　　）。

A. _123　　B. printf　　C. A$　　D. Dim

18. 若变量已正确定义并赋值，则符合 C 语言语法的表达式是（　　）。

A. a++=a+7　　B. a=7+b+c,a++

C. int(12.3%4)　　D. a=a+7=c+b

19. 下面不合法的八进制数是（　　）。

A. 0　　B. 028　　C. 077　　D. 01

20. 下面不合法的十六进制数是（　　）。

A. 0xff　　B. 0Xabc　　C. 0x1X　　D. 0x19

二、填空题

1. 在 C 语言中，标识符只能有__________、__________和_________3 种字符组成，且第一个字符必须是__________或____________。

2. C 语言的基本数据类型为_______、_______及_______。

3. 在 C 语言中，整数可用_______进制数、______进制数与______进制数来表示。

4. 已知在 ASCII 代码中，字母 A 的序号为 65，以下程序的输出结果是_______。

```
main()
    {
        char c1='A',c2='Y';
        printf("%d,%d\n",c1,c2);
    }
```

5. 设 a、b、c 为整型数，且 a=2，b=3，c=4，则执行语句“a*=16+ (b++)– (++c);”后，a 的值是________。

6. 已知 a=10，b=20，c=30，则表达式 a=25 && b−−<=2 && c++ ? printf("***a=%d, b=%d, c=%d\n", a, b, c): printf("###a=%d, b=%d , c=%d\n" , a , b , c) ;的值为_____________。

7. 若已知 a=10，b=20，则表达式“!a<b”的值为______________。

8. 设 ch 是 char 型变量，其值为 A，且有下面的表达式：ch= (ch>'A'&&ch<='Z')?(ch+32):ch;，则该表达式的值是________。

第 3 章　顺序结构程序设计

结构化程序设计语言由三种固定的程序结构组成，即顺序结构、选择结构与循环结构。顺序结构是较为常见的一种结构，也是最简单的一种结构，它由一组顺序执行的程序块组成。顺序结构常用来解决生活当中按照从前到后的顺序依次解决的问题。本章主要介绍顺序结构编程中用到的输入输出语句、赋值语句等。

3.1　赋值语句及数据的输出

知识导例

向屏幕输出变量、常量和表达式的值，并且控制光标的移动。

程序名：ex3_1_1.c

```
#include   "stdio.h"
main( )
{
     int a,b;                              /*定义整型变量 a 和 b*/
     a=10;
     b=4;
     printf("%d\t",123);                   /*输出整型常量 123*/
     printf("\"a=%d,b=%d\"",a,b);          /*输出整型变量 a 和 b 的值*/
     printf("\n");
     printf("a%b=%d",a%b);                 /*输出 a%b 的值*/
     printf("\n");
}
```

程序运行结果如图 3-1 所示。

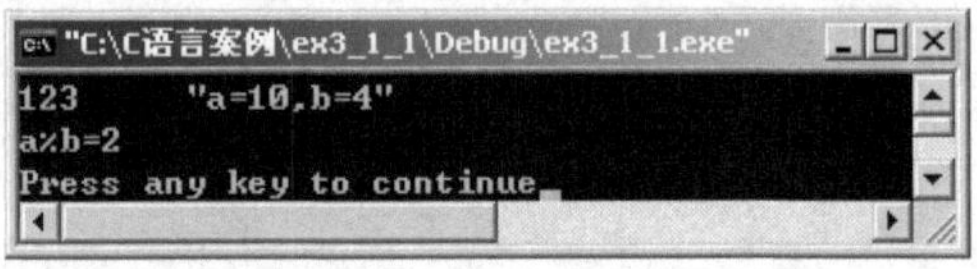

图 3-1　程序 ex3_1_1.c 运行结果

相关知识

1．顺序结构程序设计

顺序结构的程序设计是最简单的程序设计，它由一组顺序执行的程序块组成。最简单的程序块是由若干顺序执行的语句所构成的，程序 ex3_1_1.c 就是一个顺序结构的程序。顺序结构中的语句可以是赋值语句、输入输出语句等。

2．赋值语句

赋值语句是由赋值表达式加上一个分号构成的表达式语句。它的结构简单，是程序设计中使用频率最高也是最基本的语句。

其一般格式为：变量＝表达式；

例如：

```
a=10;
```

a=10 是一个赋值表达式，加上分号后就成了一个赋值语句。

使用赋值语句应注意以下几点：

1）赋值运算符具有右结合性，赋值符“=”右边的表达式也可以是另外一个赋值表达式，因此，下述形式：

变量=（变量=表达式）;

是成立的，从而形成嵌套的情形。

例如：

```
a=b=10;
```

按照赋值运算符的右结合性，该语句实际上等效于：

```
b=10;
a=b;
```

2）注意赋值语句和在变量说明中给变量赋初值的区别。给变量赋初值是变量说明的一部分，赋初值后的变量与其后的其他同类型变量之间仍必须用逗号间隔，而赋值语句则必须用分号结尾。

例如：

```
int a=10,b,c;
```

在变量说明中，不允许连续给多个变量赋初值，如下说明是错误的：

```
int a=b=c=10;
```

必须写为：

```
int a=10,b=10,c=10;
```

赋值语句允许连续赋值。

3）注意赋值表达式和赋值语句的区别。赋值表达式是一种表达式，它可以出现在任何允许表达式出现的地方，而赋值语句则不能。如下语句是合法的：

```
if((a=b+10)>0) c=a;
```

该语句的功能是，若表达式 a=b+10 的值大于 0，则 c=a。如下语句是非法的：

```
if((a=b+10;)>0) c=a;
```

因为“a=b+10;”是语句，不能出现在表达式中。

3．常用输出函数

在 C 语言中，C 语言本身不提供输入/输出语句，程序的输入和输出是通过调用系统提供的标准库函数实现的。在使用标准库函数中的输入/输出函数时，只要在程序的开始位置加上如下编译预处理命令即可：

```
#include  <stdio.h>  或  #include  "stdio.h"
```

它的作用是将头文件 stdio.h 的内容包含到程序源文件中。“stdio.h”是标准输入/输出头文件，其中的“std”为“standard”之意，“i”为“input”之意，“o”为“output”之意，“h”为“head”之意。数据的输出是指将数据输出到输出设备上，如显示器或打印机，其中显示器为标准的输出设备。一般的 C 语言编译系统均提供很多的标准输出函数，此处介绍两个最常用的输出函数：printf 函数和 putchar 函数。

（1）printf函数　printf函数称为格式输出函数，其关键字最末一个字母“f”即为“格式（format）”之意。其功能是按用户指定的格式，把指定的数据显示到显示器屏幕上。在前面的知识导例中已多次使用过这个函数。

1）printf 函数调用的一般格式。printf 函数是一个标准库函数，它的函数原型在头文件“stdio.h”中。

printf 函数调用的一般格式为：

```
printf("格式控制", 输出项列表)
```

例如：

```
printf("a=%d,b=%d",a,b);
```

其中，格式控制用于指定输出格式。格式控制可由格式字符串和非格式字符串两种组成。格式字符串是以%开头的字符串，在%后面跟有各种格式字符，以说明输出数据的类型、形式、长度、小数位数等。例如，“%d”表示按十进制整型输出、“%ld”表示按十进制长整型输出、“%c”表示按字符型输出等。

非格式字符串在输出时原样照印，起提示作用。

输出项列表中给出了各个输出项，要求格式字符串和各输出项在数量和类型上一一对应。

2）格式字符串。格式字符串的一般形式为：

```
[标志][输出最小宽度 m][.精度 n][长度]类型
```

其中，方括号[]中的项为可选项。每个格式说明都必须用“%”开头，以一个格式字符作为结束。其各项的意义如下：

类型：类型字符用以表示输出数据的类型，其格式字符和说明见表 3-1。

表 3-1　printf 函数的格式字符

格式字符	说明
d,i	以十进制形式输出带符号整数（正数不输出符号）
o	以八进制形式输出无符号整数（不输出前缀 0）
x,X	以十六进制形式输出无符号整数（不输出前缀 0x），用 x 时输出 a～f，用 X 时输出 A～F
u	以十进制形式输出无符号整数
f	以小数形式输出单、双精度实数（隐含输出 6 位小数）
e,E	以指数形式输出单、双精度实数
g,G	以%f 或%e 中较短的输出宽度输出单、双精度实数
p	输出地址值
c	输出单个字符
s	输出字符串

标志：标志字符为–、+、#和空格 4 种，其代表意义见表 3-2。

表 3-2　printf 函数的标志字符

标志	说明
–	结果左对齐，右边填空格
+	输出符号（正号或负号）
空格	输出值为正时冠以空格，为负时冠以负号
#	对 c，s，d，u 类无影响；对 o 类，在输出时加前缀 0；对 x 类，在输出时加前缀 0x；对 e，g，f 类当结果有小数时才给出小数点

输出最小宽度 m：用十进制整数来表示输出的最少位数。若实际位数多于定义的宽度，则按实际位数输出；若实际位数少于定义的宽度，则补以空格或 0。

精度 n：精度格式符以“.”开头，后跟十进制整数。本项的意义是：如果输出数字，则表示小数的位数；如果输出的是字符，则表示输出字符的个数；若实际位数大于所定义的精度数，则截去超过的部分。

长度：长度格式符为 h、l 两种，h 表示按短整型量输出，l 表示按长整型量输出。

（2）putchar函数　putchar函数是字符输出函数，其功能是在显示器上输出单个字符。其一般格式为：

```
putchar(字符常量或变量)
```

其功能是在显示器上输出字符变量。例如：

putchar('a');　功能：输出小写字母 a。

putchar(x);　功能：变量 x 的值作为 ASCII 码时对应的字符。

putchar('\n');　功能：换行。

对控制字符则执行控制功能，不在屏幕上显示。

使用本函数前必须要用文件包含命令：

```
#include  <stdio.h>或#include  "stdio.h"
```

实践训练

【实训项目一】

1．实训内容

输出数据，并且控制数据的对齐形式、小数点后数字位数、八进制形式输出、字符串输出宽度等。

2．解决方案

程序名：prac3_1_1.c

```
#include "stdio.h"
main( )
{
    int a=48,b=22;
    float x=1.234567,y=-456.789;
    char ch='a';
    long l=1234567;
    printf("%d%d\n",a,b);
    printf("%-3d%3d\n",a,b);
    printf("%8.2f,%8.2f,%.4f,%.4f\n",x,y,x,y);
    printf("%e,%10.2e\n",x,y);
    printf("%c,%d,%o,%x\n",ch,ch,ch,ch);
    printf("%ld,%lo,%x,%d\n",l,l,l,l);
    printf("%s,%5.3s\n","CHINESE","CHINESE");
}
```

程序运行结果如图 3-2 所示。

3．项目分析

程序第 9 行“printf("%-3d%3d\n",a,b);”，%-3d 左对齐输出 a 的值，列宽为 3，输出时在 48 后补一个空格；%3d 右对齐输出 b 的值，列宽为 3，输出时在 22 前补一个空格。

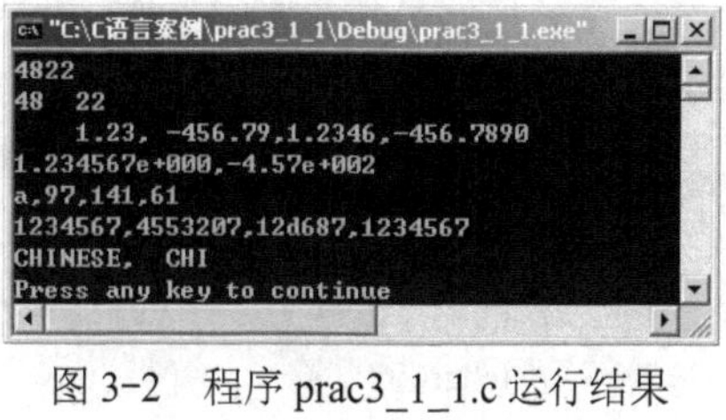

图 3-2　程序 prac3_1_1.c 运行结果

程序第 10 行“printf("%8.2f,%8.2f,%.4f,%.4f\n",x,y,x,y);”，第一个%8.2f 对 1.234 567 四舍五入保留两位小数，输出列宽为 8，在 1.23 前补 4 个空格。第一个%.4f 对 1.234 567 四舍五入保留 4 位小数，按照实际列宽输出。

程序第 11 行“printf("%e,%10.2e\n",x,y);”，按指数形式输出 x 和 y 的值。

程序第 12 行“printf("%c,%d,%o,%x\n",ch,ch,ch,ch);”，输出字符 'a'，将字符 'a' 的 ASCII 码分别以十进制、八进制和十六进制输出。

程序第 14 行“printf("%s,%5.3s\n","CHINESE","CHINESE");”，%5.3s 输出"CHINESE"的前 3 个字符，列宽为 3，前面补两个空格。

【实训项目二】

1．实训内容

已知圆的半径 r 为 3.6，求圆的周长 length。

2．解决方案

程序名：prac3_1_2.c

```
#include "stdio.h"
main( )
{
    float r,length,pi=3.14;          /*实型变量 r、length、pi 分别为圆的半径、周长及圆周率*/
    r=3.6;
    length=2*pi*r;
    printf("圆的半径为：%5.2f,圆的周长为：%5.2f\n",r,length);
}
```

程序运行结果如图 3-3 所示。

图 3-3　程序 prac3_1_2.c 运行结果

3．项目分析

本项目定义 r、length、pi 为 float 类型的变量，用来求圆的周长，最后用 printf 函数输出，格式说明符“%5.2f”使 r、length 的值输出结果宽度为 5，小数点后面保留两位。

【实训项目三】

1．实训内容

输出单个字符。

2．解决方案

程序名：prac3_1_3.c

```
#include "stdio.h"
main()
{   char ch1='B',ch2='a';
    int x=65;
    putchar(ch1);
    putchar(ch1+1);
    putchar('\n');
    putchar(ch2);
    putchar('\n');
    putchar(x);
    putchar('\n');
```

```
        putchar(65);
        putchar('\n');
    }
```

程序运行结果如图 3-4 所示。

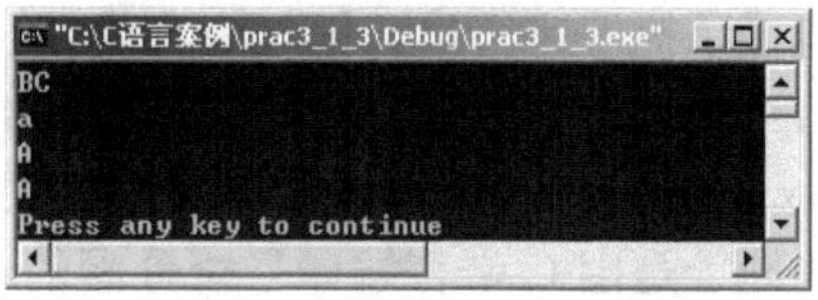

图 3-4　程序 prac3_1_3.c 运行结果

3．项目分析

本项目 putchar 函数在屏幕上输出一个字符，该函数的参数可以是一个字符，也可以是一个字符的 ASCII 码值（相当于一个整型数据）。

3.2　数据的输入

知识导例

分别输入整型、实型和字符型三个类型的数据，并在屏幕上显示输入的数据。

程序名：ex3_2_1.c

```
#include "stdio.h"
main()
{
    int a;
    float x;
    char ch;
    printf("请分别输入整型、实型和字符型三个类型的数据，用逗号分隔：");
    scanf("%d,%f,%c",&a,&x,&ch);
    printf("你输入的三个数据是：\n");
    printf("%d\n%.3f\n%c\n",a,x,ch);
}
```

程序运行结果如图 3-5 所示。

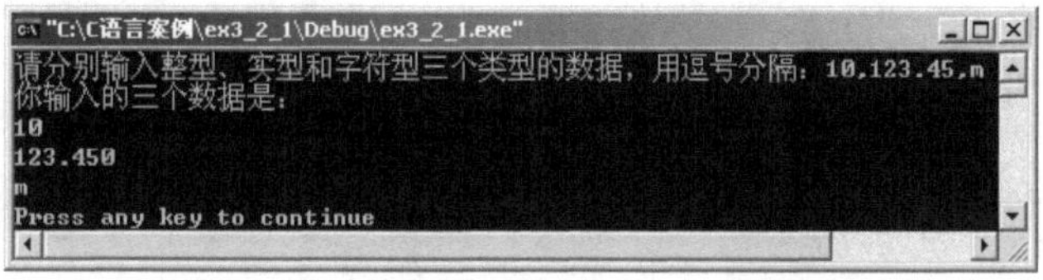

图 3-5　程序 ex3_2_1.c 运行结果

相关知识

C 语言编译系统提供了多种输入函数，其中使用较多的是格式输入 scanf 函数和单字符输入 getchar 函数。

1．scanf 函数

scanf 函数同 printf 函数一样，是一个标准库函数，它的函数原型也定义在头文件"stdio.h"中。

scanf 函数可以用于所有类型的数据输入，使用不同的格式转换符可以将不同类型的数据从标准输入设备读入内存。

scanf 函数的一般格式为：

```
scanf("格式控制字符串", 地址表列);
```

其中，格式控制字符串的作用与 printf 函数相同，但不能显示非格式字符串，也就是不能显示提示字符串。地址表列中给出各变量的地址。

地址表列中的地址是由地址运算符“&”后跟变量名组成的。例如，“scanf("%d,%f,%c",&a,&x,&ch);”中&a、&x、&ch 分别表示变量 a 的地址、变量 x 的地址和变量 ch 的地址。变量的地址是由 C 语言编译系统分配的，用户不必关心具体的地址是多少，直接使用即可。

下面介绍格式控制字符串。格式字符串的一般形式为：

```
%[*][输入数据宽度][长度]类型
```

其中，有方括号[]的项为任选项。各项的意义如下：

（1）类型　表示输入数据的类型，其格式符说明见表3-3。

表 3-3　scanf 函数的格式字符

格　式	字 符 意 义
d	输入十进制整数
o	输入八进制整数
x	输入十六进制整数
u	输入无符号十进制整数
f 或 e	输入实型数（用小数形式或指数形式）
c	输入单个字符
s	输入字符串

（2）“*”符　用以表示该输入项，读入后不赋予相应的变量，即跳过该输入值。例如：

```
scanf("%d %*d %d",&a,&b);
```

当输入为：1　2　3 时，把 1 赋给 a，2 被跳过，3 赋给 b。

（3）宽度　用十进制整数指定输入的宽度（即字符数）。

例如：

```
    scanf("%5d",&a);
```

输入：12345678

只把 12345 赋给变量 a，其余部分被截去。

又如：

```
    scanf("%4d%4d",&a,&b);
```

输入：12345678

把 1234 赋给 a，而把 5678 赋给 b。

（4）长度　长度格式符为l和h，l表示输入长整型数据（如%ld）和双精度浮点数（如%lf）。h表示输入短整型数据。

使用 scanf 函数还必须注意以下几点：

1）scanf 函数中没有精度控制，例如，scanf("%5.2f",&a); 是非法的。不能试图用此语句控制输入小数位数为两位的实数。

2）scanf 中要求给出变量地址，如果给出变量名则会出错。例如，scanf("%d",a); 是非法的，应改为 scanf ("%d",&a); 才是合法的。

3）在输入多个数值数据时，若格式控制串中没有非格式字符作为输入数据之间的间隔，则可用“空格”键、“Tab”键或“回车”键作为间隔。C 语言编译系统在遇到“空格”键、

“Tab”键、“回车”键或非法数据（如对“%d”输入“12A”时，A 即为非法数据）时即认为该数据结束。

4）在输入字符数据时，若格式控制串中没有非格式字符，则认为所有输入的字符均为有效字符。例如：

```
scanf("%c%c%c",&a,&b,&c);
```

输入为“d□e□f”时，则把'd'赋给 a，'□' 赋给 b，'e'赋给 c。

只有当输入为“def”时，才能把'd'赋给 a，'e'赋给 b，'f'赋给 c。

如果在格式控制中加入空格作为间隔，例如：

```
scanf ("%c %c %c",&a,&b,&c);
```

则输入时各数据之间可加空格。

5）如果格式控制串中有非格式字符，则输入时也要输入该非格式字符。例如：

```
scanf("%d,%f,%c",&a,&x,&ch);
```

其中用非格式符“,”作为间隔符，故输入时应为：10,123.45,m。

又如：

```
scanf("a=%d,x=%f,ch=%c",&a,&x,&ch);
```

则输入应为：

```
a=10,x=123.45,ch=m
```

6）如果输入的数据与输出的类型不一致时，虽然编译系统能够通过，但结果是不正确的。

2. getchar 函数

getchar 函数是一个不带参数的输入函数，其功能是从标准输入设备接收一个字符。它的一般格式为：

```
getchar();
```

通常把输入的字符赋给一个字符变量，构成赋值语句。例如：

```
char c;
c=getchar();
```

getchar 函数只能接受单个字符，输入数字也按字符处理。当输入多于一个字符时，只接收第一个字符。使用 getchar 函数前必须包含头文件“stdio.h”。

实践训练

【实训项目一】

1. 实训内容

输入圆的半径，计算圆的周长与面积。

2. 解决方案

程序名：prac3_2_1.c

```
#include "stdio.h"
main()
{
    float pi=3.1415926;
    float r,s,area;                /*实型变量 r、s、area 分别表示圆的半径、周长、面积*/
    printf("请输入圆的半径：");
    scanf("%f",&r);
```

```
        s=2*pi*r;
        area=pi*r*r;
        printf("圆的周长为：%.3f\n",s);
        printf("圆的面积为：%.3f\n",area);
}
```

程序运行结果如图 3-6 所示。

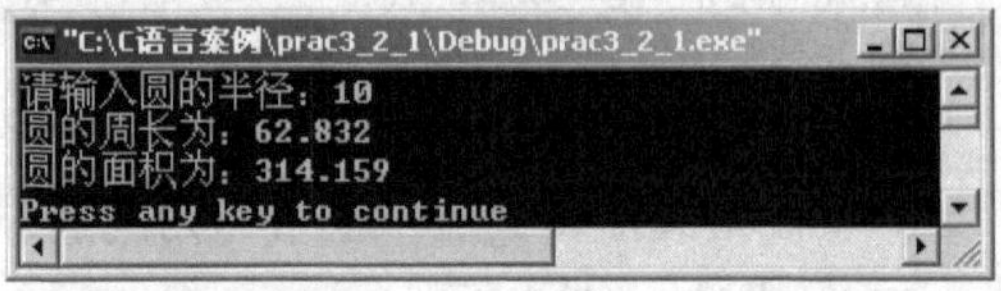

图 3-6　程序 prac3_2_1.c 运行结果

3．项目分析

本项目通过“scanf("%f",&r);”语句实现将输入的数值存入圆的半径 r，然后计算圆的周长和面积并输出。

【实训项目二】

1．实训内容

输入单个字符，然后将输入的字符输出到显示器上。

2．解决方案

程序名：prac3_2_2.c

```
#include "stdio.h"
main()
{
        char ch;
        printf("请输入一个字符：");
        ch=getchar();                    /*从键盘上获取一个字符，赋给字符型变量 ch*/
        printf("你输入的字符是：%c\n",ch);
}
```

程序运行结果如图 3-7 所示。

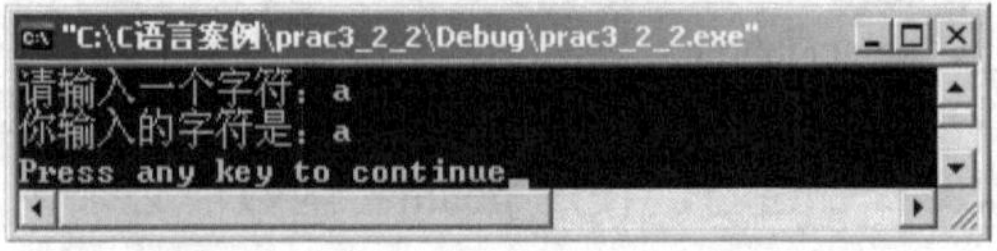

图 3-7　程序 prac3_2_2.c 运行结果

3．项目分析

getchar 函数也可以出现在格式输出函数中，程序第 6、7 行可改写为：

```
printf("你输入的字符是：%c\n",getchar());
```

3.3　复合语句与空语句

知识导例

在复合语句中定义变量并输出其值。

程序名：ex3_3_1.c

```
#include    "stdio.h"
main( )
{
        int a,b,c=0;
        a=65;
        {                               /*该对花括号内的语句为复合语句*/
```

```
            int a=10;           /*该处定义的 a 只在复合语句内有效*/
            b=a+10;             /*使用 a 的值为 10*/
            printf("a=%d,b=%d,c=%d\n",a,b,c);
        }
        c=a+10;                 /*使用 a 的值为 65*/
        printf("a=%d,b=%d,c=%d\n",a,b,c);
}
```

程序运行结果如图 3-8 所示。

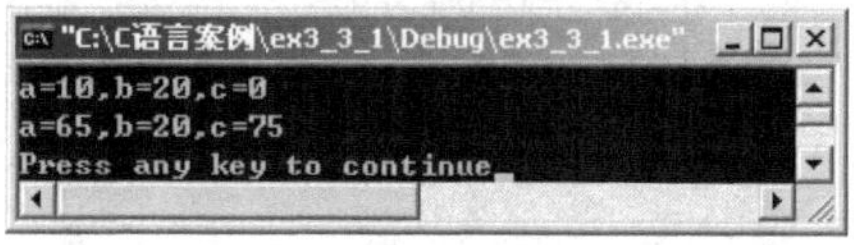

图 3-8　程序 ex3_3_1.c 运行结果

相关知识

1. 复合语句

把多个语句用花括号{}括起来组成的一个语句称复合语句。复合语句也可称为“语句块”，其语句格式为：

```
{语句 1;语句 2;… ;语句 n;}
```

复合语句内的语句数量不限，各条语句都必须以分号“;”结尾。在程序中应把复合语句看成是单条语句，而不是多条语句。例如：

```
{ x=y+z;
    a=b+c;
    printf("%d%d",x,a);
}
```

这是一条复合语句。

在复合语句中，不仅可以有执行语句，还可以有定义部分，定义部分应该出现在可执行语句的前面。例如：

```
{
  int a=10;
  printf("a=%d\n",a);
}
```

注意：从程序 ex3_3_1.c 中可以看出，如果复合语句中定义的变量名与函数中的变量名相同，则在复合语句内部屏蔽外部的同名变量。

2. 空语句

只由分号“;”组成的语句称为空语句。C 语言程序在执行空语句时不产生任何动作。在程序中，空语句可用做空循环体。例如：

```
while(getchar()!='\n');
```

本语句的功能是，只要从键盘输入的字符不是回车键则重新输入。这里的循环体为空语句。

程序中有时需要加上一个空语句来表示存在一条语句，但是随意加上分号有时会造成逻辑上的错误。因此，应该慎用或去掉程序中不必要的空语句。

实践训练

【实训项目】

1. 实训内容

复合语句的应用。

2．解决方案

程序名：prac3_3_1.c

```
#include   "stdio.h"
main( )
{
        int a=0,b=0;
        int x=10,y=20,z=30;
        {     /*该对花括号为复合语句*/
                int a=100,c=5;
                b=a+10;
                x=y+z+c;
                printf("a=%d,b=%d,c=%d\n",a,b,c);
                printf("x=%d,y=%d,z=%d\n\n",x,y,z);
        }
        b=a+10;
        printf("a=%d,b=%d\n",a,b);
        printf("x=%d,y=%d,z=%d\n",x,y,z);
}
```

程序运行结果如图 3-9 所示。

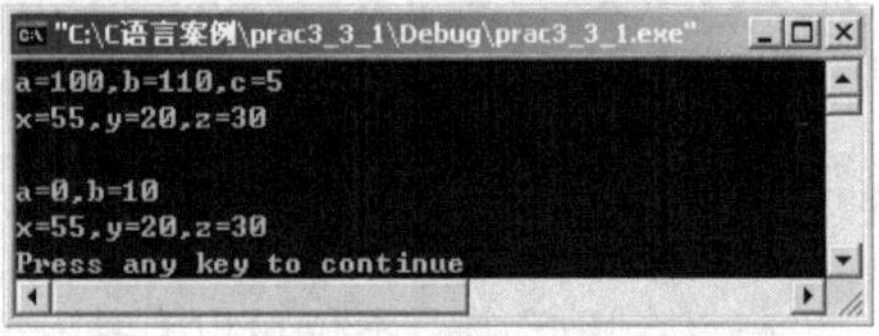

图 3-9　程序 prac3_3_1.c 运行结果

3．项目分析

程序第七行“int a=100,c=5;”在复合语句内部定义了变量 a 和 c，它们只在复合语句内部起作用。其中变量 a 和 main 函数中的变量 a 重名，此时，在复合语句内部只有复合语句自己定义的变量 a 起作用，复合语句执行结束后使用的变量 a 是 main 函数定义的变量 a。

3.4　综合实训

【综合实训一】

1．实训内容

实现华氏温度与摄氏温度转换。输入一个华氏温度，要求输出摄氏温度。华氏温度转换为摄氏温度的公式为 C=5/9(F−32)，要求结果取两位小数。

2．解决方案

程序名：prac3_4_1.c

```
#include   "stdio.h"
main( )
{
        float F,C;   /*实型变量 F、C 分别代表华氏温度、摄氏温度*/
        printf("请输入华氏温度：");
        scanf("%f",&F);
        printf("你输入的华氏温度为：%f\n",F);
        C=5.0/9*(F−32);
        printf("转换成摄氏温度为：%.2f\n",C);
}
```

程序运行结果如图 3-10 所示。

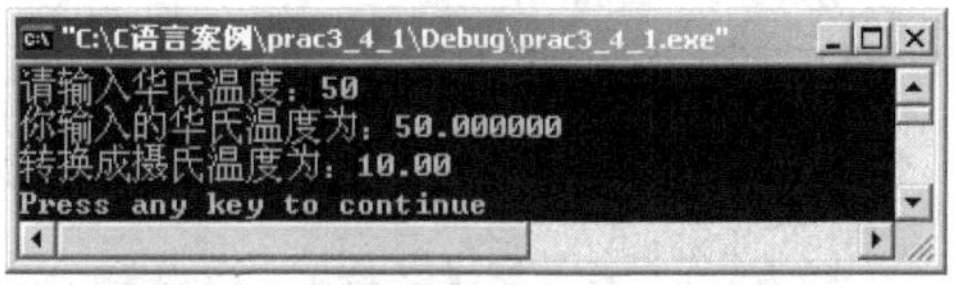

图 3-10　程序 prac3_4_1.c 运行结果

3．项目分析

项目中定义了两个实型变量 F、C，然后利用 scanf 函数输入华氏温度，“%f”表示输入的是实型数据，转为摄氏温度后，用 printf 函数输出华氏和摄氏温度的值，“%.2f” 表示保留小数点后面两位，但不指定总的宽度。

【综合实训二】

1．实训内容

编写程序，实现输入某学生的单科（语文、数学、政治、C 语言）成绩，计算出总分和平均分。

2．解决方案

程序名：prac3_4_2.c

```
#include   "stdio.h"
main( )
{
        float yw,sx,zz,cyy,zf,pjf;
        printf("请输入语文、数学、政治和 C 语言的成绩，以逗号隔开：\n");
        scanf("%f,%f,%f,%f",&yw,&sx,&zz,&cyy);
        printf("你输入的单科成绩为：\n");
        printf("语文：%.2f\n 数学：%.2f\n 政治：%.2f\nC 语言：%.2f\n",yw,sx,zz,cyy);
        zf=yw+sx+zz+cyy;
        pjf=zf/4;
        printf("总成绩为：%.2f\n 平均分为：%.2f\n",zf,pjf);
}
```

程序运行结果如图 3-11 所示。

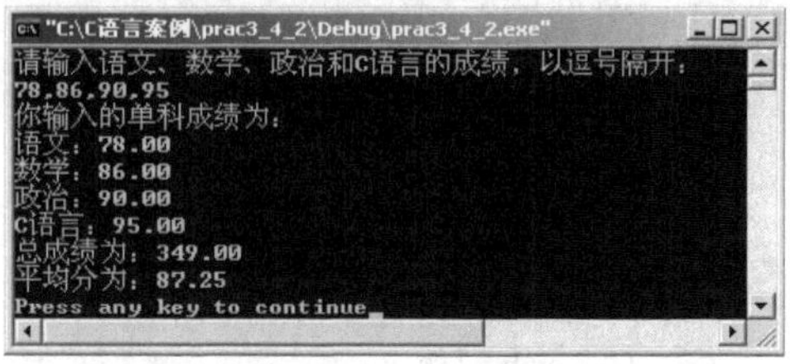

图 3-11　程序 prac3_4_2.c 运行结果

3．项目分析

该项目也是一个典型的顺序结构程序设计，变量 yw、sx、zz、cyy 分别表示语文、数学、政治、C 语言的成绩，变量 zf、pjf 表示总分、平均分，项目中利用 scanf 函数进行输入。要注意输入的时候，在输入的数据中间以逗号隔开，因为格式控制字符串使用了普通字符“,”，所以根据规则，scanf 函数中格式控制部分出现普通字符时要求原样输入，在 printf 函数格式控制中出现普通字符时也要求原样输出。

【综合实训三】

1．实训内容

输入三角形的三个边长，求三角形面积。已知三角形的三边长为 a、b、c，则该三角形的面积公式为：$area = \sqrt{s(s-a)(s-b)(s-c)}$，其中 s=(a+b+c)/2。

2．解决方案

程序名：prac3_4_3.c

```
#include  "math.h"
#include  "stdio.h"
main()
{
    float a,b,c,s,area;
    printf("请输入三角形的三边长，以逗号隔开：\n");
    scanf("%f,%f,%f",&a,&b,&c);
    printf("三角形的三条边长为：\n");
    printf("a=%.2f\nb=%.2f\nc=%.2f\n",a,b,c);
    s=1.0/2*(a+b+c);
    area=sqrt(s*(s-a)*(s-b)*(s-c));
    printf("该三角形的面积为：%.2f\n",area);
}
```

程序运行结果如图 3-12 所示。

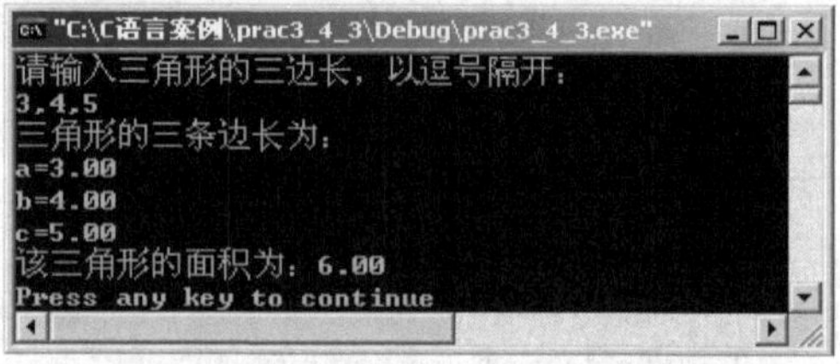

图 3-12　程序 prac3_4_3.c 运行结果

3．项目分析

变量 a、b、c、s、area 分别表示三角形的三个边长、周长及面积，程序利用算术表达式求出了周长和面积，然后利用赋值语句，将三角形的周长及面积赋给变量 s 和 area，再利用 printf 函数进行输出。

习　　题

一、选择题

1．以下程序段的输出结果是（　　）。

```
int a=123;
printf("#%-6d#\n",a);
```

A．#123　　　　B．#123#
C．123#　　　　D．输出格式符不合法

2．下列合法的 C 语言赋值语句是（　　）。

A．a=b=10　　　　B．a=10，b=10;
C．a=b=10;　　　　D．i++

3．putchar 函数可以向屏幕输出一个（　　）。

A．整型变量值　　　　B．实型变量值
C．字符串　　　　D．字符或字符变量值

4．若有以下程序段，其输出结果是（　　）。

```
#include  "stdio.h"
main()
{
    int x=2,y=5;
    printf("x=%%d,y=%%d\n",x,y);
}
```

A．x=%2，y=%5　　　　B．x=2，y=5

C. x=%%d, y=%%d　　D. x=%d, y=%d

5. 设有如下定义：int　x=10,y=3,z;，则语句：printf("%d\n", z=(x%y , x/y)) ;的输出结果是（　　）。

A. 3　　B. 0　　C. 4　　D. 1

6. 以下叙述中正确的是（　　）。

A. 输入项可以是一个实型常量。例如，scanf("%f", 3.5);

B. 只有格式控制，没有输入项，也能正确输入数据到内存。例如，scanf("a=%d, b=%d")

C. 当输入数据时，必须指明变量地址。例如，scanf("%f", &f);

D 输入一个实型数据时，格式控制部分可以规定小数点后的位数。例如，scanf("%4.2f" , &d);

7. 以下程序的输出结果是（　　）。

```
#include    "stdio.h"
#include    "math.h"
main()
{
double a=-3.0,b=2;
printf("%2.0f%2.0f\n",pow(b,fabs(a)),pow(fabs(a),b));
}
```

A. 98　　B. 89

C. 66　　D. 以上三个都不对

8. 已知字母 a 的 ASCII 码为十进制的 97，下面程序的输出结果是（　　）。

```
#include    "stdio.h"
main( )
{
        char    ch1 , ch2 ;
        ch1='a'+'5'-'3' ;
        ch2='a'+'6'-'3' ;
        printf("%d,%c\n", ch1, ch2);
}
```

A. 99,d　　B. c,d　　C. b,c　　D. 99,100

9. 以下语句的输出结果是（　　）。

```
printf ("%d\n", strlen("\t\"\065\xff\n"));
```

A. 5　　B. 14

C. 8　　D. 输出项不合法，无正常输出

10. 若变量已正确定义为 int 类型，要给 a、b、c 输入数据，以下正确的输入语句是（　　）。

A. read(a,b,c);　　B. scanf("%d%d%d",a,b,c);

C. scanf("%f%f%f",&a,&b,&c);　　D. scanf("%d%d%d",&a,&b,&c);

二、填空题

1. 下面程序的输出结果是________。

```
#include    "stdio.h"
main( )
 {
        int x =0166;
        printf("x=%-3d,x=%-6d,x=$%-06d,x=$%06d,x=%%06d\n",x,x,x,x,x);
```

```
    }
```

2. 有以下程序，当输入数据为 10，15，20 时，程序输出结果是________。

```
#include   "stdio.h"
main( )
{
        int x,y,z;
        scanf("%d,%d,%d",&x,&y,&z);
        printf("x+y+z=%d\n",x+y+z);
}
```

3. 有以下程序，当输入数据为 12.5 时，程序输出结果是________。

```
#include   "stdio.h"
main( )
{
        int a;
        scanf("%d",&a);
        printf("a=%d\n",a);
}
```

4. 下面程序的运行结果是________。

```
#include   "stdio.h"
main( )
{
        int a=2,b=3,c=5;
        printf("a=%d,b=%d\n",a,c);
}
```

5. 复合语句在语法上被认为是________，空语句的形式是________。

三、编程题

1. 某工种按小时计算工资，每月劳动时间（小时）×每小时工资=总工资，总工资中扣除 10%公积金，剩余的为应发工资。编写一个程序，从键盘输入劳动时间和每小时工资，打印出应发工资。

2. 编写程序，通过程序输入两个整数，求出它们的商数和余数并进行输出。

3. 编写程序，通过程序输入 3 个双精度数，求出它们的平均值，并保留此平均值小数点后一位，对小数点后第二位进行四舍五入，输出结果。

4. 编写一个水果店售货员结账的程序，要求：已知苹果 6.2 元/kg，香蕉 4.8 元/kg，橘子 3.2 元/kg，鸭梨 4.3 元/kg，售货员输入各类水果的重量，打印出应付钱数，再输入顾客付款数，打印出应找零的钱数。

第 4 章　选择结构程序设计

选择结构是一种常用的程序结构。在自然界和社会生活中，进行选择是非常常见的，经常会出现在两种或多种选择之中选择其一的情况，并且在任何情况下都有“无论分支多少，必择其一；纵使分支众多，仅择其一”的固定特征。选择结构在执行的时候，需要先进行选择条件的判断，根据所判定的条件决定执行哪个分支，选择判定条件的结果往往是一个逻辑值（如 if 选择结构），为真（非 0）或为假（0），根据此结果执行为真的分支或为假的分支；有的时候判断条件是一个整型值或字符型的值，在执行时可与数值相等的分支进行匹配，如果匹配成功，就执行相应的分支（如 switch 分支结构）。

4.1 if 语句

知识导例

在数学计算中，经常会求一个数 x 的绝对值。该问题的求解方法很简单，即如果这个数 x 为正数，那么它的绝对值就是它本身；如果 x 为负数，那么 x 的绝对值就是–x，即如以下公式所示：

$$y = \begin{cases} x & (x>=0) \\ -x & (x<0) \end{cases}$$

程序名：ex4_1_1.c

```
#include "stdio.h"
main()
{       int x,y;
        printf("请输入 x 的值：");
        scanf("%d",&x);
        /*根据 x 的值求出 y 的值。*/
        if(x>=0){  y=x;  }
       else{y=–x;}
        printf("x 的绝对值 y=%d\n",y);
}
```

程序运行结果如图 4-1 所示。

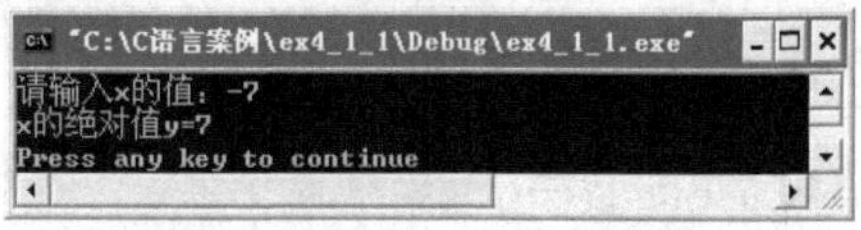

图 4-1　程序 ex4_1_1.c 运行结果

相关知识

C 语言有三种基本结构：顺序、分支（选择）和循环结构，if 语句属于分支结构，它的作用是根据所判断的条件是否满足来决定执行哪个语句块。因此，if 语句的一般结构为：

```
if(表达式)
{
  语句块 1;
}
else
{
  语句块 2;
}
```

if 后面括号中的表达式就是要判断的条件，如果表达式的求值结果为真，说明条件满足，则执行语句块 1，否则就执行语句块 2。它的执行流程如图 4-2 所示。

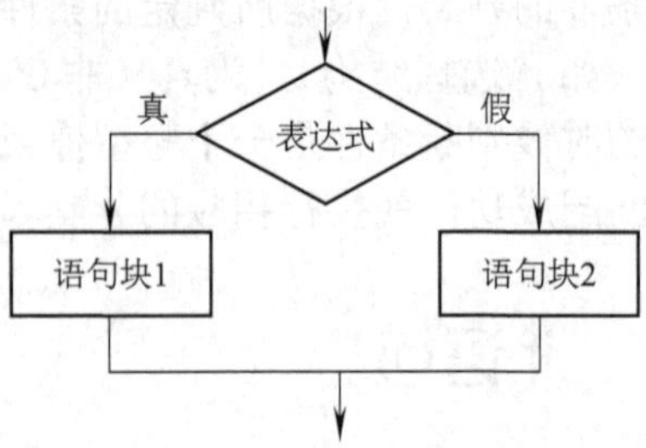

图 4-2　if 语句流程图

需要注意，C 语言中表达式结果的真假与非 0 和 0 相对应，即如果表达式的求解结果为非 0，就认为是真；如果是 0，就认为是假。

在 if 语句的一般结构中，语句块 1 和语句块 2 可以是一条或多条合法的 C 语言语句。如果是一条语句，则包含语句块的一对花括号可以省略，如果是多条语句则必须用花括号括起来。在程序的编写中推荐的做法是：无论语句块是一条或多条语句，都使用花括号，这样既增强程序的可读性，又能够减少出错的概率。

在 if 语句的基本应用中，有时会出现 else 分支中的语句块 2 为空的情况。此时可以省略 else 及 else 后面的语句而只有 if 语句，也就是说只有条件为真的分支。

实践训练

【实训项目一】

1. 实训内容

从键盘输入两个整数 x、y，并按照从大到小的顺序分别输出 x、y 的值。

2. 解决方案

程序名：prac4_1_1.c

```
#include "stdio.h"
main()
{
    int x,y,tmp;
    printf("请输入 x、y 的值，中间以\",\"分割开:\n");
    scanf("%d,%d",&x,&y);
    /*如果 x 小于 y，则将 x、y 的值互换*/
    if(x<y){
        /*使用变量 tmp 把 y 的原始值保存起来*/
        tmp = y;
```

```
            /*把 x 的值赋值给 y */
            y = x;
            /*把原来 y 的值赋值给 x*/
            x = tmp;
        }
        printf("%d,%d\n",x,y);
}
```

程序运行结果如图 4-3 所示。

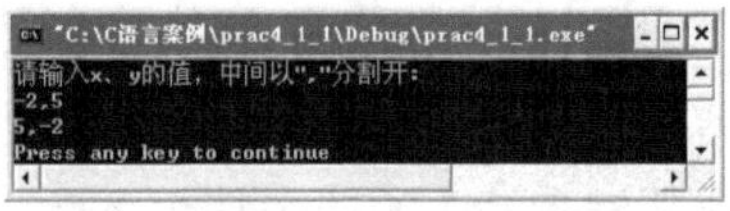

图 4-3　程序 prac4_1_1.c 运行结果

3．项目分析

本项目要求按照从大到小输出 x、y 的值，基本思路是：如果 x<y，则将 x 与 y 的值互换，否则 x 和 y 的值不变，这样 x 始终是两个数中较大的数，然后分别输出 x、y，则结果就是从大到小的顺序。在本项目中，只使用了 if 语句而没有 else 语句，因为如果 x>=y，则不需要做任何操作，即前面提到的只有 if 语句的情况。本项目中较难的地方是在 if 语句中 x 和 y 值互换的代码，它的思路是首先使用变量 tmp 将 y 的值保存起来，然后把 x 的值赋给 y，这时 y 的值就是 x 的值，最后把 x 的值变为原来 y 的值，即将 tmp 中保存的原来的 y 的值赋给 x，这样就实现了 x 与 y 值的互换。最终把 x、y 的值分别输出就是从大到小的顺序。

【实训项目二】

1．实训内容

从键盘输入三个整数 x、y、z，并按照从大到小的顺序分别输出。

2．解决方案

程序名：prac4_1_2.c

```
#include "stdio.h"
main()
{       int x,y,z,tmp;
        printf("请输入 x、y、z 的值，中间以\",\"分隔开:\n");
        scanf("%d,%d,%d",&x,&y,&z);
        /*如果 x 小于 y，则将 x、y 的值互换，即 x 为 x 和 y 中较大的值*/
        if(x<y){
            tmp = y;
            y = x;
            x = tmp;
        }
        /*如果 x 小于 z，则将 x、z 的值互换，即 x 为 x 和 z 中较大的值*/
        /*这样 x 就是 x、y、z 中最大的数*/
        if(x<z){
            tmp = z;
            z = x;
            x = tmp;
        }
        /*如果 y 小于 z，则将 y、z 的值互换，即 y 为 y 和 z 中较大的值*/
        /*这样 z 就是 x、y、z 中最小的数*/
        if(y<z){
            tmp = z;
```

```
        z = y;
        y = tmp;
    }
    printf("%d,%d,%d\n",x,y,z);
}
```

程序运行结果如图 4-4 所示。

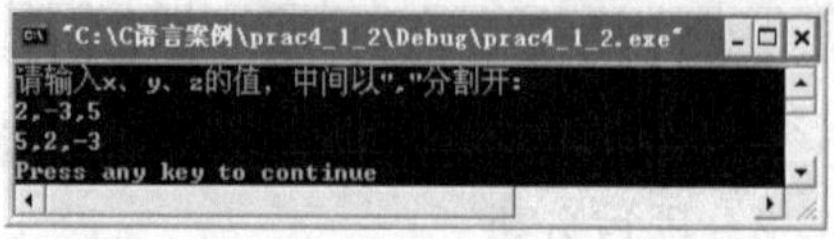

图 4-4　程序 prac4_1_2.c 运行结果

3．项目分析

本项目是在实训项目一的基础上变化而来的，稍微有些复杂，但程序的实现思路基本相同。在接收从键盘输入的三个整数之后，分别进行了三次比较：第一次比较 x 和 y，把 x 变为 x 和 y 中较大的值；第二次比较 x 和 z，把 x 变为 x 和 z 中较大的值，此时的 x 就成为 x、y、z 中最大的值；第三次比较 y 和 z，把 y 变为 y 和 z 中较大的值，这样 z 就成了 x、y、z 中最小的值，然后分别输出 x、y、z，就是按照从大到小的顺序。

【实训项目三】

1．实训内容

从键盘输入两个整数 a 和 k，判断 a 能否被 k 整除。

2．解决方案

程序名：prac4_1_3.c

```
#include "stdio.h"
main(){
    int a,k;
    printf("请输入 a 和 k 的值：\n");
    scanf("%d,%d",&a,&k);
    if(a%k==0){
        printf("整数 a=%d 可以被整数 k=%d 整除！\n",a,k);
    }else{
        printf("整数 a=%d 不能被整数 k=%d 整除！\n",a,k);
    }
}
```

程序运行结果如图 4-5 所示。

图 4-5　程序 prac4_1_3.c 运行结果

3．项目分析

这是一个使用完整的 if 语句解决问题的例子。判断 a 能不能被 k 整除，只要进行取余操作看结果是不是 0 就可以了。

4.2　if 语句的嵌套

知识导例

在数学中往往有分段函数的求解运算，这类运算也可以通过分支结构程序设计来解决，如下面的分段函数求解问题：

$$y=\begin{cases} x^2 & (x<0) \\ -1 & (x=0) \\ -x^2 & (x>0) \end{cases}$$

程序名：ex4_2_1.c

```
#include "stdio.h"
main()
{
        int x,y;
        printf("请输入 x 的值：\n");
        scanf("%d",&x);
        if(x<0){
                y = x*x;
        }else{                  /*x>0 或 x=0 两种情况*/
                if(x==0){
                        y=-1;
                }else{          /*  x>0 */
                        y = - x*x;
                }
        }
        printf("y=%d\n",y);
}
```

程序运行结果如图 4-6 所示。

图 4-6　程序 ex4_2_1.c 运行结果

相关知识

上面的分段函数求解问题，也是使用 if 语句来解决的。但这里的 if 语句和 4.1 节的 if 语句稍有不同，这里出现了多个 if…else 语句，并且在外层的 else 语句又包含了一个 if…else 语句，功能是判断 x 是否等于 0 和大于零，这种情况称为 if…else 语句嵌套。嵌套可以发生在条件为真的分支中，也可以发生在条件为假的分支中，还可以两个分支同时嵌套，C 语言中规定最多嵌套层数为 255 层。也就是说，在前面的 if 语句的基本结构中，所对应的语句块可以是 if 语句，也可以是其他语句。

在本例中，外层 else 语句的花括号可以省略，省略后就变为下面的形式：

```
if(x<0)
{y = x*x;   }
else
  if(x==0)
  {y=-1;}
  else
  { y = - x*x;}
```

可以总结出嵌套 if 语句的典型结构如下：

```
if(表达式 1){
      语句块 1;
    }else if(表达式 2){
              语句块 2;
         }
```

```
          else if(表达式 n){
                语句块 n;
          }else{
                语句块 n+1;
          }
```

在这个结构中，任意一个语句块都可以是一条或多条语句，可以是空语句，也可以是 if 语句，具体是什么语句要根据实际问题和程序逻辑来决定。

实践训练

【实训项目一】

1. 实训内容

根据考试成绩输出相应的成绩等级。100～90 分输出“优秀”，89～80 分输出“良好”，79～70 分输出“中等”，69～60 分输出“及格”，59～0 分输出“不及格”，否则输出“不是合法分数”。

2. 解决方案

程序名：prac4_2_1.c

```
#include "stdio.h"
main(){
    int score;
    printf("请输入成绩(0–100):\n");
    scanf("%d",&score);
    if(score>100 || score<0){
        printf("不是合法分数!\n");
    }else if(score>=90){
        printf("优秀\n");
    }else if(score>=80){
        printf("良好\n");
    }else if(score>=70){
        printf("一般\n");
    }else if(score>=60){
        printf("及格\n");
    }else{
        printf("不及格\n");
    }
}
```

程序运行结果如图 4-7 所示。

图 4-7　程序 prac4_2_1.c 运行结果

3. 项目分析

本项目使用嵌套的 if 语句解决了根据成绩输出等级的问题。其基本思路是根据输入的成绩来判断该成绩在哪个分数区间，然后执行对应的语句，输出成绩对应的等级。

【实训项目二】

1．实训内容

用户任意输入一个年份，判断是不是闰年。

2．解决方案

程序名：prac4_2_2.c

```
#include "stdio.h"
main()
{
	int year;
	printf("请输入一个年份：");
	scanf("%d",&year);
	if(year<0)
	{
		printf("你输入的年份不合法");
	}
	else
	{
		if( (year%400==0) || (year%4==0 && year%100!=0) ){
			printf("公元%d 年是闰年。\n",year);
		}
		else
		{
			printf("公元%d 年不是闰年。\n",year);
		}
	}
}
```

程序运行结果如图 4-8 所示。

图 4-8　程序 prac4_2_2.c 运行结果

3．项目分析

闰年必须满足的条件是：能够被 400 整除，或者能够被 4 整除但不能被 100 整除。

在用户输入一个年份后，首先判断它是否大于 0，如果小于等于 0 则视为输入错误。然后再利用闰年的条件进行判断。

为了使程序具有较好的可读性，判断是否是闰年的 if 语句中的表达式“(year%400==0) || (year%4==0 && year%100!=0)”将两个并列的条件用圆括号分别括了起来，根据运算符的优先级，圆括号可以省略，即可以写为：year%400==0 || year%4==0 && year%100!=0。

4.3　switch 多分支开关语句

知识导例

在记录成绩时，有时会用到五等级制记录成绩，根据百分制成绩分别将成绩登记为“优秀（100～90 分）”、“良好（89～80 分）”、“中等（79～70 分）”、“及格（69～60 分）”、“不及格（59～0 分）”，请将百分制成绩记录为五等级制成绩。

程序名：ex4_3_1.c

```
#include "stdio.h"
#include "stdlib.h"
main()
{
    int score;
    printf("请输入学生的成绩(0–100)：\n");
    scanf("%d",&score);
    if(score<0||score>100)
    {
        printf("成绩输入有问题，正在退出！");
        exit(0);
    }
    switch(score/10)
    {
        case 10:
        case 9: printf("优秀！"); break;
        case 8: printf("良好！"); break;
        case 7: printf("中等！"); break;
        case 6: printf("及格！"); break;
        case 5:
        case 4:
        case 3:
        case 2:
        case 1:
        case 0: printf("不及格！"); break;
        default: printf("数据有误！");break;
    }
}
```

程序运行结果如图 4-9 所示。

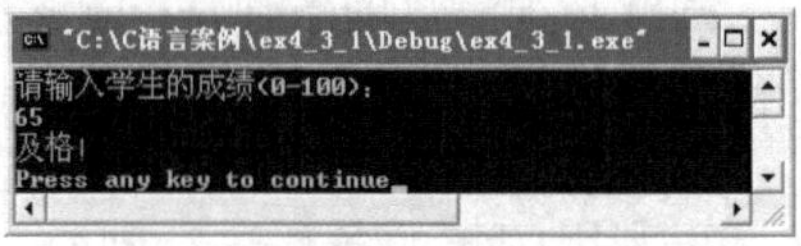

图 4-9　程序 ex4_3_1.c 运行结果

相关知识

switch 的中文意思是“开关”，在 C 语言中，switch 语句专用于实现多分支选择结构程序， 其一般形式为：

```
switch(表达式)
    { case 常量表达式 1:   语句序列 1;
      case 常量表达式 2:   语句序列 2;
      …
      case 常量表达式 n:   语句序列 n;
      default:   语句序列 n+1;
    }
```

switch 语句的执行过程是：先计算表达式的值，并依次与其后的常量表达式 i（i=1，2，… ，n）的值相比较，当 switch 后面括号中表达式的值与某个常量表达式的值相等时，即从该常量表达式处开始执行（执行程序入口），然后不再进行判断，继续执行后面所有 case 后的语句，直到 switch 语句结束。如果表达式的值与所有 case 后的常量表达式均不相同，则从 default 处开始执行。

在 switch 语句中，switch 后面的表达式值要求必须是整型、字符型，常量表达式值的类型必须与表达式类型一致，而且常量表达式中不能出现变量，其值也只能是整型常数和字符型常数。

switch 语句执行时有这样一个特点，当表达式的值和某一个常量表达式的值匹配成功时，程序就从匹配成功的地方开始往下顺序执行，直到 switch 语句结束。为了保证只执行匹配成功的那个分支，在该分支末尾通常加上一个 break 语句，break 语句在此处的作用是跳出开关分支。这样的话，最后一个分支就不用加 break 语句了，但是程序从扩展性上考虑，有可能要增加分支，所以一个较好的编程风格是所有分支结束都加上一个 break 语句，这是一个良好的习惯。

switch 语句中每一个分支后面的语句，可以是空语句或一条语句，也可以是多条语句，即语句序列。如果是语句序列，不用将该语句序列用花括号括起来，语句仍然能按顺序执行。分支中的语句还可以是其他程序结构组成的语句，如果 if...else 结构，还可以再嵌套 switch 语句，也可以是后面将要介绍的循环结构等。

switch 语句中有一个默认的分支，就是 default 分支，当 case 分支均匹配不成功时，就执行该分支。default 分支不一定必须位于最后，可以放在任何一个地方，放到最后一个分支仅仅是一种习惯和一种良好的编程风格。

实践训练

【实训项目一】

1. 实训内容

要求输入 0～6 之间的任意一个数字，输出一个对应星期几的英文单词。

2. 解决方案

程序名：prac4_3_1.c

```
#include "stdio.h"
main()
{
    int i;
    printf("请输入一个数字：  \n");
    scanf("%d",&i);
    switch (i)
     {
        case 0:printf("Sunday\n");
        case 1:printf("Monday\n");
        case 2:printf("Tuesday\n");
        case 3:printf("Wednesday\n");
        case 4:printf("Thursday\n");
        case 5:printf("Friday\n");
        case 6:printf("Saturday\n");
        default:printf("input error\n");
     }
}
```

程序运行结果如图 4-10 所示。

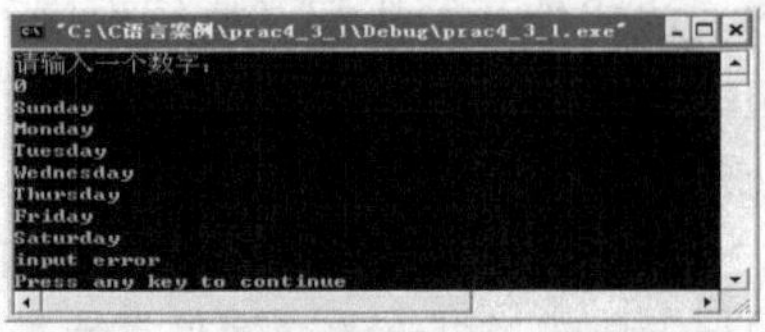

图 4-10　程序 prac4_3_1.c 运行结果

3．项目分析

从输出结果可以看出，输入 0 时，除了正确地输出星期天的英文单词外，后面所有的分支都跟着输出了，如果将每个分支后面都加上 break 语句，即可得出正确的结果。

【实训项目二】

1．实训内容

快递公司进行货物托运时，按货物重量不同而设计不同的收费方式，某家快递公司按照如公式所示进行收费。

$$y=\begin{cases}3.0*n & (n\leqslant 10)\\ 2.8*n & (20\geqslant n>10)\\ 2.6*n & (30\geqslant n>20)\\ 2.4*n & (40\geqslant n>30)\\ 2.2*n & (50\geqslant n>40)\\ 2.0*n & (100\geqslant n>50)\\ 1.8*n & (n>100)\end{cases}$$

其中，n 表示货物的重量，单位是 kg，y 为计算出来的运费。编写程序，根据货物的重量计算出需要支付的运费。

2．解决方案

程序名：prac4_3_2.c

```
#include "stdio.h"
main()
{
        int n;
        double y;
        printf("请输入货物的重量：\n");
        scanf("%d",&n);
        switch(n/10){
        case 0:
        case 1:
                y = 3.0*n;
                break;
        case 2:
                y = 2.8*n;
                break;
        case 3:
                y = 2.6*n;
                break;
        case 4:
                y = 2.4*n;
                break;
        case 5:
                y = 2.2*n;
                break;
        case 6:
        case 7:
        case 8:
        case 9:
        case 10:
                y = 2.0*n;
                break;
```

```
        default:
                y=1.8*n;
                break;
        }
        printf("你需要支付的运费为：%lf\n",y);
}
```

程序运行结果如图 4-11 所示。

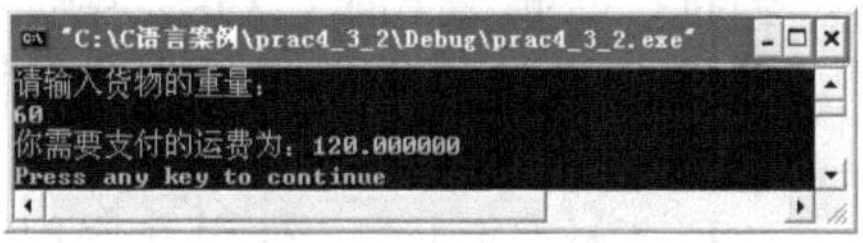

图 4-11　程序 prac4_3_2.c 运行结果

3．项目分析

在本项目中，收费系数的分界点正好是 10 的整数倍，因此可以让货物的重量除以 10 得到有限的几个整数，然后使用 switch 语句来进行处理。如果收费系数的分界点比较杂乱，没有什么规律，则应该考虑使用 if 语句来进行处理。

需要注意 break 语句的使用情况，一旦执行 break 语句，那么 switch 语句就结束了，否则会按顺序一直往下执行。default 后面的 break 语句可以省略，但为了保持良好的编程习惯，建议不省略。

4.4　goto 及语句标号

知识导例

从键盘输入一个大于 0 小于 11 的整数，如果输入的值不在这个范围内则要求用户重新输入，否则输出这个数值。

解决该问题的程序源代码如下。

程序名：ex4_4_1.c

```
#include "stdio.h"
main()
{
        int a;
        printf("请输入 a 的值：");
start:
        scanf("%d",&a);
        if(!(a>0 && a<=10))
        {
                printf("你输入的值不符合要求，请重新输入：");
                goto start;
        }
        printf("你输入的值是%d\n",a);
}
```

程序运行结果如图 4-12 所示。

图 4-12　程序 ex4_4_1.c 运行结果

相关知识

goto 语句可以转向同一函数内任意指定的位置，

称为无条件转向语句，它的一般形式为：

```
goto 语句标号;
```

语句标号用标识符表示，它的命名规则与变量的命名相同。

例如：

```
goto loop;
```

当执行 goto 语句时，程序将跳转到 loop 所在的位置执行，它将改变程序顺序执行的方式，因此结构化程序设计方法主张限制使用 goto 语句，滥用 goto 语句将使程序流程无规律，可读性差。

在程序 ex4_4_1 中，使用 if 语句来检测输入的数值是否满足要求，否则要求用户重新输入，也就是使用 goto 语句跳转到 scanf 语句再次输入。

实践训练

【实训项目】

1．实训内容

输入三角形的三条边，然后求出三角形的周长并输出。

2．解决方案

程序名：prac4_4_1.c

```
#include "stdio.h"
main()
{    int x,y,z;
     int zc;
     printf("请输入三角形的三条边的长度：");
again:
     scanf("%d,%d,%d",&x,&y,&z);
     if(x+y<=z || x+z<=y || y+z<=x){
          printf("您输入的数值不能构成三角形，请重新输入：");
          goto again;
     }
     zc = x+y+z;
     printf("三角形的周长是：%d\n",zc);
}
```

程序运行结果如图 4-13 所示。

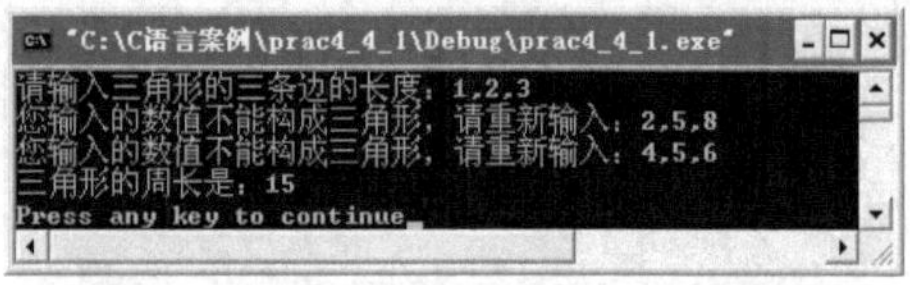

图 4-13　程序 prac4_4_1.c 运行结果

3．项目分析

本项目要求输入三角形三条边的长度，因为三角形要求任意两条边长之和要大于第三条边的长度，如果不满足这个要求就不能构成三角形。因此，在求三角形周长时要首先判断是否满足边长的要求，如果不满足就重新输入。

程序使用 if 语句进行边长条件的判断，当不满足要求时，使用 goto 语句跳转到输入语句，要求用户重新输入边长信息，如果满足要求就求出周长并输出。

4.5　综合实训

【综合实训】

1．实训内容

一元二次方程求解。

从键盘输入 a、b、c 的值，求出一元二次方程 $ax^2+bx+c=0$ 的实数解。

2．解决方案

程序名：prac4_5_1.c

```
#include "stdio.h"
#include "math.h"
main()
{     double a,b,c,x1,x2,gh;
      printf("请输入 a,b,c 的值：\n");
      scanf("%lf,%lf,%lf",&a,&b,&c);
      if(a==0)                                   /*a 等于 0 时，不再是一元二次方程*/
      {    if(b==0)                              /*也不是一元一次方程*/
           {
                printf("你输入的 a、b、c 的值不合法！\n");
           }
           else                                  /*b 不等于 0，此时为一元一次方程*/
           {
                x1 = –b/c;
                printf("一元一次方程的解为：%lf\n",x1);
           }
      }
      else                                       /*a 不等于 0，此时为一元二次方程*/
      {
           gh = b*b – 4*a*c;
           if(gh<0)                              /*gh<0，则无实数解*/
           {
                printf("该一元二次方程无实数解！\n");
           }else
           {
                gh = sqrt(gh);                   /*使用库函数 sqrt 求平方根 */
                x1 = (–b+gh)/(2*a);
                x2 = (–b–gh)/(2*a);
                printf("一元二次方程的解分别为：x1=%lf,x2=%lf\n",x1,x2);
           }
      }
}
```

程序运行结果如图 4-14 所示。

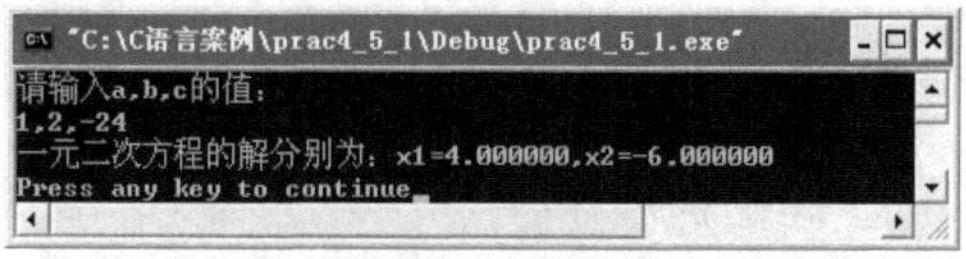

图 4-14　程序 prac4_5_1.c 运行结果

3．项目分析

本项目用来实现对一元二次方程的求解。在求解时共分为以下几种情况：

1）当 a=0 时，又分为 b 等于 0 和不等于 0 两种情况。

当 b 不等于 0 时，此时是一元一次方程，可以求出方程的解；当 b 等于 0 时，此时不再是合法的方程式子，因此给出错误提示。

2）当 a≠0 时，此时为一元二次方程。

一元二次方程又可以分为有实数解和无实数解两种情况。如果有实数解，则分别求出两个实数解并输出，否则给出无实数解的提示。

程序正是按照上面所分析的情况来进行求解的，程序整体上是一个 if 语句，在外层的 if 语句和 else 语句中又分别包含了一个完整的 if 语句，这也是 if 语句嵌套的一种形式。程序的执行流程和简单的 if 语句一样，可以根据上面分析的各种情况和程序注释来进行学习。

另外，在本程序的求解中，遇到了求一个数的平方根问题，可以使用 math.h 中包含的库函数 sqrt 来进行求解。使用的方法很简单，如要求 a 的平方根，则 sqrt(a)就是 a 的平方根，但注意需要在源文件的开始引入文件包含语句：#include "math.h"。

习　题

一、选择题

1. 设 a 为整型变量，不能正确表达 10<a<15 数学关系的 C 语言表达式是（　　）。

A. 10<a<15　　B. a==11||a==12||a==13||a==14

C. a>10&&a<15　　D. !(a< = 10)&&!(a>=15)

2. 两次运行下面的程序，如果从键盘上分别输入 6 和 4，则输出结果是（　　）。

```
#include "stdio.h"
main()
{
   int x;
   scanf("%d",&x);
   if (x++>5) printf("%d",x);
       else printf("%d\n",x--);
   }
```

A. 7 和 5　　B. 6 和 3　　C. 7 和 4　　D. 6 和 4

3. 若执行下面的程序，从键盘输入 3 和 4，则输出是（　　）。

```
#include "stdio.h"
main()
      { int a,b,s;
         scanf("%d%d",&a,&b);
         s=a;
         if (a<b) s=b;
         s=s*s;
         printf("%d\n",s);
}
```

A. 14　　B. 16　　C. 18　　D. 20

4. 以下选项中，与 k=n++完全等价的表达式是（　　）。

A. k=n,n=n+1　　B. n=n+1,k=n　　C. k=++n　　D. k+=n+1

5. 下面的程序是（　　）。

```
#include "stdio.h"
```

```
main()
  { int x=3,y=0,z=0;
  if (x=y+z) printf("****");
  else printf("####");
  }
```

A. 有语法错误，不能通过编译　　B. 输出****

C. 可能通过编译，但是不能通过连接，因而不能运行

D. 输出####

6. 若有以下定义：float x; int a,b;，则正确的 switch 语句是（　　）。

A.
```
switch(x)
{
case 1.0:printf("*\n");
case 2.0:printf("*\n");
}
```

B.
```
switch(x)
{
case 1.0:printf("*\n");
case 3:printf("*\n");
}
```

C.
```
switch(a+b)
{
case 1:printf("*\n");
case 1+2:printf("*\n");
}
```

D.
```
switch(a+b);
{
case 1:printf("*\n");
case 2:printf("*\n");
}
```

7. 假定所有变量均已正确说明，下列程序段运行时输出 x 的值是（　　）。

```
a=b=c=0;x=35;
if(!a) x--;
else if (b);
if (c) x=3;
else x=4;
printf("%d\n",x);
```

A. 34　　B. 4　　C. 35　　D. 3

8. 以下程序的输出结果是（　　）。

```
#include "stdio.h"
main()
{ int a=4,b=5,c=0,d;
  d=!a&&!b||!c;
  printf("%d\n",d);
}
```

A. 1　　B. 0　　C. 非 0 的数　　D. −1

9. 阅读程序：

```
#include   "stdio.h"
main( )
{
 int   x=1 , y=0 , a=0 , b=0 ;
 switch(x)
 {
 case   1 :
        switch(y)
        {
        case   0 :   a++ ;   break ;
```

```
            case   1 :   b++ ;   break ;
            }
            case   2 :
                  a++ ; b++ ; break ;
   }
   printf("a=%d,b=%d\n" , a , b);
}
```

上面程序的输出结果是（　　）。

A. a=2，b=1　　B. a=1，b=1　　C. a=1，b=0　　D. a=2，b=2

10. 若要求在 if 后面的一对圆括号中表示 a 不等于 0 的关系，则能正确表示这一关系的表达式为（　　）。

A. a<>0　　B. !a　　C. a=0　　D. a

二、填空题

1. 在 C 语言中，用__________表示逻辑真，而用____________表示逻辑假。

2. 以下程序运行后的输出结果是_______________ 。

```
#include "stdio.h"
main()
{int x=10,y=20,t=0;
 if(x==y)t=x;x=y;y=t;
 printf("%d,%d\n",x,y);
 }
```

3. 若从键盘输入 58，则以下程序输出的结果是_______________。

```
#include "stdio.h"
  main()
  { int a;
  scanf("%d",&a);
  if(a>50) printf("%d",a);
  if(a>40) printf("%d",a);
  if(a>30) printf("%d",a);
}
```

4. 已有定义：int x=3，y=4，z=5;，则表达式!(x+y)+z−1&&y+z/2 的值是______________。

5. 当 a=1，b=2，c=3 时，以下 if 语句执行后，a，b，c 中的值分别为 __________________。

```
  if(a>c)
b=a;a=c;c=b;
```

6. 执行下面的程序段，输出的结果为_______________________。

```
int i=0,k=10,j=5;
if(i+j) k=(i=j)?(i=1):(i=i+j);
printf("k=%d\n",k);
```

三、编程题

1. 编写程序，求输入三个整数中的最小值。

2. 编写程序，输入一个整数，打印它是奇数还是偶数。

3. 编写程序，输入某年某月某日，判断这一天是这一年的第几天？

4. 编写程序，输入三个数，判断能否构成三角形，若能构成三角形，则输出三角形是什么类型（等腰、等边或一般三角形）。

第 5 章　循环结构程序设计

循环是自然界和社会生活中常见的现象，如地球绕太阳周而复始地公转，地球本身还要不停地自转；每年 12 个月份不停地循环。在社会生活中，循环也非常常见，如绕着体育场的跑道一圈圈地跑步，生产车间里流水线不停地生产某个产品或者零件等。循环结构是程序设计一种很重要的程序结构，在许多问题的求解过程中，都要用到循环结构，在程序设计中，表现为重复地执行一段代码。循环结构在使用时，首先要给出并判定循环的条件，当条件为真（非 0）时，开始执行循环体，若条件为假（0）则退出循环。

5.1　while 语句

知识导例

输入 10 个学生的某课程考试成绩，求总成绩和平均成绩。

程序名：ex5_1_1.c

```
#include "stdio.h"
main()
{
 int i,score;
 int sum;                          /* sum 存放总成绩*/
 float average;                    /* average 存放平均成绩*/
 printf("请输入%d 个学生的考试成绩：\n",10);
 sum=0;
 i=0;
 while(i<10)
 {
    scanf("%d",&score);
    sum=sum+score;
    i++;
  }
average=(float)sum/10;             /*求平均成绩*/
printf("总成绩为：%d\n",sum);
printf("平均成绩为：%.2f",average);
printf("\n");
}
```

程序运行结果如图 5-1 所示。

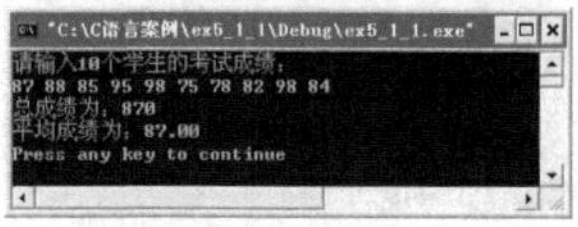

图 5-1　程序 ex5_1_1.c 运行结果

相关知识

1. while 语句的格式及执行过程

while 语句是一个循环控制语句，用来控制程序段的重复执行。其一般格式为：

```
while(表达式)
        循环体;
```

格式中的循环体，可以是单个语句、多个语句、空语句，也可以是复合语句。如果循环体包含一个以上的语句，就构成语句块，应该用花括号“{ }”括起来。

用传统流程图来表示 while 语句的执行过程，如图 5-2 所示。

从图 5-2 中可以看出，当表达式（循环条件）为非 0 时，执行 while 语句中的循环体，然后继续进行表达式的判断，如此循环，当表达式为 0 时，则退出循环。

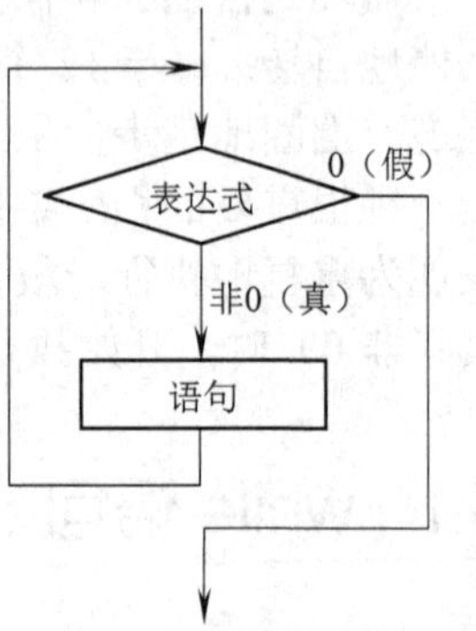

图 5-2　while 语句流程图

2. while 语句的特点

先判断循环条件，根据条件决定是否执行循环体，执行循环体的最少次数为 0 次。while 语句中的表达式原则上可以是任意表达式，但其结果值被编译系统认定为逻辑值。例如 while(i<=100)，表达式 i<=100 进行的是关系运算，其值为逻辑值，且为逻辑真（C 语言用 1 表示）。再如 while(100)，表达式是 100，是个常量表达式，而且其值是 100，编译系统对于此类表达式认定为非 0，也是逻辑真值，而 while(0)中表达式的值则认定为逻辑假。

因为 while 语句是先进行条件判断，即当条件满足的时候，开始执行循环体，当条件不满足时，退出循环体，对于此种循环结构，称为“当型”循环。

实践训练

【实训项目一】

1. 实训内容

编写程序，求 100 个自然数的和，即 s=1+2+3+…+100。

2. 解决方案

程序名：prac5_1_1.c

```
#include "stdio.h"
main()
{ int i,sum;
  i=1; sum=0;
  while(i<=100)
     { sum=sum+i;
        i++;
     }
  printf("sum=%d\n",sum);
}
```

程序运行结果如图 5-3 所示。

3．项目分析

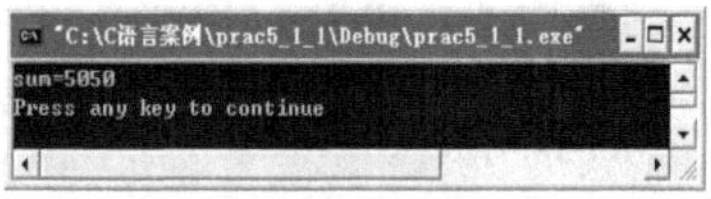

图 5-3　程序 prac5_1_1.c 运行结果

项目利用 while 循环结构，解决了 1～100 之间的求和问题。在循环体中语句的先后位置必须符合逻辑，否则会影响运算结果。例如，sum=sum+i；i++;，因为 i 的初值为 1，必须是先求和，i 再自增变化。在循环体中，必须有使循环趋向结束的操作，否则循环将无限进行，导致出现死循环。如果表达式值为 0，则循环体一次也不执行（如当 i 的初值为 101）。

【实训项目二】

1．实训内容

输入一行字符，求其中字母、数字和其他符号的个数。

2．解决方案

程序名：prac5_1_2.c

```
#include "stdio.h"
main()
{
char   c ;
int   letters=0,digit=0,others=0;          /*letters 为字母字符的个数，digit 为数字字符的个数，others 为其
                                            他字符的个数*/
printf("Please   input   a   line   charaters\n") ;
while((c=getchar()) !='\n')                /*当按回车键时，结束输入*/
{
if(c>='a'&&c<='z'||c>='A'&&c<='Z' )        /*判断 c 是否是字母字符*/
letters++;
else
if(c>='0'&&c<='9')                         /*判断 c 是否是数字字符*/
digit++;
else
others++ ;
}
 printf("letters : %d\n" , letters) ;
 printf("digit : %d\n" , digit) ;
 printf("others : %d\n" , others) ;
}
```

程序运行结果如图 5-4 所示。

3．项目分析

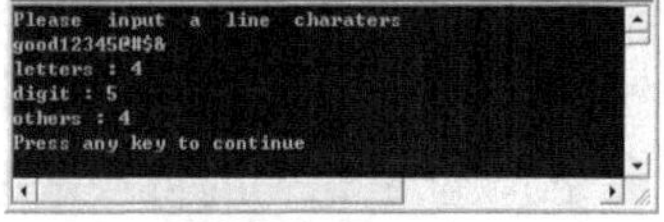

图 5-4　程序 prac5_1_2.c 运行结果

用 while 循环接收键盘输入的字符，当输入“回车”命令时就停止接收字符，然后进行统计，对输入的字符逐一进行判断，并在相应类别中计数，最后输出字母、数字和其他符号的个数。

5.2　do-while 语句

知识导例

输入一批整数，统计出其中的正数与负数的个数，输入 0 结束。

程序名：ex5_2_1.c

```
#include "stdio.h"
main()
{
int i,j,x;
i=0;
j=0;
    printf("请输入整数：")
    do
       {
        scanf("%d",&x);
        if (x>0)
            i++;
        else if (x<0)
            j++;
      }while(x!=0);
    printf("正数的一共有  %d，负数一共有  %d 。\n",i,j);
}
```

程序运行结果如图 5-5 所示。

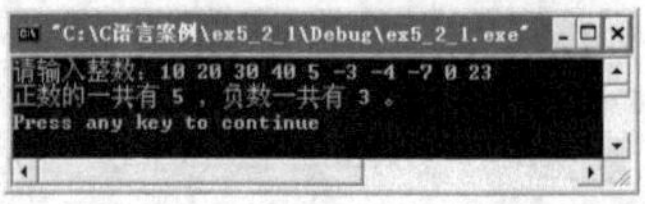

图 5-5　程序 ex5_1_1.c 运行结果

相关知识

1．do-while 语句格式及执行过程

do-while 语句也是一个循环控制语句，用来控制程序段的重复执行。其一般格式为：

```
do
    循环体语句;
while(表达式);
```

格式中的循环体，可以是单个语句、多个语句、空语句，也可以是复合语句。如果循环体包含一个以上的语句，就构成语句块，应该用花括号“{ }”括起来。do-while 语句结束后，必须加一个分号。

do-while 语句的执行过程如图 5-6 所示。从图中可以看出，do-while 语句先执行循环体语句一次，再判断表达式的值，若为真，则继续循环，否则终止循环。

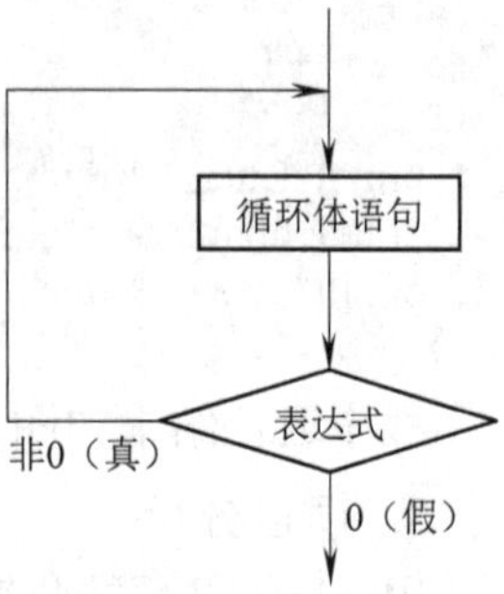

图 5-6　do-while 语句流程图

2．do-while 语句的特点

do-while 语句的特点是先执行循环体，然后判断循环条件是否成立。由于该语句是先执行循环体，因而不论判断条件是否成立，执行循环体的最少次数为 1。do-while 语句在执行的时候，直到条件不成立时退出循环，所以称这种循环结构为“直到型循环”。但是要注意，直到型的循环条件，仍然是条件为真继续循环，直到条件为假退出循环。例如一个循环，循环条件是 i 从 1 到 100，在写判定条件时，应该写成 while(i<=100);，但是直到型循环，往往将判断条件说成是直到 i 的值超过 100，所以如果误写为 while(i>100);，那就使条件完全变了。

do-while 语句适合于在需要先执行一次循环体的情况下使用。要注意，没有哪一个问题必须使用 while 语句来解决，也没有哪一个问题只能使用 do-while 语句才能解决。

实践训练

【实训项目一】

1. 实训内容

编写程序，求 S=2+4+6+…+100 的值。

2. 解决方案

程序名：prac5_2_1.c

```
#include "stdio.h"
main()
{
  int i=2,sum=0;
 do
   {
     sum=sum+i;
     i=i+2;
   } while (i<=100);
  printf("sum=%d",sum);
}
```

程序运行结果如图 5-7 所示。

图 5-7　程序 prac5_2_1.c 运行结果

3. 项目分析

先执行一次指定的循环体语句，然后判断表达式。当表达式的值为非 0 时，返回重新执行循环体，如此反复直到表达式的值为 0 时循环结束。在 do-while 语句中首先进行循环体的执行，然后判断。

【实训项目二】

1. 实训内容

募集慈善基金 5 000 元，有若干人捐款，每输入一个人的捐款数后，计算机就输出当时的捐款总和。当某一次输入捐款数后，总和达到或超过 5 000 元时，即宣告结束，输出最后的累加值。

2. 解决方案

程序名：prac5_2_2.c

```
#include "stdio.h"
main()
{   float amount,sum=0;                /*amount 为每次捐款金额，sum 为总和*/
     do
     {     scanf("%f",&amount);
      sum=sum+amount;
     }while(sum<5000);
     printf("sum=%9.2f\n",sum);
}
```

程序运行结果如图 5-8 所示。

3. 项目分析

捐款的数目是随机的，所以循环的次数不能确定，当捐款总和超过预定的数目时，循环结束，也即循环结束的条件是 sum>=5 000。设计循环时要考虑，输入捐款数，求出累加总和，然后检查此时的累加总和是否达到或超过预定值，如果达到或已经超过预定值，就结束循环操作。

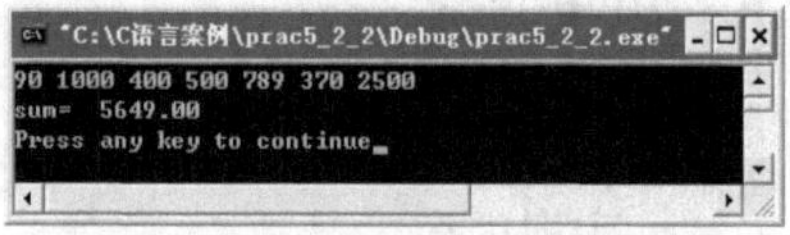

图 5-8　程序 prac5_2_2.c 运行结果

【实训项目三】

1. 实训内容

给出三个整数，求这三个整数的最小公倍数。

2. 解决方案

程序名：prac5_2_3.c

```
#include "stdio.h"
main()
{
 int x,y,z,u,v,w,j=0;
      printf("请输入三个数，求最小公倍数：\n");
 scanf("%d%d%d",&x,&y,&z);
 do
 {
          j++;
    u=j%x;
          v=j%y;
          w=j%z;
 }while(u!=0||v!=0||w!=0);
 printf("%d,%d,%d 三个数的最小公倍数是:%d\n",x,y,z,j);
}
```

程序运行结果如图 5-9 所示。

图 5-9　程序 prac5_2_3.c 运行结果

3. 项目分析

本项目使用 do-while 语句来解决求三个数的最小公倍数的问题。在此项目中，使用了 u、v、w 三个变量专门保存 x、y、z 三个整数和最小公倍数 j 相除的余数，所以要在循环条件中进行判断，只有三个余数均为 0 时，才能找到最小公倍数 j，但是在判定条件之前，需要先得出 u、v、w 的初值，即要先执行一次循环体。所以，此项目使用 do-while 语句比较合适，但是也可以使用 while 语句来解决问题，而且方法很多。

5.3　for 语句

知识导例

一个球从 100m 高度自由落下，每次落地后反弹回原高度的一半；再落下，求它在第 10 次落地时，共经过多少米？第 10 次反弹多高？

程序名：ex5_3_1.c

```
#include "stdio.h"
main()
{
 float sn=100.0,hn=sn/2;
 int n;
 for(n=2;n<=10;n++)
 {
       sn=sn+2*hn;              /*第 n 次落地时共经过的米数*/
       hn=hn/2;                 /*第 n 次反跳高度*/
 }
 printf("第 10 次落地时，共经过%.3f 米\n",sn);
 printf("第 n 次反跳高度%.3f 米\n",hn);
}
```

程序运行结果如图 5-10 所示。

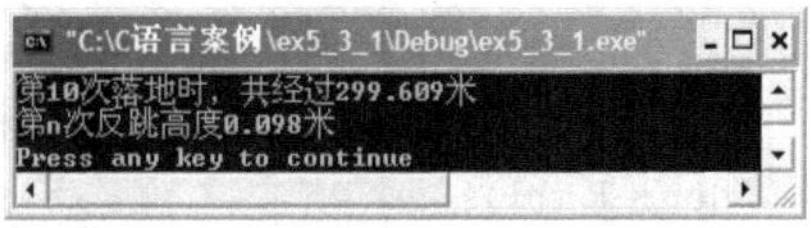

图 5-10　程序 ex5_3_1.c 运行结果

相关知识

1．for 语句格式

for 语句也是一个循环控制语句，用来控制程序段的重复执行。其一般格式为：

```
for(表达式 1；表达式 2；表达式 3)
        循环体语句；
```

for 语句中的三个表达式都是可选择项，“表达式 1”一般是一个赋值表达式，用来给循环控制变量赋初值；“表达式 2”一般是一个关系表达式或逻辑表达式，决定什么时候退出循环；“表达式 3”一般是个算术表达式，定义循环控制变量每循环一次后按什么方式变化。这三个部分之间用“；”间隔。

格式中的循环体，可以是单个语句、多个语句、空语句，也可以是复合语句。如果循环体包含一个以上的语句，就构成语句块，应该用花括号“{ }”括起来。

2．for 语句的执行过程

1）先求解表达式 1。

2）求解表达式 2，若其值为真，执行循环体，循环体执行完毕，然后执行第 3）步；若为假，则结束循环，转到第 5）步。

3）求解表达式 3。

4）返回上面步骤 2）继续执行。

5）循环结束，执行 for 语句下面的一个语句。

for 语句的执行流程可以用如图 5-11 所示的传统流程图来表示。

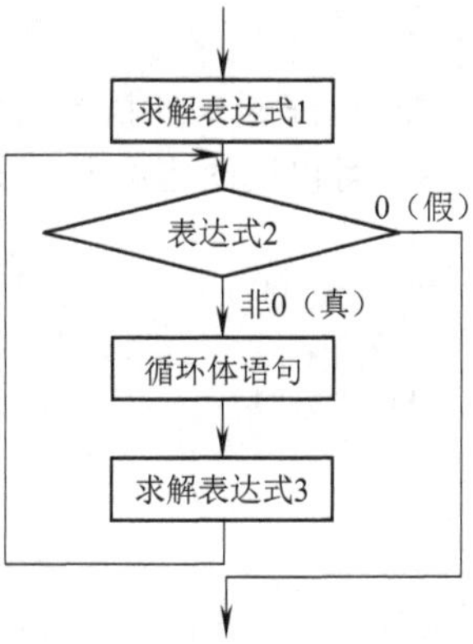

图 5-11　for 语句流程图

for 语句的格式非常灵活，在使用时，可以省略表达式 1、表达式 2、表达式 3 和循环体这 4 个部分中的一个或多个，而且位置还可以不断变动。

3．for 语句变化形式

对于用 for 语句构成的循环：

```
for(i=1; i<=100; i++)
```

```
sum=sum+i;
```

可以得到如下的变化形式。

1）省略 for 语句中的表达式 1，对循环控制变量 i 的赋初值操作放在 for 语句前面。注意此时表达式 1 后面的分号不能省略，其他不变。

```
i=1;
for(; i<=100; i++)
sum=sum+i;
```

2）表达式 2 省略，即不判断循环条件，循环将永不结束，成为死循环。也就是认为表达式 2 的值始终为真，即

```
for(i=1; i++)
sum=sum+i;
```

相当于：

```
i=1；
  while（1）
   sum=sum+i;
```

此时可以利用 break 语句来结束循环，表达式 2 可以写到循环体中。

```
for(i=1; i++)
{
  if(i<=100)
     sum=sum+i;
  else
     break;
}
```

3）表达式 3 可以省略，将其放入循环体。例如：

```
for(i=1; i<=100;)
{
sum=sum+i;
i++;
}
```

按照 for 语句的执行流程，此时和原 for 语句的效果一样，能得到正确结果和正常结束。

4）可以同时省略表达式 1 和表达式 3，只有表达式 2。例如：

```
i=1;
for(; i<=100;)
{
 sum=sum+i;
 i++;
}
```

相当于：

```
i=1;
while( i<=100)
{
      sum=sum+i;
      i++;
}
```

5）同时省略三个表达式。例如：

```
      i=1；
```

```
for（;;）
{
sum=sum+i;
 i++;
}
```

相当于：

```
i=1;
while(1)
{
      sum=sum+i;
      i++;
}
```

此时循环为死循环，要想让此问题求解成功，可以写成如下形式：

```
i=1;
for(;;)
{if(i<=100) sum=sum+i++;else break;}
```

6）省略循环体，此时循环体为空，只有一个分号。在这种情况下，要想解决循环的问题，必须将循环体放到 for 语句中的三个表达式里。根据 for 语句的执行过程，应当放到表达式 3 里面，且放到表达式 3 前面，此时表达式 3 形成一个逗号表达式。

```
for(sum=0,i=1; i<=100; sum=sum+i,i++);
```

也可以直接写为：

```
for(sum=0,i=1; i<=100; sum=sum+i++);
```

7）表达式 1 可以是设置循环控制变量初始值的赋值语句，也可以是与循环控制变量无关的其他表达式。例如：

```
for(sum=0,i=1; i<=100; i++)
sum=sum+i;
```

表达式1为逗号表达式，表达式3也可以是与循环控制无关的任意表达式。

4. for 语句的特点

for 语句的特点是先判断循环条件，然后根据循环条件是否成立，执行循环体，所以循环体可能一次也不执行。

因为 for 语句是先判断循环条件，所以在循环结构类型上也属于“当型”循环结构。

for 语句是格式非常灵活，使用起来也最为方便的循环结构，乐于被程序员使用，所以在程序设计中比较常用。

实践训练

【实训项目一】

1. 实训内容

编写程序，打印出所有的“水仙花数”。所谓“水仙花数”是指一个三位数，其各位数字立方和等于该数本身。例如，153 是一个“水仙花数”，因为 $153=1^3+5^3+3^3$。

2. 解决方案

程序名：prac5_3_1.c

```
#include"stdio.h"
main()
```

```
{int i,j,k,n;
printf("水仙花数是：");
for(n=100;n<1000;n++)
{
    i=n/100;                /*分解出百位*/
    j=n/10%10;              /*分解出十位*/
    k=n%10;                 /*分解出个位*/
    if(i*100+j*10+k==i*i*i+j*j*j+k*k*k)
    printf("%-5d",n);
}
printf("\n");
}
```

程序运行结果如图 5-12 所示。

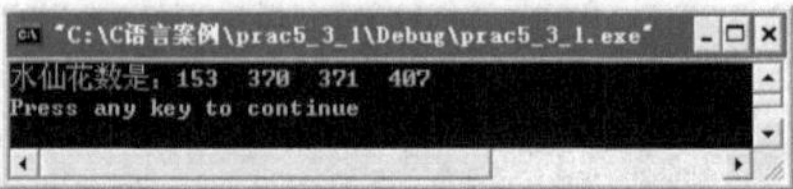

图 5-12　程序 prac5_3_1.c 运行结果

3．项目分析

项目利用 for 循环实现，利用循环控制变量 n 控制 100～999 中的每一个数，使每个数分解出百位、十位和个位，分别存储于变量 i、j、k 之中，如果 i*i*i+j*j*j+k*k*k 的值等于它自身，则这个数为水仙花数并进行输出。分解的方法为：用 i=n/100 分解出百位，j=n/10%10 分解出十位，k=n%10 分解出个位；也可以用 i=n/100 分解出百位，j=（n–i*100）/10 分解出十位，k=n–i*100–j*10 分解出个位，数学上的方法不限制。

【实训项目二】

1．实训内容

求正整数 n 的阶乘。

2．解决方案

程序名：prac5_3_2.c

```
#include"stdio.h"
main()
{
int n,i;
long mul=1;                    /*mul 用来存放积*/
printf("请输入要求阶乘的正整数 n 的值:\n");
scanf("%d",&n);
for(i=1;i<=n;i++)
mul = mul *i;                  /*求出 n!，由 mul 表示*/
printf("%d!=%ld\n",n,mul);     /*输出 n！的值*/
}
```

程序运行结果如图 5-13 所示。

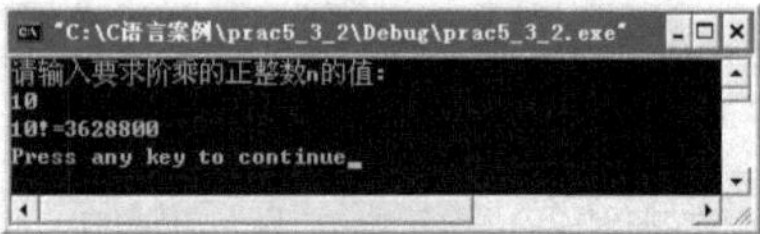

图 5-13　程序 prac5_3_2.c 运行结果

3．项目分析

对于正整数 n，其阶乘 n！=1*2*3*…*（n–1）*n，即 n 的阶乘有从 1 到 n 共 n 个依次增加 1 的数相乘。此问题与求累加和的问题类似，也采取先求出部分积，然后逐步求出 n！的方法。

用变量 mul 来存放 n 阶乘，可以先求出 1*1 的积放在 mul 中，然后把 mul 中的数乘以 2 再存放在 mul 中，依次类推，直至最后一个乘数为 n。

需要注意的是，在累加求和的问题中，用于存放累加和的变量 sum 的初始值为 0，而本例中的 mul 不能为 0，要赋初值为 1。

5.4　循环结构嵌套

知识导例

在屏幕上输出九九乘法表。

程序名：ex5_4_1.c

```
#include  "stdio.h"
main()
{
 int i,j;
 for(i=1;i<=9;i++)
    {for(j=1;j<=i;j++)
       printf("%d*%d=%-3d",j,i,i*j);
       printf("\n");
    }
 }
```

程序运行结果如图 5-14 所示。

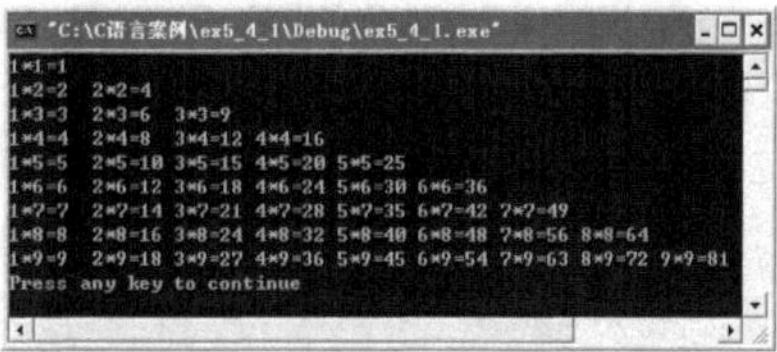

图 5-14　程序 ex5_4_1.c 运行结果

相关知识

1. 嵌套的常见格式

一个循环体内又包含另一个完整的循环结构，称为循环的嵌套。内嵌的循环中还可以嵌套循环，这就是多层循环。三种循环结构（while、do-while 和 for 循环）可以互相嵌套。

```
（1）while()
     {…
       while()
         {…}
     }
```

```
（2） do
     {…
       do
         {… }
       while( );
     } while( );
```

```
（3） for(;;)
     {
       for(;;)
         {… }
     }
```

```
（4）while()
     {…
       do{…}
           while( );
       …
     }
```

```
（5） for(;;)
     {…
      while()
        {  }
      …
     }
```

```
（6） do
     {…
      for(;;){ }
       …
      }
      while( );
```

2. 嵌套循环语句的执行过程

嵌套循环执行的时候每次都是从最外层开始，在九九乘法表的例子中可以看到，在每一行，乘数不变，为一个固定值 i（1≤i≤9），被乘数从 1 变化到 i；而在每一列乘数从 j 变化到 9，被乘数不变，为一个固定值 j（1≤j≤9）。所以，可以使用二重循环，其内层循环 j 从 1 到 i，外层循环 i 增加 1，此时输出乘法表的一行；当外层循环 i 从 1 变化到 9 时，内层循环执行了 9 轮，输出了 9 行，即完成了九九乘法表的输出。乘法表的积有两位数的，也有一位数的，为了输出整齐，让每一列对齐，需要稍作处理。

实践训练

【实训项目一】

1．实训内容

给定 n 的值，求 1+（1+2）+（1+2+3）+…+（1+2+…+n）的和。

2．解决方案

程序名：prac5_4_1.c

```
#include   "stdio.h"
main()
{
int n,i,j;
long sum1=0,sum2=0;
printf("请输入数字 n:");
scanf("%d",&n);
for(i=1;i<=n;i++)
{sum2=0;
for(j=1;j<=i;j++)
sum2=sum2+j;                    /* sum2 用来求 1+2+…+n 的和*/
sum1=sum1+sum2;                 /* sum1 用来求总和*/
}
printf("求和的结果是:%ld\n",sum1);
}
```

程序运行结果如图 5-15 所示。

图 5-15　程序 prac5_4_1.c 运行结果

3．项目分析

本例是一个数列求和问题，观察数列项的变化规律，就能发现，数列项是一个不断变化的求和。所以，在设计程序时要考虑数列项的求取需要利用循环来完成，求取数列项之后，整个数列求和也需要利用循环来完成，数列项的求取和整个数列的求和都需要循环，因此在编写程序时就要运用循环嵌套。例如，在上例中输入数字 20，则第一个 for 循环结束的条件就是当 i 的值大于 20 的时候结束，i 的初值为 1，所以 for 第一层循环执行 20 次，而在每一次的循环中， sum2 都是从初值 0 开始进入循环。

【实训项目二】

1．实训内容

输入 7 个整数值（1～10 之间），每读取一个值，程序打印出与该值个数相同的笑脸。

2．解决方案

程序名：prac5_4_2.c

```
#include   "stdio.h"
main()
```

```
{int i,a,n=1;
while(n<=7)
{ do
   {scanf("%d",&a);
   }while(a<1||a>10);
   for(i=1;i<=a;i++)
     printf("\002");
   printf("\n");
   n++;}
}
```

程序运行结果如图 5-16 所示。

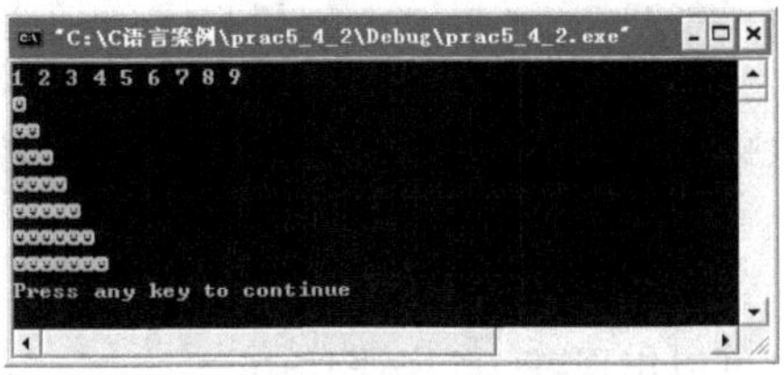

图 5-16 程序 prac5_4_2.c 运行结果

3．项目分析

这是一个典型的循环嵌套例子，输入了 9 个数字，要读取 7 个数字，用 while 循环来控制，7 个数字的输入过程用 do-while 循环控制，并要求数字大小的范围在 1～10 之间，然后是输出笑脸的个数。笑脸的输出用 for 循环控制。

5.5 break 语句与 continue 语句

知识导例

在 1～100 之间找出 10 个能被 5 整除的数，并按从小到大的顺序输出。

程序名：ex5_5_1.c

```
#include   "stdio.h"
main()
{
 int n,i=0;
 for(n=1;n<=100;n++)
   { if(n%5!=0)
       continue;                    /*如果 n 不能被 5 整除，结束本次循环*/
         i++;
         if(i>10) break;            /*如果找到的个数大于 10 个，结束循环*/
       printf("%d   ",n);
   }
 printf("\n");
}
```

程序运行结果如图 5-17 所示。

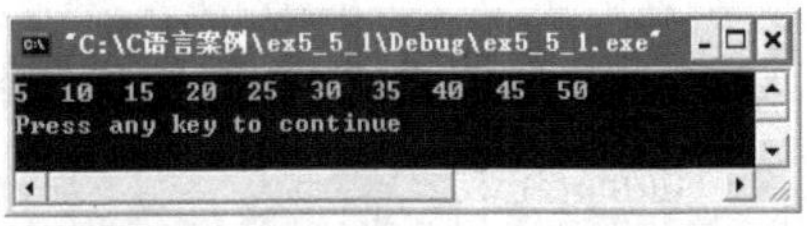

图 5-17 程序 ex5_5_1.c 运行结果

相关知识

1．break 语句

break 语句的一般形式为：

```
break;
```

break 语句可以用在循环语句和 switch 语句中。在循环语句中其作用是用来结束 break 所在层的循环；在 switch 语句中用来跳出 switch 语句。在循环结构中执行循环语句时，在正常情况下只要满足给定的循环条件，就应当一次一次地执行循环体，直到不满足给定的循环条件为止。在某些情况下，需要提前结束循环时，就可以使用 break 语句来进行控制。

2．continue 语句

continue 语句的一般形式为：

```
continue;
```

continue 语句只能用于循环语句，而不能单独使用。continue 语句的作用是结束本次循环，忽略 continue 后面的语句，进行下一次循环判定。

continue 语句和 break 语句的区别：

1）continue语句只能出现在循环语句的循环体中；而break语句既可以出现在循环语句中，也可以出现在switch语句中。

2）break语句终止它所在的循环语句的执行，如果是嵌套循环，break中止本层循环，跳到上一层循环继续执行；而continue语句不是终止它所在的循环语句的执行，而只是中断本次循环，并开始下一次循环。

实践训练

【实训项目一】

1．实训内容

给定一个正整数 x，判断其是否为素数。若是素数，输出“**是素数”，否则输出“**不是素数”（**代表输入的数字）。

2．解决方案

程序名：prac5_5_1.c

```
#include   "stdio.h"
#include   "math.h"
main()
{ int i,x;
  double tmp;
  printf("请输入一个整数：");
  scanf("%d",&x);
  tmp=sqrt(x);                    /*使用库函数 sqrt()求 x 的平方根*/
  for(i=2;i<=tmp;i++)
  {
    if(x%i==0) break;             /*若能被整除说明不是素数，则退出循环*/
  }
  if(tmp>i)                       /*循环从 break 语句结束*/
    printf("%d 不是素数\n",x);
  else   printf("%d 是素数\n",x);  /*由于表达式 2 的值为 0 而退出循环*/
}
```

程序运行结果如图 5-18 所示。

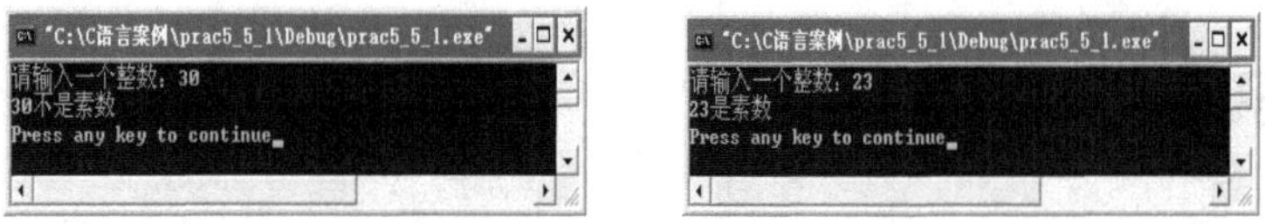

a)　　　　b)

图 5-18　程序 prac5_5_1.c 运行结果
a）输出不是素数　b）输出是素数

3．项目分析

素数是指大于 1，且除了 1 和它本身外不能被其他整数整除的整数。为了判断某数 x 是不是素数，最简单的方法就是依次用 2、3、4、…、x–1 去除 x，看能否除尽，只要能被其中的某一个数除尽，x 就不是素数；若不能被其中的任何一个数除尽，则 x 就为素数。为了提高程序的运行效率，可以减少试除的次数，只要试除到 $\sqrt{x}$ 就可以了。因为假定 x 不是素数，则 x 一定可以表示为 x=m*n（m≤n）的形式。其中 m、n 一一对应，显然 m≤ $\sqrt{x}$，因此只需在 2～ $\sqrt{x}$ 之间试除就可以了。

【实训项目二】

1．实训内容

从键盘上输入 10 个整数，求所有不为零的数之积。

2．解决方案

程序名：prac5_5_2.c

```
#include  "stdio.h"
main( )
{
   int i,num, mul=1;
   printf("请输入 10 个数字:\n");
   for (i=1;i<=10;i++)
   {
    scanf("%d",&num);
    if (num==0)
          continue;                    /* num 的值等于 0 时，结束本次循环 */
     mul*=num;
   }
 printf("mul=%d\n",mul);
}
```

程序运行结果如图 5-19 所示。

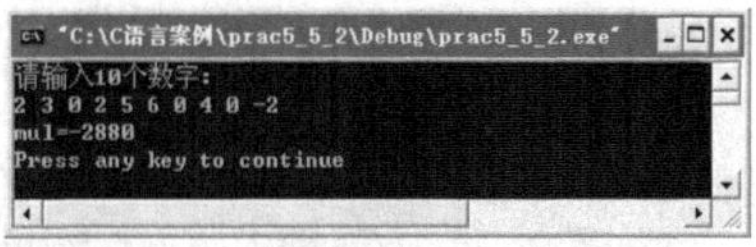

图 5-19　程序 prac5_5_2.c 运行结果

3．项目分析

项目中使用 continue 语句巧妙地将所有不为零的数相乘，零不参与求乘积，所以可以利用 continue 进行过滤，即输入一个整数判断此数是否为零，如果是，则利用 continue 结束本次循环，对下一个数进行判断；如果不是，则求其乘积。循环结束输出乘积。

5.6 综合实训

【综合实训一】

1．实训内容

输入一些学生的几门课程的考试成绩，如数学、英语、计算机和 C 语言程序设计，要求计算出每个学生的总成绩、平均成绩以及最高总分和最低总分，并根据平均分输出及格人数和不及格人数。

2．解决方案

程序名：prac5_6_1.c

```
#include"stdio.h"
main()
{ int n,score,sum,max_sum,min_sum;
 int n1=0,n2=0;                    /*n1 存放不及格人数，n2 存放及格人数*/
 int i,j;
 float average;
 printf("输入学生人数：");
 scanf("%d",&n);
 printf("在对应的序号后输入每个学生每门课程的成绩，以回车结束\n");
 for (i=1;i<=n;i++)
   { sum=0;
    printf("%10s%10s%10s%10s%10s\n","学生序号","数学","英语","C 语言","计算机");
    printf("%8d",i);                /*输出序号*/
 for (j=1;j<=4;j++)
       {
        scanf("%d",&score);
        sum=sum+score;
       }
    if (i==1) max_sum=min_sum=sum;
    if (sum>max_sum) max_sum=sum;
    if (sum<min_sum) min_sum=sum;
    average=sum/4.0;
    if (average<60) n1++;
    else n2++;
   printf("学生%d 的总分为：%d，平均分为%.2f\n",i,sum,average);
 }
 printf("最高总分为：%d，最低总分为：%d\n",max_sum,min_sum);
 printf("平均分及格的人数为：%d\n",n2);
 printf("平均分不及格的人数为：%d\n",n1);
}
```

程序运行结果如图 5-20 所示。

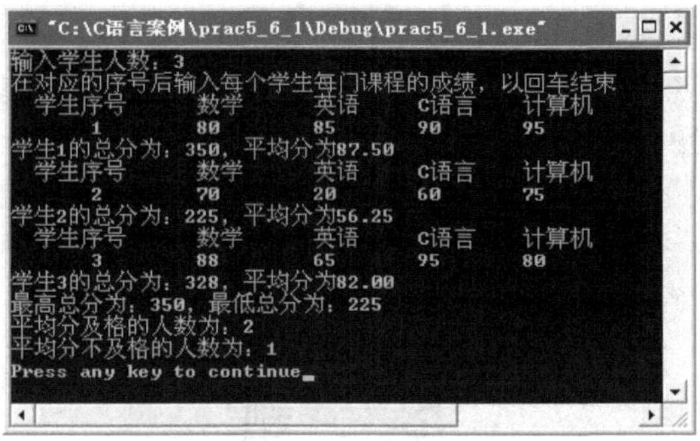

图 5-20　程序 prac5_6_1.c 运行结果

3．项目分析

在编程中，常常会利用循环结构重复执行一些操作，如输入学生的成绩。本例中为方便输入选定了 3 个学生，输入每个学生的每门课程的成绩。首先是对最高总分 sum_max 和最低分 sum_min 进行初始化，通过两重 for 循环来控制。

【综合实训二】

1．实训内容

有一个非常有趣的古典数学问题，该问题来源于生活，说的是有一个主人，养了一对兔子，该对兔子从第三个月开始起每月生一对小兔子，它所生的这对小兔子，长到第三个月也开始每月生一对小兔子，以后所有的兔子长到第三个月都开始每月生一对小兔子，依次类推，问到第 20 个月，这家主人有多少对小兔子？

2．解决方案

程序名：prac5_6_2.c

```
#include "stdio.h"
main()
{
 int f1,f2,f3,month;                /* f1、f2、f3 表示相邻 3 个月的兔子的对数，month 为月份 */
 f1=1;
 f2=1;
 for(month=3;month<=20;month++)
 {
       f3=f1+f2;
       f1=f2;
       f2=f3;
 }
 printf("第 20 个月兔子的对数是：%d\n",f3);
}
```

程序运行结果如图 5-21 所示。

图 5-21　程序 prac5_6_2.c 运行结果

3．项目分析

本项目解决的是著名的斐波那契（Fibonacci，意大利著名数学家）数列问题，该数列是由 1，1，2，3，5，8，13，21，……这些数构成。这些数有一个特点，从第 3 项开始，每一项都等于前面两项之和，本项目中所讨论的兔子问题，恰好符合斐波那契数列。有了该数列，本项目就很容易解决了，在程序中斐波那契数列体现在语句“f3=f1+f2;”中，并且巧妙地利用“f1=f2；f2=f3”语句构成了使用循环结构解决的循环体。

习　题

一、选择题

1．有以下程序，程序运行后的输出结果是（　　）。

```
#include "stdio.h"
main()
 {int a=1,b=2;
 while(a<6)
 {b+=a;a+=2;b%=10;}
 printf("%d,%d\n",a,b);
 }
```

A．5，11　　B．7，1　　C．7，11　　D．6，1

2．阅读下面的程序：

```
#include   "stdio.h"
#include   "math.h"
main( )
{   float   x,y,z;
    scanf("%f%f",&x,&y) ;
    z=x/y ;
    while(1)
      {   if(fabs(z)>1.0)
            {x=y ;   y=z ;   z=x/y ;
            }
          else   break ;
      }
   printf("%f\n" , y) ;
}
```

若运行时从键盘上输入 3.6 和 2.4 并按“回车”键，则输出结果是（　　）。

A．1.500 000　　B．1.600 000　　C．2.000 000　　D．2.400 000

3．执行下面的程序后，a 的值为（　　）。

```
#include   "stdio.h"
main( )
{   int   a , b ;
    for (a=1,b=1;a<=100;a++)
     {   if(b>=20)   break ;
       if(b%3==1)
       {b+=3;
        continue;
        }   b-=5;
```

```
    }printf("%d",a);
}
```

A. 7　　B. 8　　C. 9　　D. 10

4. 以下程序段的输出结果是（　　）。

```
int  x=3;
do
  {  printf("%3d",x-=2);}while(!(--x));
```

A. 1　　B. 3　0　　C. 1　-2　　D. 死循环

5. 定义如下变量：

```
int  n=10;
while(n>7)
  { n--;
printf("%d\n", n);
  }
```

则下列循环的输出结果是（　　）。

A. 10
9
8　　B. 9
8
7　　C. 10
9
8
7　　D. 9
8
7
6

6. 设 x 和 y 均为 int 型变量，则执行下面循环后，y 的值为（　　）。

```
for (y=1, x=1;y<=50;y++)
{  if(x==10)  break;
   if(x%2==1)
     {  x+=5; continue;}
     x-=3;
}
```

A. 2　　B. 4　　C. 6　　D. 8

7. 在下列选项中，没有构成死循环的程序是（　　）。

A.
```
int  i=100;
while(i=1)
{  i=i%100+1;
   if(i>100)  break;
}
```

B.
```
for ( ; ; );
```

C.
```
int  k=1 000;
do  {++k;}  while(k>=1000);
```

D.
```
int  s=36;
while(s); --s;
```

8. 运行以下程序后，如果从键盘上输入 nihao#〈回车〉，则输出结果为（　　）。

```
#include  "stdio.h"
main( )
{  int  v1=0,v2=0;
   char  ch;
   while((ch=getchar())!='#')
     switch(ch)
      {  case  'a':
         case  'h':
         default:     v1++;
```

```
            case   '0' :   v2++ ;
        }
    printf("%d,%d\n" , v1 , v2) ;
}
```

A. 2，0　　B. 5，0　　C. 5，5　　D. 2，5

9. 以下程序的输出结果是（　　）。

```
#include   "stdio.h"
main( )
{   int    x=10,y=10,i ;
  for (i=0;x>8;y=++i)
       printf("%d %d ",x--,y) ;
}
```

A. 10　1　9　2　　B. 9　8　7　6

C. 10　9　9　0　　D. 10　10　9　1

10. 以下程序的输出结果是（　　）。

```
#include   "stdio.h"
main( )
{   int   n=4 ;
while(n--)   printf("%d " , --n) ;
}
```

A. 2　0　　B. 3　1

C. 3　2　1　　D. 2　1　0

11. 以下循环体的执行次数是（　　）。

```
#include   "stdio.h"
main( )
{   int   i,j;
   for (i=0,j=1;i<=j+1;i+=2,j--)   printf("%d\n",i) ;
}
```

A. 3　　B. 2　　C. 1　　D. 0

12. 以下叙述正确的是（　　）。

A. do-while 语句构成的循环不能用其他语句构成的循环来代替

B. do-while 语句构成的循环只能用 break 语句退出

C. 用 do-while 语句构成的循环，在 while 后的表达式为非零时结束循环

D. 用 do-while 语句构成的循环，在 while 后的表达式为零时结束循环

13. 以下程序段的执行结果是（　　）。

```
int   a,y;
a=0; y=0;
do
   {   a+=2 ;   y+=a ;
      printf("a=%d    y=%d\n",a,y) ;
      if(y>20)   break ;
   }   while(a==14) ;
```

A. a=12　y=12
　a=14　y=16
　a=16　y=20
　a=18　y=24

B. a=12　y=12
　a=16　y=28

C. a=12　y=12
　a=14　y=26
　a=14　y=44

D. a=12　y=12

二、填空题

1. 设有如下程序段:

```
int i=0, sum=0;
do
{ sum+=i;i++;}
while(i<=4);
printf("%d\n", sum);
```

该程序段的输出结果是________。

2. 设 i、j、k 均为 int 型变量，则执行完下面的 for 循环后，k 的值为________。

```
for ( i=0,j=10;i<=j;i++,j--)    k=i+j ;
```

3. 下面程序的功能是从输入的一批整数中求出最大者，输入 0 时结束循环，请在下画线上填入正确的内容。

```
#include "stdio.h"
main()
{
int a,max;
scanf("%d",&a); max=a;
while(_____________)
{
if(max<a)      max=a;
scanf("%d",&a);
}
printf("max=%d\n",max);
}
```

4. 下面程序的功能是输出以下形式的金字塔图案，请把程序补充完整。

```
   *
  ***
 *****
*******
```

```
main( )
{
int    i,j;
   for(i=1;i<=4;i++)
   {       for(j=1;j<=4-i;j++)
                printf(" ");
           for(j=1;j<=_______;j++)
printf("*");
           printf("\n");
   }
}
```

5. 下面程序的输出结果是________。

```
#include "stdio.h"
main()
{
```

```
        int i;
        for(i=1;i<=5;i++)
    switch(i%5)
            {
                case 0: printf("@"); break;
                case 1: printf("#"); break;
                case 2: printf("\n");
                default: printf("*");
            }
}
```

6. 在执行以下程序时，如果从键盘上输入：Gooddef〈回车〉，则输出为________。

```
#include   "stdio.h"
main ()
{   char   ch;
    while((ch=getchar( ))!= '\n')
      {   if(ch >='a' && ch <='z')
              ch =ch–32 ;
          printf("%c", ch) ;
      }
     printf("\n") ;
}
```

三、程序分析题

1. 以下程序段中，如果输入为 10 输出结果是________。

```
scanf ("%d", &n);
ev=0;
while (ev< n) {
    printf ("%3d", ev);
    ev = ev + 2;
  }
printf ("\n");
```

2. 分析以下程序运行后的输出结果是________。

```
#include   "stdio.h"
main()
{ int a=1,b;
   for(b=1;b<=10;b++)
     { if(a>=8)break;
         if(a%2==1){a+=5;continue;}
       a-=3;
     }
    printf("%d\n",b);
 }
```

3. 分析以下程序执行后的输出结果是________。

```
#include   "stdio.h"
main( )
{   int x=0,y=5,z=3;
    while(z-->0&&++x<5)      y=y-1;
    printf("%d,%d,%d\n",x,y,z);
}
```

4. 分析以下程序执行后的输出结果是________。

```
#include   "stdio.h"
main()
{ int k=5,n=0;
    do
    { switch(k)
        {    case 1:
             case 3: n+=1; break;
             default:      n=0;k--;
             case 2:
             case 4:    n+=2; k--; break;
        }
  printf("%d",n);
    }while(k>0&&n<5);
}
```

四、编程题

1. 编写一个程序，其功能为：求 1～100 之间的奇数之和。

2. 编写程序，找到 1 000 以内的所有完数。完数是指一个数是其所有因子之和，如 6=1+2+3。

3. 使用循环语句编写一段程序来生成下面的输出。

```
0  1
1  3
2  9
3  27
4  81
```

4. 编写程序：每个苹果 0.8 元，第一天买 2 个苹果，第二天开始，每天买前一天的 2 倍，直到购买的苹果个数达到不超过 100 的最大值。编写程序求每天平均花多少钱？

5. 编写程序，输出公元 1 000～2000 年所有闰年的年号。每输出 3 个年号换一行。

6. 某个小镇有 15 288 名居民，其人口每年递增 10%。请编写一个循环来显示每年的人口数，并确定要经过多少年人口数才会超过 40 000。

7. 编写一个程序，其功能为：计算并输出一年 12 个月的总降水量和平均降水量。手工输入 12 个月的降水量，计算并输出总降水量和平均降水量。

第6章 数 组

单个变量在内存中只开辟一个存储单元，某一个时刻也只能存储一个数据，而在程序设计中，往往需要对批量数据进行处理。例如，对全体学生的成绩求平均分，需要存储大量的数据，此时如果用单个变量存储这些成绩，则需要定义许多变量，使程序变得复杂，代码可读性不强，变量定义的个数甚至会大大超过语句的个数，一个简单的程序可能要定义许许多多的变量。使用数组，则只需要定义一次就能存储多个同种类型的数据，从而简化了程序中数据的存储方法。数组是由同种数据类型的数据（假设为 n 个）所构成的有限序列，它在内存中用连续的 n 个存储单元存储。数组是一种构造数据类型。所谓构造数据类型，是指用它定义过的数据（可以说成是多个变量）可以进行拆分，拆分过后的每个数据由其他数据类型定义而成，而构造类型本身并不是一种类型，它由其他类型构造而成。第 10 章的结构体和共用体也是构造数据类型。数组定义好后，数组中的每个数据称为数组元素，它代表内存的一个存储单元。所以，一个数组元素也可以称为一个变量，多个数组元素在连续的存储单元存储就构成了数组。一个数组元素可由数组名称和下标来唯一确定，所以有时也称一个数组元素为一个下标变量。C 语言中的数组有一维数组、二维数组和多维数组，本章只介绍一维数组和二维数组。有了数组以后，就可以方便地处理大批量的数据了。

6.1 一维数组

知识导例

假设全班共有 10 名同学参加计算机竞赛，现在要求计算全班同学竞赛的平均成绩。

程序名：ex6_1_1.c

```
#include "stdio.h"
main()
{
    int i;
    float a,t,s[10];           /*s 数组存放学生的计算机竞赛成绩，t 存放总成绩，a 存放平均成绩*/
    for(i=0;i<10;i++)
        scanf("%f",&s[i]);
    t=0;
    for(i=0;i<10;i++)
        t+=s[i];
    a=t/10;
    printf("The average score is %4.1f\n",a);
}
```

程序运行结果如图 6-1 所示。

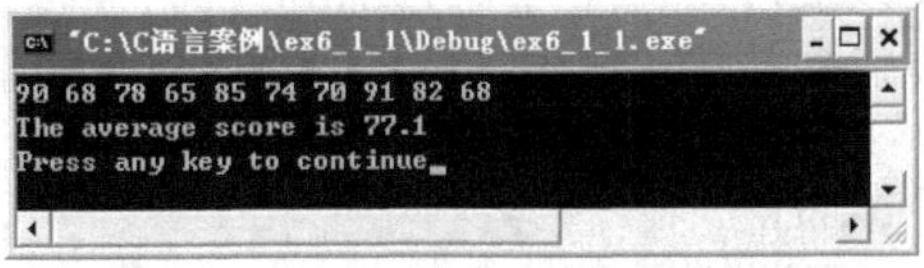

图 6-1　程序 ex6_1_1.c 的运行结果

相关知识

前面所说的变量，如 a、i、t 等，各个变量是各自独立的，在内存中的位置也各自独立。利用这些变量可以解决少量数据的问题，如定义一个变量存放一个学生的 C 语言考试成绩，那么要存放 10 个、100 个、1 000 个学生的 C 语言考试成绩，就不可能定义这么多的单个变量了，同时要对这些学生的成绩排序就更不可能了。要想方便地解决这类问题，通常要借助数组。

数组是有序的、同类型数据的集合，即一组相同类型的变量的集合。可以说，将一组排列有序的、个数有限的、相同类型的变量作为一个整体，用一个统一的名字来表示，则这些有序变量的全体就称为数组。这个统一的名字就是数组名，整体中的各个变量叫做数组元素（也叫下标变量），各个数组元素（即变量）用数组名和下标来区分。整体中包含的变量的个数就是数组的长度，即含有几个数组元素。

下标变量中下标的个数称为数组的维数。如果数组中的所有元素，能按行、列顺序排成一个矩阵，换句话说，必须用两个下标才能确定它们各自所处的位置，这样的数组称为二维数组。因此，两个下标的下标变量构成二维数组。依次类推，三个下标的下标变量构成三维数组。有多少个下标的下标变量就构成多少维的数组，如四维数组、五维数组等。通常又把二维以上的数组称为多维数组。

例如，mark[10]为一维数组，x[2][3]为二维数组。

1．一维数组的定义

一维数组的一般格式为：

```
类型标识符　数组名[常量表达式]；
类型标识符：说明数组中各个数组元素的数据类型。
数组名：即这一组数据的整体的名称。
常量表达式：说明数组的长度，即含有几个数组元素。
```

例如：

```
int　a[10]；
```

定义了一个整型数组，数组名为 a，数组有 10 个元素，每个元素的类型均为 int。这 10 个元素分别是：a[0]，a[1]，a[2]，a[3]，a[4]，…，a[8]，a[9]，下标从 0～9，不能使用数组元素 a[10]。

C 语言程序在运行时为数组 a 分配了 10 个连续的存储单元，每个单元占用 4 个字节（Visual C++ 6.0 平台），数组名就是这一组连续存储空间的首地址，也即数组第一个元素 a[0]的地址。数组的存储情况如图 6-2 所示。

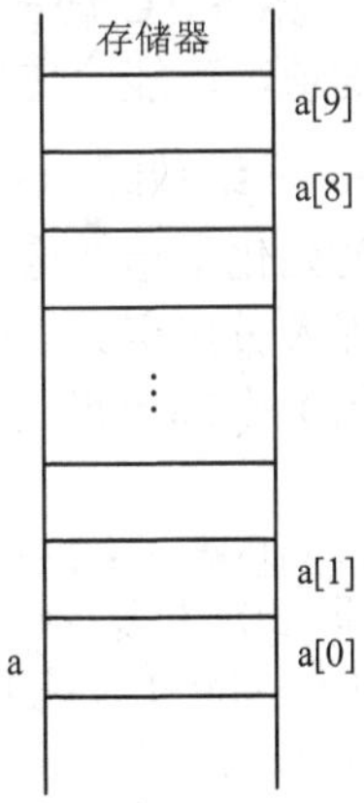

图 6-2　数组 a 的存储空间分配

对一维数组的定义有以下几点说明。

1）数组的类型，即数组元素的类型，可以是基本类型（整型、实型和字符型等）、指针类型、结构体类型或共用体类型。数组每一个元素的类型一定相同。

2）数组名和变量名一样，遵循标识符命名规则，不能与其他变量名相同，也不能与 C 语言中的关键字相同。数组名代表数组在内存中的起始位置，是一个地址常量。

3）常量表达式必须用方括号括起来，用来表示数组元素的个数，一经定义，长度就不能改变，系统就为其分配相对应的存储空间。因而，常量表达式的结果只能是整型，其中可以包含常数和符号常量，但不能包含变量。

例如，下面写法是错误的：

```
int n;
scanf("%d",&n) ;
int a[n] ;
```

4）数组中每个元素的名称通过方括号中的序号加以区分，该序号也称为数组的下标，其值从 0 开始，最大到元素个数减去 1，不能越界。

5）定义多个类型相同的数组，可以使用逗号隔开。例如：

```
int a[10],b[20];
```

6）使用了数组的 C 语言程序在运行时，系统为数组分配连续地址空间，分配空间的大小为：数组元素占用字节数×数组长度。

数组说明中其他常见的错误：

```
float a[0];                /*数组大小为 0 没有意义*/
int b(2);                  /*不能使用圆括号*/
int k, a[k];               /*不能用变量说明数组大小*/
```

2. 一维数组元素的引用

使用数组必须先定义后引用。C 语言规定，不能引用整个数组，只能逐个引用数组元素。

引用的格式为：

```
数组名[下标]
```

下标指明数组元素在本数组中的相对位置，可以是常量、表达式或变量。例如，a[3]、a[3*i]、a[i]。

在数组元素引用时应注意以下几点：

1）由于数组元素本身等价于同一类型的一个变量，因此，对变量的任何操作都适用于数组元素。

2）在引用数组元素时，下标可以是整型常数或表达式，表达式内允许变量存在。

3）引用数组元素时下标最大值不能出界。也就是说，若数组长度为 n，下标的最大值为 n−1。若出界，C 语言编译时并不给出错误提示信息，程序仍能运行，但破坏了数组以外其他变量的值，可能会造成严重的后果。因此，必须注意数组边界的检查。

3. 一维数组的初始化

初始化是指在定义数组的同时给数组元素赋初值，初始化可以由系统自动进行，也可以由编程人员在定义的同时指定初始化的值。

（1）全部数组元素初始化　将所有初始化的数据写在一个花括号内，中间以逗号隔开。例如：

```
int   a[5]={0, 1, 2, 3, 4};
```

即 a[0]=0;a[1]=1;a[2]=2;a[3]=3;a[4]=4;

```
char   c[5]={'c', 'h', 'i', 'n', 'a'};
```

即 c[0]= 'c';c[1]='h';c[2]= 'i';c[3]='n';c[4]= 'a';

在定义时对全部数组元素初始化，可以省略数组的长度，系统自动按初始化内容分配存储空间。例如 int　a[]={0, 1, 2, 3, 4}，系统默认数组长度为 5，分配连续 20 个字节的存储空间。

（2）部分数组元素初始化　初始化值的个数小于数组元素的个数，剩余的元素被自动初始化为0。

例如：

```
int  a[10]={0,1};
```

对数组元素 a[0]赋初值 0，对 a[1]赋初值 1，其他元素均赋初值 0。

例如：

```
int  a[10]={0};
```

对数组 a 中所有元素赋初值 0。

再如：

```
char  c[5]={'0'};
```

等价于

```
char  c[5]={'0', '\0' , '\0', '\0' , '\0'};
```

也等价于

```
char  c[5]={'0', 0, 0, 0, 0};
```

对一维数组初始化的几点说明：

1）字符 '0' 与 '\0' 是不同的。字符 '0' 在存储单元内，数值为该字符的 ASCII 码值 48；字符 '\0' 在存储单元内，数值为该字符的 ASCII 码值 0。上例的结果为 c[0]赋初值 48；为 c[1]赋初值 0；为 c[2]赋初值 0；为 c[3]赋初值 0；为 c[4]赋初值 0。

2）对于数值型数据部分赋初值，省略部分默认为 0。对于字符型数据部分赋初值，省略部分默认为\0。

3）全部省略不赋初值时，对于 static 类型的初始值默认为 0，其他类型的都是随机值，但在 VC++ 6.0 平台下往往会给出一个确定的值。对于全部省略不赋初值的情况，一般是由用户在程序运行期间进行赋值。例如以下程序段：

```
int i，array[5];
for (i=0;i<5;i++)
      scanf ("%d", &array[i]);        /*用 scanf 语句给数组的元素赋值*/
```

实践训练

【实训项目】

1．实训内容

用冒泡法对 10 个学生的 C 语言成绩由高到低进行排序，并输出最高分和最低分。

2．解决方案

程序名：prac6_1_1.c

```
#define N 10                          /*定义 N 代表 10*/
#include "stdio.h"
main()
{
int i,math[N],t,j;                    /*数组 math 存放成绩，t 用来交换排序过程中的成绩*/
printf("请输入多个同学的成绩：\n");
for(i=0;i< N;i++)
    scanf("%d",&math[i]);
for(j=0;j<N-1;j++)                    /*冒泡法对数组中的元素按从大到小顺序排序*/
    for(i=0;i<N-1-j;i++)
        if(math[i]<math[i+1])
          {t=math[i];
          math[i]=math[i+1];
          math[i+1]=t;}
```

```
    printf("多个同学的成绩排序为：\n");
    for(i=0;i<10;i++)
        printf("%3d", math[i]);
    printf("\n");
    printf("最高分为:%d\n",math[0]);
    printf("最低分为:%d\n",math[N-1]);
    }
```

程序运行结果如图 6-3 所示。

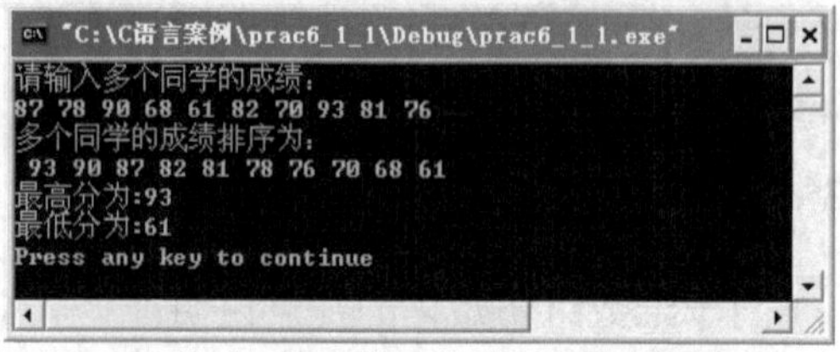

图 6-3　程序 prac6_1_1.c 的运行结果

3．项目分析

本项目是利用冒泡法对一组成绩（10 个数）按照从大到小的顺序进行排序。

冒泡法的算法思路是：n 个数排序，如果从小到大进行排序，将相邻两个数依次进行比较，将小数调在前头，逐次比较，直至将最大的数移至最后，然后再将 n–1 个数继续比较，重复上面操作，直至比较完毕。

可采用双重循环实现冒泡法排序，外循环控制比较的轮数，内循环控制每轮比较的次数，每一轮将找出最大的数，并放在最后位置上（即沉底），以后每次循环中其循环次数和参加比较的数依次减 1；外层循环 j:0～n–1，内层循环 i:0～n–j–1。在从小到大的冒泡排序过程中，大的数好像石块不断往下沉，小的数好像气泡不断往上升，所以称为冒泡排序。反过来，如果从大到小进行排序，则小数往下沉，大数往上升。下面用图表示 n=5 时，对 9、8、5、4、2 这 5 个数进行从小到大排序，其过程如图 6-4 所示。

	1次	2次	3次	4次	1次	2次	3次	1次	2次	1次
9	8	8	8	8	5	5	5	4	4	2
8	9	5	5	5	8	4	4	5	2	4
5	5	9	4	4	4	8	2	2	5	
4	4	4	9	2	2	2	8			
2	2	2	2	9						
	第一轮大数沉底				第二轮			第三轮		第四轮

图 6-4　冒泡法的排序过程

6.2　二维数组

知识导例

输入 5 个同学 3 门课的成绩并输出。

程序名：ex6_2_1.c

```
#include "stdio.h"
```

```
#define N 5                    /*定义 N 代表 5*/
main()
{
    int i,j;
    int score [N][3];          /*定义二维数组 score，存放 5 个同学的 3 门课成绩*/
    printf("请输入五个同学三门课的成绩:\n");
    for (i=0;i<N;i++)
      for(j=0;j<3;j++)
        scanf("%d",&score[i][j]);
    printf("输出五个同学三门课的成绩:\n");
    for (i=0;i<N;i++)
     {printf("第%d 位同学:",i+1);
     for(j=0;j<3;j++)
        printf("%5d",score[i][j]);
     printf("\n");
     }
}
```

程序运行结果如图 6-5 所示。

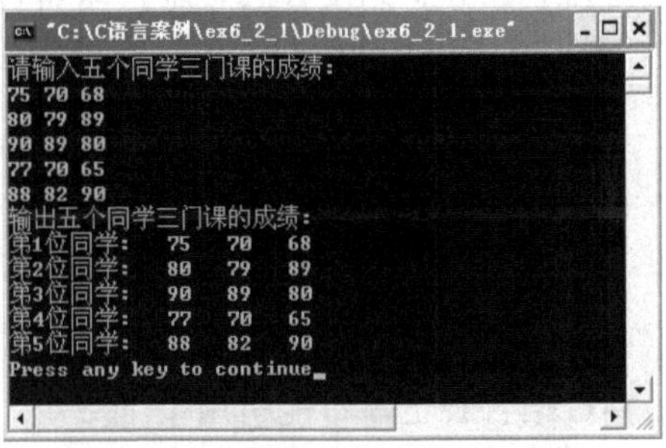

图 6-5　程序 ex6_2_1.c 的运行结果

相关知识

1. 二维数组的定义

二维数组常用来存储二维的数据，如行列矩阵等。

一般格式为：

类型标识符　数组名[常量表达式 1][常量表达式 2];

例如：

```
int a[3][4];
```

定义了一个整型二维数组 a，共有 3*4=12 个元素，可以称为 3 行 4 列的数组。该数组不能写成 int a[3,4]、int a(3，4)或者 int a(3)(4)等。

在内存中存储二维数组时，按行存放，即在内存中先顺序存放第一行的元素，再存放第二行的元素，依次类推。例如，数组 a[3][4]的存放顺序是：a[0][0]，a[0][1]，a[0][2]，a[0][3]，a[1][0]，a[1][1]，a[1][2]，a[1][3]，a[2][0]，a[2][1]，a[2][2]，a[2][3]，在内存中共占用 12*4=48 个字节，如图 6-6 所示。

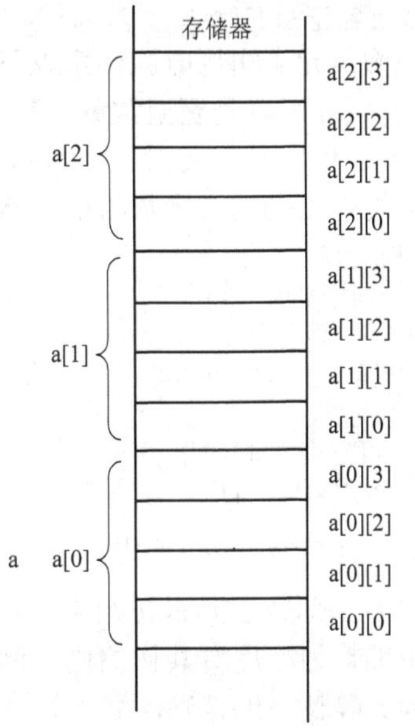

图 6-6　数组 a 的存储空间分配

例如：

```
int   a[3][4];
```

按行形式排列数组元素的表示如下。

	第 0 列	第 1 列	第 2 列	第 3 列
第 0 行	a[0][0]	a[0][1]	a[0][2]	a[0][3]
第 1 行	a[1][0]	a[1][1]	a[1][2]	a[1][3]
第 2 行	a[2][0]	a[2][1]	a[2][2]	a[2][3]

对于数组的定义有以下几点说明：

1）常量表达式 1 表示数组第一维的长度，常量表达式 2 表示第二维的长度，一经定义，长度不能改变，系统就为其分配相对应的存储空间。因而，常量表达式的结果只能是整型，其中可以包含常数和符号常量，但不能包含变量，下标可以是整型表达式，如 a[2−1][2*2−1]。

2）在 C 语言中，因为内存空间是一维的，在存储二维数据的时候，也存在着行序优先和列序优先两种。在 C 语言的二维数组中，元素在内存中的排列顺序是先行后列。

3）二维数组可以看成一个特殊的一维数组，其中的每一个元素又是一个一维数组。例如，数组 a[3][4]可以看成是一个一维数组，它有 3 个元素：a[0]、a[1]和 a[2]，每一个元素又是一个包括 4 个元素的一维数组，如元素 a[0]有 4 个元素：a[0][0]、a[0][1]、a[0][2]和 a[0][3]，即

a[0]	a[0][0]	a[0][1]	a[0][2]	a[0][3]
a[1]	a[1][0]	a[1][1]	a[1][2]	a[1][3]
a[2]	a[2][0]	a[2][1]	a[2][2]	a[2][3]

数组名 a 表示数组第一个单元 a[0][0]的地址，也就是数组的首地址。a[0]也表示地址，表示第 0 行第 0 列的地址，也等于第 0 行的地址，即 a[0][0]的地址；a[1]表示第 1 行第 0 列的地址，也等于第 1 行的地址，即 a[1][0]的地址；a[2]表示第 2 行第 0 列的地址，也等于第 2 行的地址，即 a[2][0]的地址。因此，可以得到下面的关系：

```
a=&a[0]=a[0]=&a[0][0]
&a[1]=a[1]=&a[1][0]
&a[2]=a[2]=&a[2][0]
```

其中，&是取地址运算符，&a[0][0]表示元素 a[0][0]的地址。

2．二维数组元素的引用

C 语言规定，不能引用整个数组，只能逐个引用数组元素。

二维数组中各个元素可看做具有相同数据类型的一组变量。因此，对变量的引用及一切操作，同样适用于二维数组元素。

引用的格式为：

```
数组名[下标][下标]
```

在数组元素引用时应注意以下两点：

1）下标可以是整型常量、整型表达式或变量。

2）在使用数组元素时，应该注意下标值应在已定义的数组大小的范围内。例如，下面的语句均是正确的二维数组引用格式。

```
a[0][0]=3;
a[i-1][i]=i+j;
a[0][1]=a[0][0];
a[0][2]=a[0][1]%(int)(x);
a[2][0]++;
scanf("%d",&a[2][1]);
printf("%d",a[2][1]);
```

3．二维数组的初始化

（1）全部数组元素初始化　将所有数据写在一个花括号内，以逗号分隔，按数组元素在内存中的排列顺序对其初始化。例如：

```
int  a[2][3]={0,1,2,3,4,5};
```

即

```
a[0][0]=0;a[0][1]=1;a[0][2]=2;a[1][0]=3;a[1][1]=4;a[1][2]=5;
```

执行后的存储情况如图 6-7 所示。

分行对数组元素初始化。例如：

```
int  a[2][3]={{0,1,2},{3,4,5}};
```

这种初始化方法比较直观，把第 1 个花括号中的数据赋给二维数组的第 0 行，把第 2 个花括号中的数据赋给二维数组的第 1 行，依次类推。初始化结果同第一种。

注意：在对全部数组元素赋初值时，可以不指定数组的第一维长度，但必须指定第二维的长度。例如，int a[][4]={1,2,3,4, 5,6,7,8,9,10,11,12}；第二维长度为 4，表示每行 4 个元素，12 个元素应分处在 3 行。因此，系统编译时默认数组第一维长度为 3。

（2）部分数组元素初始化　例如：

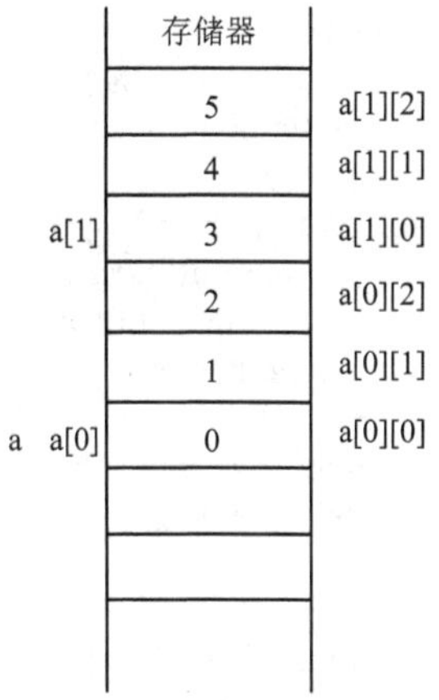

图 6-7　数组 a 的存储情况

```
int  a[2][3]={{1},{4}};
```

执行后对各行的第一个元素赋初值，其余元素均赋值为 0，即将 1 赋值给 a[0][0]，将 4 赋值给 a[1][0]，数组的其他元素赋值为 0。

部分数组元素初始化的说明：

1）初始化值的个数小于数组元素的个数，剩余的元素被自动初始化为 0。

2）在对部分元素赋初值时也可以省略第一维的长度，但应分行赋初值。例如：

```
int a[][4]={{0,1,2},{ },{7,8,9}};
```

这时定义的数组 a 有 3 行 4 列。

再如：

```
int  a[ ][4]={{1,2, 3},{},{4}};
```

等价于

```
int  a[3][4]={{1,2,3,0},{0,0,0,0},{4,0,0,0}};
```

二维数组在定义时，编程人员也可以不直接对其赋初值，而由系统进行初始化，然后在程序运行期间进行赋值等相关操作。例如以下程序段所示：

```
int mark[3][6],i,j;
for(i=0;i<3;i++)
  for(j=0;j<6;j++)
    {
      scanf("%d",& mark[i][j]);
    }
```

实践训练

【实训项目一】

1．实训内容

将一个二维数组 a 的行和列的元素互换（即行列转置），存到另一个二维数组 b 中。

2．解决方案

程序名：prac6_2_1.c

```
#include "stdio.h"
main()
{
```

```
    int a[2][3]={{1,2,3},{4,5,6}};          /*定义 a 为两行三列的二维数组*/
    int b[3][2],i,j;                        /*定义 b 为三行两列的二维数组*/
    printf("array a:\n");
    for (i=0;i<=1;i++)
    {
      for (j=0;j<=2;j++){
          printf("%5d",a[i][j]);
          b[j][i]=a[i][j];}                  /*把 a 的第 i 行第 j 列元素的值放到 b 的第 j 行第 i 列*/
      printf("\n");
    }
    printf("array b:\n");
    for (i=0;i<=2;i++)
    {
     for(j=0;j<=1;j++)
     printf("%5d",b[i][j]);
     printf("\n");
    }
}
```

程序运行结果如图 6-8 所示。

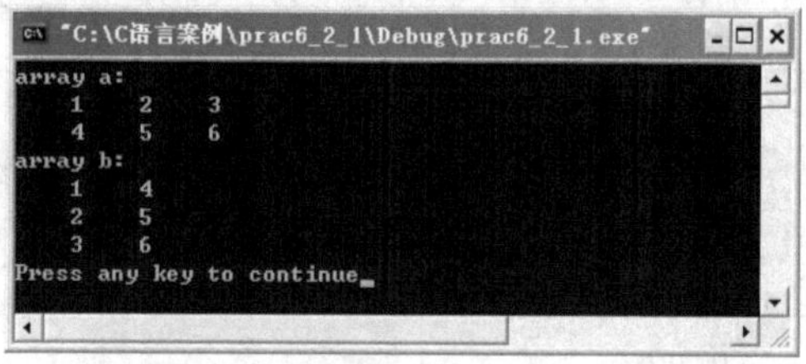

图 6-8　程序 prac6_2_1.c 的运行结果

3．项目分析

该项目要求将一个二维数组行和列的元素互换，即原来是第一行变成第一列，原来是第二行变成第二列，所以解决方法是定义一个数组 a 为 2 行 3 列，定义一个数组 b 是 3 行 2 列，转换过程通过 b[j][i]=a[i][j]赋值语句实现。

【实训项目二】

1．实训内容

输入 5 个同学 3 门课的成绩，计算各门课的总分及平均分，并输出。

2．解决方案

程序名：prac6_2_2.c

```
#include "stdio.h"
#define N 5                                    /*定义 N 代表 5*/
main()
{
    int i,j;
    int score [N][3],sum[3]={0},avg[3];         /*score 存放 5 个学生，每个学生 3 门课程的成绩，sum 存放
                                                  每门课的总分，avg 存放每门课的平均成绩*/
    printf("请输入 5 个同学 3 门课的成绩:\n");
    for (i=0;i<N;i++)
    for(j=0;j<3;j++)
    scanf("%d",&score[i][j]);
    for(j=0;j<3;j++)
     {for(i=0;i<N;i++)
     sum[j]=sum[j]+score[i][j];                 /*计算每门课的总分*/
     avg[j]=sum[j]/N;}                          /*计算每门课的平均分*/
     printf("------------------------\n");
     printf("输出 5 个同学 3 门课的成绩:\n");
```

```
    for (i=0;i<N;i++)
     {printf("第%d 位同学:",i+1);
    for(j=0;j<3;j++)
     printf("%5d",score[i][j]);
    printf("\n");
     }
    printf("------------------------\n");
    printf("总分为:      ");
    for(j=0;j<3;j++)
     printf("%5d",sum[j]);
    printf("\n");
    printf("平均分为: ");
    for(j=0;j<3;j++)
     printf("%5d",avg[j]);
    printf("\n");
}
```

程序运行结果如图 6-9 所示。

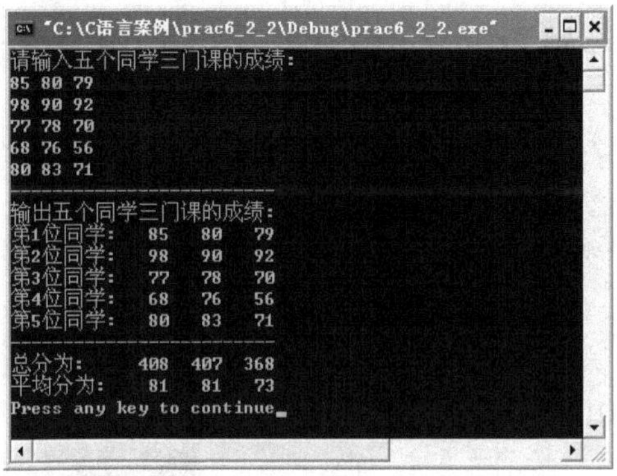

图 6-9　程序 prac6_2_2.c 的运行结果

3．项目分析

项目利用二维数组，每一行存放一个学生的成绩，即行代表学生，列代表每门课的成绩。要存放五个学生三门课的成绩，就要使用一个 5*3 的二维数组。要得到每门课的总分和平均分，需要另外定义两个一维数组 sum[3]和 avg[3]来分别进行存放。具体实现步骤如下：

1）输入五个学生，每个学生三门课的成绩，存入二维数组 score 中。

2）计算五门课程的总分，存到数组 sum 中；计算出每门课程的平均分，存入数组 avg 中。

3）输出五个学生三门课的成绩，并输出每门课程的总分和平均分。

知识拓展

由二维数组可以推广到三维数组、四维数组以及更多维数的数组。例如：

```
int a[2][3][4];
```

定义了一个三维整型数组 a，数组有 2*3*4=24 个元素。元素排列的规则是，第一维的下标变化最慢，最右边的变化最快。数组 a 元素的排列顺序是 a[0][0][0]，a[0][0][1]，a[0][0][2]，a[0][0][3]，a[0][1][0]，a[0][1][1]，a[0][1][2]，a[0][1][3]，a[0][2][0]，a[0][2][1]，a[0][2][2]，a[0][2][3]，a[1][0][0]，a[1][0][1]，a[1][0][2]，a[1][0][3]，a[1][1][0]，a[1][1][1]，a[1][1][2]，a[1][1][3]，a[1][2][0]，a[1][2][1]，a[1][2][2]，a[1][2][3]。

6.3 字符数组和字符串

知识导例

某个班级有 40 名学生，在选举班干部时有 10 名候选人，现要求输出候选人名单。

程序名：ex6_3_1.c

```
/*为了程序运行方便，本导例假设只有 5 名同学*/
#include "stdio.h"
#define N 5                    /*定义 N 代表 5*/
main()
{
       char name[N][12];      /*二维字符数组 name，N 代表学生数，12 表示姓名的最大长度，
可以存放 11 个字符的姓名，剩余一个字节存放字符串的结束标志*/
     int i,j;
     printf("请输入%d 个候选同学的姓名:\n",N);
     for(i=0;i<N;i++)
        gets(name[i]);
     printf("-------------------\n");
     printf("输出%d 个候选同学的姓名:\n",N);
     printf("-------------------\n");
     for(i=0;i<N;i++)
        puts(name[i]);
}
```

程序运行结果如图 6-10 所示。

相关知识

字符数组的定义、引用和初始化同前面所介绍的一维数组、二维数组的定义、引用和初始化形式基本相同，其类型说明符为 char。字符数组是指数组中的元素类型是字符型，字符数组中的一个元素存放一个字符。字符串是用双引号括起来的一串字符，在内存中存放时以“\0”作为结束标志。

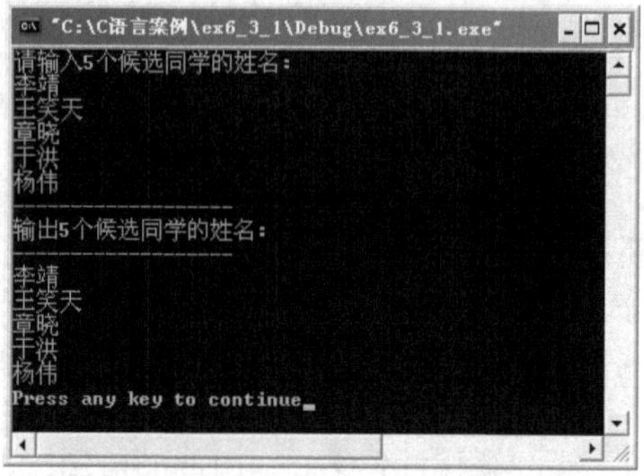

图 6-10　程序 ex6_3_1.c 的运行结果

1．字符数组的定义

一维字符数组的一般格式为：

```
char  数组名[常量表达式];
```

例如：

```
char ch[12];
```

上述定义的结果，在内存中分配 12 个字节的连续存储单元，可以存放 12 个字符或者一个长度不超过 11 的字符串。

二维字符数组的一般格式为：

```
char  数组名[常量表达式 1][常量表达式 2];
```

例如：

```
char ch[3][12];
```

上述定义的结果，在内存中分配 3*12 个字节的连续存储单元，可以存放 3*12 个字符或者 3 个长度不超过 11 的字符串。

2. 字符数组的初始化

对字符数组初始化时有下面两种情况。

（1）对数组元素逐个初始化　例如：

```
char a[10] = {'I',' ','a','m',' ','h','a','p','p','y'};
char c[2][10] = {{'c'}, {'p','r','o','g','r','a','m'}};
```

说明：

1）初值个数可以少于数组长度，多余元素自动为“\0”（\0 是二进制数值 0）。

例如：

```
char c[6] = {'c','h','i','n','a'};
c[5]='\0'，即 c[5]=0。
```

2）对于一维字符数组指定初值时，若未指定数组长度，则长度等于初值个数。例如：

```
char a[ ] = {'I',' ','a','m',' ','h','a','p','p','y'};
```

等价于

```
char a[10 ] = {'I',' ','a','m',' ','h','a','p','p','y'};
```

3）对于二维数组可以不指定第一维长度。例如：

```
char c[][10] = {{'c'}, {'p','r','o','g','r','a','m'}};
```

系统默认第一维长度为 2。

（2）用字符串常量对数组初始化　例如，初始化一维字符数组：

```
char c[] = {"I am happy"};
```

也可以不要花括号

```
char c[] = "I am happy";
```

例如，初始化二维字符数组：

```
char c[][10] = {{"china"},{"beijing"},{"henan"}};
```

该数组定义的结果是在内存中分配 30 个字节的存储单元，每一行存放一个字符串，除了存储以上字符外，其余均为'\0'。

3. 字符串及结束标志

字符串必须用一对双引号括起来，每个字符串在存储时，系统自动在其后加上结束标志“\0”（占 1 字节，其值为二进制 0），系统对字符串的读写，扫描到“\0”认为字符串结束。例如，"china" 这个字符串的长度为 5，即含有 5 个字符，但是占用 6 个字节的存储空间。例如 char c[]="china"，其存储形式如图 6-11 所示。

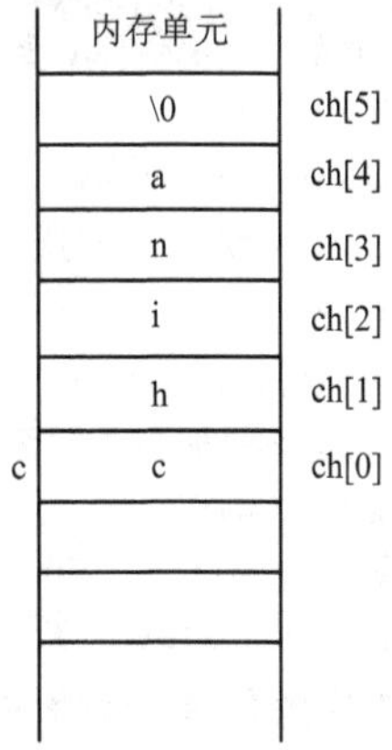

图 6-11　数组 c 的存储空间分配

4. 字符数组的输入输出

可以利用字符数组对单个字符或字符串进行输入输出操作。

（1）单个字符的输入输出　用格式符“%c”输入或输出单个字符。例如：

```
char c[10];
int i;
for(i=0;i<10;i++)
```

```
        scanf("%c",&c[i]);        /*单个字符输入*/
    for(i=0;i<10;i++)
        printf("%c",c[i]);        /*单个字符输出*/
    printf("\n");
```

第一个 for 循环语句，从键盘输入字符赋给 c[0]、c[1]、c[2]、c[3]、c[4]和 c[5]；第二个 for 循环语句，则将字符数组元素的值逐个输出。

（2）字符串的输入输出　用格式符“%s”输入或输出字符串。

由于 C 语言中没有专门的变量存放字符串，字符串只能存放在一个字符型数组中，数组名表示字符串的首地址，即第一个字符的地址，因此在输入或输出字符串时可直接使用数组名。例如：

```
char  c[10] ;
scanf("%s",c) ;              /*由键盘输入字符串*/
printf("%s",c) ;             /*由键盘输出字符串*/
```

使用说明如下：

1）按“%s”格式符输出时，即使数组长度大于字符串长度，也是遇“\0”结束，且输出字符中不包含“\0”。若数组中包含一个以上“\0”，遇第一个“\0”时结束。例如:

```
char c[10] = {"China"};
printf("%s",c);              /*只输出 5 个字符*/
```

2）按"%s"格式符输出字符串时，printf 函数的输出项是字符数组名，而不是元素名。例如：

```
char c[6] = "China";
printf("%s",c);              /*正确*/
printf("%s",c[0]);           /*错误*/
```

3）按“%s“格式符输入时，遇“回车”键结束，但获得的字符中不包含回车键本身，而是在字符串末尾添“\0”。因此，定义的字符数组必须有足够的长度，以容纳所输入的字符。例如，输入 5 个字符，定义的字符数组长度至少是 6。

4）一个 scanf 函数输入多个字符串，输入时以“空格”键或者“回车”键作为字符串间的分隔。例如：

```
char str1[5],str2[5],str3[5];
scanf("%s%s%s",str1,str2,str3);
```

输入数据：

```
How are you?
```

str1、str2、str3 获得的数据如图 6-12 所示。

str1	H	o	w	\0	\0
str2	a	r	e	\0	\0
str3	y	o	u	?	\0

图 6-12　数组 str1、str2、str3 的数据存储情况

再如：

```
char str[13];
scanf("%s",str);
```

输入数据：

```
How are you?
```

结果仅“How”被输入数组 str。

如果要想 str 获得全部输入（包含空格及其以后的字符），程序应设计为：

```
char c[13];
int i;
for(i=0;i<13;i++) c[i] = getchar();
```

或使用 gets 函数：

```
char c[13];
```

```
gets(c);
```

5）C 语言中，数组名代表该数组的起始地址，因此，scanf 函数中不需要地址运算符&。

```
char str[13];
scanf("%s",str);
```

5．字符串处理函数

C 语言中没有提供对字符串进行操作的运算符。但在 C 语言的函数库中，提供了一些用来处理字符串的函数。这些函数使用起来方便、可靠，不能由运算符实现的字符串的赋值、合并、连接和比较运算，都可以通过调用库函数来实现。在使用时，必须在程序前面，用命令行指定应包含的头文件。下面介绍一些常用的字符串处理函数。

（1）字符串输入函数gets()　一般调用格式为：

```
gets(str);
```

其中，str 为字符串中第一个字符的地址，即数组的首地址，可以是字符型数组名或字符数组元素的地址，也可以是字符型指针或指针变量（指针将在第 8 章介绍）。

功能：输入字符串到字符数组，并且得到一个函数值，该函数值是字符数组的首地址。例如：

```
char   str[10];
gets(str);
```

执行以上程序段时，从终端键盘输入：

Good bye　<回车>

则在数组 str 中的存放情况如图 6-13 所示。

str	G	o	o	d		b	y	e	\0	\0

图 6-13　数组 str 的存储情况

（2）字符串输出函数puts()　一般调用格式为：

```
puts(str);
```

其中，str 必须是字符串的首地址（同 gets 函数中说明一样，以下类同）。

功能：从 str 指定的地址开始，依次输出存储单元中的字符，直到遇到字符串结束标志第 1 个“\0”字符为止。

注意：在遇到“\0”时，该字符不输出，系统自动将其转换为“\n”，即输出完字符串后系统自动换行。

由于可以用 printf 函数输出字符串，因此 puts 函数用得不多。注意二者在使用上有所不同，例如：

```
char c[6]="China";          /* printf、puts 均以\0 结尾*/
printf("%s\n",c);           /* printf 需要格式控制符%s */
puts(c);                    /* puts 不需要格式控制符，且自动换行*/
```

其结果是在终端上输出 China。

（3）字符串复制函数strcpy()　一般调用格式为：

```
strcpy(str1,str2);
```

其中，str1 必须为字符数组，str2 可以是字符数组或字符串常量。

功能：把 str2 所指向的字符串复制到 str1 所指的字符数组中。例如：

```
char str1[10];
strcpy(str1,"China");
```

调用函数将字符串“China”复制到数组 str1 中。

说明：

1）str2 可以是数组名或者数组元素的地址，也可以是字符串常量，还可以是指向字符串的指针。

2）字符数组 str1 的长度必须定义得足够大，以便容纳被复制的字符串。复制时连同字符串后面的“\0”一起复制到字符数组 str1 中。

3）不能用赋值语句将一个字符串常量或字符数组直接赋给另一个字符数组。例如，下面两行都是不合法的，只能用 strcpy 函数处理。

```
str1={"China"};
str1=str2;
```

（4）字符串连接函数strcat()　一般调用格式为：

```
strcat(str1,str2);
```

其中，str1 必须为字符数组，str2 可以是字符数组或字符串常量。

功能：连接两个字符数组中的字符串，把 str2 连接到 str1 的后面，并自动覆盖 str1 所指的字符串的尾部字符“\0”，结果放在 str1 中。例如：

```
char str1[20]="hello";
strcat(str1,"world!");
```

调用函数 strcat 将“world!”放在“hello”的后面，将结果存放到数组 str1 中。

说明：

1）字符数组 str1 必须足够大，以便容纳连接后的新字符串，否则就会出问题。

2）连接前两个字符串的后面都有一个“\0”，连接时将 str1 后面的“\0”取消。

例如：

```
char    str1[30]={"computer"};
char    str2[]={"department"};
strcat(str1,str2);
printf("%s",str1);
```

执行以上程序段，输出结果为：

```
computerdepartment
```

（5）求字符串长度函数strlen()　一般调用格式为：

```
strlen(str);
```

功能：求字符串的长度，函数值为字符串的实际长度，不包括“\0”在内，并作为函数值返回。

例如：

```
printf("%d",strlen("I love china") );
```

输出结果为 12。

再如：

```
char    str[10]={"china"} ;
int    n ;
n=strlen(str) ;
printf("%d" , n) ;
```

输出结果为 5。

（6）字符串比较函数strcmp()　一般调用格式为：

```
strcmp(str1,str2)
```

调用函数对字符串 str1 和 str2 进行比较。其中，str1 和 str2 可以是字符数组，也可以是字符串常量，函数将返回一个整型值。

功能：比较 str1 和 str2 所指向的两个字符串，返回一个整型值。

比较规则：对两个字符串自左至右逐个字符相比（按 ASCII 码值大小比较），直到出现不同字符或遇到“\0”为止。若全部字符相同，则认为相等；若出现不相同的字符，则以第一个不相同的字符的比较结果为准。函数值为比较的结果，如下所示：

```
strcmp(str1,str2 )        返回值
str1 < str2               <0
str1 = str2               =0
str1 > str2               >0
```

对两个字符串比较，不能用以下形式：

```
if (str1==str2)   printf("yes");
```

而只能用：

```
if (strcmp(str1,str2)==0)   printf("yes");
if (!strcmp(str1,str2))   printf("equal");
```

例如：

```
char   str1[ ]={"abcde"} ;
char   str2[ ]={"abcdef"} ;
if(strcmp(str1 , str2)==0)
      printf("yes") ;
else
      printf("no") ;
```

输出结果为 no。

实践训练

【实训项目一】

1．实训内容

编写一个密码输入程序，要求判断输入的字符串是否和预先设置的密码相同，相同输出“密码输入正确”，否则输出“密码不正确”。

2．解决方案

程序名：prac6_3_1.c

```
#include "stdio.h"
main()
{
     char passward[]="hello";                /*数组 password 存放预先设置的密码*/
     char str[20];                           /*数组 str 存放用户输入的密码*/
     printf("请输入密码:\n");
     gets(str);
     if( strcmp(passward,str)==0)            /*两个密码进行比较*/
           printf("密码正确！ ");
      else {printf("密码不正确！ ");
           exit(0);}
    printf("请继续！……\n");
 }
```

程序运行结果如图 6-14 所示。

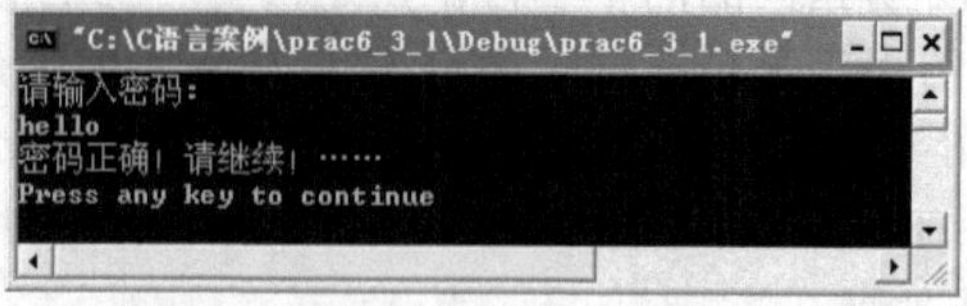

图 6-14　程序 prac6_3_1.c 的运行结果

3．项目分析

定义两个字符数组，数组 passward 存放事先设定好的密码，数组 str 存放从键盘输入的密码，把 str 字符串和 passward 字符串做比较，如果相等则密码正确，不相等则密码输入错误。

【实训项目二】

1．实训内容

某个班级进行班干部的选举，现有 5 个候选同学，请按 ASCII 码从大到小的顺序对 5 个候选人的姓名进行排序。

2．解决方案

程序名：prac6_3_2.c

```
#include "stdio.h"
#include "string.h"
#define N 5                          /*定义 N 代表 5*/
main()
{
    char name[N][12];                /*定义二维数组，存放 5 个姓名字符串，每个姓名字符串允话有 5 个中
                                       文字符，或者 11 个英文字符*/
    char tt[20];                     /*排序过程中用以交换使用的字符数组*/
    int i,j;
    printf("请输入%d 个候选同学的姓名:\n",N);
    for(i=0;i<N;i++)
    gets(name[i]);
    for(i=0;i<N-1;i++)
      for(j=0;j<N-1-i;j++)
        if( strcmp(name[j],name[j+1])<0)
          {strcpy(tt,name[j]);
           strcpy(name[j],name[j+1]);
           strcpy(name[j+1],tt);}
    printf("输出 5 个候选同学的姓名（按 ASCII 码排序）:\n");
    for(i=0;i<N;i++)
    puts(name[i]);
}
```

程序运行结果如图 6-15 所示。

3．项目分析

首先要输入 5 个候选同学的姓名，所以要定义一个二维字符数组 name[5][12]，表示一共可以存放 5 个同学的姓名，而每个同学的姓名最长可以放 12 个字符，但是要给“\0”留出位置。所以，如果是存中文，应该是 5 个中文字符；如果是存英文，可以存放 11 个英文字符。程序中用一个循环输入 5 个同学的姓名，然后用冒泡法对 5 个同学的姓名进行排序，最后输出排序后的姓名。

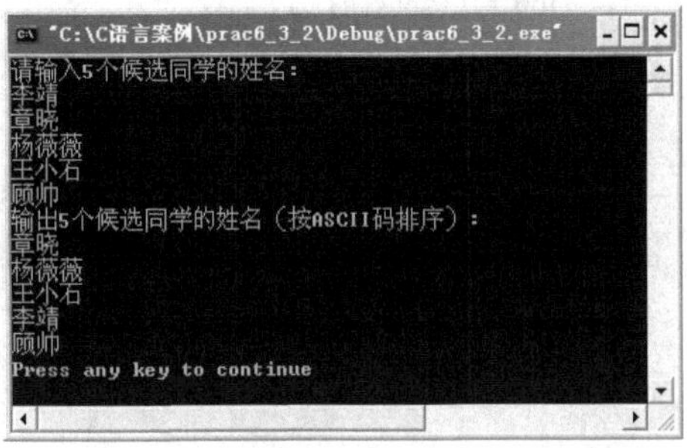

图 6-15　程序 prac6_3_2.c 的运行结果

6.4　综合实训

【综合实训】

1．实训内容

多个学生多门课成绩的排序。假定一个班 40 个同学参加了 3 门课程的考试，现要求输出按总成绩的高低排序的成绩单。

成绩单的格式如下：

排序	姓名	课 1	课 2	课 3	总分	平均分
1	张三	98	87	88	273	91
2	李四	96	86	88	270	90

……

2．解决方案

程序名：prac6_4_1.c

```
/*为了在程序运行时方便，所以假设只有 5 个学生*/
#include "stdio.h"
#define N 5
main()
{
     int i,j;
     int score [N][3],t;                    /*score 存放每个学生的各门课的成绩*/
     char name[N][10],nn[10];               /*name 存放学生姓名，nn 用来排序时交换姓名使用*/
     float sum[N]={0},avg[N];               /*每个同学的总分及平均分*/
     printf("请输入 5 个同学 3 门课的成绩:\n");
     for (i=0;i<N;i++)                      /*输入记录*/
      {printf("第%d 个同学的记录:",i+1);
      scanf("%s",name[i]);
      for(j=0;j<3;j++)
      scanf("%d",&score[i][j]);}
     for(i=0;i<N;i++)                       /*计算每个同学的总分与平均分*/
      {for(j=0;j<3;j++)
      sum[i]=sum[i]+score[i][j];
      avg[i]=sum[i]/3.0;}
```

```
        for(i=0;i<N-1;i++)                          /*排序成绩*/
        for(j=0;j<N-1-i;j++)
        if(sum[j]<sum[j+1])
         {t=sum[j];sum[j]=sum[j+1];sum[j+1]=t;
         t=avg[j];avg[j]=avg[j+1];avg[j+1]=t;     /*这个同学的所有数据都要交换*/
         t=score[j][0];score[j][0]=score[j+1][0];score[j+1][0]=t;
         t=score[j][1];score[j][1]=score[j+1][1];score[j+1][1]=t;
         t=score[j][2];score[j][2]=score[j+1][2];score[j+1][2]=t;
         strcpy(nn,name[j]);strcpy(name[j],name[j+1]);strcpy(name[j+1],nn);
         }
        printf("-----------------------------------------------------\n");
        printf("输出排序后 5 个同学 3 门课的成绩:\n");
        printf("-----------------------------------------------------\n");
        printf("排序\t 姓名\t 课 1\t 课 2\t 课 3\t 总分\t 平均分\n");
        for (i=0;i<N;i++)
         {printf("第%d 名:\t",i+1);
         printf("%s\t",name[i]);
        for(j=0;j<3;j++)
         printf("%d\t",score[i][j]);
        printf("%.0f\t%.1f\t",sum[i],avg[i]);
        printf("\n");
         }
        printf("-----------------------------------------------------\n");
}
```

程序运行结果如图 6-16 所示。

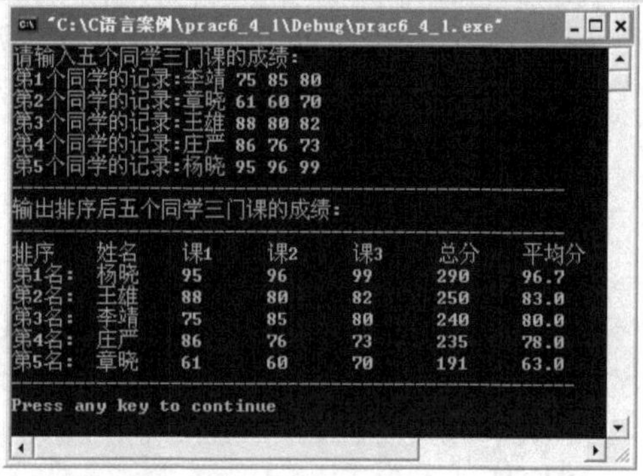

图 6-16　程序 prac6_4_1.c 的运行结果

3．项目分析

本项目要解决姓名的输入/输出，同时也需输入/输出五个同学三门课的成绩，并进行相应的总分及平均分的计算，最后按总分的高低进行排序。所以，将这一任务分解为两个小任务：一个是五个同学三门课成绩的输入/输出（其知识点是二维数组）；另一个是计算相应的平均分、总分，并按总分进行排序。

习　题

一、选择题

1. 若要求定义具有 10 个 int 型元素的一维数组 a，则以下定义语句中错误的是（　　）。

   A. #define N 10
      int a[N];

   B. #define n 5
      int a[2*n];

   C. int a[5+5];

   D. int n=10,a[n];

2. 对以下说明语句的正确理解是（　　）。

   int a[10]={6,7,8,9,10};

   A. 将 5 个初值依次赋给 a[1]～a[5]

B. 将5个初值依次赋给a[0]～a[4]

C. 将5个初值依次赋给a[6]～a[10]

D. 因为数组长度与初值的个数不相同，所以此语句不正确

3. 若有说明：int a[10]；则对a数组元素的正确引用是（　　）。

A. A[10]　　B. a[3.5]　　C. a(5)　　D. a[10–10]

4. 下面程序的运行结果是（　　）。

```
#include "stdio.h"
main()
{int a[6],i;
for(i=1;i<6;i++)
{ a[i]=9*(i-2+4*(i>3))%5;
   printf("%2d",a[i]);
  }
}
```

A. –4 0 4 0 4　　B. –4 0 4 0 3　　C. –4 0 4 4 3　　D. –4 0 4 4 0

5. 以下对二维数组a的正确定义是（　　）。

A. int a[3][ ];

B. float a(3,4);

C. double a[1][4];

D. float a(3)(4);

6. 若有说明：int a[3][4]；则对数组元素的正确引用是（　　）。

A. a[2][4]　　B. a[1,3]　　C. a[1+1][0]　　D. a(2)(1)

7. 以下不能对二维数组a进行正确初始化的语句是（　　）。

A. int a[2][3]={0};

B. int a[][3]={{1,2},{0}};

C. int a[2][3]={{1,2},{3,4},{5,6}};

D. int a[][3]={1,2,3,4,5,6};

8. 若有说明：int a[ ][3]={1,2,3,4,5,6,7}；则a数组第一维的大小是（　　）。

A. 2　　B. 3　　C. 4　　D. 无确定值

9. 定义如下变量k和数组：

```
int k;
int a[3][3]={1,2,3,4,5,6,7,8,9};
for(k=0;k<3;k++)printf("%d",a[k][2-k]);
```

则上面语句的输出结果是（　　）。

A. 3 5 7

B. 3 6 9

C. 1 5 9

D. 1 4 7

10. 下面程序的运行结果是（　　）。

```
#include "stdio.h"
main()
{
int a[6][6],i,j;
for(i=1;i<6;i++)
  for(j=1;j<6;j++)
    a[i][j]=(i/j)*(j/i);
for(i=1;i<6;i++)
 { for(j=1;j<6;j++)
    printf("%2d",a[i][j]);
    printf("\n");}
}
```

A. 1 1 1 1 1
1 1 1 1 1
1 1 1 1 1
1 1 1 1 1
1 1 1 1 1

B. 0 0 0 0 1
0 0 0 1 0
0 0 1 0 0
0 1 0 0 0
1 0 0 0 0

C. 1 0 0 0 0
0 1 0 0 0
0 0 1 0 0
0 0 0 1 0
0 0 0 0 1

D. 1 0 0 0 1
0 1 0 1 0
0 0 1 0 0
0 1 0 1 0
1 0 0 0 1

11. 以下能正确定义字符串的语句是（　　）。

A. char str[]={'ab84k'};　　B. char str="kx43";

C. char str[]=' ';　　D. char str[]="\0";

12. 下面是对 s 的初始化，其中不正确的是（　　）。

A. char s[5]={"abc"};　　B. char s[5]={'a' ,'b','c'};

C. char s[5]="";　　D. char s[5]= "abide";

13. 下面程序段的运行结果是（　　）。

```
char c[5]={'a','b','\0','c','\0'};
printf("%s",c);
```

A. 'a''b'　　B. ab　　C. ab c　　D. abc

14. 对两个数组 a 和 b 进行如下初始化：

```
char a[ ]= "ABCDEF";
char b[ ]={ 'A', 'B', 'C', 'D', 'E', 'F'};
```

则以下叙述正确的是（　　）。

A. a 与 b 数组完全相同　　B. a 与 b 长度相同

C. a 和 b 中都存放字符串　　D. a 数组比 b 数组长度长

15. 判断字符串 a 和 b 是否相等，应当使用（　　）。

A. if (a==b)　　B. if (a=b)

C. if(strcmp(a,b))　　D. if (strcmp(a,b)==0)

16. 下面程序的运行结果是（　　）。

```
#include "stdio.h"
main()
{ char ch[7]={"12ab56"};
  int i,s=0;
  for(i=0;ch[i]>= '0' && ch[i]< '9';i+=2)
  s=10*s+ch[i]- '0';
  printf("%d\n",s);
}
```

A. 1　　B. 1256　　C. 12ab56　　D. 0

17. 当运行以下程序时，从键盘输入：ab<CR>
c<CR>
def<CR>

（<CR>表示回车），则下面程序的运行结果是（　　）。

```
#include "stdio.h"
#define N 6
main()
{ char c[N];
  int i=0;
  for (;i<N;c[i]=getchar(),i++);
```

```
    for(i=0;i<N;i++)       putchar(c[i]);
}
```

A. abcdef　　B. a
B
c
d
e
f　　C. b
c
d　　D. ab
c
d

二、填空题

1. 数组就是一组具有相同________的数据的集合。

2. 如果一个数组的长度是 10，则该数组的数组元素下标的最小值是________，最大值是________。

3. 若有定义：int a[3][4]={{1,2},{0},{4,6,8,10}}；则初始化后，a[1][2]得到的初值是________，a[2][1]得到的初值是________。

4. 下面程序可求出矩阵 a 的两条对角线上的元素之和，请填空。

```
#include "stdio.h"
main ( )
{
int a[3][3]={1,3,6,7,9,11,14,15,17},sum1=0,sum2=0,i,j;
for (i=0;i<3;i++)
  for (j=0;j<3;j++)
    if (i==j)     sum1+=a[i][j];
for (i=0;i<3;i++)
  for (________;________;j--)
    if ((i+j)==2)    sum2 =sum2+a[i][j];
printf("sum1=%d,sum2=%d\n",sum1,sum2);
}
```

5. 下面程序的功能是在三个字符串中找出最小的，请填空。

```
#include "stdio.h"
main()
{ char s[20], str[3][20];
int i;
for(i=0;i<3;i++)      gets(str[i]);
strcpy(s, ________);
if(strcmp(str[1],s)<0)       strcpy(s,str[1]);
if(strcmp(str[2],s)<0)       strcpy(s,str[2]);
printf("%s\n",________);
}
```

三、程序分析题

1. 分析下面程序的运行结果。

```
#include "stdio.h"
```

```
main( )
{ int i=1,n=3,j,k=3;
int a[5]={1,4,5};
while (i<=n && k>a[i] ) i++;
for(j=n-1;j>=i;j--) a[j+1]= a[ j ];
  a[i]=k;
for(i=0;i<=n;i++)
printf("%3d",a[i]);
}
```

2. 分析下面程序的运行结果。

```
#include "stdio.h"
main()
{ int a[10]={1,2,3,4,5,6,7,8,9,10}, k,s,i;
float   ave;
for(k=s=i=0;i<10;i++)
{ if(a[i]%2==0) continue;
  s+=a[i]; k++;
}
if (k!=0)
{ave=s/k;
printf("The number is : %d, The average is :%f\n",k,ave);
}
}
```

3. 分析下面程序的运行结果。

```
#include "stdio.h"
main ( )
{int a[5][5],i,j,n=1;
for ( i=0; i<5; i++)
for (j=0; j<5; j++)
a[i][j]=n++;
printf("The result is:\n");
for (i=0;i<5;i++)
{ for(j=0;j<=i;j++) printf("%4d",a[i][j]);
  printf("\n");
}
}
```

4. 分析下面程序的运行结果。

```
#include "stdio.h"
main()
{ int a[4][4]={{1,2,-3,-4},{0,-12,-13,14},{-21,23,0,-24},{-31,32,-33,0}};
int i,j,s=0;
for(i=0;i<4;i++)
  {for(j=0;j<4;j++)
    {if(a[i][j]<0)continue;
     if(a[i][j]==0)break;
     s+=a[i][j];
     }
}
printf("%d",s);
}
```

5. 分析下面程序的运行结果。

```
#include "stdio.h"
#include "string.h"

main()
{
printf("%d\n",strlen("IBM\n012\\"));
}
```

四、编程题

1. 青年歌手参加歌曲大奖赛，有10个评委进行打分，试编程求某位选手的平均得分（去掉一个最高分和一个最低分）。

2. 将一个数组中的元素按逆序重新存放。例如，原来顺序为：8，6，5，4，1。要求改为：1，4，5，6，8。

3. 有一个已排好序的数组，现输入一个数，要求按原来排序的规律将他插入数组中。

4. 有一篇文章，共有3行文字，每行有80个字符。要求分别统计出其中英文大写字母、小写字母、数字、空格以及其他字符的个数。

5. 有一行电文，已按下面规律译成密码：

A→Z　　a→z

B→Y　　b→y

C→X　　c→x

…

即第1个字母变成第26个字母，第i个字母变成第（26–i+1）个字母，非字母字符不变。要求编程序将密码译回原文，并打印出密码和原文。

6. 编写一个程序，将两个字符串s1和s2进行比较。如果s1>s2，输出一个正数；如果s1=s2，输出0；如果s1<s2，输出一个负数。不要使用strcmp函数，两个字符串用gets函数读入，输出的正数或负数的绝对值应是相比较的两个字符串相应字符的ASCLL码的差值。例如，'A'与'C'相比，由于'A'<'C'，应输出负数，由于'A'与'C'的ASCLL码的差值为2，因此，应输出–2。同理，“And”和“Aid”比较，根据第二个字符比较结果，'n'比'i'大5，因此应输出5。

第7章　函　　数

结构化程序设计的基本思想是自顶向下、逐步求精。按照这种思想，对于一个项目，常将其分解成若干个子项目，一个子项目就是一个模块，模块还可以再细分为子模块。一个模块是功能相对独立的一些操作。模块化是C语言编程的特点。模块化使得团队协作成为可能，也使得程序的可维护性大大提高。一个项目按照结构化编程思想分为独立或者相对独立的若干个模块，各模块之间尽量保持一种松散的联系，甚至没有任何联系，便于各模块之间的并行开发。在C语言程序设计中，一个模块相当于一个或多个函数，一个函数是独立完成某种功能的程序段。本章主要介绍函数的定义、函数的调用及返回值，函数的参数以及函数调用时参数间的传递，函数的嵌套调用和递归调用，局部变量和全局变量，内部函数和外部函数等。

7.1　函数的定义及调用

知识导例

编写程序，分别输入两个正整数，用自定义函数求出它们的最小公倍数。

程序名：ex7_1_1.c

```
#include "stdio.h"
main()
{
    int p,q,result;                /*p 和 q 为输入的两个正整数，result 为最小公倍数*/
    int f(int,int);                /*函数原型声明*/
    printf("请输入两个正整数，用逗号隔开：");
    scanf("%d,%d",&p,&q);
    while(p<1||q<1)
    {
        printf("请重新输入两个正整数的值：");
        scanf("%d,%d",&p,&q);
    }
    result=f(p,q);                 /*调用求两个数的最小公倍数的函数 f*/
    printf("%d 和%d 的最小公倍数为%d\n",p,q,result);


}
int   f(int m,int n)               /*求两个数的最小公倍数*/
{
    int i,max=(m>n)?m:n;
    for(i=max;i<=m*n;i++)
    {
        if(i%m==0 && i%n==0)
```

```
            return i;
        }
        return i;
}
```

程序运行结果如图 7-1 所示。

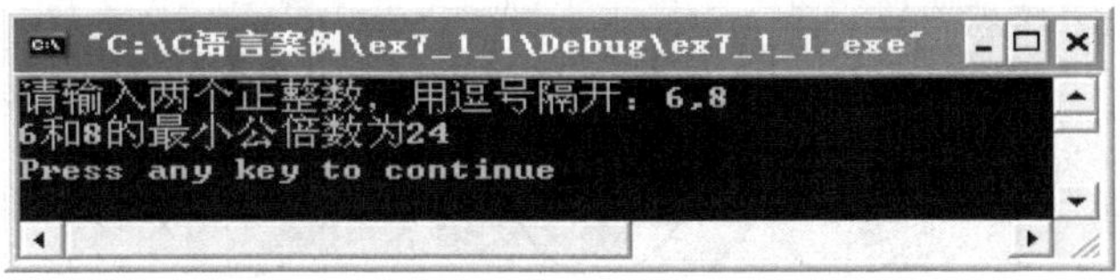

图 7-1　程序 ex7_1_1.c 运行结果

相关知识

函数的应用非常广泛，在 VB、Delphi、C++、C#、Javascript、Java 等程序设计语言中都有函数的使用。在高级程序设计语言中，可以使用函数来组织实现特定功能的程序代码。在 C 语言中，可以方便地使用库函数，或根据需要自定义函数。使用函数可以减少主程序中的代码，提高程序可读性和可重用性。下面介绍函数的相关内容。

1. 模块化程序设计

对于较复杂的程序，可以用模块化程序设计，将程序分解为若干个子模块。每个子模块完成不同的功能，各个模块之间相对独立。如果子模块仍然很复杂，可以按照自顶向下的顺序继续进行分解，这样一个复杂的任务就被分解为若干个简单的子任务，只要将每个子任务完成，然后将子任务组合到一起，就可以完成整个复杂的任务。这样不仅可以降低解决问题的难度，而且在对任务进行更改时，不需要面对整个复杂的解决方案，只需要关注相关的子模块就行了。使用函数将程序划分为多个功能模块，各个模块之间虽然存在联系，但是可以独立存在，互相影响很小，甚至可以没有影响。使用函数可以使各个模块之间分工明确，提高了程序的可读性。

将任务切割为不同的子任务来解决，这就是模块化的方法。模块化的分解需要按照自顶向下、逐层迭代的顺序，先将整体任务分解，然后再对子任务进一步细化。模块的划分需要遵循高内聚、低耦合的原则，即模块内部之间各个元素联系紧密，而不同的模块之间功能相对独立。

函数是完成特定功能的程序代码。在 C 语言中，使用函数来实现模块的功能。一个模块通常由一个或若干个函数来实现。设计时应尽量降低各个函数之间的依赖关系，使得实现不同模块的函数可以由不同的开发人员并行开发，最后通过函数调用将不同的模块组合在一起，就可以成为完整的程序。要将所有的功能模块组合到一起，就需要一个"主体"，这就是 C 语言中最常用到的 main 函数。main 函数负责按顺序调用不同的函数来解决问题，任何函数只有直接或间接被 main 函数调用才能在程序中执行。

在 C 语言中，通过函数的调用来实现不同模块的组合。如图 7-2 所示，C 语言程序的函数不一定存在于同一个源文件中，可以按照功能不同将函数放在不同的源文件中。需要注意的是，在 C 语言程序中有且仅有一个 main 函数。无论 main 函数在程序中的任何位置，程序都会从 main 函数开始执行。程序中不允许出现其他的 main 函数，可以在 main 函数中调用不同源文件中的函数。程序中所有的函数之间是相对独立的，可以由一个函数调用另一个函数，但是不存在一个函数包含另一个函数的情况。由于 main 函数是整个程序的入口，因此任何函数都不能调用 main 函数，由系统在运行程序时自动调用。程序缺少 main 函数将无法执行。

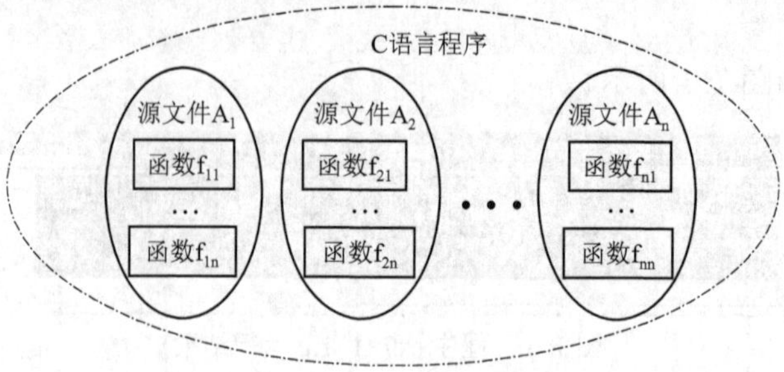

图 7-2　C 语言程序结构

2．函数的优点与缺点

使用函数可以使调用者只需要知道函数的功能和如何使用，而不用关心函数内部如何实现。使用函数可以极大地减少主程序中的代码，实现程序代码、数据的共享。合理使用函数可以简化程序的结构，提高程序的重用率，提高程序的可读性，降低程序维护、升级的工作量。

但是，函数的调用也会带来负面影响，降低程序的运行效率。程序调用函数时，需要将当前主调函数的数据保存起来（保存现场），然后在内存中开辟一块存储单元用于被调函数的执行，系统将程序执行的主动权由主调函数交给被调函数，待被调函数执行完毕之后再返回主调函数刚才调用被调函数的位置并恢复现场，然后继续向下执行程序。这样一个函数的调用过程，会增加时间和空间的开销，并降低程序的运行效率。

3．函数的分类

C 语言中的函数，根据分类方法的不同，可以划分为不同的种类。

（1）根据函数定义者的不同分类　可以将函数分为库函数和用户自定义函数两类。

1）库函数。库函数是指在 C 语言中预定义的函数。C 语言中库函数的函数原型包含在不同的头文件中。如在程序中常用的 printf、scanf、getchar、putchar、gets、puts 等函数都是库函数，其函数原型所在的头文件为 stdio.h。要调用库函数，需要在程序首部包含其函数原型所在的头文件。其方法是使用#include "stdio.h"或#include <stdio.h>。

这样所有函数原型包含在 stdio.h 文件中的函数都可以直接在程序中调用。

2）用户自定义函数。该类函数由用户定义。虽然C语言中有丰富的库函数可以使用，但是当用户需要函数完成特定功能时需要自己定义函数。这样的函数就是用户自定义函数。

用户自定义函数需要按照“先定义，后使用”的原则，先在程序中定义，然后在调用该函数的模块中根据函数名称和参数列表进行调用。用户自定义函数，需要定义函数的类型标识符、函数名称、形式参数列表和功能代码。函数的定义格式为：

```
类型标识符 函数名(形式参数列表)
{
    函数代码
}
```

其中，类型标识符表示函数应该是什么类型，同时也决定了返回值的类型，如果函数没有返回值，则应将函数定义为空类型，方法是把类型标识符写为“void”。如果函数返回值为 int 类型，应该将函数类型定义为 int 类型，但 int 类型可以省略类型标识符，也就是说函数默认返回类型为 int。函数名后面圆括号内的内容称为形式参数，形式参数可以没有，也可以根据需要定义一个或多个。函数在定义时的参数因为没有实际的数据，只有等调用时由实参向其传递数据，才有实际意义，所以称为形式参数，简称形参；相对应的，函数在调用时传入的参数称为实际参数，简称实参。类型标识符、函数名和形式参数列表合在一起称为函数头。

函数名是用户为该函数起的“名字”，是函数在程序中的标识。函数名需要符合标识符的命名规范，同时不能与C语言库函数或用户定义的其他函数重名。另外，函数命名应尽量反映出该函数所实现的功能，所谓见名知义。

形式参数列表标明了调用该函数时，需要提供参数的数据类型、参数数量及顺序。参数数量可以是0个到多个，放于“()”中，参数之间以“,”隔开。如果函数没有形式参数，则形式参数列表为空，但是“()”不能省略。函数定义完毕之后，可以在程序中提供实际参数，并通过函数名进行调用。形参列表中的每个参数都必须要进行类型声明。例如，函数f为int f(int a,int b,double c){…}，不能简写为int f(int a,b,double c) {…} 或int f(a,b,c) {…}的形式。

（2）根据函数是否存在返回值分类　可以分为有返回值函数和无返回值函数两类。

1）有返回值函数。该函数执行之后会向主调函数返回运算结果，这就是函数的返回值。当主调函数进行函数调用需要运算结果时，要定义为有返回值函数。用户定义有返回值函数，必须定义该函数返回值的数据类型，并保证使用return语句返回的函数值类型与定义的数据类型一致。在对有返回值函数进行声明时，也要注意明确其返回值类型，并和函数定义中的函数类型保持一致。

例如，求两个整数的最小值，可以定义函数如下：

```
int min(int a,int b)
{
    if(a<b) return a;
        else return b;
}
```

在上例中，定义函数的类型是int类型，所以使用return语句返回的值也只能是int类型。如果声明函数不写类型标识符，会默认返回值为整型。因此上面的函数也可以写为：

```
min(int a,int b)
{
    if(a<b) return a;
        else return b;
}
```

2）无返回值函数。该函数不需要返回运算结果，执行完毕无须向调用模块返回函数值。这类函数通常用来完成特定的任务，而调用者不关心该函数的调用结果。用户定义无返回值函数，要使用“void”将其定义为空类型，也称为无类型的类型。在无返回值的函数里，不用写return语句。如果使用return语句，后面不能跟返回值，函数执行到空的return语句时，表示立即返回到主调函数。

4. 有参函数与无参函数

在函数的定义中，类型标识符、函数名和形式参数列表合在一起称为函数头。其中，形式参数列表是可以为空的，这样调用该函数时的实际参数列表也要为空。根据函数的参数列表是否为空，可以将函数分为无参函数和有参函数。

1）无参函数。定义函数时参数列表为空，对函数进行声明和调用时，参数列表也为空。主调函数和被调函数之间不需要进行参数的传递，返回或不返回函数值都可以。定义无参函数的格式为：

```
类型标识符 函数名()
{
    函数代码
}
```

可以定义无参函数 f 如下：

```
void  f()
{
    ...
}
```

需要注意，在无参函数定义中函数名后面的“()”不能省略，下面的写法是错误的：

```
void  f
{
    ...
}
```

2）有参函数。定义时圆括号内定义有变量，即参数列表不为空，该类函数为有参函数。有参函数在进行定义、说明和调用时，提供的参数的数量、顺序、数据类型要保持一致。在函数定义中使用的参数是形式参数，调用函数时使用的参数是实际参数。有参函数可以有函数返回值，也可以没有。定义有参函数的格式为：

```
类型标识符 函数名(参数类型  形参 1,参数类型  形参 2,…,参数类型 形参 n)
{
    函数代码
}
```

例如，可以定义有参函数 f 为：

```
void  f(int a,float f,double b)
{
    ...
}
```

需要注意的是，形式参数和函数中定义的变量是不一样的。函数中定义的变量是只能在该函数内部使用的变量，与其他函数中的变量没有任何关系。而参数则用来接收调用该函数时传递来的实参的值，相当于是实参或实参副本在该函数内的代号。函数中声明的变量和该函数的形参名称不能重名，如果函数 f 中存在名称为 a 的形参，则不能在函数 f 中声明名称为 a 的变量。

5. 函数调用形式

函数和变量一样，需要遵循“先定义，后使用”的原则。在 C 语言中函数的调用包括对库函数的调用和对用户自定义函数的调用。

要调用函数，需要首先完成对函数的定义或声明。通过函数名来进行调用，如果是有参函数，还需要根据函数定义来提供实参列表。对函数的调用，通常采用函数语句、函数表达式、作为其他函数的参数三种形式。

（1）函数语句　即在主调函数中以语句的形式调用被调函数。使用函数语句的形式调用的通常是没有返回值的函数，调用者不需要函数的返回值，只需要完成特定的功能。函数语句使用的格式为：

```
函数名 (实参 1,实参 2,…,实参 n);
```

例如，要调用的函数 f 为：

```
void f()
{
    …
}
```

则调用语句为：

```
f();
```

如果定义或声明的函数参数列表为空，则调用该函数时不需要提供参数。如果有参数，调用时应保证提供的实际参数的数量、类型、顺序均与函数定义、声明中保持一致。例如，存在函数 f 的定义为：

```
void f(int a,double b,float c,int d[])
{
    …
}
```

调用该函数时，实参必须和形参保持完全一致，要确保实参列表中的实参依次是 int 类型、double 类型、float 类型和 int 类型的数组。实参的名称并不要求和形参一致。实际参数通常是变量、常量，也可以为表达式或函数。

需要注意的是，虽然通常以函数语句的形式调用无返回值函数，但是并不代表不能用函数语句的形式调用有返回值函数。例如，有返回值的函数 s 的定义为：

```
int s()
{
        int i;
        …
        return i;
}
```

同样可以用函数语句的形式来调用：

```
s();
```

只是这样调用无法获得函数的返回值。

（2）函数表达式　即函数作为表达式中的一个操作数出现在表达式中，函数的返回值参与表达式的运算。这种情况要求被调函数必须有返回值。如果函数f返回值为int类型，可直接使用f的返回值参与表达式的运算：

```
int a=2*f();
```

在这种情况下，会先计算出函数 f 的返回值，然后直接将函数的返回值使用到表达式的计算中去。无返回值的函数不能以函数表达式的形式进行调用。如果上述表达式中函数 f 是“void”类型，则这种调用方式是错误的。

（3）作为其他函数的参数　即函数作为另一个函数的实参出现。这种情况下直接把函数的返回值作为实参来使用，因此要求函数必须有返回值。例如，有函数min为：

```
int min(int a,int b)
{
 return a<b?a:b;
}
```

求三个整数 x、y、z 的最小值，可以这样调用函数：

```
int m=min(min(x,y),z);
```

当程序执行到该语句，会先计算出 min(x,y)的值，然后将计算的结果作为实参放到外围的 min 函数中进行计算。上面的语句实际上相当于：

```
int temp,m;
```

```
temp=min(x,y);
m=min(temp,z);
```

可以看出，以函数作为实参来使用，可以减少程序中不必要的代码。需要注意的是，函数只能作为实参来使用，下面的函数定义是错误的：

```
int min(int min(int a,int b),int c)
{
    …
}
```

函数是不能作为形式参数使用的。

无返回值的函数不能以函数实参的形式来调用，因为实参的值必须是确定的，无返回值的函数作实参会导致程序错误。

6. 函数参数与函数的返回值

主调函数和被调函数是通过实参和形参来进行数据传递的，在调用过程中，主调函数通过实参将数据传递给形参。

函数的返回值类型要与函数定义中的类型标识符保持一致，如下面的 max 函数：

```
int max(int m,int n){…}
```

该函数使用 return 语句返回的值也必须是 int 类型。由于在 C 语言中默认函数返回值为 int 类型，因此如果不声明函数类型，默认返回值为 int 类型。上面的函数也可以写为：

```
max(int m,int n){…}
```

但为避免混淆，最好不要省略类型标识符。如果函数不需要返回值，则可以用关键字“void”将其定义为空类型。

函数的返回值是通过函数体中 return 语句返回给主调函数的。执行时遇到 return 语句，会终止被调函数的执行，将被调函数的值返回给主调函数。函数中允许有多个 return 语句，但是调用函数时只能执行一个 return 语句，也只能返回一个值。

return 语句的格式为：

```
return    表达式;
```

或写为：

```
return (表达式);
```

如果该函数不需要返回值，则可将其定义为空类型，此时 return 不返回任何值，可以写为：

```
return;
```

或直接省略 return 语句。return 语句返回的值应该与函数的类型保持一致，如果类型不一致，则会自动将 return 语句的返回值转换为函数的类型。

void 类型的函数并非调用之后不返回，而是返回到主调函数时没有返回值。调用 void 类型的函数只能以语句形式调用，不能用表达式或作为另外一个函数的参数这两种形式调用。例如，存在 void 类型的函数 f，调用 f 使用语句：

```
f();
```

而不能用：

```
int a=2+f();
```

或

```
min(a,f());
```

这样调用 void 类型的函数是错误的。

7. 对被调函数的声明和函数原型

前面已经介绍过，要在C语言程序中调用库函数，需要在文件首部增加#include来包含库文件的函数原型所在的头文件。在前面的例子中经常用到#include " stdio.h "。stdio.h就是一个C语言中的头文件，它包含了常用的输入、输出库函数，如在程序中常用的printf函数、scanf函数的函数原型都在其中。那么什么是函数原型呢？为什么要这样做呢？

C语言程序在执行之前要先进行编译，在编译时会检测函数调用是否正确。由于编译的顺序是自上而下的，无法保证编译到的部分中调用的函数都已经被定义，因此可能会导致系统产生编译错误。这个问题可以用函数原型来解决。

函数原型类似于定义函数时的函数头，包括函数类型标识符、函数名和参数列表。不过和函数头不同的是，函数原型是作为语句形式出现的，因此它的后面需要加上“;”。

函数声明被称为函数原型，目的是确保实参的数量、类型、顺序与形参匹配。声明的格式为：

```
类型标识符 被调函数名(形参类型 形参1,形参类型 形参2,…,形参类型 形参n);
```

例如，存在函数f的定义为：

```
int f(int a,double b){…}
```

则函数f的函数原型为：

```
int f(int a,double b);
```

需要注意的是，函数原型中必须加上“;”，而且不能够出现“{”及“}”。

例如，下面的声明：

```
int f(int a,double b){};
```

或

```
int f(int a,double b)
```

都是错误的。

函数声明的参数列表中，编译系统不需要知道参数名称，因此，函数声明可以省略形参名，写为：

```
类型标识符 被调函数名(形参类型,…,形参类型);
```

上面的函数f的函数声明也可以写为：

```
int f(int,double);
```

对于用户自定义函数，在主调函数的前面或后面定义都可以。但是，由于编译系统是按照从上到下的顺序编译程序，如果调用函数时未发现被调函数的定义，就无法判断调用时该函数是否存在以及提供的实参列表是否和形参列表匹配，会导致无法通过编译。因此，如果被调函数在主调函数后面定义，必须在程序前面对其进行声明，以便编译系统知道该函数已被定义。

例如，存在函数min为：

```
int min(int a,int b)
{
    return a<b?a:b;
}
```

对函数min进行声明时，可以写为：

```
int min(int x,int y);
```

也可以简写为：

```
int min(int,int);
```

下面来看一个缺少函数原型声明的例子。

```
main()
{
```

```
    float a,b;
    s(a,b);
}
float s(float m,float n){…}
```

这样的程序是错误的，因为系统在对 main 函数进行编译时，没有发现函数 s 的定义，因此会认为 main 函数中“s(a,b);”语句调用了未经定义的函数，程序会出错。解决方法有两种。

第一种方法是在 main 函数前面进行 s 函数的定义：

```
float s(float m,float n){…}
main()
{
    float a,b;
    s(a,b);
}
```

把 s 函数的定义放到 main 函数前面，这样不用添加函数声明就可以正常调用。第二种方法是在 main 函数调用 s 之前添加 s 的原型声明，把程序改为：

```
main()
{
    float s(float m,float n);
    float a,b;
    s(a,b);
}
float s(float m,float n){…}
```

这样就可以正常调用函数 s 了。函数声明的位置不一定要在 main 函数内部，也可以在 main 函数前面添加函数 s 的原型声明，写为：

```
float s(float m,float n);
main()
{
    float a,b;
    s(a,b);
}
float s(float m,float n){…}
```

对于函数的声明，不同的编译系统要求也不相同。例如，本书采用的 VC++ 6.0 编译平台，要求被调函数定义在主调函数后面时，必须在使用被调函数前进行声明。如果不声明，不同的函数给出的错误级别也不同，如果函数的类型是 int 或 char 类型，不声明时，在编译时会给出警告，但是不影响程序的运行；其他函数则必须声明，不声明时，就会给出错误，即通不过编译，也无法链接成可执行文件。如果是在 TURBOC 2.0 平台下，对于函数的类型是 int 或 char 的，如果被调函数定义在主调函数后面，则不用在调用之前进行声明。

最后来介绍一下函数定义和函数声明的区别。

函数的定义除了函数头之外还要包括函数实现的功能语句，而函数的声明只是向编译系统的说明，告知系统有此函数，因此不包含执行语句；声明是以定义作为基础的，如果没有函数定义，那么函数声明也毫无意义，最多是能通过编译时的语法检查，在链接时就会出现问题，而有函数定义未必需要函数声明；在程序中某个函数的定义只能有一次，而针对该函数的声明可以有多次。函数的定义使该函数从无到有，而函数声明的作用是扩大该函数的作用域，即能够使得该函数可以在更大范围内使用。

实践训练

【实训项目一】

1. 实训内容

1）定义一个有返回值的无参函数 f，其返回值为 1+2+…+100 的结果。

2）定义一个有返回值的有参函数 s，可以根据用户输入的整数 n 的值求出 1+2+…+n 的和。

在 main 函数中调用函数 f 和函数 s。

2. 解决方案

程序名：prac7_1_1.c

```
#include "stdio.h"
int f()
{
    int i=1,sum=0;
    while(i<=100)
    {
        sum+=i;
        i++;
    }
    return sum;
}
int  s(int n)
{
    int s=0,i;
    for(i=1;i<=n;i++)
    {
        s+=i;
    }
    return s;
}
main()
{
    int n;
    printf("请输入一个正整数 n：");
    scanf("%d",&n);
    while(n<1)
    {
        printf("请重新输入 n 的值：");
        scanf("%d",&n);
    }
    printf("1+2+…+100=%d\n",f());
    printf("1+2+…+%d=%d\n",n,s(n));

}
```

程序运行结果如图 7-3 所示。

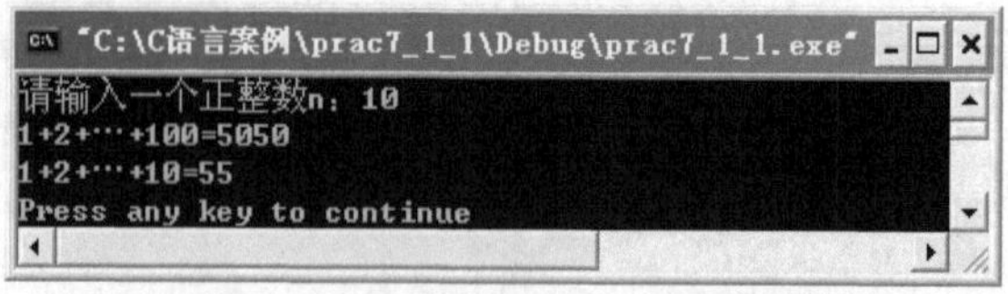

图 7-3　程序 prac7_1_1.c 运行结果

3．项目分析

在这个程序中，无参函数 f 只用来计算 1+2+…+100 的值，不需要调用者提供参数，因此形参列表和实参列表都为空。有参函数 s 是根据用户输入的 n 的值来计算 1+2+…+n，因此需要调用者通过参数提供 n 的值。在 main 函数中通过语句“s(n);”调用函数 s，并提供 int 类型的变量 n 作为实参将值传递给形参，在函数 s 中计算出结果之后再将返回值提供给 main 函数。

【实训项目二】

1．实训内容

定义一个无返回值的函数 f，输出九九乘法表，并在 main 函数中以函数语句的形式对函数 f 进行调用。

2．解决方案

程序名：prac7_1_2.c

```
#include "stdio.h"
void f()
{
	int i,j;				/*i 表示行数，j 表示列数*/
	for(i=1;i<=9;i++)
	{
		for(j=1;j<=i;j++)
			printf("%d*%d=%-2d ",j,i,j*i);
		printf("\n");
	}
}
main()
{
	f();
}
```

程序运行结果如图 7-4 所示。

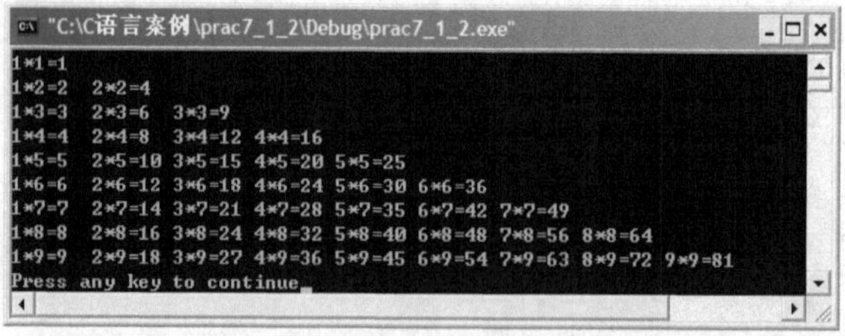

图 7-4　程序 prac7_1_2.c 运行结果

3．项目分析

在这个程序中，函数 f 定义为“void”类型，因此不需要返回值。对无返回值的函数，通常用函数语句的形式来调用，本程序中就是采用函数语句的形式“f();”来调用的。无返回值的函数不能用于表达式或作为参数使用。例如，本程序中的函数 f，如果在表达式中使用或作为参数使用就是错误的。

【实训项目三】

1．实训内容

用户输入若干个整数，求出其中的最小值。

2．解决方案

程序名：prac7_1_3.c

```
#include "stdio.h"
int min(int m,int n)
{
	return m<n?m:n;
}
main()
{
	int i,m;
	printf("请输入整数（输入 ctrl+z 输入结束）");
	scanf("%d",&i);
	m=i;
	do
	{
		m=min(i,m);
		printf("请输入整数（输入 ctrl+z 输入结束）");
	}while (scanf("%d",&i)!=EOF);
	printf("您输入的最小整数为%d\n",m);
}
```

程序运行结果如图 7-5 所示。

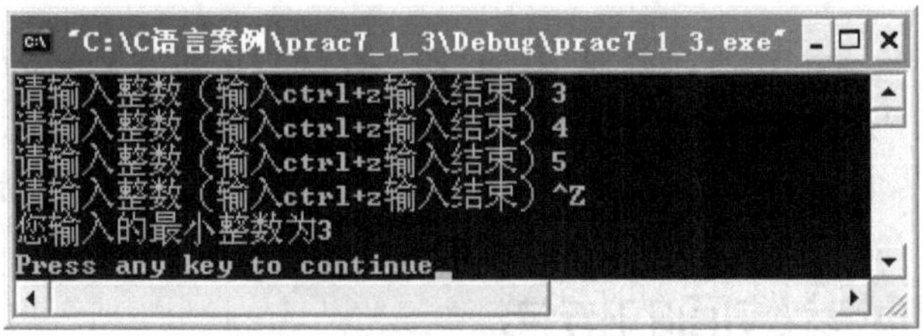

图 7-5　程序 prac7_1_3.c 运行结果

3．项目分析

在这个程序中，函数 min 的返回值是 int 类型，调用者提供两个 int 类型的变量，将实参的值传递给函数 min 之后，由 min 函数将其中较小的值返回给调用者。

【实训项目四】

1．实训内容

用户输入 4 个整数，求出其中的最小值。

2．解决方案

程序名：prac7_1_4.c

```
#include "stdio.h"
int min(int,int);
main()
{
	int a,b,c,d;
	printf("请输入第一个整数的值");
	scanf("%d",&a);
	printf("请输入第二个整数的值");
	scanf("%d",&b);
	printf("请输入第三个整数的值");
	scanf("%d",&c);
	printf("请输入第四个整数的值");
	scanf("%d",&d);
	printf("您输入的最小整数为%d\n",min(min(a,b),min(c,d)));		/*三次调用 min*/
}
int min(int m,int n)						/*求两个数的最小值的函数*/
{
	return m<n?m:n;
}
```

程序运行结果如图 7-6 所示。

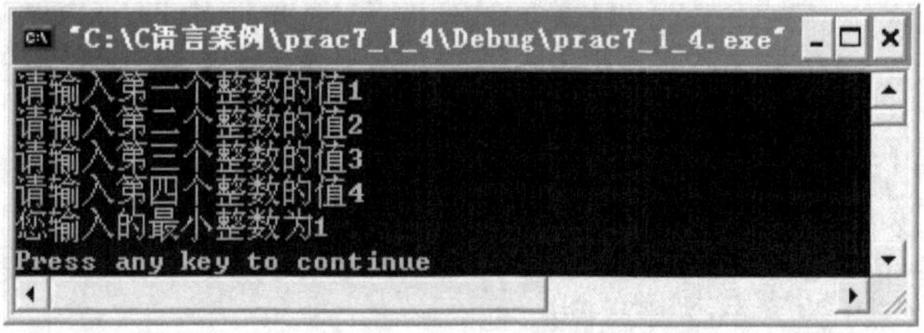

图 7-6　程序 prac7_1_4.c 运行结果

3．项目分析

程序第 2 行对函数 min 进行函数原型的声明，这样就可以在函数的定义前面调用该函数了。程序第 13 行的“min(min(a,b),min(c,d))”，是将函数作为参数的形式来使用，min(a,b)和 min(c,d)作为函数的两个实参来使用。需要注意，有返回值的函数才能以函数参数的形式使用。

7.2　函数调用时参数间的传递

知识导例

分别使用函数 swap1 和函数 swap2 来交换两个整数的值，并输出交换之后的结果。

程序名：ex7_2_1.c

```
#include "stdio.h"
void swap1(int a1,int a2)			/*函数的功能：实现两个传进来的整型数的交换*/
```

```
{
    int temp=a1;
    a1=a2;
    a2= temp;
}
void swap2(int a[2])                /*函数的功能：实现 a 所指的两个整型存储单元的值的交换*/
{                                   /*形参 int a[2]可以写成 int a[ ]*/
    int temp=a[0];
    a[0]=a[1];
    a[1]=temp;
}
main()
{
    int a1,a2,a[2];
    printf("请输入要交换的两个整数,用逗号隔开：");
    scanf("%d,%d",&a1,&a2);
    a[0]=a1;
    a[1]=a2;
    swap1(a1,a2);                   /*调用该函数，不能使 a1、a2 交换成功*/
    swap2(a);                       /*调用该函数，能使 a1、a2 交换成功*/
    printf("a1=%d,a2=%d\n",a1,a2);
    printf("使用函数 swap1 交换之后的结果为：a1=%d,a2=%d\n",a1,a2);
    printf("使用函数 swap2 交换之后的结果为：a1=%d,a2=%d\n",a[0],a[1]);
}
```

程序运行结果如图 7-7 所示。

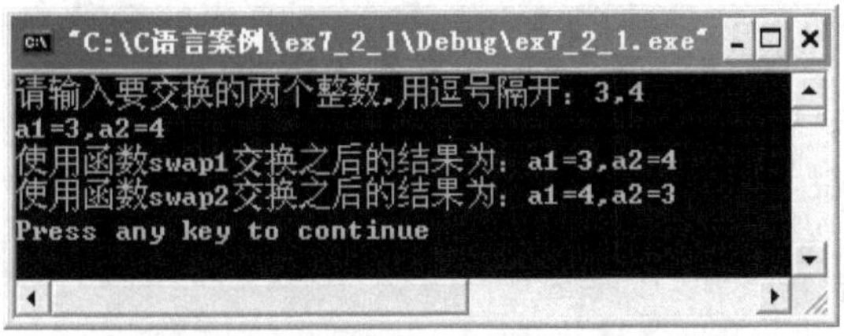

图 7-7　程序 ex7_2_1.c 运行结果

相关知识

在定义函数时，如果有参数，那么在调用时，就需要在主调函数内通过实参向形参传递数据。形参是某种数据类型所定义的变量，在调用时要接收传入的值，而实参根据形参的定义，功能是给形参传递数据。实参可以是常量、变量，也可以是表达式或函数。函数的调用者不需要关心参数在函数内的运算，只需要在调用时提供实参表，实参会通过形参把数据传递给函数。这样主调函数提供实参而不用关心运算，被调函数定义时负责运算而不用关心参数值，只需要在调用时用形参接收数据就可以了。主调函数和被调函数之间的关系如图 7-8 所示。

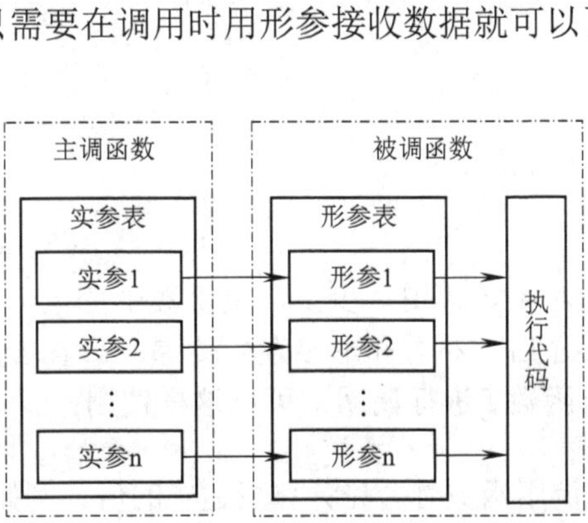

图 7-8　实参和形参的关系图

在图 7-8 中，各个实参和形参之间的对应关系不能打乱，参数的顺序、数量和类型都必须一一对应。调用有参函数时，必须提供和形参表对应的参数，然后用实参将数据传递给被调函数。需要注意的是，虽然形参和实参存在着一一对应关系，但是二者不能混为一谈。实参是被调函数外的数据，而形参是被调函数内的变量，只能在其所在的函数内使用。主调函数提供的实参可以是变量、常量、函数或表达式，在调用被调函数之前就有确定的值。而形参没有值，也没有内存空间，只有当函数调用时，系统才会临时为形参分配内存单元。当函数调用结束，分配给形参的内存单元会被自动释放，因此形参脱离其所在函数就无法使用。

形参和实参之间进行数据的传递有两种方式：值传递和地址传递。

值传递是为形参和实参分配独立的存储单元，将实参的值复制给形参。这种传递方式的特点是实参单向传值给形参，形参不会向实参传值。因此函数使用值传递时，实参将值传递给形参之后二者就不存在关系了，在函数中对形参的值做任何修改也不会影响到实参的值。形参在函数调用之后释放其存储空间，因此形参只在被调函数内可以使用。

1．变量、常量、数组元素作为函数参数

实参可以是常量、变量、表达式或函数，但在执行被调函数时要能够确定实参的值，而且确保实参表的类型、顺序、数量与形参表完全一致，这样才能够保证参数传值顺利进行。在调用函数时，采用何种传值方式与参数的数据类型有关。采用变量、常量和数组元素作为参数时，使用值传递的方式，形参值发生的变化不会影响到实参值。例如，在程序中存在函数 f 如下：

```
void f(int m)
{
    …
}
```

要调用函数 f 时，提供的实参可以是变量、常量或数组元素。例如：

```
int a=1;f(a);
```

或：

```
f(3);
```

或：

```
int a=1;f(a+1);
```

实参为变量或常量，将值复制给形参，通过形参传递到被调函数内部。被调函数对形参的值的更改，修改的只是临时存放形参的内存单元中的值，对实参的值没有影响。例如，存在函数 f 的定义为：

```
f(int a)
{
    return a++;
}
```

在主函数中对函数 f 进行调用：

```
int i=1;
f(i);
```

调用之后会发现，无论对函数调用多少次，主函数中变量 i 的值始终都不会变化。因为实参把它的值传递给形参 a 之后，不再和形参发生传递，形参 a 的变化无法改变实参的值。如果使用常数作为实参，对函数 f 进行调用，可以这样使用：

```
f(1);
```

如果实参是表达式，则调用函数时会先计算表达式的值。例如，语句“f(a+1);”会先计算出表达式“a+1”的值，然后再将表达式计算结果作为实参的值复制到存放形参的内存单元。

数组中的元素可以和变量、常量一样作为函数的参数。使用数组元素作为实参，需要先在主调函数内对数组进行定义和赋值，并使数组的类型和相应的形参类型一致，这样才能顺利传值给形参，实际上是把数组元素当做普通的变量，采用的是值传递的方式，形参的变化不会影响到作为实参的数组元素。例如，对于上面定义的函数 f，也可以这样调用：

```
int b[]={1,2,3};
f(b[0]);
```

需要注意的是，数组元素一般不作为形参使用。

2. 数组名作为函数参数

在 C 语言中，也可以使用数组名作为参数。但是，使用数组名作为参数和使用数组元素作为参数，在函数的调用过程中存在着本质的区别。使用数组元素作为实参，数组类型和形参变量的类型要一致，就可以使数组元素类型与形参变量类型一致。实际上是把数组元素当做普通的变量，因此采用的是值传递的方式。而使用数组名作为参数时，要求函数的形参和实参都是数组名（或指针）。数组名实际上是实参数组的首地址，因此在使用数组名作为参数时，是将实参数组的首地址传递给形参数组（形参中定义的类似于数组样式的参数，其实质是第 8 章讲的指针，在此姑且称为形参数组）。形参数组和实参数组使用的是相同的内存空间。因此，使用数组名作为参数，采用的是地址传递的方式，形参和实参的值是双向传递的。

图 7-9 中形参和实参之间使用地址传递的方式，实参将存储的内存单元的首地址（即内存低位地址）传递给形参，形参和实参指向了内存中共同的存储单元，形参和实参都能对这段存储单元的值进行修改，被调函数将修改结果存储到实参所指的内存单元中。这样当实参再次从内存中读取数据时，读取到的是修改之后的值。这也是地址传递使得数值在形参和实参之间双向传递的原因。

这就是本节知识导例中当使用数组名作为函数参数时，能使主调函数中数组的两个数组元素的值发生互换的原因了。

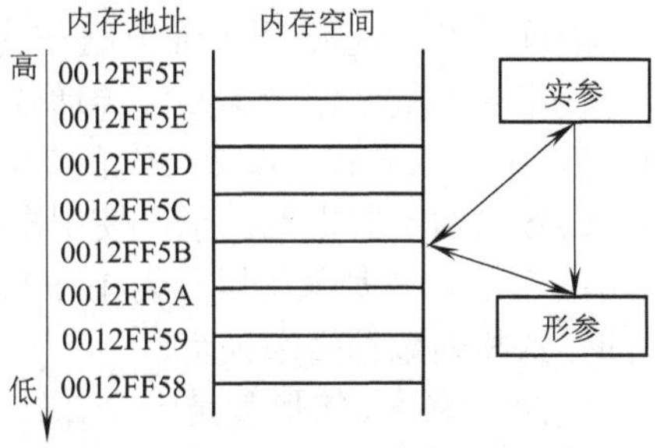

图 7-9　地址传递示意图

使用数组名作为函数参数，还应该注意：

1）形参数组在被调函数中定义，实参数组在主调函数中定义。由于形参数组和实参数组要使用同一段内存单元，因此定义时应确保两个数组类型相同。例如，函数 f 定义为：

```
void f(int a[]){…}
```

如果调用函数 f 时使用：

```
double b[12];
f(b);
```

这样会造成形参和实参的数据类型不一致。在图 7-9 中可以看到，使用地址传递方式时，形参和实参共用内存单元，同一段内存单元不可能同时存放两种类型的数据。

2）数组名被当做首地址传送，调用时不传送数组长度，因此形参数组和实参数组长度可以不同。形参即使被定义为数组形式，系统在编译时也不把它当做数组来对待。再如：

```
void f(int a[1])
{
    a[0]+=1; a[1]+=1;
}
```

而调用函数时使用：

```
int b[2]={100,200};
f(b);
```

形参数组长度为 1，实参数组长度为 2，虽然形参数组和实参数组长度不一致，但仍然可以正常调用。因为编译和运行时都不检测数组的长度是否一致，调用函数 f 时仅传递数组的地址，所以不受影响。该程序段执行后，能将实参数组中的两个元素更改为 101 和 201，而且在形参中数组的大小定义为多少都无所谓，因为这个大小没有实际意义。但是，如果上面的例子中，函数 f 的定义改为：

```
void f(int a[3])
{
    a[2]+=1;
}
```

刚才的调用方法就会产生错误。因为实参数组中仅有两个元素，当形参数组对 a[2]进行操作时，实际上是对不属于实参的内存单元进行修改，已经越界了。此时，不是因为 int a[3]定义错了，而是函数中的“a[2]+1;”语句使用错了，因为超出了实参数组的范围。因此，使用数组名作为参数，应尽量保持形参数组和实参数组的长度一致，方法就是在形参数组中不定义长度，这样在被调函数中使用实参时也就不越界了。

3）形参数组可以不设定长度，如果想知道实参数组的长度，可以多传递一个整型变量作为数组长度，以便在被调函数中方便使用。例如：

```
void f(int a[],int length){…}
```

这样在函数 f 中使用数组 a 时，只要保证使用的 a[i]中 i 的值小于 length 就可以了。

前面介绍的是使用一维数组作为函数的实参，其实多维数组也可以作为函数的实参使用。使用多维数组作为实参，传递数据的方式和一维数组一样，如果传递的是数组元素，采用 “值传递”方式；如果传递的是数组名、行或列的地址，则是采用“地址传递”的方式。和一维数组的不同之处在于，使用多维数组作为参数时，必须要指明形参数组的列数。这是因为在 C 语言中是采用以行为主序来存储数组元素的，形参数组必须指明其列数，而实参数组的行数和列数都必须确定。

例如，函数 f 的形参是一个 2 行 3 列的整形数组，则函数 f 可以定义为：

```
void f(int a[2][3]){…}
```

也可以将形参数组的行数省略掉，写为：

```
void f(int a[][3]){…}
```

但形参数组的列数绝对不能省略掉，例如：

```
void f(int a[2][]) {…}
```

或：

```
void f(int a[][]) {…}
```

这两种写法都是错误的。使用一维数组作为形参，不用指明数组大小，而使用二维数组作为形参，可以不指明行数，但必须指明列数。使用多维数组作为形参，只要不指明数组列数就是错误的。

实践训练

【实训项目一】

1．实训内容

分别输入两个整数 m、n，要求用自定义函数求这两个数之间所有的素数。

2．解决方案

程序名：prac7_2_1.c

```
#include "stdio.h"
int f(int m,int n,int a[ ])                    /*求 m 到 n 之间的所有素数，存放于 a 所指向的存储单元中*/
{
    int count=0,i,j;
    for(i=m;i<=n;i++)
    {
        for(j=2;j<i;j++)
            if(i%j==0)    break;
        if(j==i)
            {
                a[count]=i;          /*找素数，将素数 i 存于 a 中*/
                count++;             /*统计素数的个数*/
        }
  }
  return count;
}
main()
{
  int m,n,b[100],i,count;
  printf("请输入整数 m、n(m<n)，用逗号隔开：");
  scanf("%d,%d",&m,&n);
  while(m<0 || n<0 || m>n)
  {
      printf("请正确输入 m、n 的值，用逗号隔开：");
      scanf("%d,%d",&m,&n);
  }
  count=f(m,n,b);
  printf("%d 到%d 之间的素数为：",m,n);
  for(i=0;i<count;i++)
  {
      if(i%5==0)
          printf("\n");
      printf("%d,",b[i]);
  }
  printf("\n");
}
```

程序运行结果如图 7-10 所示。

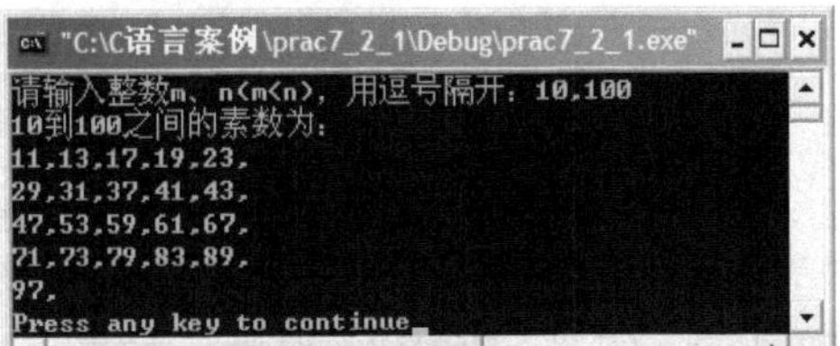

图 7-10　程序 prac7_2_1.c 运行结果

3．项目分析

函数 f 中的形参包括两个 int 类型的变量 m 和 n，以及一个 int 类型的数组样式的变量 a。在主函数中对函数 f 进行调用时，形参 m、n 是以值传递的方式单向接收相应的实参值，而 a 则是采用地址传递的方式，与 int 类型的实参数组 b 占用同样的内存地址。因此，在函数 f 中把素数写入 a 就相当于写入到数组 b 中。一维数组作为形参可以不用指明其大小，程序第 2 行的形参 a 就没有指明其数组长度。

【实训项目二】

1. 实训内容

已知两个矩阵分别用二维数组 a、b 表示，其中 a[2][3]={{1,2,3},{4,5,6}},b[3][2]={{1,2},{3,4},{5,6}}，求两个矩阵相乘的结果。

2. 解决方案

程序名：prac7_2_2.c

```
#include "stdio.h"
void matrix(int x[2][3],int y[3][2],int m[2][2])
{            /*x 为 2 行 3 列的矩阵，y 为 3 行 2 列的矩阵，m 存放两个矩阵的乘积*/
 int i,j,k;
 for(i=0;i<2;i++)
        for(j=0;j<2;j++)
        {
               for(k=0;k<3;k++)
                      m[i][j]+=x[i][k]*y[k][j];
        }
}
main()
{
 int a[2][3]={{1,2,3},{4,5,6}},b[3][2]={{1,2},{3,4},{5,6}},m[2][2]={0};
 int i,j;
 matrix(a,b,m);
 printf("相乘得到的新矩阵为：\n");
 for(i=0;i<2;i++)
 {
        for(j=0;j<2;j++)
               printf(" %d ",m[i][j]);
        printf("\n");
 }
}
```

程序运行结果如图 7-11 所示。

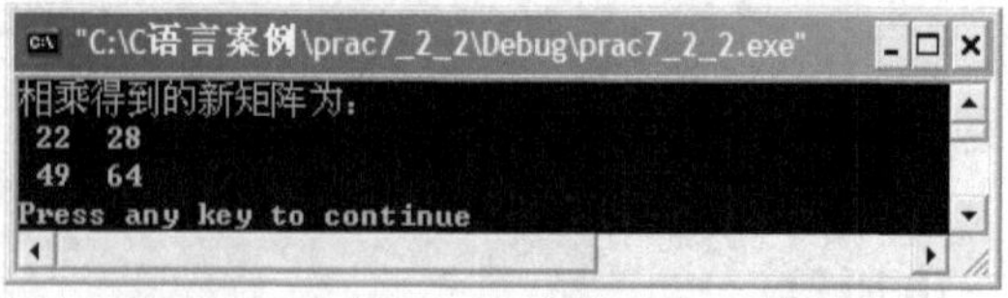

图 7-11　程序 prac7_2_2.c 运行结果

3. 项目分析

函数 matrix 的参数列表中是三个 int 类型的二维数组。在该函数的定义中，可以不用指明二维数组的行数，但是一定要指明二维数组的列数，即程序第 2 行可以写为："void matrix(int x[][3],int y[][2],m[][2])"。但是，如果不指明二维数组的列数，如"void matrix(int x[2][],int y[3][],m[2][])"，这种写法是错误的。本实训中，将二维数组作为函数的参数，传递给形参，从而使实参和形参指向相同的存储单元，从而使函数中矩阵的相乘得以实现，调用函数后得到相乘的结果。

7.3　函数的嵌套调用与递归调用

知识导例

1．在下面的程序中，主函数 main 中调用函数 f1，函数 f1 调用函数 f2，函数 f2 调用函数 f3，形成了函数的三重嵌套。

程序名：ex7_3_1.c

```
#include "stdio.h"
void f1(),f2(),f3();        /*声明函数 f1、f2、f3*/
main()                      /*主函数嵌套调用函数 f1*/
{
 printf("函数 main 开始执行！\n");
 f1();
 printf("函数 main 执行完毕！\n");
}
void f1()                   /*函数 f1 嵌套调用函数 f2*/
{
 printf("     函数 f1 开始执行！\n");
 f2();
 printf("     函数 f1 执行完毕！\n");
}
void f2()                   /*函数 f2 嵌套调用函数 f3*/
{
 printf("          函数 f2 开始执行！\n");
 f3();
 printf("          函数 f2 执行完毕！\n");
}
void f3()                   /*定义函数 f3*/
{
 printf("               函数 f3 开始执行！\n");
 printf("               函数 f3 执行
完毕！\n");
}
```

程序运行结果如图 7-12 所示。

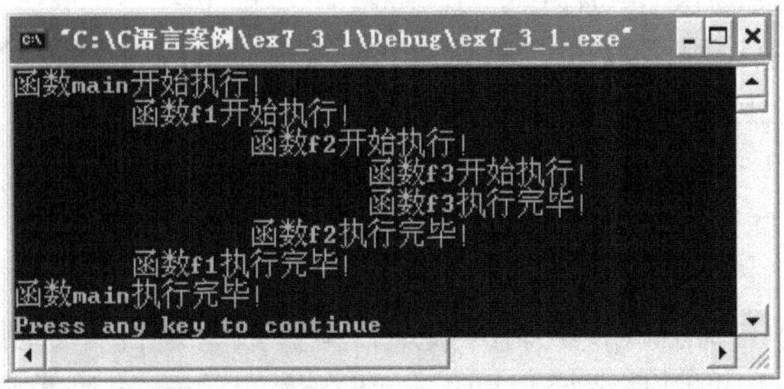

图 7-12　程序 ex7_3_1.c 运行结果

2．某单位科室中有 5 个人。第 5 个人比第 4 个人大 4 岁，第 4 个人比第 3 个人大 3 岁，第 3 个人比第 2 个人大 2 岁，第 2 个人比第 1 个人大 1 岁，已知第 1 个人 29 岁，求第 5 个人的年龄是多少。

程序名：ex7_3_2.c

```
#include "stdio.h"
int f(int n)                                    /*定义递归函数 f*/
{       if(n==1)
              return 29;
        else
              return n-1+f(n-1);
}
main()
{      printf("第 5 个人的年龄是：%d\n",f(5));        /*调用递归函数*/
}
```

程序运行结果如图 7-13 所示。

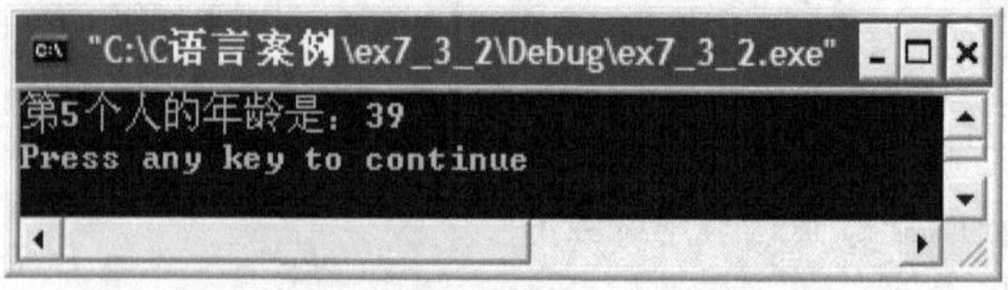

图 7-13　程序 ex7_3_2.c 运行结果

相关知识

C 语言中各函数之间是相对独立的，函数和函数之间是并列存在的关系，不允许出现一个函数包含另一个函数的情况。虽然函数中不能嵌套其他函数的定义，但是可以在函数中调用其他的函数，这就是函数的嵌套调用。

1. 嵌套调用

如果需要在一个函数中使用另外一个函数的功能，可以使用嵌套调用的方式，即在函数中调用其他的函数，被调函数还可以再继续调用其他函数，形成多层次的嵌套。例如，函数 f 的定义为：void f(){…}，在其他函数的定义中，如果需要使用函数 f，可以直接在函数体内使用语句“f();”来进行函数的嵌套调用。

如图 7-14 所示是一个两层嵌套的过程图。在主函数中调用函数 f1，程序中止 main 函数的执行，将 main 函数的现场保存到栈中，开始执行函数 f1；在函数 f1 中调用函数 f2，将函数 f1 的现场保存到栈中，中止函数 f1 的执行，开始执行函数 f2。待函数 f2 执行完毕，返回函数 f1 的断点继续执行，f1 执行完毕之后返回到主函数的断点继续执行。

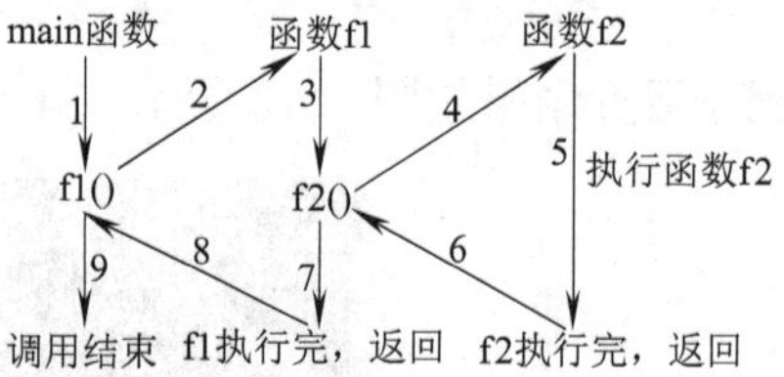

图 7-14　函数嵌套调用示意图

函数的嵌套调用对主调函数和被调函数是否有参数、是否有返回值并没有要求。不过需要注意的是，函数的嵌套调用是逐层返回的。在上例中，main 函数调用函数 f1，函数 f1 调用函数 f2，当函数 f2 执行完毕之后只能返回到函数 f1，而不能越级返回到 main 函数，而且函数 f2 的返回值也不能直接传递给 main 函数。

2．递归调用

函数的嵌套调用是在被调函数中调用其他函数，如果调用的函数是其自身，这种嵌套调用就形成了递归调用。所以，递归调用就是自己调用自己。递归又分为两种情况：直接递归和间接递归。假如有函数 A()和函数 B()，直接递归就是函数直接调用本身，如 A(){A();}。间接递归就是函数先调用另外一个函数，然后通过另外一个函数再反过来调用自身，如 A(){B();}即 A 函数先调用 B 函数，然后再通过函数 B(){A();}反过来调用 A 函数，从而形成了 A 函数的间接递归。使用递归调用的函数称为递归函数。递归调用的示意图如图 7-15 所示。

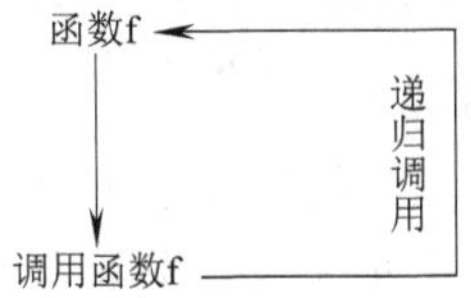

图 7-15　递归函数调用示意图

例如，下面的例子就是递归调用：

```
void f()
{
        f();
        …
}
```

但是使用递归函数，如果调用不合理会使函数的调用形成循环调用。上面的例子会导致函数无限循环调用下去，违反程序“有限性”的要求。所以，使用递归函数一定要确保函数的有限性。

递归调用相当于多层次的嵌套，必须保证递归要逐层返回，在有限次调用后结束函数的递归调用。当函数进行递归调用时，假如在执行过程中对自身调用了 n 次，那么在调用前 n–1 次时，函数都没有执行完毕，而是暂时把当前执行中的数据保存起来，待第 n 次递归调用运算完毕之后才能完成第 n–1 次的调用。即第 1 次调用需要先执行完第 2 次调用，第 2 次调用需要先执行完第 3 次调用，依次类推，第 n–1 次调用需要先执行完第 n 次调用。当执行第 n 次调用时，前面的 n–1 次调用都没有执行完毕。当第 n 次调用完成之后，向上返回执行第 n–1 次调用，然后依次向上返回，最后完成第 1 次的调用。

函数的递归调用是依赖“栈”的结构来实现。栈是内存中遵循一定规则存放数据的存储空间，栈中数据的出入按照后进先出的原则，即最后进入的数据要最先出栈。当程序开始递归调用时，程序会将递归过程中被中断的操作依次存放到栈中，从栈底到栈顶依次存放。当最后一次递归调用完毕之后，再按照从栈顶到栈底的顺序依次出栈完成前面的操作。

递归函数可以有返回值，也可以没有返回值。一般情况下，有返回值的递归函数用于数值递归，没有返回值的递归函数用于非数值递归。例如，利用递归函数求整数 n 的阶乘（n!），这属于数值递归；利用递归函数求汉诺塔的问题，这属于非数值递归。

能否使用递归来解决问题，要看是否满足两个条件：

1）问题中存在递归关系（递归模型，对于数学问题，递归模型就是递归公式），能够将问题转化为与自身类似的问题，但问题的复杂度降低了，即能够将问题向子问题分解。例如，要求出 n!的值，可以用 n*(n–1)!来求解。

2）要有结束递归的条件。函数的递归调用不能无限制地进行下去，必须保证问题越来越简单，直到能直接得出结果。

定义递归函数来解决实际问题，通常按照这样的方式来定义递归函数：

```
if (最简单的情况)
      return 最简单情况下的处理结果（递归的结束条件）；
else
```

假设已经将问题转化为较简单的情况，在该情况下处理当前问题（递归公式）；

例如，定义求阶乘的递归函数，可以定义为：

```
int f(int n)
{
    if(n==1)      return 1;
    else
        return n*f(n-1);
}
```

当 n 的值等于 1 时是最简单的情况，如果 n 的值不是 1，就假设已经求出 n–1 的阶乘，然后让 n–1 的阶乘乘以 n，就可以求出 n 的阶乘。

递归函数的优点是非常直观，简单易懂。递归调用能使代码简洁，能够很容易地解决一些用非递归算法很难解决的问题。使用递归函数来解决蕴含递归关系、结构复杂的问题，可以使程序简洁有序，增强程序的可读性，既容易开发又容易理解。但递归调用存在的最严重的问题是，递归调用会造成程序的运行效率大大降低，递归调用每一次中断，都要停下来保存相关的参数和变量，当回到中断点的时候，要重新读取并恢复之前保存的数据，这样不但会造成存储空间的浪费，还会增加时间开销，当递归调用次数太大时，系统还有面临崩溃的危险。事实上，所有的递归问题都可以用非递归算法求解，在系统资源有限的情况下可以尝试用非递归的方法解决问题。

实践训练

【实训项目一】

1. 实训内容

已知两个整型数组 a[5]= {12,18,6,10,8}，b[5]= {36,42,21,54,63}，求数组 a 中最小值和数组 b 中最大值的最小公倍数。

2. 解决方案

程序名：prac7_3_1.c

```
#include "stdio.h"
int min(int c[])
{
    int i,t=c[0];                /*t 用来存放 c 所指向的数组中的最小值*/
    for(i=0;i<5;i++)
    {
        if(t>c[i])
            t=c[i];
    }
    return t;
}
int max(int c[])
{   int i,t=c[0];                /*t 用来存放 c 所指向的数组中的最大值*/
    for(i=0;i<5;i++)
    {   if(t<c[i])
            t=c[i];
    }
```

```
        return t;
}
int    f(int m[],int n[])
{
        int i,n1,n2,n3;
        n1=min(m);
        n2=max(n);
        n3=n1<n2?n1:n2;
        for(i=n3;i<=n1*n2;i++)
        {            if(i%n1==0 && i%n2==0)
                        return i;
        }
        return i;}
main()
{
        int a[5]={12,18,6,10,8};
        int b[5]={36,42,21,54,63};
        int result=f(a,b);
        printf("数组 a 的最小值为%d,数组 b 的最大值为%d,二者的最小公倍数是：%d\n",
min(a),max(b),result);
}
```

程序运行结果如图 7-16 所示。

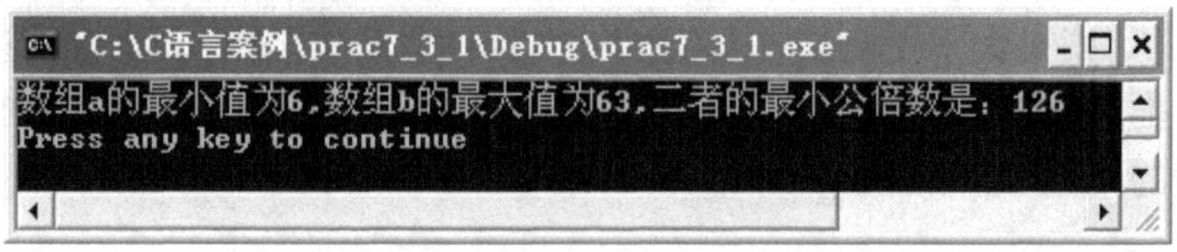

图 7-16　程序 prac7_3_1.c 运行结果

3．项目分析

程序中定义了三个函数：函数 min、函数 max 和函数 f。其中，函数 min 用来求出数组中的最小值，函数 max 用来求出数组中的最大值。函数 f 中嵌套调用函数 min 和函数 max，分别求出两个数组中的最大值和最小值，然后再求出两个数的最小公倍数。

【实训项目二】

1．实训内容

输入一个整数 n，求 n 的阶乘。

2．解决方案

程序名：prac7_3_2.c

```
#include "stdio.h"
int f(int i)                        /*函数功能是求解整型数 i 的阶乘*/
{       if(i<=1)
            return 1;
        else
            return i*f(i-1);
```

```
}
main( )
{      int n,result=1;
       do
       {    printf("请输入 n 的值：");
            scanf("%d",&n);
       }while (n<0);
       result=f(n);
       printf("%d 的阶乘为%d\n",n,result);
}
```

运行程序，输入 6，程序运行结果如图 7-17 所示。

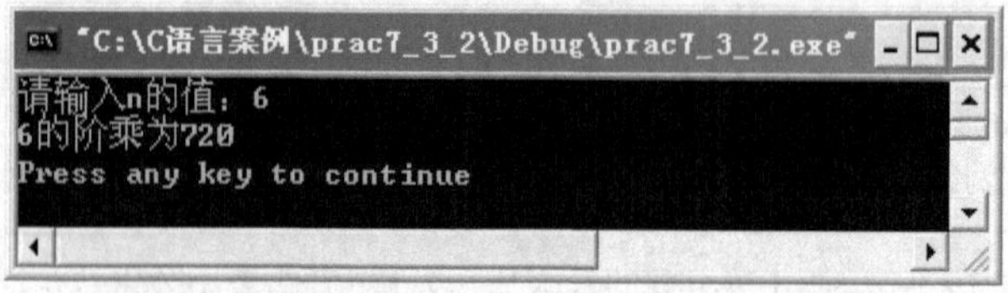

图 7-17　程序 prac7_3_2.c 运行结果

3．项目分析

使用函数 f 来求整数 i 的阶乘，在定义中采用了递归调用的方式。欲求出整数 i 的阶乘，首先要判断 i 的值，如果大于 1，则它的阶乘为 i*(i–1)!，而(i–1)!的值可以通过调用函数 f(i–1)来求出。依次类推，f(n)调用 f(n–1)，f(n–1)调用 f(n–2)，一直到 f(2)调用有确定值的 f(1)，这样才能求出最后的结果。

【实训项目三】

1．实训内容

已知杨辉三角（见图 7-18），用递归方法实现杨辉三角的打印输出。

```
          1
         1 1
        1 2 1
       1 3 3 1
      1 4 6 4 1
    1 5 10 10 5 1
  …………………
```

图 7-18　杨辉三角

2．解决方案

程序名：prac7_3_3.c

```
#include "stdio.h"
int f(int i,int j)
{
    if(j==0 || i==j || i==0)
                return 1;
         else
                return f(i–1,j–1)+f(i–1,j);
}
main()
{
    int n,i,j;
    printf("请输入需要输出的杨辉三角的行数 n(n<20)：");
    scanf("%d",&n);
    while(n<1 || n>20)
    {
```

```
            printf("请重新输入杨辉三角的行数：");
            scanf("%d",&n);
        }
        for(i=0;i<n;i++)
        {
            for (j=0;j<n-i;j++)
                printf(" ");
              for(j=0;j<=i;j++)
                printf("%d ",f(i,j));
            printf("\n");
        }
}
```

程序运行结果如图 7-19 所示。

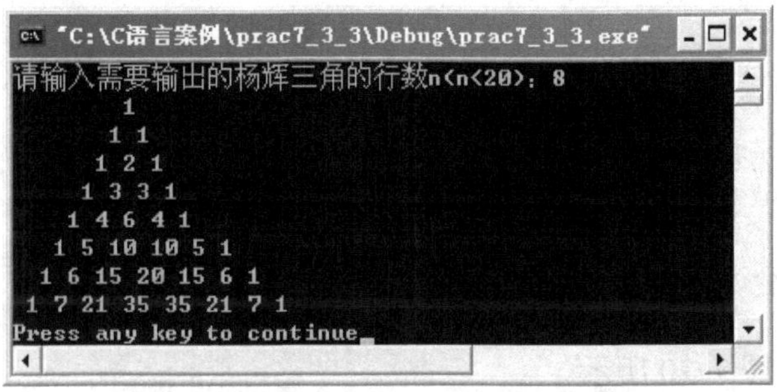

图 7-19　程序 prac7_3_3.c 运行结果

3．项目分析

通过调用函数 f(i,j)求出杨辉三角第 i 行第 j 列的值，函数 f 递归调用，如果不是最左侧或最右侧的值，则 f(i,j)=f(i−1,j−1)+f(i−1,j)。需要注意：通过修改参数的值，使递归朝着函数结束的方向运行。如果该递归函数中 i、j 的值是增长的，则函数 f 会陷入无限循环的递归调用。

【实训项目四】

1．实训内容

已知自然数 e=1+1/(1!)+1/(2!)+…+1/(n!)，输入整数 n，根据输入 n 的值求出 e 的近似值。

2．解决方案

程序名：prac7_3_4.c

```
#include "stdio.h"
double f(int m)                    /*求 1/(m!)的值*/
{
   double t=1.0;
   while(m>0)
   {
    t/=m;
    m--;
   }
   return t;
```

```
}
double c(int n)
  { double e=1.0;
   while(n>0)
   {
       e+=f(n);
       n--;
   }
   return(e);
  }
main()
{
       int n;
       printf("请输入一个整数：");
       scanf("%d",&n);
       while(n<0)
       {
               printf("n 为正整数，请重新输入：");
               scanf("%d",&n);
       }
       printf("根据您输入的%d 求出自然数 e 的近似值为%.10lf\n",n,c(n));
}
```

程序运行结果如图 7-20 所示。

图 7-20　程序 prac7_3_4.c 运行结果

3．项目分析

这个程序中采用的是函数的嵌套调用，在主函数中调用函数 c，函数 c 调用函数 f，在函数 f 中求出每个 1/(n!)的值，然后将求出的值返回给函数 c，函数 c 将所有 1/(n!)的值相加之后返回给主函数，最后由主函数输出最终结果。

【实训项目五】

1．实训内容

有三根圆柱：a、b、c，圆柱 a 上面有 n 个按照从上到下顺序摆放的圆盘 1，2，…，n，圆盘的直径依次增大。要求将所有圆盘从圆柱 a 移动到圆柱 c 上面，而且在移动过程中，每次只移动一块圆盘，而且只能小的圆盘放在大的圆盘上面。请用程序求解。

2．解决方案

程序名：prac7_3_5.c

```
#include "stdio.h"
void move(int n,char x,char y)              /*n 表示第 n 号圆盘，x 为当前圆柱，y 为目标圆柱*/
{
```

```
    printf("移动%d 号圆盘：圆柱%c===>圆柱%c\n",n,x,y);
}
void h(int n,char a,char b,char c)      /*n 表示第 n 号圆盘*/
{                                        /*a、b、c 分别表示当前圆柱、辅助圆柱和目标圆柱*/
    if(n==1)
        move(1,a,c);
    else
        {
          h(n-1,a,c,b);
          move(n,a,c);
          h(n-1,b,a,c);
        }
}
main()
{
      int n;
      printf("请输入汉诺塔的层数：");
      scanf("%d",&n);
      while(n<0)
      {
            printf("请重新输入汉诺塔的层数：");
            scanf("%d",&n);
      }
      printf("%d 层汉诺塔移动过程为：\n",n);
      h(n,'a','b','c');
}
```

运行程序，输入 3，程序运行结果如图 7-21 所示。

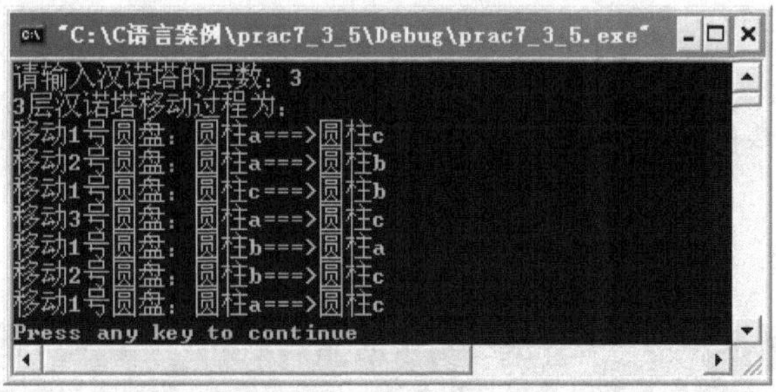

图 7-21　程序 prac7_3_5.c 运行结果

3．项目分析

该项目是使用递归算法实现汉诺塔问题。程序第 28 行调用函数 h，“h(n,'a','b','c');”表示有 n 块圆盘要从圆柱 a 移动到圆柱 c，移动过程中可以将圆盘暂时放在圆柱 b 上面。函数 h 是实现汉诺塔的过程，程序第 8 行先判断，最简单的情况是圆柱 a 上只有 1 块圆盘，“move(1,a,c);”表示直接把这一块圆盘从圆柱 a 移动到圆柱 c 上面；如果圆柱 a 上圆盘数量大于 1，则用程序第 12～14 行把问题分解为“先把 1～n–1 号圆盘从圆柱 a 移动到圆柱 b；把第 n 号圆盘从圆柱 a 移动到圆柱 c；把 1～n–1 号圆盘从圆柱 b 移动到圆柱 c”。这样就可以把“从圆柱 a 移动 n 块圆盘到圆柱 c”的问题简化为“从圆柱 a 移动 n–1 块圆盘到圆柱 b”和“从圆柱 b 移动 n–1 块圆盘到圆柱 c”。

7.4 变量的作用域

知识导例

输入一个长方体的长、宽、高（正整数），求该长方体的各个面的面积、表面积。

程序名：ex7_4_1.c

```
#include "stdio.h"
static int x,y,z;                /*定义静态变量 x、y、z*/
int f(int m,int n,int l)         /*m、n、l 分别代表长方体的长、宽、高*/
{       x=m*n;
        y=m*l;
        z=n*l;
        return 2*(x+y+z);        /*返回长方体的表面积*/
}
main()
{       int a,b,c,d;
      printf("请输入长方体的长、宽、高（以逗号隔开）：");
      scanf("%d,%d,%d",&a,&b,&c);
      while(a<0 || b<0 || c<0)
      {    printf("长、宽、高为正整数，请重新输入：");
           scanf("%d,%d,%d",&a,&b,&c);
      }
      d=f(a,b,c);
      printf("长方体的每个面的面积为：%d,%d,%d,%d,%d,%d\n",x,x,y,y,z,z);
      printf("长方体的表面积为：%d\n",d);
}
```

程序运行结果如图 7-22 所示。

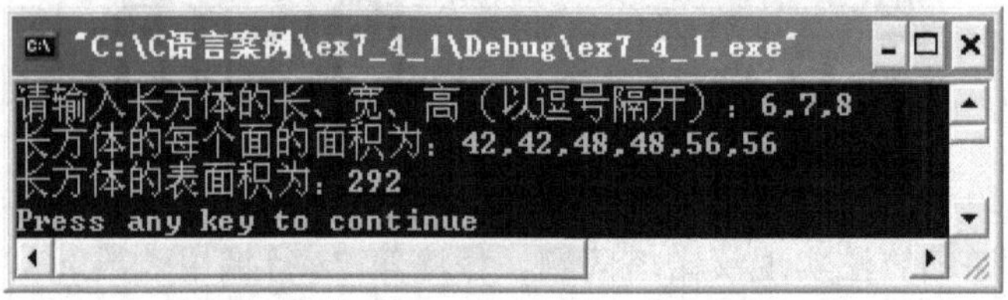

图 7-22　程序 ex7_4_1.c 运行结果

相关知识

变量被定义之后，不是在任何范围内都可以使用的，只能在某个文件内或某段代码范围内使用，这就是变量的作用域。作用域就是变量的有效范围，脱离了这个范围，变量就无法正常使用。按照变量的作用域的不同，可以将变量划分为局部变量和全局变量。

1. 局部变量

局部变量指的是只能在局部使用的变量，它是局部可见的，脱离了作用域就无法使用，通常是函数内定义的变量。局部变量只能在定义该变量的函数内使用，在函数外是无法使用的。如果存在函数f、s如下：

```
void f(int m)
{                  } 函数f中局部变量i、m的作用域
    int i;
    …
}
void s()
{                  } 函数s中局部变量i的作用域
    int i;
    …
}
main()
{                  } 主函数中局部变量i、m的作用域
 int i,m;
}
```

从上例可以看出，对局部变量的使用需要遵循以下原则：

1）在函数中定义的变量只能在本函数中使用，主函数main中定义的变量i只能在主函数中使用，而函数f和s定义的变量i也只能在各自函数范围内使用，在其他函数中无法访问。主函数中无法访问函数f和函数s中定义的局部变量，函数f和s既无法使用对方的局部变量，也无法使用main函数中的局部变量。

2）在不同的函数中定义同名变量是合法的。在程序中可以看到，三个函数内都定义了整型变量i，但是在三个函数内使用i时不会混淆，互不影响。只要局部变量的作用域不发生重叠，变量重名是合法的，各自代表的是不同的变量，不会产生错误。

3）在函数中出现的形参也是局部变量。例如，函数f中出现的形参m，它只能在函数f中使用，在主函数和函数s中都无法使用，它和主函数中的变量m没有任何关系。

4）主函数虽然是程序执行的入口，但它也是函数，因此在主函数内定义的变量也是局部变量，无法在其他函数中使用。例如上例中，main函数中声明变量i、m都只在函数内有效，函数f和函数s均无法访问。

2. 全局变量

前面介绍了局部变量只能在定义它的函数内部使用，脱离了作用域就无法使用。但是，有时在程序的多个函数中都要用到同一个数据，此时使用函数的参数来传递非常麻烦，需要用到作用域更大的变量，这就是全局变量。

在程序中定义全局变量的方法和定义局部变量完全一样，区别就是定义全局变量的位置不同。全局变量是在函数外面定义的，定义之后可以在当前源文件的任何地方使用该变量。只要是在函数外面定义的变量，就可以称为全局变量。

由于全局变量在函数外面定义，因此全局变量的作用域也不局限于某个函数中。全局变量的作用域是当前的整个源文件，确切地说是从定义全局变量开始到程序结束。例如：

```
double a=2.5,b=4.0;
void f(int m)
{
      int i;
      …
}
int m,n;
main()
{
      int a,b;
}
```

全局变量 a、b 的作用域

全局变量 m、n 的作用域

在上面的例子中，变量 a、b 和 m、n 都是全局变量，但是由于它们定义的位置不同，因此作用域也不同。由于 C 语言编译时是按照自上而下的顺序进行编译的，因此任何变量只有在进入它的作用域之后才能被使用。而全局变量的作用域是从它的定义开始的。上例中变量 m、n 虽然也是全局变量，但是在进行函数 f 的定义时，还没有进入它们的作用域，因此无法使用。在首部定义的全局变量 a、b 就可以在整个源文件中使用。C 语言的程序是可以包含多个源文件的，如果有特殊需求，需要在多个源文件中使用同一个变量，可以使用关键字“extern”来进行外部声明，从而将全局变量的作用域扩展到其他的源文件中。请参见 7.5 节“变量的存储类别”中的外部变量。

使用全局变量时需要注意，如果全局变量与局部变量重名，则在局部变量的作用域内，全局变量会被屏蔽掉。也就是说，全局变量如果和函数 f 内的某个局部变量重名，则在函数 f 内无法使用该全局变量。例如：

```
int m,n;
main()
{
      int m,n;
}
```

在这段程序中，由于在 main 函数中声明了局部变量 m、n，因此全局变量 m、n 在 main 函数中是不可见的，也就无法在 main 函数中使用。

关于全局变量和局部变量的使用，需要遵循以下几个原则：

1）凡是能够使用局部变量解决的问题，不要使用全局变量。这是因为函数要求做到“高内聚、低耦合”，即函数和函数之间相对独立，而函数内部各部分之间联系紧密。全局变量被多个函数之间共同使用，就意味着这些函数之间的联系加强了，彼此之间会相互影响，削弱了函数的内聚性，增加了耦合性，这对程序来说意味着未知的风险，也增加了程序开发、测试和维护工作的难度。

2）如果在函数内需要使用全局变量，如无必要，最好不要修改全局变量的值，避免对其进行赋值操作。可以用值传递的方式把全局变量的值传递给函数内的形参，避免全局变量被意外修改。

3）如果全局变量被某个函数使用，其他函数应尽量避免使用该全局变量。

4）全局变量的数量越少，函数的耦合性就越低，因此应尽量减少全局变量的数量。如果程序中出现多个全局变量，则应该考虑将程序拆分为功能更加单一的函数。

5）如果全局变量只在某个函数内使用，可以用静态局部变量来代替全局变量。可参见 7.5 节“变量的存储类别”中的静态局部变量。

总之，全局变量的使用要慎重，函数的定义要做到“尽量不使用其他函数要使用的变量，尽量不声明能被其他函数使用的变量”。

实践训练

【实训项目一】

1．实训内容

虚数包括实部和虚部两部分，分别输入两个虚数的实部和虚部，用两个函数实现虚数相加和虚数相乘。

2．解决方案

程序名：prac7_4_1.c

```
#include "stdio.h"
float a,b;
void add(float a1,float b1,float a2,float b2)
{                          /*a1、b1 和 a2、b2 分别代表两个虚数的实部和虚部*/
    a=a1+a2;               /*实部相加*/
    b=b1+b2;               /*虚部相加*/
    printf("(%6.2f+%6.2fi)+(%6.2f+%6.2fi)=%6.2f+%6.2fi\n",a1,b1,a2,b2,a,b);
}
void mul(float a1,float b1,float a2,float b2)
{
    a=a1*a2-b1*b2;
    b=a1*b2+a2*b1;
    printf("(%6.2f+%6.2fi)*(%6.2f+%6.2fi)=%6.2f+%6.2fi\n",a1,b1,a2,b2,a,b);
}
main()
{
    float a1,a2,b1,b2;
    printf("请分别输入第一个虚数的实部和虚部，用逗号隔开：");
    scanf("%f,%f",&a1,&b1);
    printf("请分别输入第二个虚数的实部和虚部，用逗号隔开：",a2,b2);
    scanf("%f,%f",&a2,&b2);
    add(a1,a2,b1,b2);
    mul(a1,a2,b1,b2);
}
```

程序运行结果如图 7-23 所示。

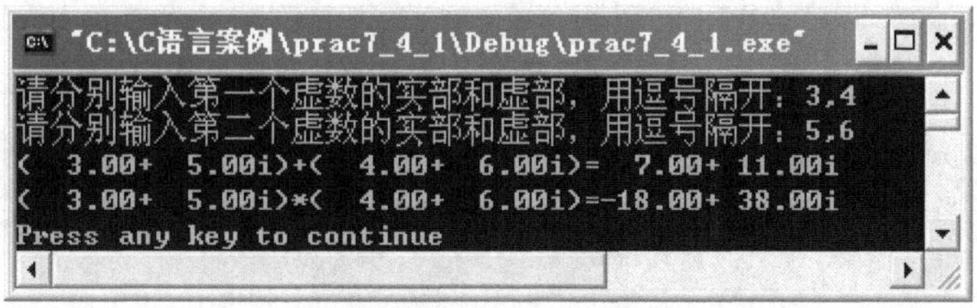

图 7-23　程序 prac7_4_1.c 运行结果

3．项目分析

在主函数和函数 add、函数 mul 中，都定义有 float 类型的变量 a1、b1、a2、b2，它们都是局部变量，只能在定义它们的函数中使用，相互之间不影响。程序第 2 行定义的 float 类型的变量 a、b 是全局变量，它们的作用域从定义处开始一直到源文件结束，因此在主函数、函数 add 和函数 mul 中都可以使用变量 a、b。如果在函数中定义局部变量的名称为 a、b，则会导致在该函数中无法使用全局变量 a、b。

【实训项目二】

1．实训内容

输入学生的成绩，根据成绩输出该学生是否及格（百分制，60 分或 60 分以上为及格），并统计目前为止输入学生的总数、及格人数和不及格人数。

2．解决方案

程序名：prac7_4_2.c

```
#include "stdio.h"
int all=0;                              /*学生总人数*/
void f(int n)
{
    static int pass=0,unpass=0;         /*pass、unpass 分别代表及格的人数和不及格人数*/
    if(n>=60)
    {
        pass++;
        printf("该学生及格！");
    }
    else
    {
        unpass++;
        printf("该学生不及格！");
    }
    printf("及格的有%d 个！",pass);
    printf("不及格的有%d 个！",unpass);
}
main()
{
    int score;
    printf("请输入第%d 个学生的成绩(输入–1 结束)：",all+1);
    scanf("%d",&score);
    while(score!= –1)
    {
    all++;
    f(score);
    printf("已输入%d 个学生的成绩！\n 请输入第%d 个学生的成绩(输入–1 结束)：",all,all+1);
        scanf("%d",&score);
    }
}
```

程序运行结果如图 7-24 所示。

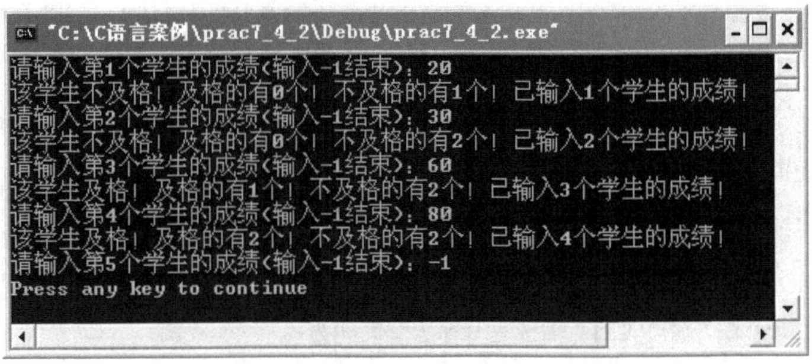

图 7-24　程序 prac7_4_2.c 运行结果

3．项目分析

程序第 2 行定义了全局变量 all，从第 2 行开始到源文件结束可以在任何地方使用变量 all，用来记录输入学生的总数。程序第 5 行定义了静态局部变量 pass 和 unpass，分别表示及格和不及格的数量。对这两个变量的初始化“static int pass=0,unpass=0;”，只有在第一次调用函数 f 的时候才为其赋初值 0。如图 7-24 所示，在输入第 1 个学生成绩之后，调用函数 f，变量 unpass 先被赋值为 0，然后在 0 的基础上加 1。当输入第 2 个学生的成绩，再次调用函数 f 时，变量 unpass 不会再被赋值为 0，而是在上次计算结果 1 的基础上再加 1。静态局部变量 pass 和 unpass 的作用域是函数 f 内部，如果不把这两个变量定义为静态的，它们的作用域也不会发生改变，但是每次调用函数 f 都会为其赋值为 0。

7.5　变量的存储类别

知识导例

程序名：ex7_5_1.c

```
#include "stdio.h"
void f1()
{       int count1=0;                /*count1 为自动变量*/
        count1++;
        printf("count1 的值是：%d \n",count1);
}
void f2()
{       static int count2=0;         /*count2 为静态局部变量*/
        count2++;
        printf("count2 的值是：%d \n",count2);
}
main()
{       int i,n=-1;
        while(n<0)
        {       printf("请输入函数执行次数：");
                scanf("%d",&n);
        }
        for(i=0;i<n;i++)
        {       printf("第%d 次调用函数 f1，",i+1);
```

```
            f1();
        }
        printf("\n");
        for(i=0;i<n;i++)
        {       printf("第%d 次调用函数 f2，",i+1);
                f2();
        }
}
```

运行程序，输入 3，程序运行结果如图 7-25 所示。

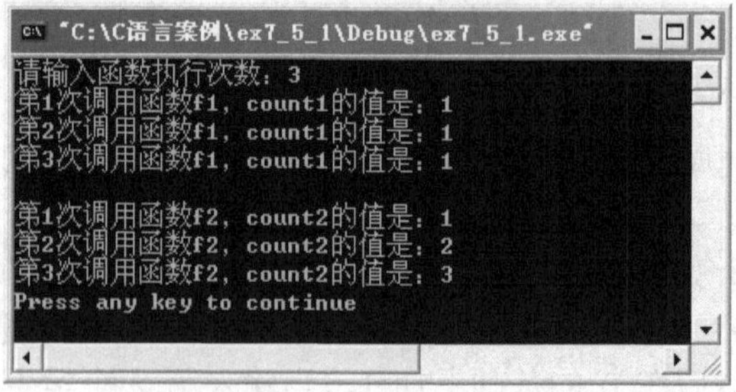

图 7-25　程序 ex7_5_1.c 运行结果

相关知识

在 7.4 节中介绍变量的作用域问题时曾提到，局部变量在函数内被定义，其所在函数被调用时，局部变量在函数内参与程序的执行，而在定义局部变量的函数外部就无法使用，那么此时，局部变量是依然存在而无法被访问，还是彻底消失了？这就关系到变量的生存期，也就是变量在时间上的作用范围。

任何一个变量，不论是局部变量还是全局变量，都有自己的生存周期，都要经历从被创建到被撤销的过程。局部变量是它所在的函数被调用时开始创建，为其分配内存单元，当函数调用结束时，局部变量会被系统自动撤销，收回内存单元；全局变量是在编译时被创建，分配内存单元，到程序执行完毕全局变量才会被撤销。

可见全局变量和局部变量的生存期是不一样的，而决定变量生存期的关键因素就是变量的存储类别，不同存储类型的变量在内存中的位置不同，生存期也不同。

变量的存储类别关注的是“变量被存放在哪儿”。

1. 动态存储方式与静态存储方式

根据变量生存期的不同，可以将变量的存储方式划分为动态存储方式和静态存储方式，相应的变量也可以叫做动态存储变量和静态存储变量。

动态存储方式和静态存储方式的不同之处在于存储的位置不同、开始为变量分配空间的时间不同。如图 7-26 所示，用户的存储空间可以分为三部分：程序区、静态存储区和动态存储区。

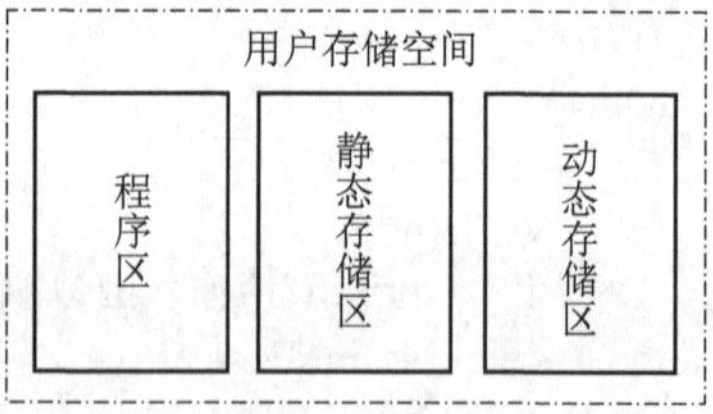

图 7-26　用户存储空间

变量如果存储在静态存储区中，给变量分配存储空间以后，会一直存储在静态存储区中，直到程序执行完毕这些变量才会被撤销。

如果变量存储在动态存储区中，只有当该变量所在的函数被调用时，才会为其分配内存单元，这样的变量存储在动态存储区中，待变量所在的函数调用完毕就撤销该变量。

2．变量的存储类别

（1）auto变量　auto变量就是自动变量，定义自动变量需要使用关键字auto。其实在前面的例子中，所有在函数中定义的局部变量，都是自动变量，只是省略了关键字“auto”。声明自动变量的格式为：

```
auto 类型名 变量名；
```

其中，关键字 auto 可以省略不写，也就是说不加特别说明的局部变量都是自动变量。例如：

```
void f()
{
    int a;
    auto int b;
}
```

在上面的函数 f 中，变量 a、b 都是自动变量，变量 a 的声明虽然省略了关键字“auto”，但系统会默认 a 为自动变量。

自动变量不是程序一运行就存在的，而是当程序调用其所在函数时，才会为它在动态存储区中分配存储空间。函数调用结束之后，函数中使用的自动变量会被撤销，程序会自动释放它在动态存储区中占用的空间。再如：

```
void f(int b)
{
    int a;
}
```

函数 f 中的变量 a 属于自动变量，因此 a 在函数被调用时才会被分配空间，存放在动态存储区中，当函数 f 调用结束，变量 a 被撤销。在函数 f 中的形参 b 也属于自动变量，它和变量 a 一样，也是在函数被调用时创建，在函数调用结束后被撤销。

（2）static变量　例如下面的函数定义：

```
void f()
{
    int i=0;
    i++;
}
```

i 为自动变量，当函数调用时被创建，函数调用完毕之后，变量会被自动撤销。无论该函数被主调函数调用多少次，每次调用，函数内的自动变量都要经过一次从产生到撤销的过程。所以，每次调用都要为 i 重新分配空间，并赋初值为 0，然后再进行自增为 1，这样不论函数 f 执行多少次，i 的最终的值都是 1。那么，如何使函数内声明的局部变量也具有“记忆性”呢，使每次调用函数 f 时，不用重复赋值的操作，而是可以直接使用函数上次被调用后局部变量的最新值。这就需要用到静态变量。

如果希望在函数执行完毕后仍然保留局部变量的值，可以使用关键字 static 将其定义为静态变量。声明静态变量的格式为：

```
static 类型标识符 变量名称;
```

例如，声明 int 类型的静态变量 i 并赋初值 1，可以这样声明：

```
static int i=1;
```

静态变量在静态存储区内分配存储单元，属于静态存储方式。静态变量和自动变量的区别是：静态变量从创建开始，在程序运行过程中都存在于静态存储区内不被释放；而自动变量存储于动态存储空间，声明该变量的函数调用完毕即被释放。

使用静态变量的优点是可以使变量值长期保存在内存单元中，生存期较长，在程序运行过程中不必重复变量的创建、撤销过程。但是，由于静态变量一直驻留静态存储区，并不是一直需要使用，这样会造成内存利用率下降。特别是进行数组定义时，要慎用静态变量。长度较长的静态数组会占用大量的存储空间，而且程序运行时一直驻留内存，会导致大量的内存空间被占用，会进一步造成系统运行速度降低。

静态变量关注的是变量的生存期及变量的作用域不冲突。因此，静态变量可以是全局变量，也可以是局部变量，也就是说静态变量包括静态局部变量和静态全局变量。

如果静态变量是局部变量，例如：

```
void f()
{
    static int a=2;
    printf("%d",a);
    a++;
}
```

静态局部变量只有在第一次调用该函数时进行初始化，以后每次调用该函数，会为静态局部变量保留函数上一次调用之后该变量的值。如果多次调用上面声明的函数 f，可以发现每次调用 f，输出 a 的值都在变化，每次调用 a 的值增加 1。也就是说，当第一次调用函数 f 之后，以后每次不是重新声明变量 a，而是在使用第一次定义的 a。

静态局部变量在编译时赋初值，只赋初值一次，在程序结束之前，静态局部变量的值始终保存在静态存储区中；而对自动变量赋值，则是在每次调用函数时都会为其赋初值。

自动变量必须赋初值，否则它的值不确定。而静态变量如果未赋初值，会由编译系统为其赋初值，如果静态变量是数值类型则初值为 0，是字符类型则初值为“\0”。

需要注意的是，使用静态变量，最好在定义时为其赋初值。例如：

```
void f()
{
    static int a=10;
    a++;
    printf("%d\n",a);
}
```

上面的定义不能写为：

```
void f()
{
    static int a;
    a=10;
    a++;
    printf("%d\n",a);
}
```

这两种声明语句是完全不同的。因为整型的静态变量未赋初值会由系统赋默认值 0，则第二种定义等价于：

```
void f()
{
    static int a=0;
```

```
        a=10;
        a++;
        printf("%d\n",a);
    }
```

函数 f 被多次调用时，不会再赋初值，而对于函数中其他的赋值语句仍然会执行。因此，上面第一种定义中，静态变量 a 的初始值为 10，函数每执行一次，a 的值增加 1；而第二种定义中，静态变量 a 的初始为 0，每次调用函数都会执行“a=10”的赋值语句，因此，不论函数 f 被调用多少次，输出 a 的值总是 11。

静态全局变量的定义位置和静态局部变量不同，它是在函数的外部定义。和静态局部变量相比，静态全局变量扩大了作用域，它的作用域是从定义开始到程序运行结束。下面对全局变量、自动变量、静态全局变量和静态局部变量作一下比较：

1）作用域。全局变量的作用域为从定义开始到当前源文件结束（其他源文件需要外部声明）；自动变量的作用域是包含该变量的函数；静态局部变量的作用域同自动变量一样；静态全局变量也具有全局作用域，它与全局变量的区别在于：静态全局变量无法在其他源文件中使用，因为用 static 声明的变量只能在当前文件中使用，而全局变量经过外部声明之后可以在程序的所有文件中使用。如果需要限制全局变量只能在当前文件中使用，可以将其定义为静态全局变量。

2）生存期和存储类别。全局变量、静态局部变量和静态全局变量，都是在静态存储区中分配空间，因此它们的生存期是一样的，都是使用静态存储的方式。而自动变量是存储在动态存储区中，它的生存期是从它所在的函数被调用开始，到函数调用结束。不过，需要注意的是，静态局部变量虽然一直驻留内存，但是如果脱离了它的作用域，即使仍在生存期内也无法被访问。

3）初始化。全局变量、静态局部变量和静态全局变量都只进行一次初始化，而自动变量每当其所在函数被调用一次，就要经过一次初始化，重新分配空间。进行初始化时，如果未赋初值，则存储在静态存储区中的全局变量、静态局部变量和静态全局变量会由系统根据数据类型赋默认值，如 int 类型的默认值为“0”、char 类型的默认值为空字符。而自动变量不会由系统赋值，使用未赋值的自动变量会存在风险。

（3）extern变量　全局变量的作用域是从定义位置开始到当前源文件结束。可是，C语言程序是可以包含多个源文件的。如果要在其他的源文件中使用同一个全局变量该如何定义呢？这就需要使用关键字“extern”。

关键字 extern 的作用是扩展全局变量的作用域，使得全局变量在它的作用域外也能被调用。变量用关键字 extern 声明，定义格式为：

```
extern 类型标识符 变量名;
```

例如，可定义全局变量为：

```
extern int a=1;
```

其中，关键字 extern 可以省略，也就是说之前未加特别说明的全局变量都是 extern 变量。

外部变量可以扩展全局变量的作用域。

1）在当前文件中，如果要在外部变量的定义前面使用该变量，可以为该变量作外部变量声明。例如：

```
extern 类型标识符 变量名;
```

这样就可以在这个外部变量定义前面的程序中使用该变量。例如：

```
extern float a;
```

```
main()
{
    …
}
float a=9.0;
```

在上例中，由于全局变量 a 的定义在主函数的后面，无法在主函数中使用全局变量 a，因此在主函数前面添加了外部声明“extern int a;”，这样就扩展了变量 a 的作用域，从外部声明处开始就可以在程序中使用变量 a 了。外部声明也可以添加到函数中，如上面的例子可以写为：

```
main()
{
    extern float a;
    …
}
float a=9.0;
```

这样 a 的作用域就可以扩展到 main 函数体内部了。

2）如果要使用其他文件中定义的外部变量，按照上面的方法添加外部变量声明，这样就可以在当前文件中使用其他文件定义的外部变量。例如，文件 A 中存在 int 类型的全局变量 a，如果要在文件 B 中使用该变量，只需在文件 B 中添加声明语句：

extern int a;

这样就可以在文件 B 中使用文件 A 中定义的变量 a 了。

3）extern 变量在编译时分配存储空间，放在静态存储区中。如果在同一文件中说明并使用 extern 变量，可以直接使用。如果在不同的文件中分别进行 extern 变量的声明和使用，则必须在使用之前进行外部声明。

4）extern 是针对全局变量的，使用 extern 关键字对局部变量进行定义或声明是错误的。例如，下面的例子是错误的：

```
void f()
{
    extern int a=1;
}
```

5）extern 不能用于对静态变量的定义或声明，下面的定义方法是错误的：

```
extern static int a=1;
```

extern 也无法扩展静态变量的作用域，下面的使用方法是错误的：

```
main( )
{
    extern float a;
    printf("%d",a);
}
static    float a=2.0;
```

对于不同文件中的静态变量，也无法使用 extern 来扩展作用域。对于文件 A 中的静态全局变量，即使在文件 B 中添加外部声明也无法在文件 B 中访问。

（4）register变量　程序中定义的变量默认是在内存中分配存储单元，程序运行时由CPU从内存的相应位置读入数据，在CPU的运算器中执行程序。虽然CPU对内存的访问速度很快，但毕竟需要寻址访问的过程。为了提高运算速度，可以直接将变量存储在CPU的寄存器中。这样CPU用变量计算时，不需要到内存中访问，可以直接从寄存器中读取数据，存取数据非常快。

存储在寄存器中的变量称为寄存器变量，使用关键字 register 声明。声明格式如下：

```
register 类型标识符 变量名;
```

例如，可声明 int 类型的寄存器变量 a 为：

```
register int a=1;
```

使用寄存器变量，需要注意：

1）寄存器变量的类型只能是 int 类型、char 类型或指针类型，不能声明为其他类型。

2）寄存器变量数量不能多。因为 CPU 中的寄存器有限，如果占用太多的寄存器会影响 CPU 的处理速度。当寄存器变量数量过多时，多出的寄存器变量会当做自动变量处理。

3）全局变量不适宜作为寄存器变量使用，因为全局变量的生存期较长，作为寄存器变量使用时会长期占用 CPU 的寄存器资源，导致其他临时数据没有寄存器可以存放，最终导致程序运行效率降低。

表 7-1 是本节不同存储类别的变量的特征对比。

表 7-1　变量的存储类别对比

特　征	自动变量（无全局）	静态变量		extern 变量（无局部）	寄存器变量
		局　部	全　局		
跨函数使用	不能	不能	能	能	不能
跨文件使用	不能	不能	不能	能	不能
默认值	无	0	0	0	无
何时初始化	运行时	编译时	编译时	编译时	运行时
内存分配	动态存储区	静态存储区	静态存储区	静态存储区	CPU 寄存器
作用域	所在函数	所在函数	当前文件	整个程序	所在函数

实践训练

【实训项目一】

1．实训内容

已知整型数组 a={13,9,36,18,23,17,24,79,87}，输入一个整数 b，然后在数组 a 中顺序查找 b，输出所在位置和目前为止的平均查找次数。

2．解决方案

程序名：prac7_5_1.c

```
#include "stdio.h"
void f(int n,int b[])          /*函数功能是在数组 b 中查找数值 n*/
{     static int count=0;      /*count 记录总的查找次数*/
      static float c=0.0;      /*计算平均次数使用，定义为实型，防止小数点后被截断*/
      int i;
      if(n!=0)
      {     for(i=0;i<9;i++)
      {     count++;
            if(b[i]==n)
                  break;
```

```
        }
        c+=1;
        if(b[i]==n)
            printf("%d 在数组中的位置为：%d\n",n,i);
        else
            printf("%d 不在数组 a 中");
            printf("目前为止平均查找次数为：%f\n",count/c);
        }
}
main()
{       int n,a[]={13,9,36,18,23,17,24,79,87};
        do
        {       printf("请输入您要查找的数字(输入 0 退出)：");
        scanf("%d",&n);
        f(n,a);
        }while (n!=0);
}
```

程序运行结果如图 7-27 所示。

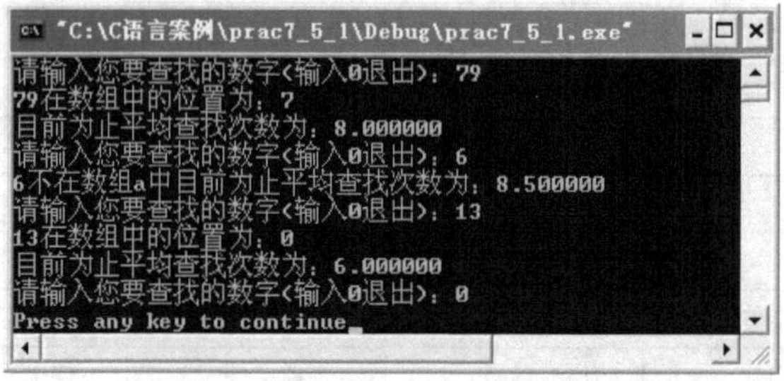

图 7-27　程序 prac7_5_1.c 运行结果

3．项目分析

程序第 3、4 行分别定义了静态局部变量 count 和 c，count 记录查找总次数，c 记录查找的数字个数。它们的作用域是函数 f 内部。第一次调用函数 f 会对变量 count 和 c 进行初始化，之后调用函数 f 会使用其上次执行之后的值。例如 count 的值，第一次调用函数 f 先为其赋初值为 0，查找数字“79”要比较 7 次，count 的值变为 7。当查找数字“6”，第二次调用函数 f 时，每比较一次，count 的值会在 7 的基础上加 1。以后每次调用函数 f，count 和 c 的值都保留着上次执行后的值。可以尝试将 count 和 c 定义为非静态的变量查看结果是否正确。

【实训项目二】

1．实训内容

已知二维数组 a={{1,2,3,4},{5,6,7,8},{9,10,11,12}}，用程序将该二维数组以行序优先的顺序放入一维数组 b[12]中，并求数组 a 中第 i 行第 j 列的元素在数组 b 中的位置（行列计数从 0 开始）。

2．解决方案

程序名：prac7_5_2.c

```
#include "stdio.h"
```

```
int i;                                    /*存放元素的位置*/
int f(int i,int j)
{
    return i*4+j;
}
void put(int a[3][4],int b[])
{
    int i=0,p,q;
    for(p=0;p<3;p++)
        for(q=0;q<4;q++)
        {
            b[i]=a[p][q];
            i++;
        }
    printf("一维数组 b 中的元素依次为：");
    for(i=0;i<3*4;i++)
        printf(" %d ",b[i]);
    printf("\n");
}
main()
{   int m,n,b[12];
    int a[3][4]={{1,2,3,4},{5,6,7,8},{9,10,11,12}};
    printf("请输入行数 m,列数 n，用逗号隔开：");
    scanf("%d,%d",&m,&n);
    while(m<0 || n<0 || m>2 || n>3)        /*判断下标是否越界*/
    {   printf("请输入合适的行数 m 和列数 j，用逗号隔开：");
        scanf("%d,%d",m,n);
    }
    put(a,b);
    i=f(m,n);
    printf("数组 a 中第%d 行第%d 列的数在数组 b 的第%d 个位置\n",m,n,i);
}
```

程序运行结果如图 7-28 所示。

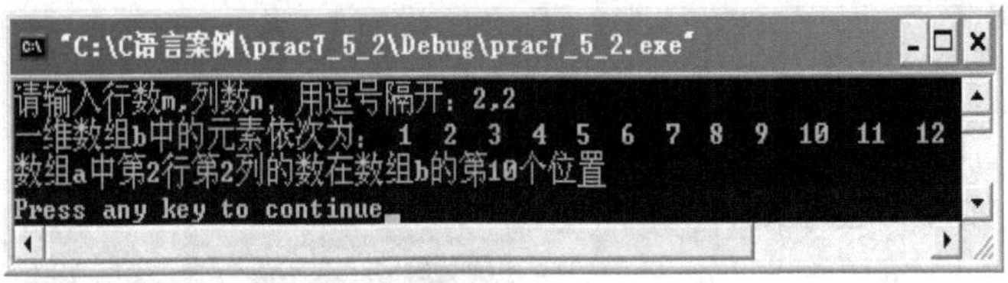

图 7-28　程序 prac7_5_2.c 运行结果

3．项目分析

该程序一共定义了三个 int 类型的变量 i：全局变量 i、函数 f 中的变量 i、函数 put 中的变量 i。由于函数 f 和函数 put 中存在与全局变量 i 重名的变量，因此在这两个函数中，全局变量 i 被屏蔽，只能使用在各自函数内定义的局部变量 i。而主函数中没有定义变量 i，因此在主函数中使用的是全局变量 i。

7.6 内部函数与外部函数

知识导例

输入一个正整数 n，求出 1!+2!+⋯+n!之和。要求在源文件 ex7_6_1a.c 中定义求解函数，在源文件 ex7_6_1b.c 中调用求解函数。

程序名：ex7_6_1

源文件名：ex7_6_1a.c

```
#include "stdio.h"
extern int f(int i)
{
    if(i>1) return i*f(i-1);
      else return 1;
}
extern   int s(int n)
{
    int i,sum=0;
    for(i=1;i<=n;i++)
    {
        sum+=f(i);
    }
    return sum;
}
```

源文件名：ex7_6_1b.c

```
extern int s(int n);
main( )
{
    int n,result=1;
    do
    {
        printf("请输入 n 的值：");
        scanf("%d",&n);
    }while (n<0);
    result=s(n);
    printf("1 到%d 的阶乘之和为%d\n",n,result);
}
```

程序运行结果如图 7-29 所示。

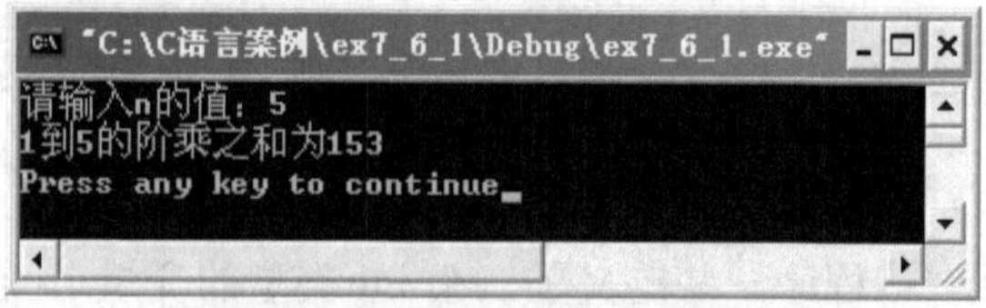

图 7-29　程序 ex7_6_1 运行结果

相关知识

C 语言的程序根据设计需要可能包含多个源文件，而每个源文件都包含各自的函数。这样主调函数和被调函数可能位于不同的源文件中。根据函数能否被其他文件中的函数调用，可以将函数分为“内部函数”和“外部函数”两种。

1. 内部函数

如果函数只能被位于本文件中的函数所调用，而无法被其他文件中的函数调用，则该函数被称为内部函数。也就是说内部函数的作用域是当前文件。定义内部函数的格式为：

```
static  类型标识符  函数名(形式参数表)
{
    函数代码
}
```

例如：

```
static void f(int a){…}
```

由于内部函数定义时使用关键字 static，因此又称为静态函数。如果某函数不希望在外部文件中被调用，可将其定义为内部函数。内部函数的作用域和静态全局变量很相似，可以在当前源文件中被调用，但是无法被其他文件中的函数调用。

例如，文件 A 中存在静态函数定义为：static void f(){…}，则即使在文件 B 中添加对该函数的声明“extern void f();”，也不能在文件 B 中使用静态函数 f。

2. 外部函数

外部函数指的是能够被程序中所有文件调用的函数，函数如果不加 static 声明，默认是外部函数。定义外部函数使用关键字 extern，定义外部函数的格式为：

```
extern 类型标识符 函数名(形式参数表)
{
    函数代码
}
```

如果希望当前函数可以被外部文件调用，需要将其声明为外部函数。但事实上关键字 extern 不是必需的。即使省略该关键字，也会默认函数为外部函数。

如果程序中某些用户自定义函数会被多个文件调用，可以将这些函数集中定义在一个源文件中，并定义为外部函数（因为函数默认是外部的，所以只要不是静态的就可以）。当其他文件需要对外部函数进行调用时，需要在文件中对外部函数原型进行声明。要在文件 B 中调用文件 A 的函数 f，需要将函数 f 定义为外部函数，并且在文件 B 中声明 f 的函数原型。例如，在文件 A 中函数 f 的定义为：

```
extern int f(int x){…}
```

则需要在文件 B 中添加外部函数的原型声明：

```
extern int f(int x);
```

上面定义外部函数和函数原型声明中的关键字 extern 都可以省略。需要注意的是，如果目标函数是静态的，那么即使添加外部函数的原型声明也无法在其他文件中调用该函数。

实践训练

【实训项目一】

1. 实训内容

Fibonacci 数列满足：$F_n=F_{n-1}+F_{n-2}(n\geqslant 3)$，$F_1=1$，$F_2=1$。用户输入 n 的值，求出数列第 n 项 F_n 的值。

2．解决方案

程序名：prac7_6_1

```
源文件名：prac7_6_1a.c
extern int f(int n)                              /*定义外部函数 f，求 Fn 的值*/
{
      if(n==1||n==2)
            return 1;
      else
            return f(n-1)+f(n-2);
}
源文件名：prac7_6_1b.c
extern int f(int n);
#include "stdio.h"
main()
{
      int n=-1;
      while(n<0)
      {
            printf("请输入 n 的值：");
            scanf("%d",&n);
      }
      printf("F(%d)=%d\n",n,f(n));
}
```

程序运行结果如图 7-30 所示。

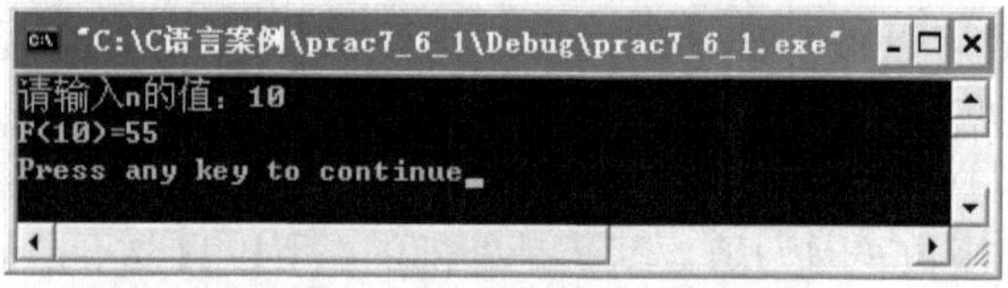

图 7-30　程序 prac7_6_1 运行结果

3．项目分析

在源文件 prac7_6_1a.c 中定义的函数 f 用来计算 Fibonacci 数列的值，要在源文件 prac7_6_1b.c 中调用函数 f，需要完成两个步骤：① 使用关键字 extern 将该函数声明为外部的（extern 可省略）；② 在 prac7_6_1b.c 中添加对外部函数 f 的原型声明，程序 prac7_6_1b.c 第 1 行就是对函数 f 的原型声明。从声明的地方开始可以调用函数 f。

【实训项目二】

1．实训内容

由用户输入正整数 m、n 的值，求出公式 C_m^n 的值。

2．解决方案

程序名：prac7_6_2

```
源文件名：prac7_6_2a.c
static int f(int n)
```

```
{
        if (n==1)
            return 1;
        else
            return n*f(n-1);
}
extern int s(int m,int n)
{
        return f(m)/f(n)/f(m-n);
}
源文件名：prac7_6_2b.c
extern int s(int m,int n);                    /*使用源文件 prac7_6_2a.c 中定义的外部函数 s ，在此声明*/
#include "stdio.h"
main()
{
        int m,n;
        printf("请输入正整数 m 和 n 的值(n≤m)，用逗号隔开：");
        scanf("%d,%d",&m,&n);
        while(m<0 || n<0 || n>m)
        {
            printf("请输入两个正整数(n≤m)，用逗号隔开：");
            scanf("%d,%d",&m,&n);
        }
        printf("C(%d,%d)的值为：%d\n",m,n,s(m,n));
}
```

程序运行结果如图 7-31 所示。

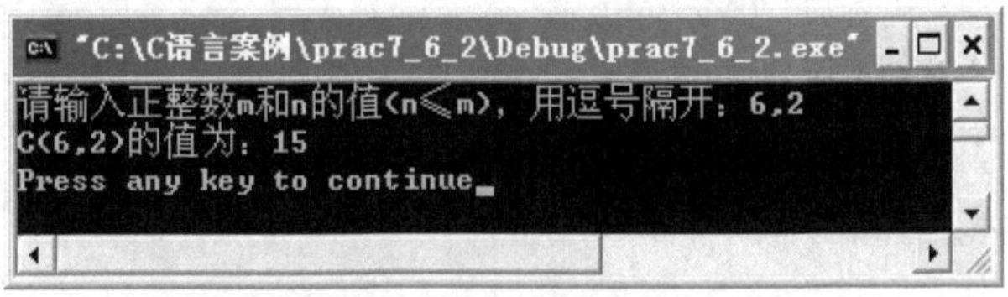

图 7-31　程序 prac7_6_2 运行结果

3．项目分析

在文件 prac7_6_2a.c 中定义外部函数 s，当需要在文件 prac7_6_2b.c 中调用该函数时，在文件首部增加对外部函数的声明：

```
extern int s(int m,int n);
```

这样就可以将文件 prac7_6_2a.c 中的外部函数 s 的作用域扩展到文件 prac7_6_2b.c。外部函数的声明就是在普通函数声明的前面加上关键字 extern。prac7_6_2a.c 中的函数 f，由于被定义为静态的，其作用域被局限于当前文件，无法被其他文件所调用。

7.7　综合实训

【综合实训一】

1．实训内容

Fibonacci 数列满足：$F_n=F_{n-1}+F_{n-2}(n\geqslant 3),F_1=1,F_2=1$。用户输入 n 的值，求出数列第 n 项

F_n 的值。要求用非递归的方式求解。

2．解决方案

程序名：prac7_7_1.c

```
#include "stdio.h"
int f(int n)
{
    int result,previous=1,next=1,temp;
    if(n==1||n==2)
        return 1;
    else
    {
        while(n>2)
        {
            n=n-1;
            result=previous+next;
            temp=next;
            next=result;
            previous=temp;
        }
    }
    return result;
}
main()
{   int n=-1;
    while(n<0)
    {
        printf("请输入 n 的值：");
        scanf("%d",&n);
    }
    printf("F(%d)=%d\n",n,f(n));
}
```

程序运行结果如图 7-32 所示。

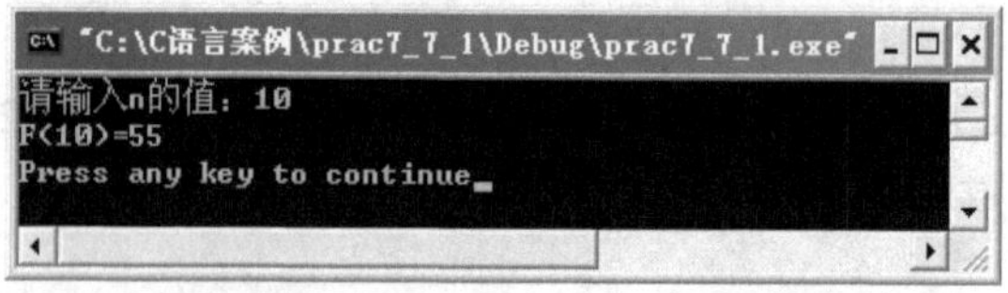

图 7-32　程序 prac7_7_1.c 运行结果

3．项目分析

使用函数 f 来求 Fibonacci 数列的值，程序第 4 行定义的变量 previous 和 next 分别表示数列中的第 n–1 项和第 n–2 项，变量 result 表示第 n 项，用来记录二者相加的和。首先 next 和 previous 相加求出 result 的值，然后把 next 的值赋给 previous，把 result 的值赋给 next，next 和 previous 再相加求出新的 result。这样依次类推，直到最后求出第 n 项的值。

【综合实训二】

1．实训内容

已知 Hermite Polynomials 的定义如下所示。根据输入的 n 和 x 的值求出该多项式的值。

$$H_n(x)=\begin{cases}1 (n\leqslant 0)\\ 2x (n=0)\\ 2xH_{n-1}(x)-2(n-1)H_{n-2}(x) (n\geqslant 2)\end{cases}$$

2．解决方案

程序名：prac7_7_2.c

```
#include "stdio.h"
int h(int n,int x)
{
    if(n<=0)
        return 1;
    if(n==1)
        return 2*x;
    if(n>=2)
        return 2*x*h(n-1,x)-2*(n-1)*h(n-2,x);
}
main()
{
    int n,x;
    printf("请输入 n 和 x 的值，用逗号隔开：");
    scanf("%d,%d",&n,&x);
    printf("h(%d,%d)=%d\n",n,x,h(n,x));
}
```

程序运行结果如图 7-33 所示。

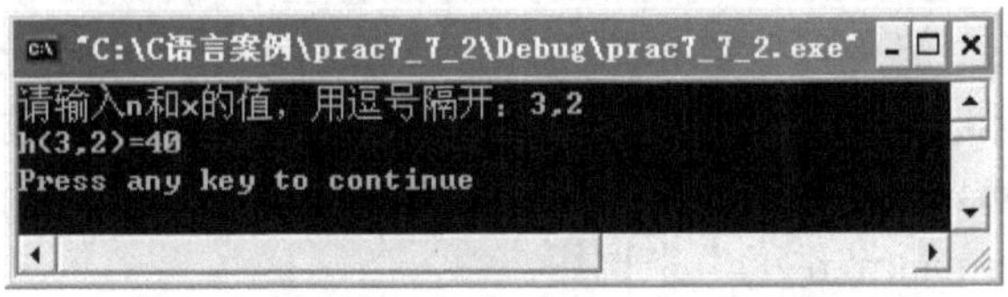

图 7-33　程序 prac7_7_2.c 运行结果

3．项目分析

函数 h 是用递归的方法求出多项式的值。将多项式 $H_n(x)$用 $H_{n-1}(x)$和 $H_{n-2}(x)$的值来表示，这样就可以简化问题，然后依次类推，$H_{n-1}(x)$的值用 $H_{n-2}(x)$和 $H_{n-3}(x)$的值表示，直到 n 的值等于 1 或小于等于 0 时存在确定值，最终求出 $H_n(x)$的值。

【综合实训三】

1．实训内容

已知 ackerman 函数满足如下条件：

ackerman(0,n)=n+1，ackerman(m,0)=ackerman(m−1,1)，ackerman(m,n)=ackerman(m−1, ackerman(m, n−1)，其中 m≥0，n≥0，输入 m、n 的值求 ackerman(m,n)的值。

2．解决方案

程序名：prac7_7_3.c

```
#include "stdio.h"
```

```
int ackerman(int m,int n)
{
      if(m==0)
            return n+1;
      else if(n==0)
                return ackerman(m-1,1);
              elsereturn ackerman(m-1,ackerman(m,n-1));
}
main()
{
      int m,n   ;
      printf("请输入 m 和 n 的值，用逗号隔开：");
      scanf("%d,%d",&m,&n);
      printf("ackerman(%d,%d)=%d\n",m,n,ackerman(m,n));
}
```

程序运行结果如图 7-34 所示。

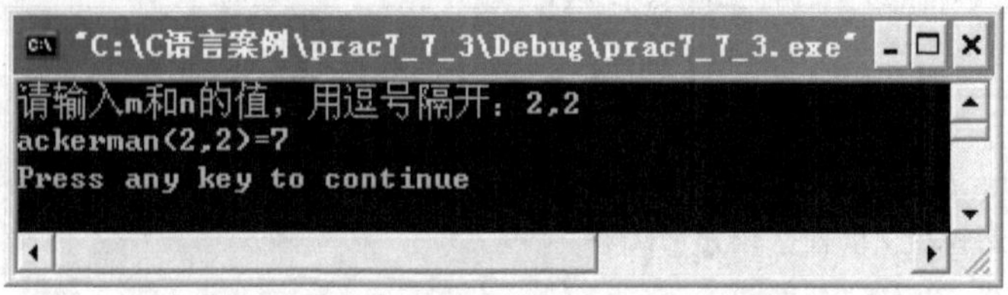

图 7-34　程序 prac7_7_3.c 运行结果

3．项目分析

求 ackerman 函数的递归算法和普通的递归算法有些不同。例如，综合实训二 prac7_7_2，递归函数也有两个参数，但是当参数 n 的值为 1 或 0 时就可以求出最终结果。而本程序中，只有当两个参数 m 和 n 的值都为 0 时，才能求出最终的函数值。程序第 8 行中，“ackerman(m−1,ackerman(m,n−1))”不但递归调用 ackerman 函数本身，而且在递归中再次以函数参数的形式“ackerman(m,n−1)”来调用。

习　　题

一、选择题

1．如果希望一个变量能在当前整个文件中使用而不被外部文件使用，则需要将其声明为（　　）。

A．局部变量　　B．静态全局变量
C．静态局部变量　　D．全局变量

2．在 C 语言中，如果在函数中定义的变量未声明其存储类别，则默认是（　　）。

A．外部变量（extern）　　B．寄存器变量（register）
C．自动变量（auto）　　D．静态变量（static）

3．下面对 return 语句的叙述，正确的是（　　）。

A．一个自定义函数中必须有一条 return 语句
B．一个自定义函数中可以根据不同情况设置多条 return 语句

C. 定义成 void 类型的函数中可以带有返回值的 return 语句
D. 没有 return 语句的自定义函数在执行结束时不能返回到调用处

4. C 语言的主函数和其他函数之间（　　）。
A. 主函数必须在其他函数之前，函数可以嵌套定义
B. 主函数可以在其他函数之后，函数不能嵌套定义
C. 主函数必须在其他函数之前，函数不能嵌套定义
D. 主函数可以在其他函数之后，函数可以嵌套定义

5. 如果某函数定义为 void 类型，则该函数（　　）。
A. 可以使用 return 语句
B. 不能使用 return 语句
C. 必须使用 return 语句
D. 以上答案都错误

6. 对形参和实参的描述，正确的是（　　）。
A. 值传递是双向的
B. 单向值传递是由形参传递给实参
C. 地址传递是双向传递
D. 以上答案都错误

7. 关于递归算法的描述，正确的是（　　）。
A. 有的算法必须用递归方法实现
B. 所有算法都可以用非递归方法实现
C. 使用递归方法可以提高运算效率
D. 以上答案都错误

8. 如果变量未特别声明类型，则该变量默认是（　　）。
A. 自动变量　　B. 寄存器变量
C. 静态变量　　D. 以上答案都错误

9. 关于 extern 关键字的描述，错误的是（　　）。
A. 可以扩展变量在当前文件中的作用域
B. 可以扩展变量在其他文件中的作用域
C. 不加特别声明会默认变量是外部的
D. 可以将静态变量声明为 extern

10. 使用（　　）可以提高程序运算效率。
A. 寄存器变量　　B. 静态变量
C. 局部变量　　D. 自动变量

11. 有程序如下：

```
#include   "stdio.h"
int f(int m)
{     static int a=2;
          m+=a++;
          return m;
}
main()
{     int j,i=4;
```

```
                j=f(i);
    j+=f(i);
    printf("%d\n",j);
}
```

程序运行后的输出结果是（　　）。

A. 10　　B. 11　　C. 12　　D. 13

12. 有以下程序：

```
#include "stdio.h"
int f(int a[], int n)
{     int result=(n>0)?(a[n-1]+f(a,n-1)):0;
      return result;
}
main()
{     int array[5]={2,4,6,8,10},i;
      i=f(array,5);
      printf("%d\n",i);
}
```

程序运行后的输出结果是（　　）。

A. 10　　B. 20　　C. 30　　D. 40

13. 有以下程序：

```
#include <stdio.h>
int f(int m,int n)
{     return (n-m)*m;}
main()
{     int x=7,y=8,z=9,p;
      p=f(f(x,y),f(x,z));
      printf("%d\n",p);
}
```

程序运行后的输出结果是（　　）。

A. 47　　B. 48　　C. 49　　D. 50

14. 有以下程序：

```
#include "stdio.h"
int fun(int x,int y)
{     int result=(x==y)?x:((x+y)/2);
      return result;
}
main()
{     int x=1,y=2,z=3;
      printf("%d\n",fun(2*x,fun(y,z)));
}
```

程序运行后的输出结果是（　　）。

A. 1　　B. 2　　C. 3　　D. 4

15. 设函数中有整型变量 n，未对其赋初值，运行时却发现 n 已有初始值为 0，则该变量的存储类别是（　　）。

A. auto　　B. register

C. static　　D. auto 或 register

二、填空题

1. 在 C 语言中，定义函数时使用的参数是＿＿＿＿＿＿＿，调用函数时使用的参数是＿＿＿＿＿＿＿。

2. 实际参数为＿＿＿＿＿时，函数采用地址传递的方式；实际参数为＿＿＿＿＿＿时，函数采用值传递的方式。

3. 调用函数时，参数间传递数据的方式有＿＿＿＿＿和＿＿＿＿。当使用常量、变量或数组元素作为实参时，采用的传递方式是＿＿＿＿＿＿；当使用数组名作为实参时，采用的传递方式是＿＿＿＿。

4. 定义函数时如果使用多维数组形参，必须要标明数组的＿＿＿＿＿＿，否则定义错误。

5. 可以使用某个变量的有效范围称为该变量的＿＿＿＿。

6. 从存储的角度来看，局部变量和全局变量的区别是：局部变量存储在＿＿＿＿＿＿，全局变量存储在＿＿＿＿＿。

7. 全局变量定义之后，可以在当前文件的任何位置访问。如果要访问其他文件的全局变量，需要使用关键字＿＿＿＿＿＿添加声明。

8. 使用变量之前一般要先为它赋初值，＿＿＿＿＿＿可以不用赋初值，由系统根据变量的类型为其赋初值。这些变量的共同特征是＿＿＿＿＿＿。

9. register 变量是存储在＿＿＿＿＿＿＿的＿＿＿＿＿＿＿中的变量，它的优点是＿＿＿＿＿。寄存器变量不能作为＿＿＿＿＿＿使用，它的数据类型一般只能是＿＿＿＿＿。

10. 递归调用的两个条件是：＿＿＿＿＿＿＿＿＿＿、＿＿＿＿＿＿＿＿＿＿＿＿＿。

11. 内部函数又称为＿＿＿＿＿＿，因为声明内部函数使用关键字＿＿＿＿＿＿。

三、程序分析题

1. 执行下面程序后输出结果是＿＿＿＿。

```
#include "stdio.h"
int f(int x)
{ static int s=0;
  s+=2;
  return s;
}
main( )
{ int i,k;
  for(i=1;i<=10;i++)
      k=f(i);
 printf("%d",k);
}
```

2. 执行下面程序后输出结果是：＿＿＿＿＿。

```
int a=6,b=7;
min(a,b)
  { int c;
    c=a<b?a:b;
    return(c);
  }
main( )
  {int a=8;
   printf("%d", min(a,b));
```

```
}
```

3. 用下面的函数求 n!，需要将其修改为__________。

```
int fac(int n)
        {int f=1;
         f=f*n;
         return(f);
    }
```

4. 以下程序的输出结果是________。

```
#include "stdio.h"
void fun(int x)
{       if(x/2>0)
        fun(x/2);
        printf("%d,",x);
}
main()
{       fun(11);
        printf("\n");
}
```

5. 以下程序的输出结果是________。

```
int m=3;
int fun(int n)
{    static int m=5;
     m+=n;
     printf("%d ", m);
     return m;
}
main( )
{    int i=3;
     printf("%d \n", fun(i+fun(m)));
}
```

6. 以下程序的输出结果是________。

```
#include "stdio.h"
long f(int n)
{       if(n>3)
                return(f(n-3)+f(n-2));
        else
        {       if(n==1) return 0;
                if(n==2) return 1;
                if(n==3) return 2;
        }
return(2);
}
main()
{printf("%d\n",f(8));}
```

7. 以下程序的输出结果为________。

```
#include "stdio.h"
int f(int array[],int start,int end)
{
  int i=0,s=0;
```

```
    for(i=start;i<end;i+=3)
        s=s+array[i];
    return s;
}
main()
{       int a[]={11,23,8,41,5,32,17,28,39};
    printf("%d\n",f(a,0,8));
}
```

四、编程题

1. 编写函数 f 求 3 个整数中的最小值，并使用函数 f 求出输入的 6 个整数中的最小值。
2. 已知 $f(n)=\frac{1}{1}-\frac{1}{3}+\frac{1}{5}-\frac{1}{7}+\cdots+\frac{1}{2n+1}$，编写函数 f，通过输入的 n 求出 f(n)的值。
3. 编写函数 f(m,n)，使其能够求出 m 到 n 之间所有的素数。
4. 编写函数，将输入的 n 的值分解为若干个素数的积，如 24=2×2×2×3。
5. 已知 $\frac{\pi}{4}\approx1-\frac{1}{3}+\frac{1}{5}-\frac{1}{7}+\cdots$，请编写函数 f 求出π的值。

第8章 指　　针

在内存中，每一个字节都有一个地址，而且是唯一的。一个存储单元包含一个或多个字节，构成存储单元的第一个字节的地址就是存储单元的地址。在C语言中，也把地址称为指针，意为“指向”该存储单元的意思。指针是C语言中广泛使用的一种数据类型。指针使C语言的编程变得异常灵活，功能变得十分强大，使用了指针的程序运行会更加高效。指针是C语言的精华，利用指针可以让编程人员方便地使用内存，但是指针使用不好，也会带来隐患。本章主要内容有：指针与指针变量的概念、指针与一维数组、指针与二维数组、指针与字符串、指针函数与函数指针，内存的动态分配、命令行参数等。

8.1 指针与指针变量

知识导例

1．定义两个指针变量，使用“*”运算符实现对变量的引用

程序名：ex8_1_1.c

```
#include "stdio.h"
main()
{ int a,b;
   int *pointer_1, *pointer_2;          /*定义两个指针变量 pointer_1、pointer_2*/
   a=100;b=200;
   pointer_1=&a;                        /*指针 pointer_1 指向变量 a 的地址*/
   pointer_2=&b;                        /*指针 pointer_2 指向变量 b 的地址*/
   printf("a=%d,b=%d\n",a,b);
   printf("*pointer_1=%d,*pointer_2=%d\n",*pointer_1, *pointer_2);
}
```

程序运行结果如图 8-1 所示。

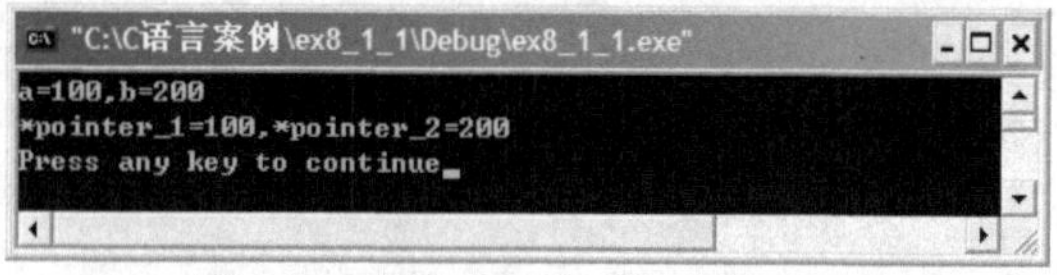

图 8-1　程序 ex8_1_1.c 运行结果

2．给定三个整型数，按从大到小的顺序进行排序

程序名：ex8_1_2.c

```
#include "stdio.h"
void swap(int *p,int *q)              /*形参 p 和 q 为两个整型指针变量*/
{int t;                               /*t 为普通整型变量，作为交换媒介*/
 t=*p;                                /*该函数功能是交换 p 和 q 指向的存储单元的两个数*/
 *p=*q;
 *q=t;
}
main()
{
```

```
int a,b,c;
scanf("%d%d%d",&a,&b,&c);
if(a<b)swap(&a,&b);              /*调用函数交换 a 和 b*/
if(a<c)swap(&a,&c);              /*调用函数交换 a 和 c*/
if(b<c)swap(&b,&c);              /*调用函数交换 b 和 c*/
printf("按从大到小排序后的结果是:%d,%d,%d \n",a,b,c);
}
```

程序运行结果如图 8-2 所示。

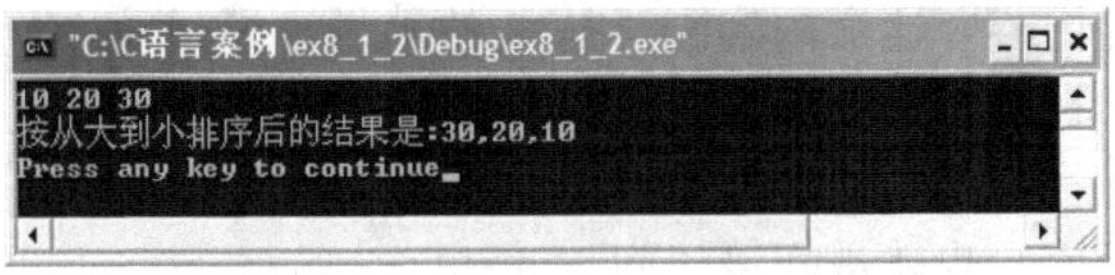

图 8-2　程序 ex8_1_2.c 运行结果

相关知识

1. 指针的概念

什么是指针？简单地说，指针就是地址，是一种保存特定类型数据地址的数据类型。

从前面的学习中可以得知，变量定义后，将会在内存中开辟一个存储单元用来保存变量的内容，而该存储单元，也将有个地址用来进行唯一标识。在计算机的内存中，以字节作为基本的存储单元，一个字节有 8 个二进制位，称为一个内存单元。不同数据类型的数据使用内存时占据的字节数也是不一样的，另外，即使同样的数据类型，使用不同的编译系统在内存中占据的内存单元数也可能不一样。例如，本书使用的 VC++ 6.0 编译系统下 int 类型数据占 4 个字节，而在 TC 编译系统下 int 类型数据占 2 个字节。使用 sizeof 操作符，可以得到当前系统下不同的数据类型所占用的内存单元数。

在内存中，每个内存单元都有一个地址。例如，在一个 32 位计算机的内存中，内存地址的编号按十六进制从 00000000～FFFFFFFF，共有 2^{32} 个内存单元（字节），如果一个整型变量占据 4 个字节，那么 4 个字节中编号最小的那个字节的地址即是该整型变量所占存储单元的地址。通常把指向内存存储单元的地址叫做指针。

例如，一个整型变量 a 在内存中占据如图 8-3a 所示的 4 个字节，存储的内容是 267，假如所占据的 4 个字节从地址为 0012FF7C 开始，则变量 a 的地址就是 0012FF7C，该地址也叫做整型变量所占存储单元的首地址。

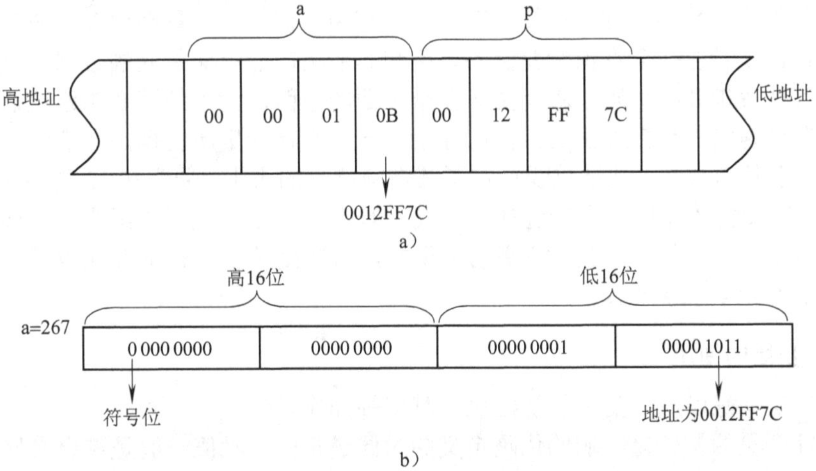

图 8-3　变量在内存的存储
a）变量在内存中的表示　b）变量 a 在存储单元中的内容

在变量访问时，通常是通过变量名直接进行访问的，即由变量名直接去存取变量的值，这种访问方法，通常称为“直接访问”；有的时候，在访问变量的值时，是先找到变量的地址，而这个地址又作为一个值也存放在内存单元之中，在存取变量的值时，先找到变量的地址，再通过该地址去找对应的存储单元，然后再得到该存储单元的内容，这种访问变量的方法，通常称为“间接访问”。如图 8-3a 所示，直接通过变量 a 对 a 所在的存储单元进行数据的存取，如给 a 赋值 267，就是一种变量的直接访问；同样在该图中，变量 p 存储了整型变量 a 的地址，所以，还有一种访问变量 a 所指向的存储单元方法是，先找到变量 p，取出变量 p 的内容，这个内容刚好是 a 的地址，通过这个地址，不用再访问 a，即可找到该地址所指向的存储单元，然后对该存储单元的内容进行存取。可以这样理解，如果找到 0012FF7C 这个地址，又知道是什么样的数据类型，不需要再用 a 等标识符标识，即可以进行内容的读取或赋值，也就是间接访问。

2．指针变量的定义

变量的地址就是指针，C 语言允许将地址值放在一个变量里面存储在内存单元中，通常把存储地址的变量叫做指针变量。它的定义格式是：

```
数据类型  *变量名;
```

例如，定义一个指向整型变量的指针变量 p：

```
int *p;
```

定义一个指向实型变量的指针变量 pf 如下：

```
float *pf;
```

定义一个指向字符型变量的指针变量 pch 如下：

```
char *pch;
```

这里需要说明的是，定义指针变量时，前面必须写清楚该指针变量所指向的存储单元存储的数据类型，否则，该指针就无法正确存取指针变量所指向的存储单元的值。“*”是定义指针变量的标识，标识后面定义的变量是指针变量。同时，在 C 语言中，“*”又是一种运算，叫做取值运算符，因为在指针变量前面加上“*”号，即可取得指针变量所指向的存储单元的值。它和取地址“&”运算符，可以算是一对逆运算，在变量前面加上“&”运算符即可得到该变量的地址。

指针变量作为变量的一种，仍然是存储在内存中，但指针变量在内存中应该开辟多大的存储单元呢？初学者往往会将指针变量的长度和其所指向的存储单元的数据类型关联起来，这其实是没有理解指针的本质，就像装在盒子里面的东西，盒子的锁和钥匙跟盒子里面的东西的大小、多少是没有直接关系的。在内存中，一个指针变量所占据的字节数的多少往往与计算机中地址总线有关系，地址总线决定了其访问能力的大小。通常在 32 位机下，理论上有 32 根地址总线，地址值由 32 个二进制位组成，即由 8 个十六进制位组成，存储该地址也就需要 4 个字节来存储。所以在上面所举的例子中，指针变量 p、pf、pch 在内存中所占据的存储单元的大小均为 4 个字节。

3．指针变量的使用

指针变量定义好以后，要进行初始化、赋值等操作。

（1）指针变量的初始化　初始化是定义的时候进行的，赋值一般是在定义好指针变量以后进行的，如果定义的同时没有对指针进行初始化，则指针变量的值是一个不确定的值。下面是几种初始化方式。

1）定义指针变量，由系统进行初始化操作，或者不进行初始化。例如：

```
int a,*p;
```

则此时输出 p 的值是一个不确定的值，因为系统为 p 开辟了空间以后，p 所占用的存储单元没有被初始化，也没有重新清理为空，所以输出的是不确定的值（这要因不同的编译系统而定，有些系统会自动初始化为空，而在 VC++ 6.0 编译平台中则是一个不确定的值）。

2）定义指针变量的同时进行初始化。例如：

```
int a,*p=&a;
```

或者

```
int a;
int *p=&a;
```

此时，就把变量 a 的地址初始化到了 p 的存储单元中，也就是说 p 指向了 a。

3）给指针变量初始化为空值。例如：

```
int a,*p=NULL;
```

此时指针变量 p 的内容为 NULL（空值），或者说为 0 也可以。

此时用输出语句输出 p 的值时，如果使用格式说明符%d 则输出 0，如果使用%p 输出地址值则输出 00000000。

标识符“NULL”在头文件 stdio.h 中定义，使用 NULL 标识符要在程序前面加上此头文件。

（2）指针变量的赋值　指针变量的赋值，就是将一个地址值赋到指针变量所在的存储单元中。在这里需要说明的是，初始化也可以看作是赋值的一种方式，因为初始化的过程也给存储单元赋了值。它们的区别主要是：初始化是在定义的同时进行的，而赋值是在定义了指针变量以后进行的，这符合变量使用的“先定义、后使用”的原则。

1）把一个变量的地址赋给指向的数据类型与之相同的指针变量。例如：

```
int a,b,*p,*q;
p=&a,q=&b;
```

这样就给指针变量 p 和 q 赋了值，而且是地址值。前面已经讲过，“*”号代表的是后面定义的变量是指针变量，有些读者会把“*”和 p 作为一个整体来赋值，即

```
int *p,a;
*p=&a;
```

这样是错误的，一定要注意。

2）同种类型的指针变量相互赋值。例如：

```
int a,b,*p,*q;
p=&a;
q=p;
```

经过这样赋值，指针 p 和 q 均指向了相同的存储单元 a。

（3）指针变量的引用　指针变量定义好以后，就是为了使用它。使用指针对所指向的存储单元进行操作，就是前面讲过的间接访问。

例如，以下使用指针变量的方法：

```
int a=10,*p;
p=&a;
```

如果此时想存取 a 存储单元的值，可以用如下的方法。

1）输出 a 的值。例如：

```
printf("%d",*p);
```

等效于使用 printf("%d",a)输出的结果。

2）给存储单元 a 进行赋值。例如：

```
*p=20;
```

等同于使用 a=20 进行赋值。

3）使用*p 进行运算。例如：

```
*p=++（*p）;
```

可以使*p 变成 21。

```
*p=（*p）*3;
```

则又使结果变成了 63，存储于 a 的存储单元中。

4．指针变量作为函数的参数

指针变量作为变量，具有变量的一切特征。指针变量也可以作为函数的形参，接受在函数调用时实参传过来的值，那么指针变量作为函数的参数时，实参必须是指针变量、变量的地址、地址常量等。

实践训练

【实训项目一】

1．实训内容

给定两个指针变量，分别指向两个不同的整型变量，使用指针变量选出两个整型变量的最大值。

2．解决方案

程序名：prac8_1_1.c

```
#include "stdio.h"
main()
{
 int a,b,max;
 int *pa,*pb,*pmax;      /*定义三个指针变量*/
 pa=&a;                  /*指针变量 pa 指向变量 a 的地址*/
 pb=&b;                  /*指针变量 pb 指向变量 b 的地址*/
 pmax=&max;              /*指针变量 pmax 指向变量 max 的地址*/
 scanf("%d%d",&a,&b);
 printf("a=%d,b=%d\n",a,b);
 if(*pa>*pb)
        *pmax=*pa;
 else
        *pmax=*pb;
 printf("最大值是:%d\n",*pmax);
}
```

程序运行结果如图 8-4 所示。

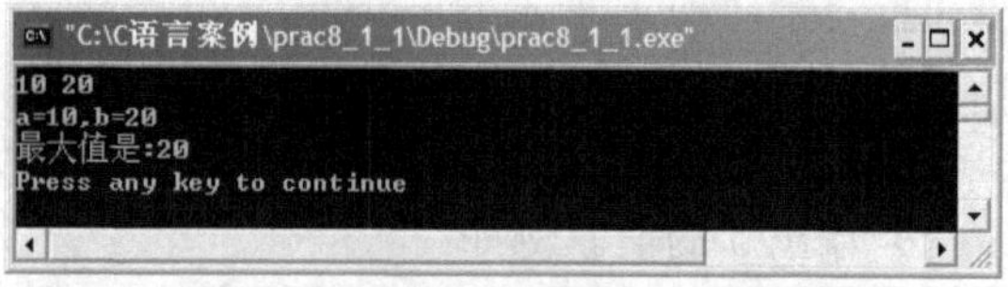

图 8-4　程序 prac8_1_1.c 运行结果

3．项目分析

从本项目可以看出，使用指针变量能够实现寻找两个数的最大值。其解决过程及结果如图 8-5 所示。

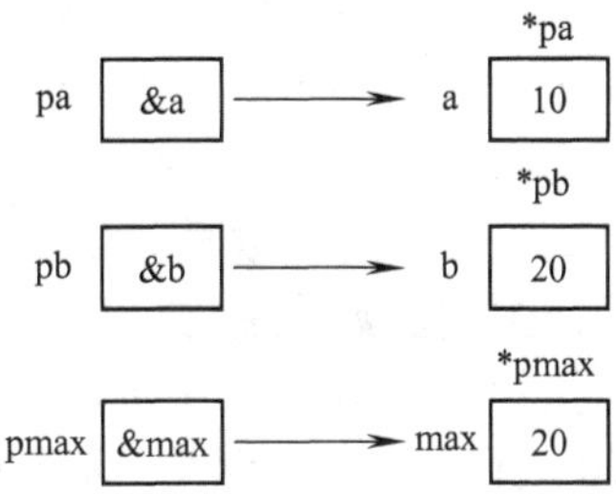

图 8-5 prac8_1_1 解决过程图示

【实训项目二】

1．实训内容

定义一个函数，能进行两个数的交换，然后在主调函数中传递给其两个数，使其进行交换。

2．解决方案

程序名：prac8_1_2.c

```
#include "stdio.h"
void swap_no(int x,int y);              /*对交换函数 swap_no 进行声明*/
void swap_yes(int *x,int *y);           /*对交换函数 swap_yes 进行声明*/
main()
{
      int a,b;
      printf("请给 a 和 b 两个数赋值:\n");
      scanf("%d%d",&a,&b);
      swap_no(a,b);                     /*调用不能将 a、b 交换成功的函数 swap_no*/
      printf("a=%d,b=%d    两个数并没有交换！ \n",a,b);
      swap_yes(&a,&b);                  /*调用能将 a、b 交换成功的函数 swap_yes*/
     printf("a=%d,b=%d    两个数已经交换！ \n",a,b);
}
void swap_no(int x,int y)
{
      int t;
      t=x;
      x=y;
      y=t;
}
void swap_yes(int *x,int *y)
{
      int t;
      t=*x;
      *x=*y;
      *y=t;
}
```

程序运行结果如图 8-6 所示。

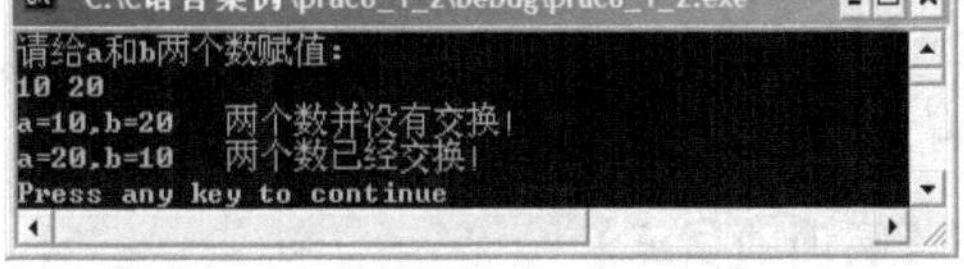

图 8-6 程序 prac8_1_2.c 运行结果

3．项目分析

本项目中，有一个非常有趣的现象，程序定义了两个用于交换的函数，一个是 swap_no，另一个是 swap_yes。从函数内部的语句可以看出，它们都进行了交换，如 swap_no 函数中的语句“t=x；x=y；y=t”的确是将两个数进行了交换，然而，在主调函数中调用此函数，结果两个数并没有交换，而 swap_yes 函数经过调用后，主调函数中的两个数则是真的发生了交换，这到底是为什么呢？下面来进行分析。

（1）swap_no函数的调用原理　swap_no函数的调用原理如图8-7所示。

由于篇幅关系，函数的调用过程图示需要几个步聚来讲解，这里不一一画出。从图 8-7 可以看出，当主调函数执行到“swap_no(a,b);”语句时，产生了函数的调用，根据函数的调用机制，当调用函数时，需要为被调函数开辟独立的空间，然后被调函数开始初始化自己的空间，主调函数将主动权交给被调函数，同时将实参传给被调函数 swap_no，之后被调函数开始执行。从图 8-7 中可以看出 1、2、3 三个步聚是交换的三个过程，交换的结果是将 10 和 20 进行了交换，但是，基于函数的调用机制，当被调函数执行完毕后，被调函数要将局部变量释放，将函数所占的空间销毁，将函数的返回值交给主调函数，将主动权交给主调函数，然后主调函数沿着刚才执行的语句顺序往下执行。在此，我们发现了一个问题，程序定义 swap_no 并没有返回值，而形式参数 x 和 y 又是局部变量，所以尽管在 swap_no 函数内部是发生交换了，但是最后又被释放了。所以，主调函数中的 a 和 b 并没有产生影响，导致了交换不成功。此种函数的调用，叫做“传值调用”。它的特点是：主调函数将实参的值单向传递给形参，实参值的改变影响了形参，但是形参值的改变没有影响实参。

（2）swap_yes函数的调用原理　swap_yes函数的调用原理如图8-8所示。

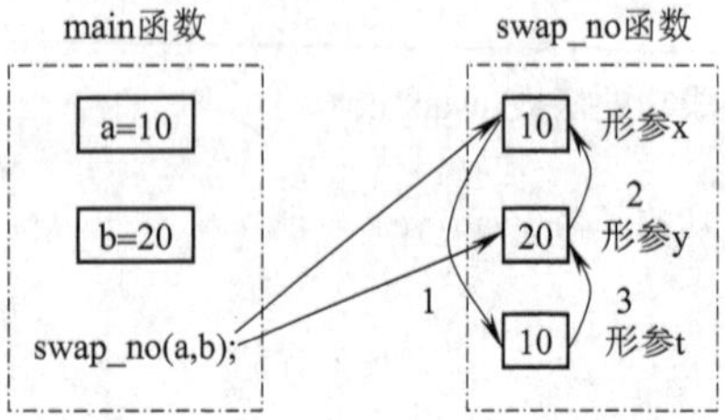

图 8-7　swap_no 函数的调用原理

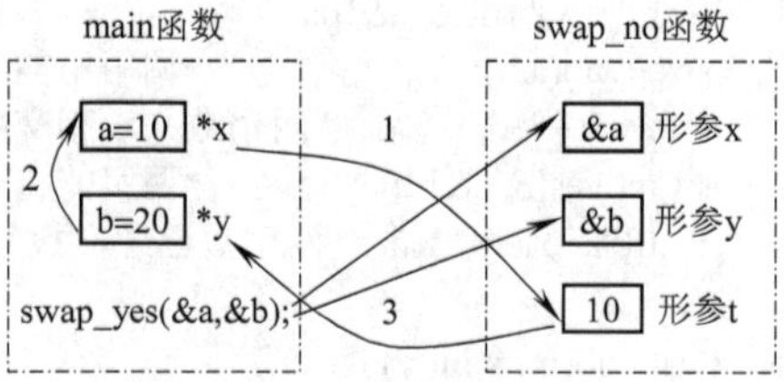

图 8-8　swap_yes 函数的调用原理

从图 8-8 中可以看出，当主调函数执行到“swap_yes(&a,&b);”语句时，产生了函数的调用。根据函数的调用机制，当调用函数时，需要为被调函数开辟独立的空间，然后被调函数开始初始化自己的空间，主调将主动权交给被调函数，同时将实参传给被调函数 swap_yes。此时会发现，主调函数将 a 和 b 的地址传给了被调函数，而不是将 a 和 b 的值传给了被调函数，参数传递的结果是：x=&a、y=&b，即*x=a、*y=b。然后被调函数开始执行，利用 t 交换*x 和*y 的过程，其实就是利用 t 交换主调函数中 a 和 b 的过程。从图 8-8 中可以看出，1、2、3 三个步骤是交换的三个过程，交换的结果是将主调函数中的 10 和 20 进行了交换，即 a＝20，b=10。基于函数的调用机制，当被调函数执行完毕后，被调函数要将局部变量释放，将函数所占的空间销毁，将函数的返回值交给主调函数，将主动权交给主调函数，然后主调函数沿着刚才执行的语句顺序往下执行。在此，我们发现 swap_yes 空间尽管已经被释放，但是主调函数中已经完成了交换。此种交换是成功的。此种函数的调用，称为“传址调用”。它的特点是：主调函数将实参的地址传递给形参，形参和实参指向了共同的存储单元，实参值的改变影响了形参，形参值的改变也能影响实参，这种数据的传递是双向的。

【实训项目三】

1. 实训内容

给定三个整型数，编写一个函数，在函数内能同时求出最大值和最小值。

2. 解决方案

程序名：prac8_1_3.c

```
#include "stdio.h"
void max_min(int a,int b,int c,int *max,int *min);
main()
{
 int a,b,c,max,min;
 scanf("%d%d%d",&a,&b,&c);
 max_min(a,b,c,&max,&min);              /*a、b、c 传值，max、min 传地址*/
 printf("三个数的最大值是:%d\n",max);
 printf("三个数的最小值是:%d\n",min);
}
void max_min(int a,int b,int c,int *max,int *min)
{                                       /*形参 a、b、c 是普通整型变量，max、min 是指针变量*/
   *max=a>b?(a>c?a:c):(b>c?b:c);        /*调用后，*max 就是主调函数中的 max*/
   *min=a<b?(a<c?a:c):(b<c?b:c);        /*调用后，*min 就是主调函数中的 min*/
}
```

程序运行结果如图 8-9 所示。

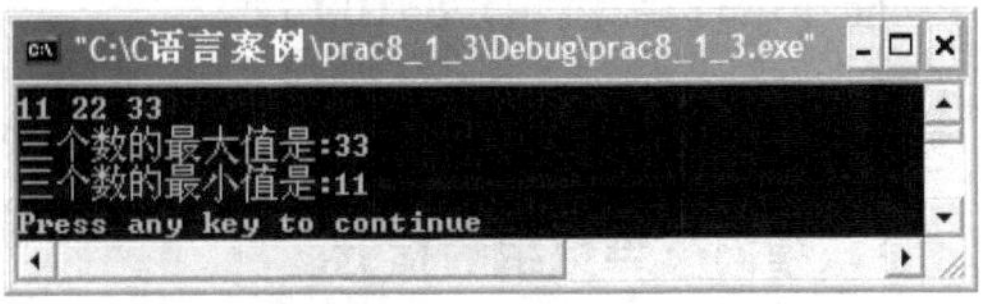

图 8-9　程序 prac8_3_1.c 运行结果

3．项目分析

本项目用到的知识点较多，主要是函数的参数。在此项目中，同一个函数既出现了传值调用，又出现了传址调用，所以通过该函数的调用，最大值和最小值分别由实参传给了形参，因此在主调函数中，max 得到三个数的最大值，min 得到了三个数最小值。

知识拓展

在定义指针变量时，有时不想定义一个具体类型的指针，此时可以定义一个 void 类型的指针，如定义 void *p，则 p 是一个无类型的指针。有人把 p 叫做是万能型指针，因为它可以指向所有的数据类型，其实这样是夸大了 void 类型指针的功能，因为指针的数据类型要求必须与所指向的存储单元数据类型一致，所以无类型的指针在使用时必须要进行强制类型转换，在实际开发中用得较少。

8.2　指针与一维数组

知识导例

定义一个整型一维数组和一个指向该数组的整型指针，分别用不同的方法输出数组中的元素。

程序名：ex8_2_1.c

```
#include "stdio.h"
main()
{
int a[10]={1,2,3,4,5,6,7,8,9,10},*p=a,i;     /*定义一个整型指针变量 p，并让其指向整型一维数组 a 的首地址*/
printf("用数组名称输出数组的所有元素：\n");
for(i=0;i<10;i++)
```

```
            printf("%d ",a[i]);
        printf("\n");
        printf("用数组的地址输出数组的所有元素：\n");
        for(i=0;i<10;i++)
            printf("%d ",*(a+i));
        printf("\n");
        printf("用指向数组的指针变量输出数组的所有元素：\n");
        for(i=0;i<10;i++)
            printf("%d ",*(p+i));
        printf("\n");
        printf("用指针变量名代替数组名输出数组的所有元素：\n");
        for(i=0;i<10;i++)
            printf("%d ",p[i]);
        printf("\n");
}
```

程序运行结果如图 8-10 所示。

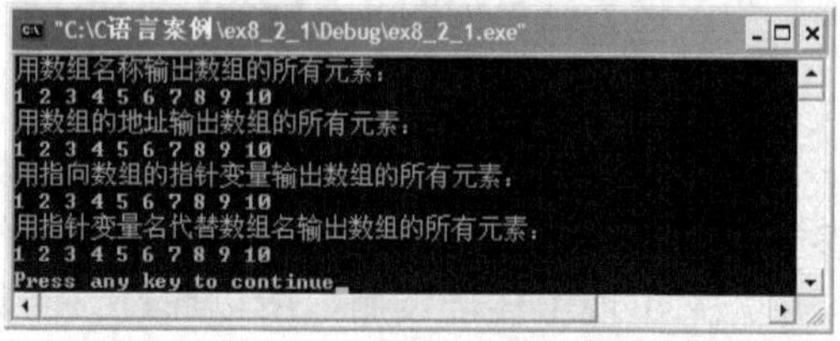

图 8-10　程序 ex8_2_1.c 的运行结果

相关知识

1．指向一维数组的指针

指针就是地址，指针变量是用来存放地址值的，当定义了一个数组之后，系统会在内存中开辟一段连续的存储单元存储数组中的元素，一个数组就是一个大的存储单元，每个数组元素也是一个存储单元，每个数组元素所在的存储单元根据数据类型的不同又由一个或若干个字节构成，如 char 型为一个字节，int 型为 4 个字节，double 型为 8 个字节。数组所占用的存储单元用数组名进行唯一标识，而数组所占用的存储单元的起始地址就用数组名来保存，即数组名既用来标识一个数组，又代表了该数组的首地址，但是数组名所代表的地址是一个地址常量，不能改变。

下面定义了一个整型一维数组 a 及定义了指向一维数组的指针变量 p，然后将数组的首地址赋给指针变量 p，此时指针变量就和数组联系起来了，对数组的访问就可以通过指针变量 p 来进行。在这里要注意的是，虽然定义指针变量的目的不止于此，但是定义了指针变量以后，就要通过指针变量来间接地访问指针变量所指向的存储单元。定义如下。

```
int a[10]={1,2,3,4,5,6,7,8,9,10},*p,i;
p=a;
```

经过这样定义以后，指针变量 p 就指向了一维数组 a，而且指向起始地址。想让 p 指向数组 a 而且是起始地址，还有其他方法，如 p=&a[0]或 p=a+0 等。

在内存中，系统给数组开辟了 10 个连续的存储单元，共计 40 个字节，同时为变量 p 和 i 也开辟了相应的存储单元，各占 4 个字节。p 是变量，存储的内容可以改变；a 是常量，代表的地址值是不能改变的。指针 p 和数组之间的关系如图 8-11 所示。

从图 8-11 中可以看出，指针变量 p 指向了数组 a 之后，p 和 a 的值相同，而且都代表首地址，a 指向了数组的第 0 个存储单元，a+i 指向了数组的第 i 个存储单元，同理，p+i 也指向了数组的第 i 个存储单元，p 和 a 是一个地址值，a+i 和 p+i 也是一个地址值。前面讲过，“*”作为一个取值运算符，如果放在地址的前面，即可取到该地址所对应的值，所以，*（p+i）和*（a+i）即是 a[i]的值。按图 8-7 所示定义的数组，i 的值为 5，*（p+i）和*（a+i）的值均为 6。

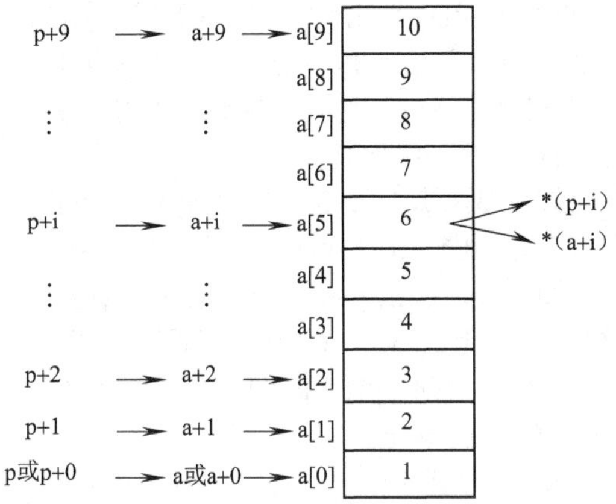

图 8-11　指针和一维数组之间的关系

另外，p 指向了数组的首地址以后，和 a 是相同的，都表示了数组的首地址，所以使用 a 和使用 p 应该是相同的。因此，把表示第 i 个数组元素的 a[i]中的 a 替换为 p，也可以访问到数组的第 i 个存储单元，即 p[i]就是 a[i]。

这样，在指针指向一维数组以后，有两个公式存在，一个是地址公式

a+i = p+i = &a[i] = &p[i]

一个是值公式

*（a+i）= *（p+i）= a[i] = p[i]

需要注意的是：p 是一个指针变量，其值是可以改变的，而 a 是一个地址常量，其值是不能发生变化的，所以当 p 不再指向数组首地址的时候，上面的公式就不成立了，而且 p[i]就不一定等于 a[i]了，因为 p 所指的起始位置变了，因此 p[0]不一定是 a[0]，而是指当前 p 所指的那个存储单元。

2. 指针的运算

首先声明一点，指针作为一个地址，除了进行赋值运算以外，是不能进行其他运算的，尤其是算术运算、关系运算、逻辑运算等都没有实际意义。例如，两个地址相加不可能会等于另外一个地址。举个例子来说，学校有三幢教学楼，分别叫 1 号、2 号和 3 号教学楼，我们不能说 1 号教学楼加 2 号教学楼等于 3 号教学楼，况且有些教学楼还不是用数字排序的，而是有名字的，如果用来进行算术运算就不可能了。那么此处为什么说指针的运算，其实源自一点，那就是当指针指向一段连续的存储单元（通常是数组）时，可以将指针和某一个整型数 n 相加减，其含义是从这个地址值开始，向高地址或低地址移动 n 个存储单元，即进行 p±n 操作。所以，从这个角度上来说，指针进行了运算，即进行了算术运算，但从严格意义上来讲并不是算术运算。

下面以图 8-12 所示为例，介绍指针的各种运算。

在图 8-12 中，进行了如下定义：

```
int [10]={1,2,3,4,5,6,7,8,9,10},
*p,*q,i;
p=&a[2];
q=&a[5];
```

以下假定 p 和 q 的起始点均为当前状态，讨论几种指针运算的情况。在这里，把 p 和 q 画上方框，表示 p 和 q 是变量，在内存中均分配有相应的存储单元。但是如图 8-12 所示，并不是在内存中的实际情况，因为内存的存储是一个一维结构。

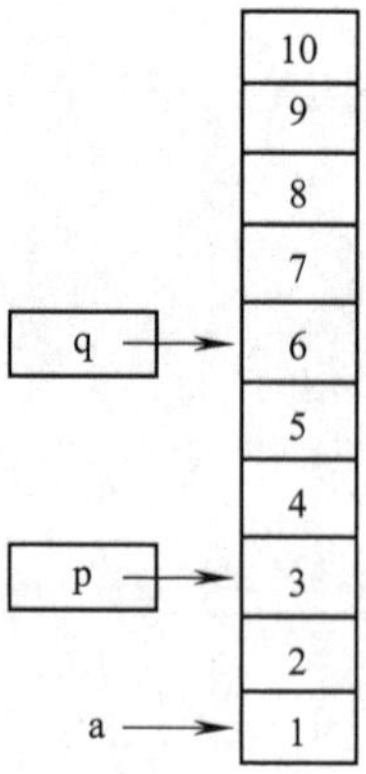

图 8-12　指针指向连续的存储单元时的运算

1）p 加上一个整型数，如 p+3，那么 p+3 指向了 a[5]，即指向了数组元素值为 6 的存储单元。用*（p+3）输出即可看到结果。

2）p 减去一个整型数，如 p–1，那么 p–1 指向了 a[1]，即指向了数组元素值为 2 的存储单元。用*（p–1）输出即可看到结果。

3）p++或++p，都会使指针 p 指向 a[3]，即向上移动一个存储单元，指向数组元素值为 4 的存储单元。

```
++p;
printf("%d",*p);
```

此语句的输出结果是 4。如果使用如下程序段：

```
p++;
printf("%d",*p);
```

此语句的输出结果仍然是 4（注：假定初始位置均为 a[2]）。

但是，如果使用下面两个程序段，输出结果就不同了。

printf("%d",*p++)；输出结果是 3。

printf("%d " ,*++p) ；输出结果是 4。

原因是根据自增自减运算的运算规则不同，而输出的结果不同。

在这里，还要注意与下面 4 种运算区分：

（*p）++　是使p所指向的存储单元的值增1，即是a[2]的值增1，变为4。

（*p）––　是使p所指向的存储单元的值减1，即是a[2]的值减1，变为3。

++（*p）　是使p所指向的存储单元的值增 1，即是 a[2]的值增 1，变为 4。

––（*p）　是使p所指向的存储单元的值减 1，即是 a[2]的值减 1，变为 3。

此 4 种运算，不是针对地址进行了运算，地址一直没有变化，只是地址所指向的存储单元的值在变化。这一点一定要弄清楚。

4）指向连续的存储单元的两个指针间的运算。如图 8-12 所示，两个指针 q 与 p 相减的结果是什么呢？利用 printf("%d", q–p)；语句输出可以看到结果是 3，此数据是 p 和 q 之间相差的存储单元的个数，即 3 个，此数据也等于 q 所代表的地址（假如是 0012FF6C）减去 p 所代表的地址（假如是 0012FF60），然后将此差（等于 12）再除以数组中每个存储单元所占的字节数（为 4），则得出结果即是 3。反过来，如果用 p–q，结果则是–3。如果想用 p+q 在输出语句进行输出，则会出现一个错误的提示，如图 8-13 所示。

3．通过指针引用数组元素

通过以上介绍，可知引用一个数组元素，可以有以下两大类方法：

（1）下标法　例如，通过a[i]或者p[i]来引用数组元素。此时注意，通过p来访问时，p在此也作为数组名称来用，但是由于p是一个指针变量，所以其值是可以改变的，如p[0]不一定就是a[0]，p指向的那个数组元素即是p[0]。例如，p当前位置在a+3，那么p[0]的值其实就是a[3]。

（2）指针法　通过使用*（p+i）或*（a+i）来引用数组元素。此时要注意的是，p是一个变量，起始位置不一定就是a，所以*（p+i）和*（a+i）不一定相同。

此两种方法，在知识导例中已全部用到，请读者去体会。

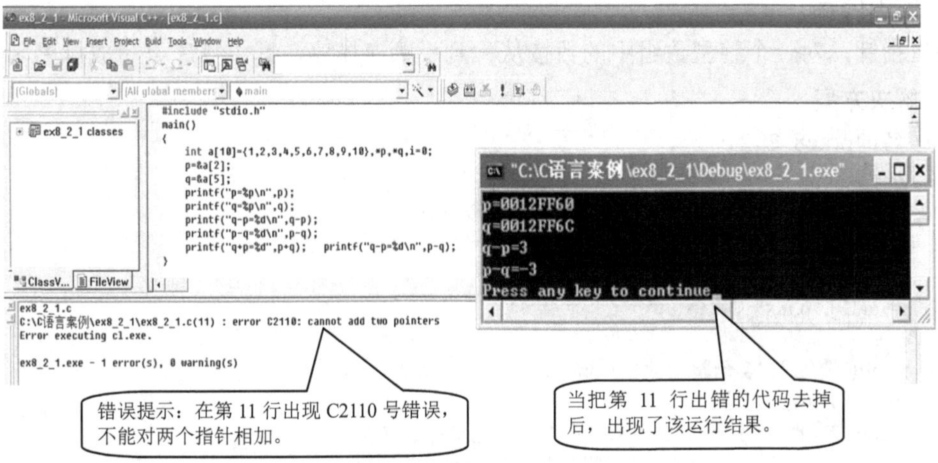

图 8-13　两个指针进行运算时的演示程序结果图

实践训练

【实训项目一】

1. 实训内容

定义一个一维数组和指向该数组的指针变量，通过指针变量输入和输出数组中的元素。

2. 解决方案

程序名：prac8_2_1.c

```
#include "stdio.h"
main()
{     int a[10],*p,i;      /*定义一维数组 a 和指针变量 p*/
      p=a;                 /*指针变量 p 指向一维数组 a 的首地址*/
      for(i=0;i<10;i++)
            scanf("%d",p+i);
     for(i=0;i<10;i++)
            printf("%d ",*(p+i));
     printf("\n");
}
```

程序运行结果如图 8-14 所示。

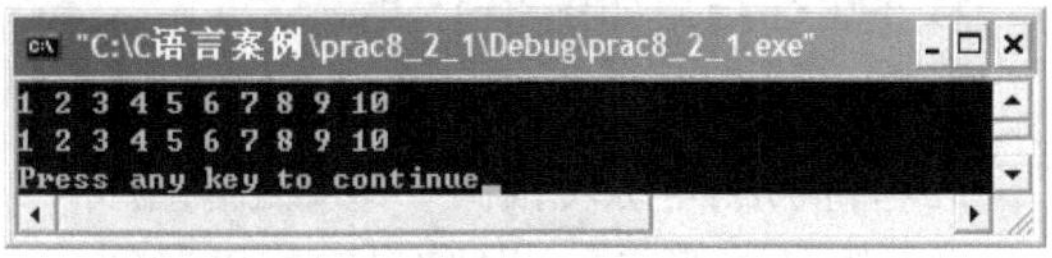

图 8-14　程序 prac8_2_1.c 运行结果

3. 项目分析

本项目中一个比较重要的知识点就是，在输入语句中输入变量时，在输入项中必须要给出变量的地址，即变量名前加“&”。而在此实训项目的输入语句中却没有见到这个符号，很显然不是写错了，是因为 p+i 本身就代表了地址，代表了数组中第 i 个存储单元的地址，如果前面再加上“&”反而会出错。另外，在本输入语句中，输入项除了可以用 p+i 之外，还可以用 a+i、&a[i]、&p[i]、p++等。

【实训项目二】

1．实训内容

通过指针，对一个整型数组中的数按从大到小顺序排序，其中排序要写成排序函数。

2．解决方案

程序名：prac8_2_2.c

```
#include "stdio.h"
void sort(int *a,int n);          /*声明自定义排序函数 sort*/
main()
{
      int a[10],*p,i;
      p=a;
      printf("请输入 10 个整型数据：\n");
      for(i=0;i<10;i++)
        scanf("%d",p++);          /*此循环执行后，p 指向数组最后一个元素 a[9]*/
      p=a;                        /* p 重新指向数组的首地址*/
      sort(p,10);                 /*调用自定义排序函数 sort*/
      printf("10 个整型数据按从大到小的顺序排序的结果是：\n");
      for(i=0;i<10;i++)
            printf("%d ",*p++);
      printf("\n");
}
void sort(int a[],int n)          /*形参 a 相当于指向一维整型数组的指针变量*/
{                                 /*此函数功能是利用选择排序法，按照从大到小顺序对一组数进行排序*/
      int i,j,k,t;
      for(i=0;i<n-1;i++)
      {
            k=i;
            for(j=i+1;j<n;j++)
            {
                  if(a[j]>a[k]) k=j;
            }
            if(k!=i)
            {
                  t=a[i];a[i]=a[k];a[k]=t;
            }
      }
}
```

程序运行结果如图 8-15 所示。

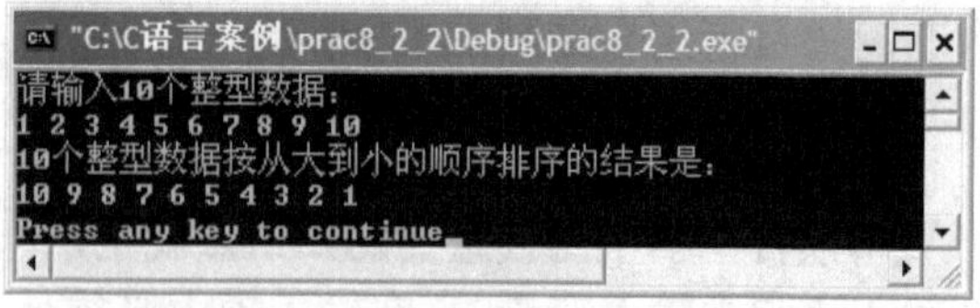

图 8-15　程序 prac8_2_2.c 运行结果

3．项目分析

此项目仍然是练习指向一维数组的指针与一维数组之间的关系。从项目中可以看到，sort(int a[ ],int n)函数的形式定义成了数组 int a[ ]，那么实参应该是什么呢？关键是要了解 int a[ ]定义的到底是什么，其实 a[ ]是一个指针，尽管定义成了数组，而且“[ ]”内没有数字，而数组要求必须是要有大小的，说明此处定义的不是数组，通过程序验证，“[ ]”内可以输入任意的整型数字，均对程序没有影响。此处的 a 相当于一个指针变量。对于形参 a[ ]是一个指针变量，还可以这样理解，如果 a[ ]代表一个数组，那么 a

是一个常量，实参是无法向其传值的。因此，无论函数的形参定义成 int a[ ]或 int *a，实参均可以用数组名 a 或指向数组的指针变量 p 进行参数传递。其关系表示如图 8-16 所示。

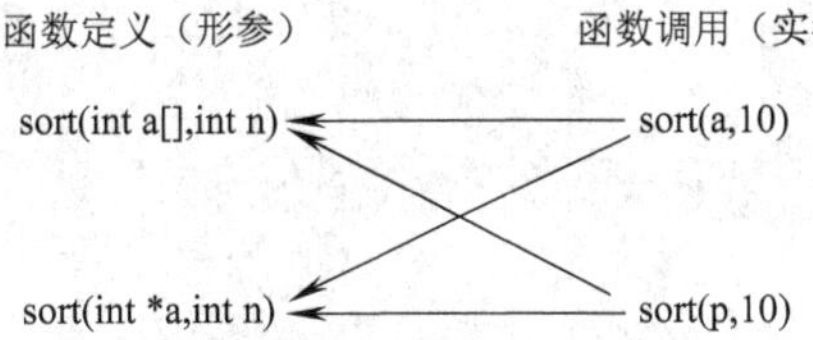

图 8-16　一维数组作为函数参数时实参形参之间的数据传递

8.3　指针与二维数组

知识导例

定义一个三行四列的二维数组和一个指向该数组的指针变量，用多种方法输出二维数组的元素。

程序名：ex8_3_1.c

```
#include "stdio.h"
main()
{
 int a[3][4]={1,2,3,4,5,6,7,8,9,10,11,12},*p,i,j;
 p=&a[0][0];                    /*指针变量 p 指向二维数组的首地址*/
 printf("第(1)种输出二维数组元素的方法\n");
 for(i=0;i<3;i++)
 {for(j=0;j<4;j++)
       printf("%-3d ",a[i][j]);
  printf("\n");
 }
 printf("第(2)种输出二维数组元素的方法\n");
 for(i=0;i<3;i++)
 {for(j=0;j<4;j++)
       printf("%-3d ",*(*(a+i)+j));
  printf("\n");
 }
 printf("第(3)种输出二维数组元素的方法\n");
 for(i=0;i<3;i++)
 {for(j=0;j<4;j++)
       printf("%-3d ",*(p+i*4+j));
  printf("\n");
 }
     printf("第(4)种输出二维数组元素的方法");
 for(i=0;i<3*4;i++)
 {
    if(i%4==0) printf("\n");
    printf("%-3d ",*(p+i));
 }
}
```

程序运行结果如图 8-17 所示。

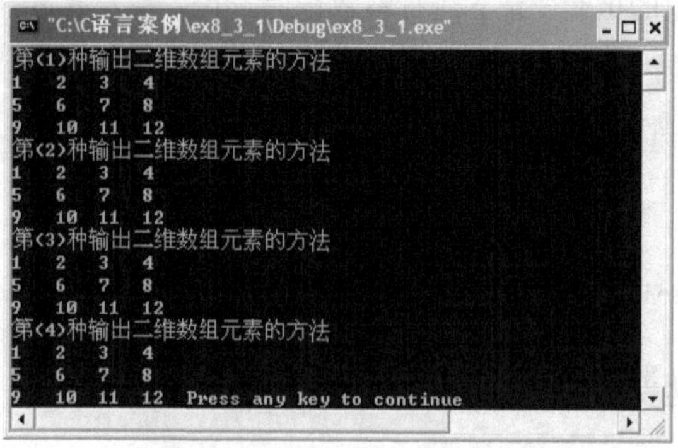

图 8-17　程序 ex8_3_1.c 运行结果

相关知识

1．二维数组的地址及利用地址取值

前面已经讲过，数组名称不仅用来标识一个数组，而且还代表了这个数组的首地址，二维数组和多维数组也是如此。既然二维数组的数组名代表一个地址，也可以定义一个指向二维数组的指针变量，然后利用指针变量来存取数组元素。但是，指向二维数组的指针变量对二维数组中数组元素的存取不像一维数组那样简单，二维数组的地址较为复杂。

下面定义一个二维数组来说明二维数组中的地址。定义如下：

```
int a[3][4]={{1,2,3,4},{5,6,7,8},{9,10,11,12}},i,j;
```

说明一下，i 用来表示行，其值在 0～2 之间变化，j 用来表示列，其值在 0～3 之间变化。

图 8-18 所示为二维数组在内存中存储的逻辑图示，图中右半部分是一个二维数组，与在内存中存储的情况一致，中间的虚线只是为了让读者便于区分。内存是一个一维的结构，它并不能区分数组的维数。谁来区分呢？是由编译系统来区分的，图中二维数组 12 个数组元素是按行序优先的顺序，顺次存储在内存中一段连续的内存单元。那么如何来区分二维数组呢？

编译系统认为：二维数组是由若干个一维数组叠加而成。例如图 8-18 中 3 行 4 列的二维数组，首先被识别为一个一维数数组，这个一维数组由三个元素构成，每一个数组元素又是一个一维数组，则这个一维数组由 4 个元素构成。这一点类似于数学中的行列矩阵，一个 3 行 4 列的行列矩阵，共有 3 行，每行由 4 个元素构成。

所以，从编译系统来说，二维数组的数组名 a 代表了数组的首地址，但是这个首地址是第一个一维数组的地址，也就是说，它代表了第 0 行的地址。尽管数组名 a 所代表的地址与&a[0][0]相同，但是从图中可以清楚地看到，a 与&a[0][0]所代表的含义是不同的。其实可以这样理解，尽管说二者相等，但是对于 a 而言，和 a[0][0]之间还隔着一个一维数组，它根本不知道自己和&a[0][0]代表的是同一个地址。在这里，把 a 或 a+0 叫做行地址，而且是第 0 行的地址。同理，a+1 是第 1 行的地址，a+i 是第 i 行的地址。

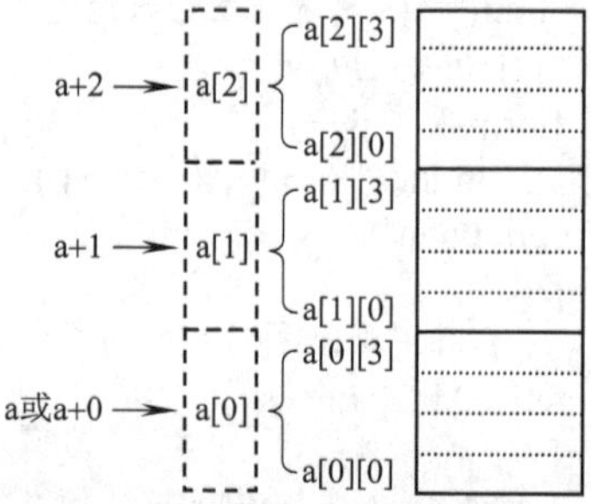

图 8-18　二维数组的逻辑结构及地址

现在先把如图 8-17 所示定义的二维数组 a 的地址输出来，左边是程序，右边是输出的结果，如图 8-19 所示。从图中可以看出，输出的结果中 a 所代表的地址是 0012FF50，与&a[0][0]相同，而 a+1 则是 0012FF60，与&a[1][0]相同。简单计算一下，a+1 减去 a 的地址，等于 16，即中间相差 16 个字节，正好是第一个一维数组的字节数。第一个一维数有 4 个整型元素，每个整型元素有 4 个字节，共有 16 个字节。

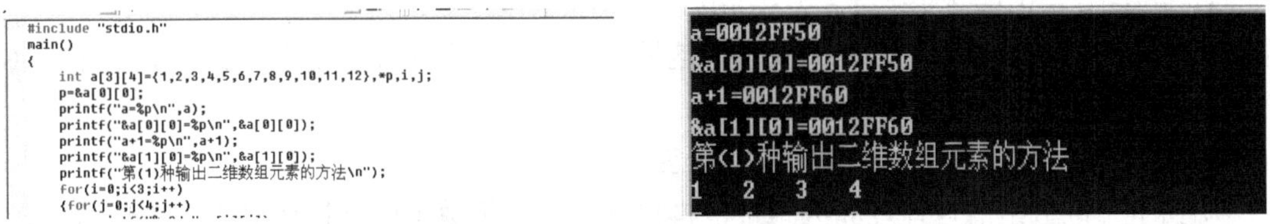

图 8-19　二维数组的地址

2. 指向二维数组的指针

下面继续介绍行地址。从图 8-17 中还可以看出，二维数组左边有一个逻辑上存在而实际上不存在的一维数组，里面有三个元素，第一个元素是 a[0]。先看左边的一维数组，数组元素 a[0]的地址是&a[0]，即等于 a，也等于 a+0，而数组元素 a[1]的地址是&a[1]，等于 a+1，同理，a+i 同&a[i]相同，而且&a[i]也是行地址。

下面介绍列地址。我们已经知道，a+i=&a[i]，而且这两者均代表行地址，那么既然有行地址，有没有列地址呢？有的。学习了指针以后，读者已经知道，通过地址即可找到元素的值，那么已经知道二维数组的地址，如 a+i 或&a[i]，如何找到二维数组中的元素呢？其实从图 8-18 中可以看出，要想访问二维数组，必须“穿过”左边的一维数组，也就是由行进入到列里面，正如横竖成排的队伍，人们从侧面看，只能看到一行一行的，然后从某一行的前面走进去，才能看到该行的某一列是哪位。为了方便读者理解列地址，下面把二维数组的图示改成如图 8-20 所示。

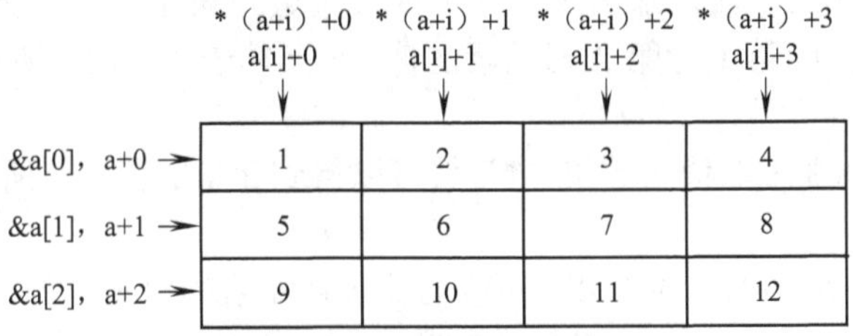

图 8-20　二维数组的列地址

已知 a+i 和&a[i]是二维数组的行地址，该地址也是二维数组逻辑上存在的一维数组的元素的地址，因此地址加取值运算符“*”即可取得元素的值，所以*（a+0）就是 a[0]，*&a[0]也是 a[0]。这里面有一个小技巧，就是在指针运算中，“*&”在一起可以互相抵消。现在已经找到构成二维数组的三个一维数组中的第 0 列元素的地址了，即 a[i]或*（a+i），而 a[i]相当于 a[i]+0，*（a+i）相当于*（a+i）+0，该地址即为第 i 行第 0 列的地址。同理，a[i]+j 或*（a+i）+j 就表示第 i 行第 j 列元素的地址。至此，二维数组中某个具体元素的地址也就找到了，此时再利用取值运算符“*”就可以找到二维数组的数组元素了。

（a[i]+j）或（*（a+i）+j）就表示第 i 行第 j 列元素的值。

总结一下，在二维数组的地址中，行地址和列地址的概念都是从逻辑上来说的，在内存中根本不存在“行”或“列”的概念。在实际应用中，这几个地址很容易混淆，就以第 0 行第 0 列来说，a+0 和&a[0]代表行地址，*（a+0）和 a[0]代表列地址，但是它们都是相等的，

所以在二维数组的地址公式中

a = a+0 = &a[0] = a[0] = *（a+0）= &a[0][0]

成立。

此公式中，前三个代表行地址，后三个代表列地址。

对于任意行 i，地址公式

a+i = &a[i] = a[i] = *（a+i）= &a[i][0]

成立，它们都指向了第 i 行第 0 列元素的地址，但是前两个地址值是得不到第 i 行第 0 列元素的值的，而后三个可以直接得到。

3．指向二维数组的指针变量及用指针变量取值

明白了二维数组的行地址和列地址，再定义指向二维数组的指针变量就不难理解了，如下定义：

```
int a[3][4]={{1,2,3,4},{5,6,7,8},{9,10,11,12}},i,j,*p,*q;
p=&a[0][0];
```

上面的语句定义了一个二维数组及指向二维数组的指针变量 p。

定义中给指针变量 p 赋值的语句是 p=&a[0][0]。换成 p=a 合适吗？答案是否定的，尽管在实际运行时，也能通过 p=a 让 p 指向二维数组的首地址，但是它们的性质是不同的，作为指针变量 p，它根本不知道自己指向的是一个二维数组，只知道自己应该指向元素是整型的存储单元。换句话说，指针变量 p 最多只能算是个一列地址，所以 p 加上一个整型数就可以指向二维数组中某个元素的地址。那么当 p 指向二维数组的首地址时，如何知道想让 p 指向第 i 行第 j 列应加上几呢？其实这个很容易算出来，那就是第 i 行第 j 列元素位于第几个就加上几。第 i 行第 j 列位于第几个呢？这一点从图 8-21 中可以很容易地看出，如第 1 行第 2 列元素前面有 6 个元素，假如从 1 开始计数，那么 3 行 4 列的二维数组第 1 行第 2 列的元素位于第 7 个；假如从 0 开始计数，那么 3 行 4 列的二维数组第 1 行第 2 列的元素位于第 6 个，所以指针变量 p+6 就指向第 1 行第 2 列元素的值。6 又等于 1*4+2，所以任意第 i 行第 j 列元素的地址是 p+i*4+j。

地址找到了，前面加上取值运算符“*”就可以得到元素的值了。所以，第 i 行第 j 列元素的值是：*（p+i*4+j）。

那么，对于 M 行 N 列的二维数组，第 i 行第 j 列元素的值是：*（p+i*N+j）

	第0列	第1列	第2列	第3列
第0行	第0*4+0个 1	第0*4+1个 2	第0*4+2个 3	第0*4+3个 4
第1行	第1*4+0个 5	第1*4+1个 6	第1*4+2个 7	第1*4+3个 8
第2行	第2*4+0个 9	第2*4+1个 10	第2*4+2个 11	第2*4+3个 12

图 8-21　二维数组元素个数和位置的计算

在介绍指针变量指向一维数组的内容时，可以看到指向一维数组的指针变量 p 能够和一维数组名 a 互换使用，如使用*（a+i）和*（p+i）来访问第 i 个数组元素。但是，在二维数组中通过数组名 a 访问第 i 行第 j 列元素的方法有 a[i][j]、*（*（a+i）+j）等，那么能否将此处的 a 换成指向二维数组的指针变量 p 呢？毫无疑问，定义一个普通的指针变量 p 肯定是不行的。下面再定义一个二维数组和指向二维数组的两个指针变量来对比分析。

```
int a[3][4],*p1,(*p2)[4],*p3[3];
p1=&a[0][0];                    /*方法 1：定义了 p1 为普通指针变量，为列指针，在此进行赋值*/
p2=a;                           /*方法 2：定义了 p2 为行指针，在此进行赋值*/
```

也可以定义一个指针数组，每一个元素均指向二维数组中的对应顺序的一维数组。例如，上面定义的*p[3]，即

```
p3[0]=a[0];p3[1]=a[1];p3[2]=a[2]; /*方法 3：定义了一个指针数组，在此进行赋值，指针数组的内容在
                                    8.5 节介绍*/
```

从图 8-22 中可以看出定义三种指针来访问二维数组的异同。p1 是普通指针变量，只能按照数组单元（刚好是一个整型变量的存储单元）来访问。为了能够证明 p1 与数组的维数无关性，可以这样做试验：p+11 已访问到二维数组的最后一个存储单元，但是我们继续让 p 加上更大的整型数，如 p+12 或者更大，仍能正常输出。例如，使用*（p+12）能输出一个整型数。只不过无法预料这个整型数的值是多少，因为已经超出二维数组的地址范围。

要让指向二维数组的指针变量像二维数组名那样去访问二维数组中的元素，定义的指针变量必须和数组名所代表的地址的性质类似，即定义成行地址。C 语言提供了一种定义行地址的方法，如上面的定义 int（*p2）[4]就是定义了指向二维数组的行指针，每行有 4 个元素。指针变量 p2 是一个通用的二维数组的指针，只要是每行有 4 列元素的整型二维数组，p2 均可以指向它。此时定义成行指针以后，就可以像数组名那样引用数组元素了，其地址关系在介绍二维数组的地址时已经介绍过，不用赘述。但是读者要明白一点，p2 仍然是变量，它不一定是指向二维数组的首地址，初始时可以让其指向任意一行，而数组名 a 始终代表首地址。

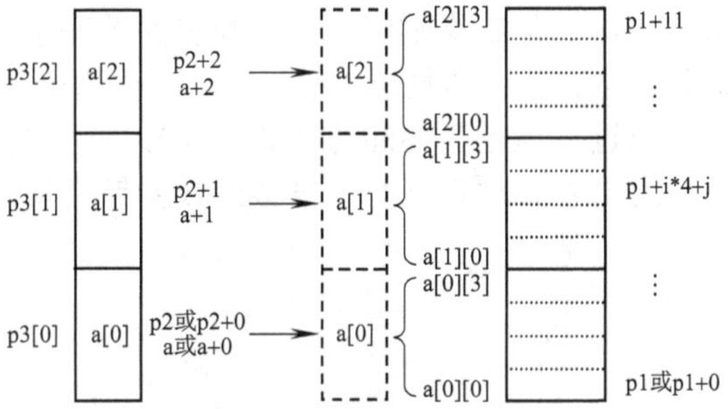

图 8-22　指向二维数组的指针变量

通过指针变量 p2 访问二维数组第 i 行第 j 列数组元素的方法有：

```
*（*（p2+i）+j）
*（p2[i]+j）
（*（p2+i）[j]
p2[i][j]
```

可以看出，此时 p2 可以和二维数组名通用了，即使用数组名的地方也可以使用行指针变量 p2。但是，此时 p2 就不能使用*（p2+i*4+j）来访问第 i 行第 j 列的元素了。

根据二维数组的逻辑结构，还有另外一种办法可使用行指针变量访问二维数组中的元素，那就是定义一个指针数组 p3[3]，大小和二维数组的行数一样，然后将二维数组中 a[0]、a[1]、a[2]所代表的地址，分别赋给 p3[0]、p3[1]、p3[2]，这样等于在二维数组的外围又造了一个一维数组，这个一维数组也是由 3 个包含着 4 列的一维数组构成，从而使用一维数组名 p3 就如同使用二维数组名 a 一样了。同样，有多种方法可以访问二维数组的元素，如*（*（p3+i）+j）、 *（p3[i]+j）、(*（p3+i）[j]、p3[i][j]等，但是，p3 不是指针变量，而且是常地址，而 p3[3]则是实实在在存在于内存之中的一维数组，与二维数组中那个逻辑上的、虚拟的一维数组意义不同。

4．二维数组作为函数参数进行数据的传递

二维数组在函数之间进行数据传递，有两种情况，一是当二维数组名作为函数的实参时，函数的形参必须是二维数组或行指针样式；二是实参是行指针时，形参也必须是二维数组或行指针样式。为了表示得更清楚，可以用图 8-23 表示。

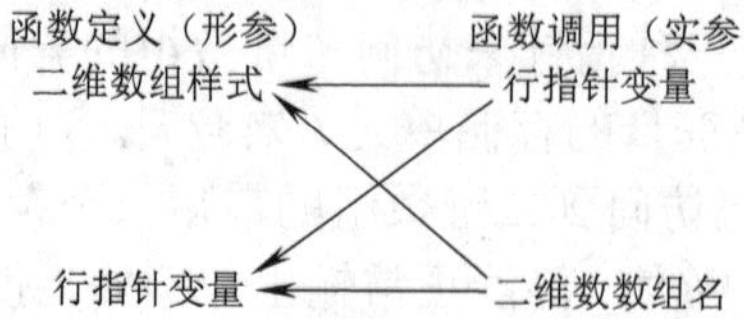

图 8-23　二维数组作为函数参数时实参形参之间的数据传递

例如，主函数中有定义：

```
int a[3][4], （*p）[4]=a;
```

主函数调用 fun 函数，并传递二维数组 a 或行指针变量 p，则 fun 函数的形参可以有如下三种定义格式：

```
fun(int (*a)[4])   /*形参 a 是一个行指针*/
fun(int a[][4])    /*形参 a 是一个二维数组样式，其实质仍然是一个行指针*/
fun(int a[3][4])   /*形参 a 是一个二维数组样式，其实质仍然是一个行指针，行下标 3 没有实际意义*/
```

另外，如果实参向形参传递的是二维数组元素，与普通的变量传递一样，这在第 7 章中已经介绍得非常明白。如果传递的是二维数组的某一行，与传递一维数组没有区别，这在 8.2 节指针与一维数组中已经介绍过。但是需要注意的是，实参向形参传递二维数组的某一行，实参必须是该行的列指针，而形参必须定义为一维数组或指针变量形式。

实践训练

【实训项目】

1．实训内容

定义一个二维数组，存储一个班学生的各门课程的成绩，查找并显示有不及格课程的学生成绩。要求用指针变量处理，而且把查找不及格学生成绩的功能定义成一个函数来调用。

2．解决方案

程序名称：prac8_3_1.c

```
#include "stdio.h"
#define M 5          /*定义 M 代表 5*/
#define N 4          /*定义 N 代表 4*/
void search(float (*p)[N])
{                    /*形参 p 为行指针，指向每行有 4 个元素的二维数组*/
 int i,j,flag;       /*变量 flag 功能用做标志，如果有不及格成绩，flag 为 1*/
 for(i=0;i<M;i++)
 {
       flag=0;
```

```
        for(j=0;j<N;j++)
        {
            if(*(*(p+i)+j)<60)
                flag=1;
        }
        if(flag==1)
        {
            printf("第%d 个学生有不及格的成绩，各门课成绩如下：\n",i+1);
            for(j=0;j<N;j++)
            {
                printf("%5.1f",*(*(p+i)+j));
            }
            printf("\n");
        }
    }
}
main()
{
  float score[M][N];
  int i,j;
  float (*p)[N];      /*定义行指针 p，指向每行有 4 个元素的二维数组*/
  p=score;            /*行指针 p 指向每行有 4 个元素的二维数组 score*/
  printf("请输入%d 个学生的%d 门课成绩:\n",M,N);
  for(i=0;i<M;i++)
  {
        printf("请输入第%d 个学生的%d 门成绩:\n",i+1,N);
        for(j=0;j<N;j++)
            scanf("%f",p[i]+j);
  }
      search(score);
}
```

程序运行结果如图 8-24 所示。

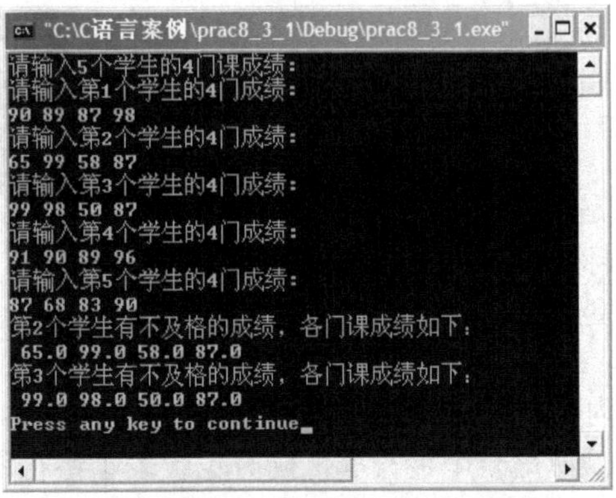

图 8-24　程序 prac8_3_1.c 运行结果

3．项目分析

本项目中，定义了一个行指针 p，它可以指向每行有 N（常量）个元素的二维数组，p 指向 score[M][N]。可以使用*（*（p+i）+j）来引用二维数组第 i 行第 j 列元素。在主函数中，输入二维数组各数组元素，要求输入项必须是一个地址值，本项目使用的指向第 i 行第 j 列的地址 p[i]+j。

8.4 指针与字符串

知识导例

定义一个字符数组和一个字符串，将一个字符串拷贝到字符数组之中，拷贝功能用函数来实现。

程序名：ex8_4_1.c

```
#include "stdio.h"
#include "string.h"
void mystrcpy(char *str1,char *str2);
main()
{
   char *a="I am teacher!";            /*字符指针变量 a 指向字符串的首地址*/
   char b[]="You are student!";
   char *p=b;                          /*字符指针变量 p 指向字符数组 b 的首地址*/
   printf("string a=%s\nstring b=%s\n",a,b);
   printf("将字符串 a 拷贝到字符数组 b 之中：\n");
   mystrcpy(p,a);                      /*调用自定义字符串复制函数 mystrcpy */
   puts(b);
}
void mystrcpy(char *str1,char *str2)
{
 for(;*str2!='\0';str1++,str2++)
        *str1=*str2;
 *str1='\0';
}
```

程序运行结果如图 8-25 所示。

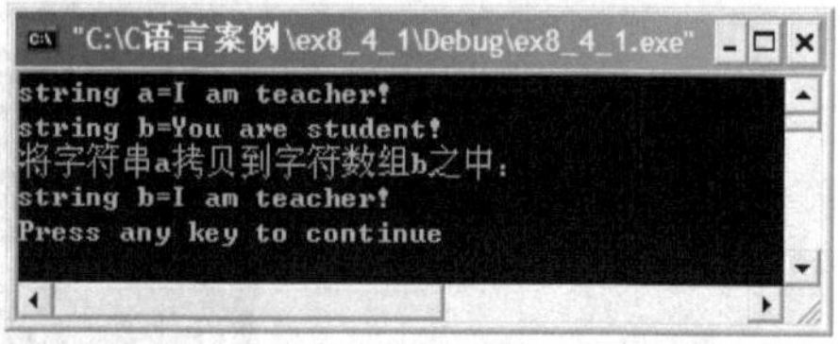

图 8-25　程序 ex8_4_1.c 运行结果

相关知识

1．字符串的实质

在 C 语言中，字符串是用双引号括起来的一串字符，以“\0”作为其结束标志。例如，"I love china"就是一个字符串，它的长度是 12。字符串存储于内存之中，且以“\0”作为结束标志，所以"I love china"在内存中占有 13 个存储单元。

既然字符串是存储于内存之中的，字符串就有地址。字符串的首地址就蕴含在字符串本身，如"I love china! "既可以说是一个字符串，同时也代表了字符串的首地址。

如果使用 printf("%p", "I love china")；语句在计算机上输出的地址是 00420024，现在，将该字符串加 1 进行输出。字符串如何能加上一个数字 1 呢？且看 printf("%p", "I love china"+1)；的输出结果：00420025，每个字符占用一个字节，所以输出结果比首地址多 1。

既然字符串表示一个地址，那么就可以定义一个同类型的指针变量指向字符串，从而对其进行引用。

字符串可以整体进行输出，但是要想对字符串中每个字符或字符串整体进行输入输出，可以通过字符数组或指向字符串的指针变量等方法实现。

2. 指向字符串的指针变量与字符数组

（1）字符数组　字符数组常用来存储字符串。

1）一维字符数组。例如：char str[14]= "I love china! "。

定义好的字符数组在内存中如图 8-26 所示。

str[0]													str[13]
I		l	o	v	e		c	h	i	n	a	!	\0

图 8-26　字符串"I love china! "存储在字符数组中的情况

把字符串放进数组后，就可以对字符串的任意一个字符进行存取了，也可以进行整体操作。例如，要计算字符串中空格的个数，可以从 str[0]开始逐个与空格字符进行比较，直到遇到结束符“\0”。

字符数组，按其字义来说是存储字符的数组，所以上面定义的字符数组用来存储一个字符串。其实，它仍然是一个字符数组，只不过是将一连串的字符存储到了一起，如果有结束标志“\0”就变成了字符串。

所以，char str[14]= "I love china! "定义与下面几个定义等价，即在内存中存储情况相同。

```
char str[14]={"I love china!"};
char str[]={"I love china!"};
char str[14]={'I','','l','o','v','e',' ','c','h','i','n','a','!','\0'};
char str[]={'I',' ','l','o','v','e',' ','c','h','i','n','a','!','\0'};
```

纯粹的字符数组，就是不含字符串结束标志的字符数组。例如，存储了所有元音字母的字符数组用下面的字符数组表示。

```
char vowel[5]={ 'a', 'e', 'i', 'o', 'u'};
```

此时，没有必要再多存储一个“\0”。也就是说，此时定义的 vowel 就是一个字符数组，而不是一个字符串。如果此时把 vowel 作为一个字符串进行整体输入输出，就有可能得不到相应的结果。

例如，用 printf("%s",vowel)输出 5 个元音字母，则出现如图 8-27 所示的输出结果。

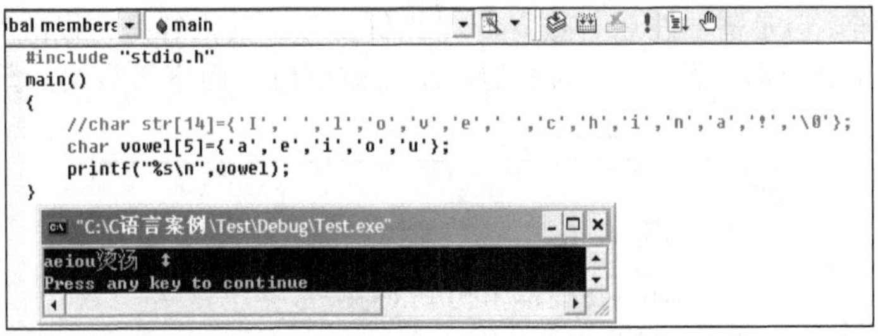

图 8-27　vowel 字符数组作为字符串的输出结果

如果使用“%c”格式说明符一个个输出，则不会出现这个问题。但是作为字符串进行整体输出时，系统就去寻找字符串的结束标志“\0”，如果 5 个字母都输出了，仍然没有找到结束标志，就继续向后输出，直到遇到“\0”。这种情况只是存在于理论上，实际上系统对于找不到“\0”的超界输出，统一输出如图 8-27 所示的超界输出的字符，即。

再看如下两种定义方式：

```
char vowel[5]={"aeiou"};
char vowel[5]="aeiou";
```

首先，系统不会提示超界，因为当字符串存储在字符数组 vowel 中的时候，如果空间不够，“\0”没有被存储进去，则在输出时与 char vowel[5]={ 'a', 'e', 'i', 'o', 'u'};定义等效。

那么，如果定义成 char vowel[5]={ 'a', 'e', 'i', 'o', 'u', '\0'}；系统会不会主动把“\0”舍弃呢？很显然，这种定义是不合法的，系统会提示出错，无法初始化，因为定义时超界了。

所以，在用字符数组时，一定要细心灵活。

2）二维字符数组。二维字符数组常用来存储多个字符串。例如：

```
char name[3][9]={{"zhangsan"},{"lisi"},{"wangwu"}};
```

二维字符数组如果用来存储多个字符串，常被称为字符串数组，如 name[3][9]。此时，name 在内存中的存储情况如图 8-28 所示。

从图 8-28 中可以看出，数组 name 在内存中占据 27 个字节，而且是连续的存储单元。但是，从图中还可以看出，如果用二维字符数组存储字符串，会浪费一些存储空间，因为必须要考虑最长的那个字符串，为它开辟足够长的空间来存储，这样其他字符串结束后，都必须补充以“\0”。

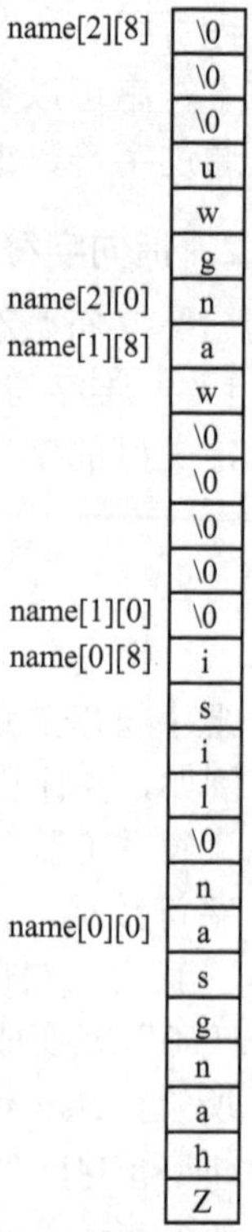

图 8-28　二维字符数组 name 的存储情况

那么，如何存储才能节省空间呢？利用 8.5 节将要介绍的指针数组即可解决这个问题。同样，当二维字符数组存储了多个字符串后，对任意一个字符串可以进行操作，对任意一个字符串中的任意一个字符也可以进行操作。例如，对 name 数组存储的姓名逐个进行输出，输出方法和输出结果如图 8-29 所示。

（2）用指针变量指向字符串　因为字符串代表一个地址，所以定义一个字符指针变量用来获取该地址，从而让指针变量指向该字符串。例如：

```
char *str="I love china! "
```

该指针变量及其指向的字符串在内存中的存储情况如图 8-30 所示。

指针变量指向字符串以后，就可以通过指针变量来引用字符串了，可以进行字符数组能够进行的一切操作。但是需要注意一点，str 是指针变量，其内容是可以改变的。所以，字符指针变量可以放在赋值运算符“=”的左边，从而被赋值，而字符数组的数组名是不允许出现在赋值运算符“=”的左边被赋值的。

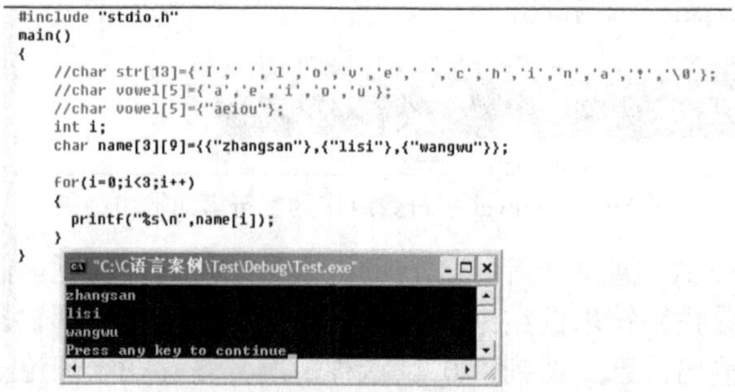

8-29　二维字符数组的输出方法与输出结果

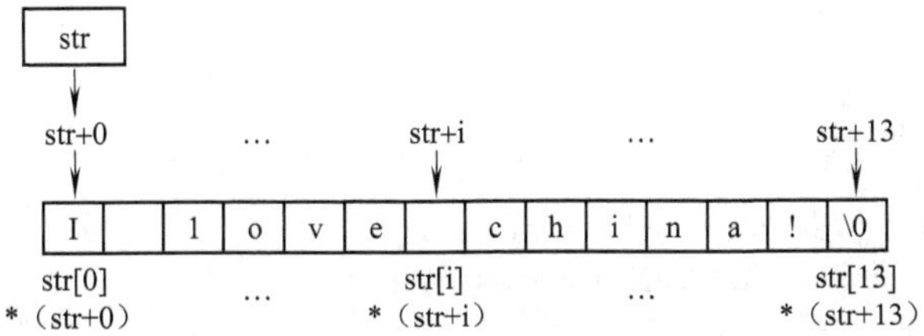

图 8-30　指针变量及指向的字符串"I love china!"在内存中的存储情况

所以 char *str="I love china!"可以等价于如下写法：

```
char *str;
str="I love china!";
```

此外，str 还可以进行运算。例如，str++，指针 str 指向字母“I”后面的空格，利用*（str+i）进行输出即可以看到结果。如果将 str 在指向首地址的基础上进行“str+=2”；这样的操作，则 str 指向了字符“l”，即指向单词“love”的第一个字母。现假定 str 指向“love”的首字母不动，则 str[2]是代表字母“v”的。这些知识在前面已经介绍过了。

3．指向字符串的指针变量作为函数的参数

指向字符串的指针变量作为函数的参数时，形参是形如 char *str 格式的参数，在产生函数的调用时，实参向形参传递的可以是字符串常量、字符数组的数组名、字符指针变量等，如图 8-31 所示。

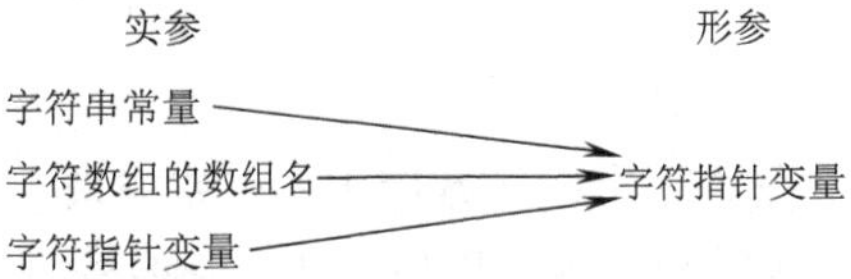

图 8-31　字符指针变量作函数参数时实参向形参数据的传递

实践训练

【实训项目一】

1．实训内容

利用指向字符串的指针变量，定义求字符串长度、将两个字符串连接的函数。

2．解决方案

程序名：prac8_4_1.c

```
#include "stdio.h"
int mystrlen(char *str)                    /*自定义函数，求字符串的长度*/
{
 int i=0;
 while(*(str+i))i++;
 return i;
}
void mystrcat(char *dest,char *source)    /*自定义函数，将两个字符串连接*/
{
    while(*dest)dest++;
    while(*source)
    {
     *dest++=*source++;
    }
    *dest='\0';
}
```

```
main()
{
char str1[28]="I am chinese!";
char *str2="I love china!";
printf("字符串\"%s\"的长度是:%d\n",str1,mystrlen(str1));
printf("字符串\"%s\"的长度是:%d\n",str2,mystrlen(str2));
printf("现将字符串 str2 连接到 str1 后面:\n");
mystrcat(str1,str2);
printf("连接成功后的字符串是\"%s\"，其长度是:%d\n",str1,mystrlen(str1));
}
```

程序运行结果如图 8-32 所示。

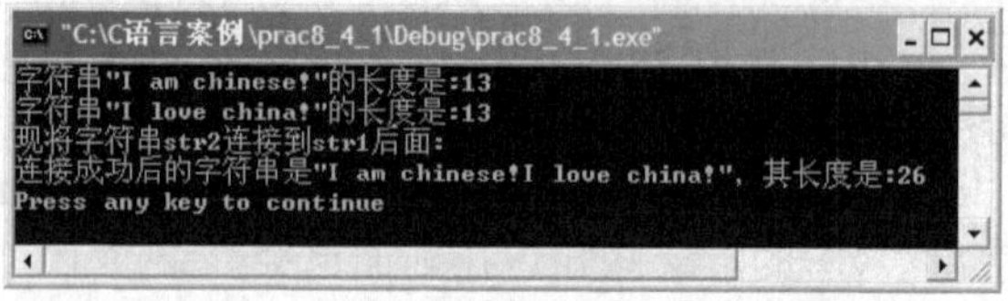

图 8-32　程序 prac8_4_1.c 运行结果

3．项目分析

在 C 语言的函数库中，有完成求字符串长度、字符串连接等功能的函数，在学习了字符串以及指针相关内容以后，可以很容易地自己编写代码来实现这些函数，从而对 C 语言编程有更深入地了解。函数 mystrlen 是自定义的求字符串长度的函数，是用一个指向字符串的指针变量实现的，函数内部的 while（*（str+i））相当于 while（*（str+i）！＝'\0'）。函数 mystrcat 是自定义的用于字符串连接的函数，这里需要注意的是，字符串必须要有足够的空间来容纳连接在一起的字符串。函数的形参是指向字符串的指针变量，函数内部的 while（*dest）相当于 while（*dest!='\0'）。在函数调用时，有两个实参向形参传递数据，一个是数组的首地址，另一个是字符指针变量。

【实训项目二】

1．实训内容

有一组密码，长度不超过 20 位，密码包含在由数字字符和字母字符组成的字符串中。密钥如下：将其中的数字字符提取出来，进行倒排，然后对每个数字进行加 1，如果是 9 加 1 后变成 0，然后将这个数字序列组合在一起，就成为密码。请将密码输出。

2．解决方案

程序名：prac8_4_2.c

```
#include "stdio.h"
#include "string.h"
int getstr(char *s,int len);            /*声明函数 getstr*/
void myreverse(char *str);              /*声明函数 myreverse*/
main()
{ char str1[256],str2[20],*ptr1,*ptr2; /*str1 存放包含了密码的字符串，str2 用来存放提取出来的密码字符串*/
int len;
ptr1=str1;
ptr2=str2;
len=getstr(str1,256);
```

```
while(*ptr1)
{
 if(*ptr1>='0'&&*ptr1<='9')
 {*ptr2++=*ptr1; }
 ptr1++;
}
*ptr2='\0';
myreverse(str2);
for(ptr2=str2;*ptr2;ptr2++)
{
 if(*ptr2=='9')
 { *ptr2='0';}
 else
 {(*ptr2)+=1;}
}
printf("密码是:%s\n",str2);
}
int getstr(char *str,int len)              /*函数功能：输入一串字符*/
{
   char ch,*p=str;
   printf("请输入一串字符：\n");
   while(--len>0&&(ch=getchar())!='\n')
   {*str++=ch;}
   *str='\0';
   return(str-p);
}
void myreverse(char *str)                  /*函数功能：将字符串进行逆置*/
{
   int i=0,j=strlen(str)-1;
   char ch;
   while(i<j)
  {ch=*(str+i);*(str+i)=*(str+j);*(str+j)=ch;i++;j--;}
}
```

程序运行结果如图 8-33 所示。

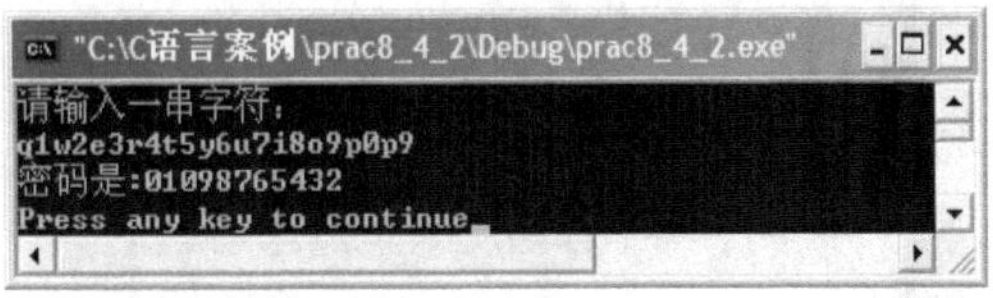

图 8-33　程序 prac8_4_2.c 运行结果

3．项目分析

本项目定义了两个字符数组，str1 用来存放原始字符串；str2 用来存放分析出的密码串；定义了两个指针，ptr1 指向 str1，ptr2 指向 str2。输入原始字符串和将字符串倒排均定义成一个函数。此项目主要训练如何利用指向一维字符数组的指针对字符串进行相应的处理。

8.5　指针数组与多级指针

知识导例

定义一个包含 4 个元素的整型指针数组，分别指向一个一维整型数组，每个一维数组各存储春、夏、秋、冬 4 个季节中的 3 个月份，另外定义一个字符指针数组，存储一年 12 个月份的英文名称，请输出对应季节中相应月份的英文名称。

程序名：ex8_5_1.c

```
#include "stdio.h"
void fun(int *p[],char **str);        /*对自定义函数 fun 进行声明*/
main()
{
      int   *p[4],spring[3]={1,2,3},summer[3]={4,5,6}, autumn[3]={7,8,9},
winter[3]={10,11,12};
      char *months[]={"January","February","March","April","May","June",
            "July","August","September","October","November","December"};
    p[0]=spring;
    p[1]=summer;
    p[2]=autumn;
    p[3]=winter;
    fun(p,months);
}
void fun(int *p[],char **str)         /*形参 str 是一个指向 char 类型的二级指针*/
{                                     /*形参 p 为一个指向指针数组的指针，也相当于二级指针*/
      int i,j;
      for(i=0;i<4;i++)                /*先输出各个季节，然后输出本季节中月份及英文名称*/
      {                               /*if…else 用来输出各个季节*/
            if(i==0)
                  printf("spring:\n");
            else if(i==1)
                     printf("sumber:\n");
                  else if(i==2)
                           printf("autumn:\n");
                        else   printf("winter:\n");
            for(j=0;j<3;j++)          /*本循环用来输出相应季节中月份及英文名称*/
            {
              printf("%d:%s\n",*(*(p+i)+j),*(str+i*3+j));
            }
      }
}
```

程序运行结果如图 8-34 所示。

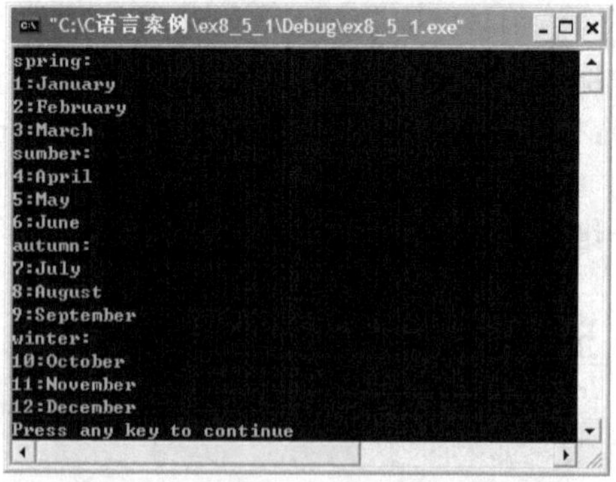

图 8-34　程序 ex8_5_1.c 运行结果

相关知识

1. 指针数组

如果一个数组中存储的数据均为指针类型的数据，那么这个数组称为指针数组。指针数组中存储的元素都是一个地址值。指针数组的定义格式如下：

```
数据类型  *标识符[常量表达式];
```

例如，知识导例中定义的

```
int *p[4];
```

它是定义了有 4 个存储单元的一维数组，里面存放 4 个地址值，每一个地址值指向的存储单元中的数据都是整型的数据。

在 C 语言中，定义指针数组的目的主要是用来处理多个字符串。如果用指数数组存放若干个字符串，人们常称之为字符串数组。

例如，在知识导例中定义的：

```
char *months[]={"January","February","March","April","May","June",
"July","August","September","October","November","December"};
```

那么，这样定义有什么好处呢？那就是节省空间，而且引用非常方便。上面定义的 12 个月份的字符串数组，可以用图 8-35 来表示。

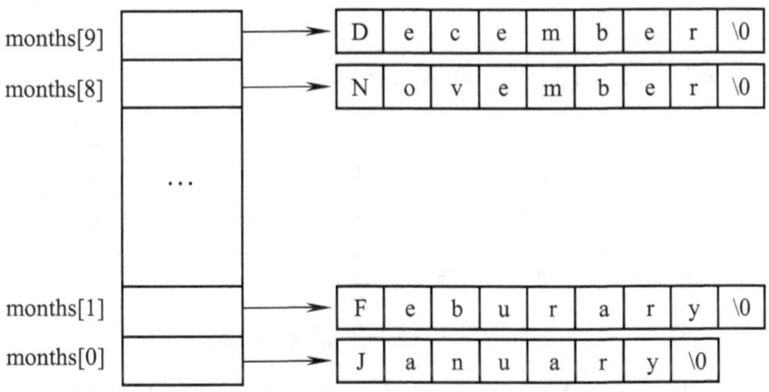

图 8-35　字符串数组在内存中的表示形式

多个字符串也可以用二维字符数组来存储，如上面的 months 指针数组存储的 12 个字符串，可以用如下的二维字符数组表示。

```
char months[][10]={"January","February","March","April","May",
"June","July","August","September","October","November","December"};
```

但是，如果用 printf("%d",sizeof(months)); 语句进行输出，输出的数是 120，也就是说在内存中占据 120 个字节。而同样存储了 12 个月份的字符串，采用指针数组的方法，12 个字符串共占用 85 个字节的存储空间。它的存储原理从图 8-35 中可以看得很清楚，每个字符串占用的字节数比字符串中字符的个数多 1，多的这个字节是用来存储字符串的结束标志"\0"。

而使用二维字符数组来存储的时候，为了能将所有的字符串都存储起来，必须将第二维的长度设成同最长的那个字符串一致，而且还要多加一个字节给"\0"。最长的字符串是"September"，共有 9 个字符，需要占用 10 个字节，所以列常量表达式定义为 10。这样，采用二维字符数组的方法，一共需要用 120 个字节来存储。二维字符数组存储形式如图 8-36 所示。

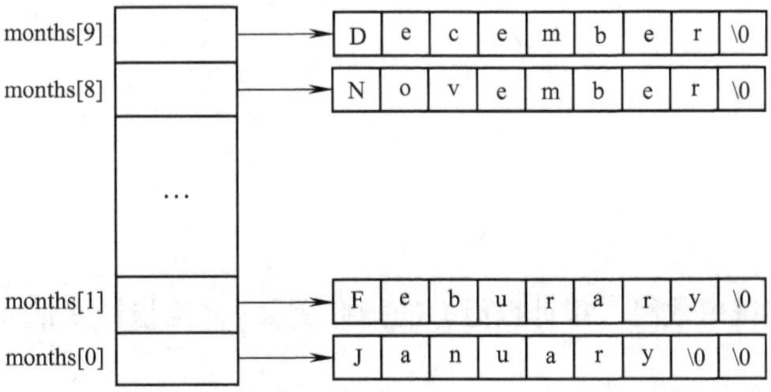

图 8-36　二维字符数组在内存中的表示形式

从图 8-36 中可以看出，每个字符串所占据内存空间均为 10 个字节，如果字符个数不足 9 个字符，后面全都补以“\0”。

2．二级指针

二级指针是指向指针的指针。

例如下面的定义：

```
int a＝56,*q,**p;
q=&a;
p=&q;
```

则 p 和 q 都是指针变量，但是 q 是指向存储单元 a 的，是一级指针；p 是指向指针变量 q，是二级指针。

三个存储单元之间的关系可以用图 8-37 表示。

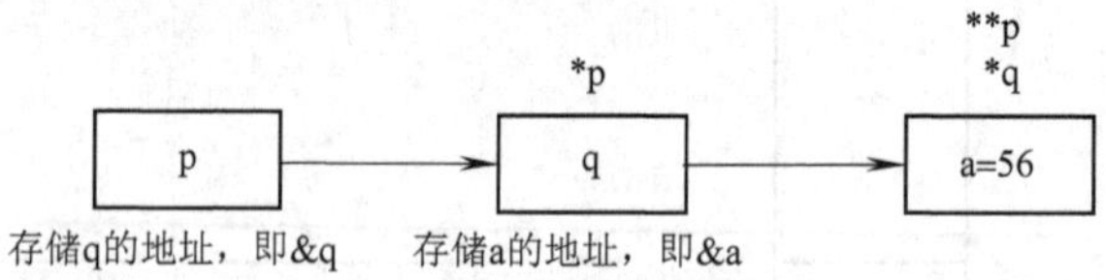

图 8-37　二级指针与指向的存储单元之间的关系

从图 8-37 中可以看出，q 是指向整型存储单元 a 的，所以 q 和&a 是相等的。

下面采用一种类似于数学的方法来分析一个公式。

因为 q 和&a 是相等的，在 q=&a 两端加“*”号，即*q=*&a。因为*&遇到一起可以相互抵消。也就是

*q=a　　　　　　　式（1）

同理可以分析出

*p=q　　　　　　　式（2）

式（2）两端加“*”号，得

**p=*q　　　　　　式（3）

式（1）和式（3）进行合并，得

**p=*q=a=56　　　式（4）

当然，此种分析方法只是用一种类似于数学的方法进行推导，目的是方便读者理解，实际上，在 C 语言中是不存在这些公式的，因为在 C 语言中，符号“＝”是赋值运算符，而不是数学意义上的等号。所以，式（4）正确地说应该是：**p 与*q 及 a 所代表的存储单元及值相同，都等于 56。

实践训练

【实训项目一】

1．实训内容

定义一个指向字符串数组（指针数组）的指针变量 p，用指针变量 p 处理各字符串。

2．解决方案

程序名：prac8_5_1.c

```
#include "stdio.h"
main()
{
 char    *weekly[7]={"Sunday","Monday","Tuesday","Wednesday",
"Thurday","Friday","Saturday"};   /*weekly 为字指针数组，也称为字符串数组*/
 char **p;                        /*定义 p 为二级指针*/
 int i;
 p=weekly;                        /*p 指向指针数组的首地址*/
      for(i=0;i<7;i++)
 {
       printf("%s\n",*p++);
 }
}
```

程序运行结果如图 8-38 所示。

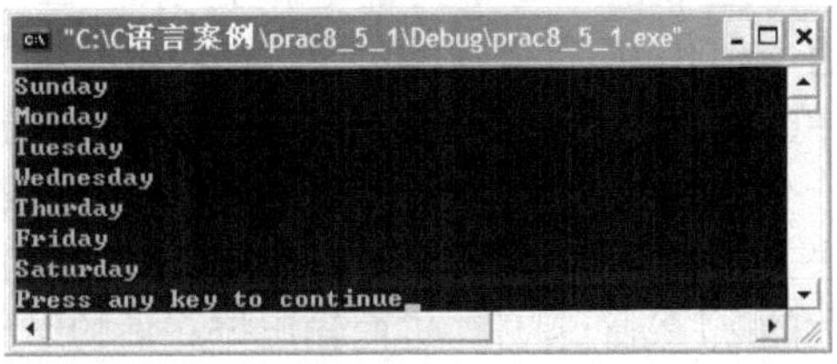

图 8-38　程序 prac8_5_1.c 的运行结果

3. 项目分析

有了上面的相关知识介绍，此项目就不难理解了，因为 weekly 是一个指针数组，作为数组名，weekly 所代表的是指针的指针。所以，要想让某个指针变量指向该数组，必须定义二级指针。

【实训项目二】

1. 实训内容

输入一批字符串，对这些字符串按从小到大的顺序进行排序。

2. 解决方案

程序名：prac8_5_2.c

```
#include "stdio.h"
#include "string.h"
#define N 5                      /*定义 N 代表 5，意思是本程序处理 5 个字符串*/
#define LEN 10                   /*定义 LEN 代表 10，意思是每个字符串长度不超过 10*/
void mysort(char **p);           /*对自定义函数 mysort 进行声明*/
main()
{
 int i;
 char *pstr[N],str[N][LEN];     /* pstr 为 5 个元素的指针数组*/
 for(i=0;i<N;i++)
       pstr[i]=str[i];           /* pstr 中的每个数组元素指向 str 中的每一行*/
 printf("请输入%d 个字符串:\n",N);
    for(i=0;i<N;i++)
      gets(pstr[i]);
 mysort(pstr);                   /*调用自定义排序函数 mysort*/
 printf("输出排序后的字符串如下:\n");
 for(i=0;i<N;i++)
      puts(pstr[i]);             /*puts 函数是库函数，头文件是 string.h*/
}
void mysort(char **p)
{                                /*用选择法，使用 strcmp 函数比较大小，对 N 个字符串进行排序*/
 int i,j;char *pstr;
 for(i=0;i<N;i++)
```

```
        for(j=i+1;j<N;j++)
            if(strcmp(*(p+i),*(p+j))>0)
            {
                pstr=*(p+j);
                *(p+j)=*(p+i);
                *(p+i)=pstr;
            }
}
```

程序运行结果如图 8-39 所示。

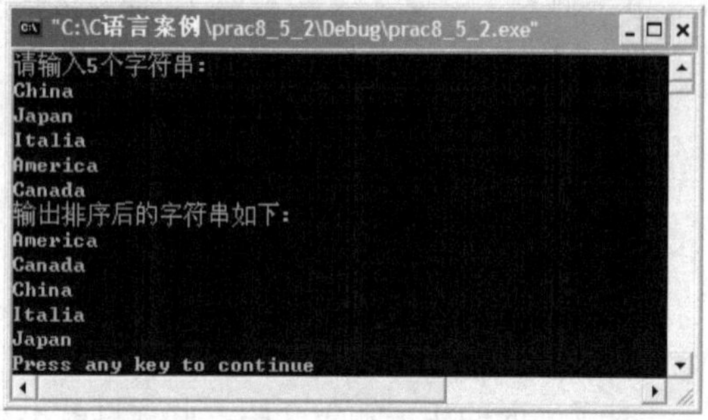

图 8-39　程序 prac8_5_2.c 的运行结果

3．项目分析

在本项目中，采用选择排序法对单词进行排序，在主程序中定义了指针数组 pstr，将指针数组 pstr 的每个数组元素分别指向二维数组 str 的相应行的存储单元，使指针数组 pstr 中的每个数组元素指向一个字符串，然后定义一个函数 mysort，将指针数组 pstr 传到函数中去，利用指针对其所指向的字符串按照从小到大的顺序进行排序，进而输出排序后的结果。在函数 mysort 中，形参定义为二级指针，这样才能接收实参 pstr 作为二级指针传入的数据。

知识拓展

以上是定义了二级指针，同理，如果再定义一个指针变量 r 指向 p，则 r 就是三级指针。例如，下面的定义：

```
int ***r,**p,*q,a=56;
q=&a; p=&q; r=&p;
```

经过如此定义与赋值后，三个指针与指向的存储单元之间的关系如图 8-40 所示。

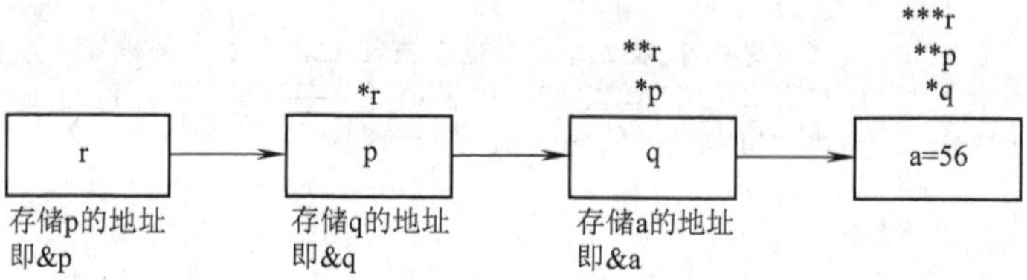

图 8-40　三级指针与指向的存储单元之间的关系

8.6　函数指针与返回值为指针的函数

知识导例

1．利用指向函数的指针调用函数，求两个数的最大值

程序名：ex8_6_1.c

```
#include "stdio.h"
int max(int x,int y)            /*函数 max 求两个数的最大值*/
```

```
{
 return(x>y?x:y);
}
main()
{
  int (*p)(int,int),a,b,ma;       /*定义函数指针 p*/
  p=max;                          /*函数指针 p 指向函数 amx 的入口地址*/
  printf("请输入两个整数:\n");
  scanf("%d%d",&a,&b);
  ma=(*p)(a,b);                   /*利用函数指针 p 调用所指向的 max 函数*/
  printf("%d 和%d 的最大值是:%d\n",a,b,ma);
}
```

程序运行结果如图 8-41 所示。

2．有一组整数，排成一个序列，编一个函数，将该序列进行倒排

程序名：ex8_6_2.c

```
#include "stdio.h"
int *fun(int *a,int n);           /*声明自定义指针函数 fun*/
main()
{
int a[10]={0,1,2,3,4,5,6,7,8,9},i,*p;
printf("原序列是：\n");
for(i=0;i<10;i++)
     printf("%d ",*(a+i));
p=fun(a,10);
printf("\n 倒排之后的序列是：\n");
for(i=0;i<10;i++)
     printf("%d ",*(p+i));
printf("\n");
}
int *fun(int *a,int n)            /*函数类型为整型指针*/
{
int i,j,t;
for(i=0,j=n-1;i<j;i++,j--)
{
        t=a[i];
   a[i]=a[j];
   a[j]=t;
}
return a;
}
```

程序运行结果如图 8-42 所示。

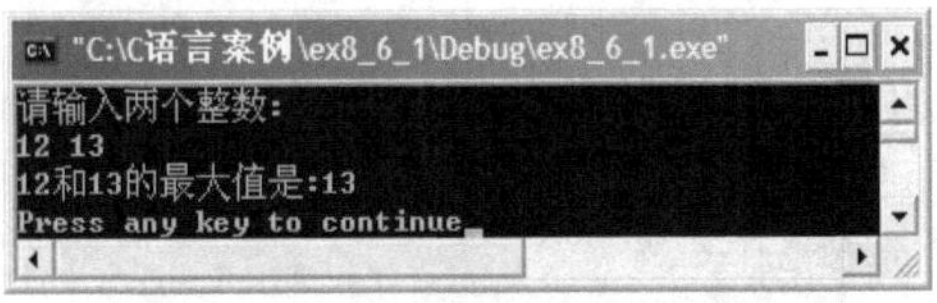

图 8-41　程序 ex8_6_1.c 的运行结果

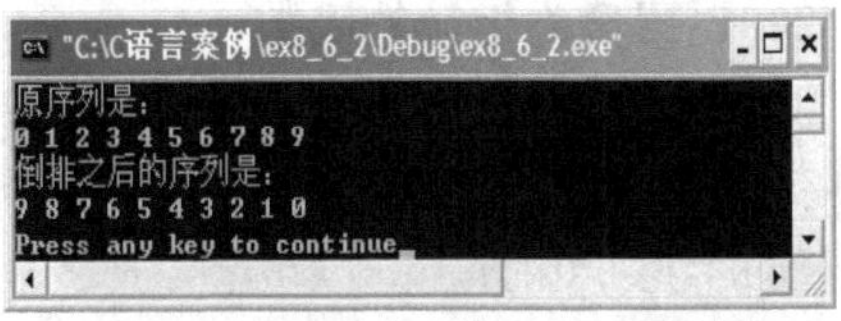

图 8-42　程序 ex8_6_2.c 的运行结果

相关知识

1. 函数指针

根据函数的调用机制，C 语言程序在运行的时候，每产生一次函数调用都要为被调函数开辟单独的空间，用来存储函数内部的局部变量以及返回值等，主调函数还将程序运行的主动权交给被调函数。在这里有几个更深层次的问题，如系统是如何调用被调函数的？如何将实参传给形参？如何给函数内部的局部变量赋值？这几个问题是不同的问题，解决过程各不相同，但是，系统在解决以上几个问题时，首先要找到被调函数所占据的内存空间，即找到这个存储单元的首地址，也叫做入口地址，然后将主动权交给此函数，从而进行一连串函数调用的操作。那么，函数的入口地址在哪里呢？其实，函数的入口地址就蕴含在函数的名称里。在 C 语言中，函数名代表一个地址，它是函数调用所分配空间的入口地址。知道该地址，就可以通过定义一个指针变量来得到该地址。

如何定义一个指向函数的指针变量呢？通过前面的学习知道，指针变量必须要和指向的存储单元类型相同，那么指向函数的指针就要和函数的类型相同。不仅如此，函数所占的空间不是一个普通的变量所占据的存储单元，仅仅定义一个与函数类型相同的指针还不能让该指针变量指向该函数，有的时候还必须告诉该指针变量所指向的函数有几个形式参数以及这些形式参数的类型。

函数指针的定义格式是：

```
数据类型（*指针变量名）(形参类型  形参 1，形参类型 形参 2，…)
```

例如，在知识导例 1 定义了一个函数指针：

```
int (*p)(int,int)
```

如此则定义了一个指向函数的指针 p，它可以指向函数。在此作几点说明：

1）p 不是仅能指向一个函数，而是可以指向一批函数，只要函数类型是整型的，而且函数里面有两个整型参数的都可以用指针变量 p 去指向它。

2）在定义时要注意，定义函数指针时，后面圆括号中的参数名可以省略，只写类型即可。在 VC++6.0 调试工具中，里面参数的个数也可以不写。例如定义为：int (*p)()，则 p 可以指向所有函数类型是 int 类型的函数，而不管函数的参数个数及类型。

3）在定义函数指针时，“*”号和函数名一定要括起来，如果不括起来就成为下面将要介绍的指针函数了。

函数指针定义好以后，可以先给指针变量赋值。方法很简单，直接将代表函数地址的函数名赋值给指向该类函数的函数指针就可以了。例如：

```
p=max;
```

如此赋值以后，就可以利用函数指针 p 来引用（调用）max 函数了。利用函数指针引用函数有两种方法：一种方法如知识导例 1 中通过(*p)(a，b)来调用函数；另一种方法就是直接用 p 去替换函数名，即 p(a，b)也可以调用 max 函数。

2. 返回值为指针的函数

函数的返回值为指针，是指函数的返回值不再是一个具体的数据，而是某个存储单元的地址，它的定义格式是：

```
数据类型  *函数名（形参类型  形参 1，形参类型 形参 2，…)
```

函数的返回值是一个地址，就需要一个定义该地址指向的存储单元的数据类型一致的指针变量才能接收，然后通过指针变量再来间接访问其指向的存储单元。

例如在知识导例 2 中，定义了一个指针函数 int *fun(int *a,int n)，在对此函数进行调用后，此函数返回一个指向整型存储单元的地址，在主程序中定义了一个指针变量 p 用来接收函数 fun 的返回值，所以通过函数调用 p 指向主函数中的数组 a，此时，数组 a 中的数据已经在函数调用时进行了倒排序，所以，通过指针变量 p 输出了倒排序之后的结果。

在定义返回值是指针的函数时要注意，由于其返回值是一个地址，所以如果返回的是函数内部某个局部变量的地址，则会因为函数的调用机制，当函数调用结束后，局部变量所占据的存储空间就会被销毁。所以，获取的指针指向的存储单元有可能不是我们想要的那个数据的存储单元。

例如：

```
int *p;
……
int *fun()
{
  int a[10]={0};
  return a;
}
```

通过 p=fun()，从表面上看，p 指向了 a，其实当函数 fun 调用结束后，p 所指向的 a 已经被销毁，所以输出不了正确的数据，此时指针 p 就会变成野指针。

3．函数指针作为函数的参数

函数指针作为函数的参数时，实参是函数名，形参定义为指向与实参同类型的函数指针。

例如，某个函数定义为：

```
void fun(int (*p)(),int a,int b)
{
    int ma;
    ma=(*p)(a,b);
}
```

另一个函数定义为：

```
int max(int a,int b)
{
   return (a>b?a:b)
}
```

则 fun 函数执行时，可以用如下方式调用：

```
fun（max，10，20）;
```

通过此种方式调用，实参 max 将函数的地址传递给形式参数 p，而 p 是一个指向此类函数的指针。

实践训练

【实训项目一】

1．实训内容

定义一个求两个数的最大值的函数，再定义一个求三个数的最大值的函数，利用函数指针调用求两个数最大值的函数，进一步求出三个数的最大值。

2．解决方案

程序名：prac8_6_1.c

```
#include "stdio.h"
int max(int a,int b);                       /*声明自定义函数 max*/
int fun(int (*p)(),int a,int b,int c);      /*声明自定义函数 fun*/
main()
{
   int a,b,c,ma;
   printf("请输入三个数，用来求最大值:\n");
   scanf("%d%d%d",&a,&b,&c);
   ma=fun(max,a,b,c);
   printf("三个数的最大值是:%d\n",ma);
}
int fun(int (*p)(),int a,int b,int c)       /*函数 fun 用来求三个数的最大值*/
{                                           /*形参 p 是一个函数指针*/
    int m1;
      m1=(*p)(a,b);                         /*利用函数指针 p 调用 max 函数*/
      return((*p)(m1,c));                   /*利用函数指针 p 再次调用 max 函数*/
}
int max(int a,int b)                        /*函数 max 用来求两个数最大值*/
{
      return(a>b?a:b);
}
```

程序运行结果如图 8-43 所示。

3．项目分析

该项目是利用两个数的最大值的函数求三个数的最大值，通过两次调用求两个数的最大值的函数实现了求三个数的最大值。当然，求三个数的最大值异常简单，有时用一个条件表达式就可以表示清楚，在此，主要是想让读者体会一个函数如何作为另外一个函数的参数。在该项目中，max 作为函数的入口地址，传递给了指向函数的指针 p，从而使用 p 产生了对 max 函数的调用。

【实训项目二】

1．实训内容

定义一个二维数组，里面存放若干个学生的若干门课程的成绩，定义一个函数，能求出某个学生的各门课程的成绩，要求该函数的返回值是某个学生在二维数组中所在行的首地址。

2．解决方案

程序名：prac8_6_2.c

```
#include "stdio.h"
double *mysearch(double (*p)[4],int n);          /*声明自定义函数 mysearch*/
main()
{
 double score[][4]={{66,77,88,99},{56,67,78,88},{47,78,98,86}};
 double *p;
 int i,count;
```

```
    printf("请输入要查找第几个学生的成绩 1-3:\n");
    scanf("%d",&count);
    printf("第%d 个学生的成绩是:\n",count);
    p=mysearch(score,count-1);
    for(i=0;i<4;i++)
    {
      printf("%5.1lf",*(p+i));
    }
    printf("\n");
}
double *mysearch(double (*p)[4],int n)        /*定义 double 型指针函数 mysearch */
{                                             /*形参 p 是一个指向每行有 4 个元素的二维数组的行指针*/
    double *q;
    q=*(p+n);
    return(q);                                /*返回二维数组第 n 行的首地址*/
}
```

程序运行结果如图 8-44 所示。

图 8-43　程序 prac8_6_1.c 的运行结果

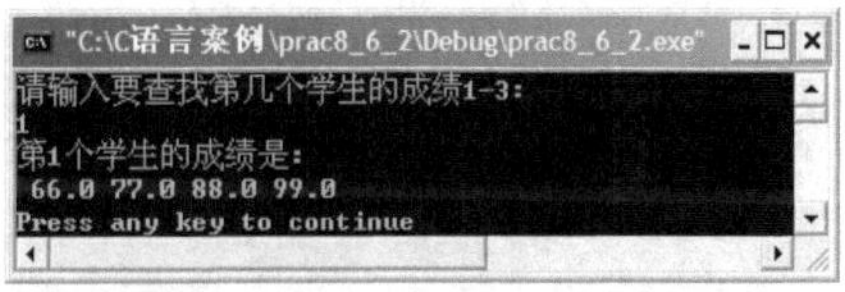

图 8-44　程序 prac8_6_2.c 的运行结果

3．项目分析

mysearch 函数为返回值是指针的函数，返回的地址是指向 double 型数据的存储单元。该函数有两个参数，第一个参数是一个指向二维数组的行指针，它指向的是每一行有 4 个元素的二维数组。在本项目中，将二维数组第 0 行的地址 score 传递给了该行指针变量。mysearch 函数调用结束，返回查找到某个学生所在的行的一维数组的首地址，从而可以读取该学生的学习成绩。

8.7　动态内存分配

知识导例

用动态分配内存函数 malloc 开辟 10 个连续的存储单元，用一个指针指向它，并给每一个存储单元赋值，然后根据需要动态增长刚才分配的存储单元，并为增加的存储单元赋值，最后输出各存储单元的值，释放存储单元，并把输出指针指向释放过的存储单元的值与没有释放前的值进行比较。

程序名：ex8_7_1.c

```
#include "stdio.h"
#include "malloc.h"                       /*动态分配内存单元的头文件*/
main()
{
      int *p,i;
      char ch;
```

```
    p=(int *)malloc(10*sizeof(int));     /*利用 malloc 分配空间*/
    printf("已经成功开辟 10 个连续的整型存储单元。\n");
    for(i=0;i<10;i++)
            *(p+i)=i;
    printf("已经成功为 10 个连续的整型存储单元赋值 0–9。\n");
  printf("输出 10 个整型数据如下：\n");
    for(i=0;i<10;i++)
          printf("%d ",*(p+i));
    printf("你想增加一个存储单元吗？ Y/N?");
  ch=getchar();
    if(ch=='Y'||ch=='y')
    {
      p=realloc(p,(10+1)*sizeof(int));
        printf("已经成功开辟 11 个连续的整型存储单元，\n 前 10 个数据并没有清除，请为第 11 个数
据手工输入：\n");
      scanf("%d",p+10);
        printf("输出 11 个整型数据如下：\n");
        for(i=0;i<11;i++)
            printf("%d ",*(p+i));
        printf("\n");
    }
    else
    {
       printf("\n");

    }
    printf("现在开始准备释放开辟的存储单元...\n");
    free(p);
    printf("释放完毕!\n");
    printf("现在重新输出指针变量 p 所指向的存储单元，看输出什么样的数据...\n");
    for(i=0;i<11;i++)
    {
          printf("%d ",*(p+i));
          if(i==5) printf("\n");
    }
    printf("\n");
}
```

程序运行结果如图 8-45 所示。

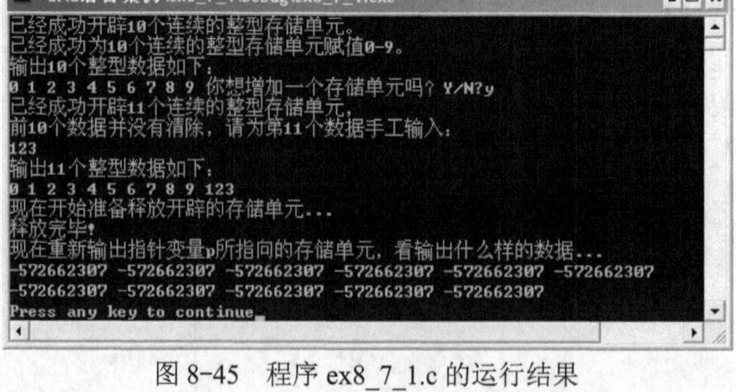

图 8-45　程序 ex8_7_1.c 的运行结果

相关知识

1．无类型的指针

在 C 语言中，允许定义没有类型的指针，即 void 类型的指针，它的定义格式如下：

```
void *p;
```

无类型的指针作用不是太大，一般情况下，定义一个无类型的指针是为了程序后面使用该指针进行预留的。可以将某个类型的存储单元地址赋给无类型的指针，但是无类型指针仅得到了一个地址，无法使用该指针变量引用所指向的存储单元。如果将无类型的指针赋给有类型的指针，则需要进行强制类型转换。如图 8-46 所示，通过程序片段可以看出，无类型的指针变量 p 指向整型存储单元 b，但是无法通过*p 引用 b 的值，所以出现 C2100 错误：illegal indirection，意思是不合法的指针指向。

图 8-46　无类型的指针不能引用所指向的存储单元

2．内存的动态分配

在对 C 语言程序进行编译时，系统将内存划分为几个区域，全局变量和静态存储变量是存储在内存的静态存储区，非静态的局部变量，如自动型变量是存储在内存的动态存储区，该区域称为栈区。形参作为局部变量，也存储在该区域，栈区的变量所使用的空间在函数调用结束，由系统来回收其空间。另外，还有一个区域，也是内存中较大的一个区域，称为堆区。该区域是一个自由的区域，主要用来存储一些临时的数据，这些数据不必在程序的说明部分进行定义，而是随时需要都可以开辟使用，但是只能通过指针去引用该部分的数据，因为没有事先在程序的声明部分进行定义，所以不能使用变量名、数组名去引用这些数据。

在 C 语言中，对堆区内存的分配是通过几个内存分配函数来进行的，这几个内存分配函数是 malloc、calloc、realloc、free 函数。这些函数都在一个 malloc.h 的头文件中进行了声明，所以在使用这些函数时，必须要包含这个头文件。

（1）malloc函数　该函数的原型是：

```
void *malloc(unsigned size);
```

为了方便记忆，下面解释一下函数名的字面意思："m"是 memory（内存）的缩写，"alloc"是 allocate（分配）的缩写。

例如 malloc(100*sizeof(int))；是通过调用该函数，在内存中开辟 100 个连续的整型存储单元，并返回开辟的 100 个连续的存储单元的首地址。但是，系统并不告诉你这个地址是指向什么类型的数据，即是一个 void 类型的地址，所以在实际引用的时候，还必须进行强制类型转换，此时可以再定义一个整型的指针 p，用来获取开辟的存储单元的首地址。

```
int *p;
p=(int *) malloc(100*sizeof(int));
```

如此，就可以通过指针变量 p 来引用这 100 个连续的存储单元了，此处 100*sizeof(int) 表示开辟 100 个整型存储单元，可以直接写成 400。

（2）calloc函数　该函数的原型是：

```
void *calloc(unsigned n ,unsigned size);
```

其中，参数 n 代表开辟的连续存储单元的个数，size 表示每个存储单元的大小，所以在功能使用上等同于 malloc 函数。例如在知识导例中，可以将语句 p=(int *)malloc(10*sizeof(int)); 更换为：p=(int *)calloc(10,sizeof(int));，其他不用修改，程序也能正常运行。两者的区别在于，利用 malloc 函数分配的空间，系统不进行初始化，而利用 calloc 函数分配的空间，系统将初始化为 0。

（3）realloc函数　该函数通常是在 malloc函数或calloc函数分配的空间不够用时，可以使用realloc来进行重新再分配，而且新分配的存储单元要么在原有基础上增长，要么重新分配一个空间，把原有的存储单元的值复制过来，所以realloc是保值情况下的再分配。该函数的原型是：

```
void *realloc（原起始地址，新分配的空间大小）;
```

例如，知识导例中的 p=realloc(p,(10+1)*sizeof(int)); 语句，第二个 p 为原分配的空间的起始地址（基地址），第一个 p 是新分配空间的起始地址，（10+1）*sizeof(int))表示新分配的空间大小是 11 个整型的存储单元，此处可以直接写成 11*sizeof(int)，甚至可以直接写 44 即可，写成（10+1）*sizeof(int))形式是为了便于理解。

3．内存的动态释放

在堆区，使用动态内存分配函数分配的存储单元，系统不负责进行使用过后的回收，而是由使用者自行回收。C 语言提供了一个内存回收的函数 free，它的原型是：

```
void free（起始地址）
```

在使用时，将分配的空间的起始地址放到函数的参数中即可。例如在知识导例中，利用 free(p)便可回收 p 所指向的 11 个连续的整型存储单元，所以再利用指针变量 p 输出连续的 11 个存储单元时，便出现了系统提供的 11 个值，而不是我们在程序运行时赋的值。

有些程序员可能分配了空间，但是忘记了回收，程序也能够正确无误地运行，但是此时，会使堆区越来越小，程序运行效率越来越低，而且数据不及时回收，其他变量在引用这些存储单元时，会出现误数据等。

实践训练

【实训项目】

1．实训内容

在程序设计中，经常会用到一种称做“栈”的数据结构，这种结构的特点后进先出。栈的这种特性，可以广泛应用于程序设计的各个方面。现利用动态分配函数分配一段内存空间，设计成栈。

2．解决方案

程序名：prac8_7_1.c

```
#include "stdio.h"
#include "malloc.h"
#include "stdlib.h"
#define MAX 10
int *p;                          /*指向堆区的某个存储单元的指针*/
int *top;                        /*指向栈顶的指针*/
```

```
int *bottom;                    /*指向栈底的指针*/
void push(int i);               /*压栈函数 push 的声明*/
int pop();                      /*弹栈函数 pop 的声明*/
main()
{
  int x,i,var;
  p=(int *)malloc(MAX*sizeof(int));
  if(!p)
  {
       printf("建栈失败!");
       exit(1);
  }
  top=p;                        /*top 指向栈顶*/
  bottom=p+MAX-1;               /* bottom 指向栈底*/
  printf("请输入%d 个数：",MAX);
  for(i=0;i<MAX;i++)
  {
       scanf("%d",&var);
       push(var);
  }
  printf("现弹出这 10 个数：\n",MAX);
  for(i=0;i<MAX;i++)
  {
       x=pop();
       printf("%d ",x);
  }
  printf("\n");
}
void push(int i)                /*压栈函数 push*/
{
     if(p>bottom)
     {
          printf("栈满!");
          return;
     }
    *p=i;
     p++;
}
int pop()                       /*弹栈函数 pop*/
{
     p--;
     if(p<top)
     {
          printf("栈空!");
          return 0;
     }
     return *p;
}
```

程序运行结果如图 8-47 所示。

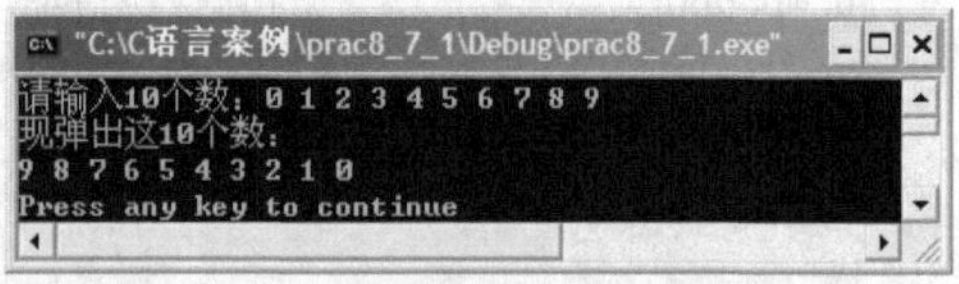

图 8-47　程序 prac8_7_1.c 的运行结果

3．项目分析

本项目利用 malloc 函数先开辟一个存储单元，然后按照后进先出（Last In First Out）的特点设计成栈的结构，其中 push 函数代表压栈，pop 函数代表弹栈。输入一批数据后，按照后进先出的特点弹出这些数，exit 函数是头文件 stdlib.h 中声明的一个函数，当里面的参数是 1 的时候，代表结束应用程序。

8.8　命令行参数

知识导例

在控制台下输入一个命令行，输出命令行包含的所有参数。

程序名：ex8_8_1.c

```
#include "stdio.h"
main(int argc,char *argv[])          /*argc 为命令行参数个数，argv 为命令行参数*/
{
   int i;
   for(i=0;i<argc;i++)
   {
         printf("%s\n",argv[i]);
   }
}
```

程序运行结果如图 8-48 所示。

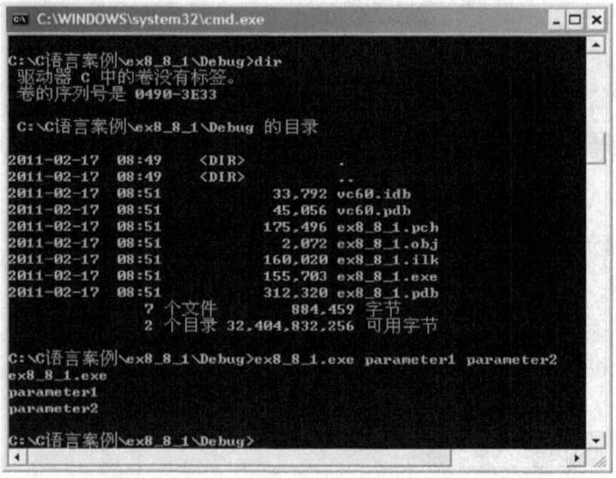

图 8-48　程序 ex8_8_1.c 的运行结果

相关知识

C 语言要求每个程序必须要有且仅有一个主函数，不论这个程序由多少个文件组成，只能在一个文件中有 main 函数。而前面所演示的所有程序，main 作为一个函数，里面都没有见到参数，那是因为当时还没有用到 main 函数中的参数，其实主函数（即 main 函数）中有两个参数。main 函数的原型是：int main(int argc,char *argv[])，这两个参数是 argc 和 argv，它们被称为命令行参数。

在 Windows 操作系统的“开始”菜单中，单击“所有程序”→“附件”→“命令提示符”，打开一个黑屏界面，这个界面称为 DOS（一种操作系统）控制台。在此控制台下，可以用键盘输入批处理文件、可执行文件等文件名打开程序。例如，输入 notepad 即可以打开记事本，则输入的“notepad”即叫做“命令”，而这一行指令叫做“命令行”。有时命令行除了文件名之外还带有一些参数，如测试网络是否连通的 ping 命令，其使用方法如：ping 192.168.0.1，功能是完成测试当前主机到 192.168.0.1 主机是否网络连通。再如文件复制的命令，如输入 copy file1.c file2.c，其功能是将 file1.c 复制到 file2.c 之中。这些都是带参数的命令。那么在开发程序的时候，包含文件名以及后面的参数应该怎么去引用呢？以 copy file1.c file2.c 命令来说，copy 字符串存储在 argv[0]指向的存储单元，file1.c 存储在 argv[1]指向的存储单元，file2.c 存储在 argv[2]指向的存储单元，本命令行包含文件名共有三个参数，所以 argc 的值就是 3，因此在引用参数的时候，就可以通过 argc 查到参数的个数，即参数的个数是 argc，参数字符串分别从 argv[0]到 argv[argc−1]。

通过以上介绍，就明白了在知识导例中：argv[0]指向第一个命令行参数：ex8_8_1，argv[1]指向 parameter1，argv[2]指向 parameter2。

实践训练

【实训项目】

1．实训内容

输入一个含有 4 个参数的命令，请输出命令行中所有的参数，同时输出第 5 个参数。要求使用二级指针实现在 main 函数中存储字符串的参数。

2．解决方案

程序名：prac8_8_1.c

```
#include "stdio.h"
main(int counter,char **str)          /* counter 为命令行参数个数，str 为命令行参数*/
{
   int i;
   printf("counter=%d\n",counter);
   for(i=0;i<counter;i++)
   {
         printf("str[%d]=%s\n",i,*(str+i));
   }
   printf("str[counter]=%s",str[counter]);
}
```

程序运行结果如图 8-49 所示。

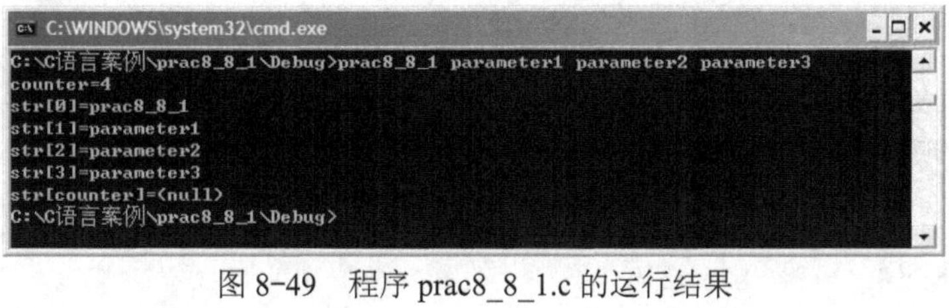

图 8-49　程序 prac8_8_1.c 的运行结果

3. 项目分析

本实训项目是对知识导例的扩充，重点说明以下几个问题：①关于 main 函数中的参数名。第一个参数表示命令行参数的个数，形参名不一定就叫做“argc”，其实只要是整型变量就可以；第二个参数用于存储命令行中各参数所代表的字符串，将各字符串的地址存储于指针数组中，此形参名称不一定就叫做“argv”，可以任意起名，只要符合标识符命名规则即可。②第二个参数是个指针数组，里面存储命令行参数所代表的各字符串的地址，其实作为形参 str，在这里即使写成*str[]，仍然不是代表一个数组，而是一个指针变量，只不过这个指针变量是指向一个指针数组的变量，即二级指针，所以其参数可以写成一个二级指针。③在输出时程序使用了*（str+i）来输出命令行各参数，其实只要明白了指向数组的指针与数组之间的关系，就很容易明白这个道理，如图 8-50 所示。④如果命令行参数的个数是 n 个，系统会自动将第 n+1 个参数的字符串置为“\0”。例如本实训项目中，个数为 4，将第 5 个参数即 str[4]置为“\0”，几个参数在内存中的表示形式如图 8-50 所示。

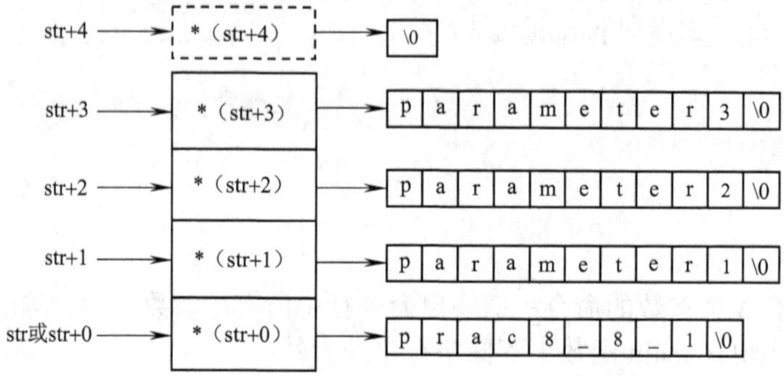

图 8-50　命令行参数在内存中的存储表示

8.9 综合实训

【综合实训】

1. 实训内容

设计一个备忘录程序，能够进行记录的录入、浏览与删除。要求将录入、浏览与删除均写成函数进行调用，要设计出可选菜单，进行功能的选择。

2. 解决方案

程序名：prac8_9_1.c

```
#include "stdio.h"              /*标准输入输出头文件*/
#include "stdlib.h"             /*系统库函数头文件*/
#include "string.h"             /*字符串函数头文件*/
#include "process.h"            /*进程函数头文件*/
char *p[5],*qretrive();         /*定义全局指针数组 p，声明函数 qretrive */
int sp,rp;
void enter(),qstore(char *q),list(),del();
int menu_select();
```

```
main()
{
register int t;
for(t=0;t<5;t++)
      p[t]='\0';
sp=rp=0;
for(;;)
{
 system("cls.exe");           /*利用系统函数 system 调用系统命令进行清屏*/
 switch(menu_select())
  {
   case 1:enter();break;
   case 2:list();break;
   case 3:del();break;
   case 4:exit(0);break;
   }
 getchar();
}
}
int menu_select()
{
    char s[80];
    int c;
    printf("          一个简单备忘录演示程序              \n");
    printf("                    version 1.0               \n");
    printf("****************************************\n");
    printf("            1—备忘录录入       \n");
    printf("            2—备忘录显示       \n");
    printf("            3—备忘录删除       \n");
    printf("            4—返回             \n");
    do
     {
          printf("请输入您要进行的操作 1-4:");
          gets(s);
          c=atoi(s);
    }while(c<0||c>4);
    return c;
}
void enter()                    /*添加记录*/
{
    char s[256],*p;
    do
    {
          printf("请录入第%d 件事:",sp+1);
          gets(s);
          if(*s==0)break;
          p=malloc(strlen(s+1));
          if(!p)
          {
                printf("空间不够!");
                return;
          }
```

```
            strcpy(p,s);
            p[strlen(s)]='\0';
            if(*s)
                qstore(p);
    }while(*s);
}
void list()                    /*显示所有记录*/
{
    register int t;
    for(t=rp;t<sp;t++)
        printf("第%d 件事为:%s\n",t+1,p[t]);
}
void del()                     /*如果记录全部删除完毕，则返回*/
{
    if(!qretrive())
    {
        return;
    }
}
void qstore(char *q)
{
    if(sp==5)
    {
        printf("空间满!!!\n");
        return;
    }
    p[sp]=q;
    sp++;
}
char *qretrive()               /*删除事件的函数*/
{
    if(rp==sp)
    {
        printf("事件全部处理完毕!\n");
        return NULL;
    }
    rp++;
    return p[rp-1];
}
```

运行本程序，在出现的界面中提示欲输入的操作，此时还没有记录。先输入 1，出现如图 8-51 所示的界面，在此界面录入事件。在此共录入了 5 个事件，在录入第 6 个事件时，提示空间满。

按“回车”键后继续进行选择，选择第 2 项，即输入 2，可以浏览备忘录中的信息。如图 8-52 所示。从图中还可以看出，刚才录入的第 6 件事由于空间满而没有被录入。

按“回车”键后继续进行选择，选择第 3 项，即输入 3，可以删除备忘录中的记录信息。每选择一次第 3 项，删除一条最先录入的记录。输入 3，进行删除记录的界面如图 8-53a 所示。连续输入两次 3，删除两条记录，删除后再选择 2，进行记录的显示，如图 8-53b 所示。

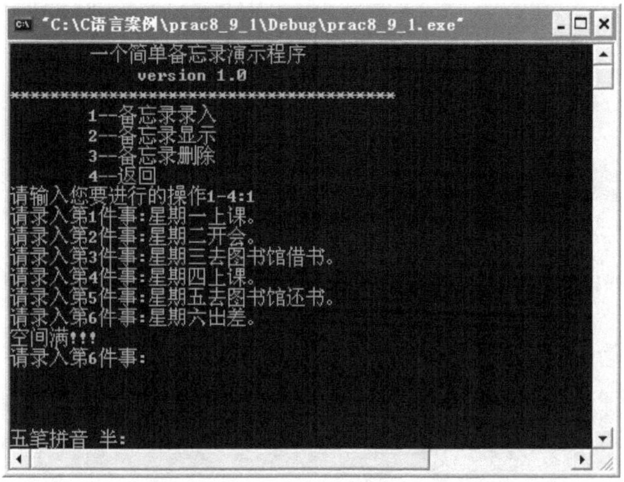

图 8-51　程序 prac8_9_1.c 运行结果中录入的界面

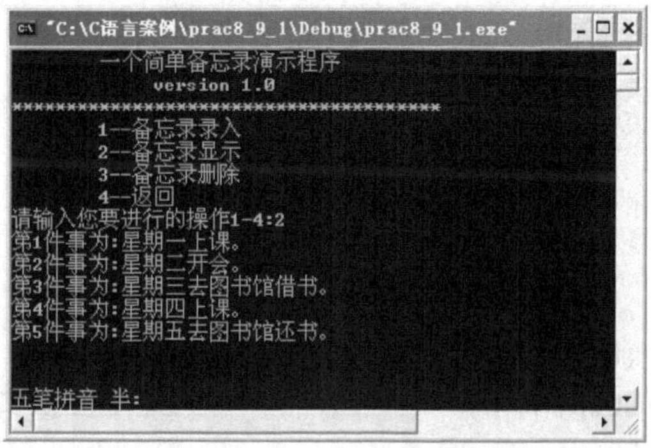

图 8-52　显示备忘录中记录

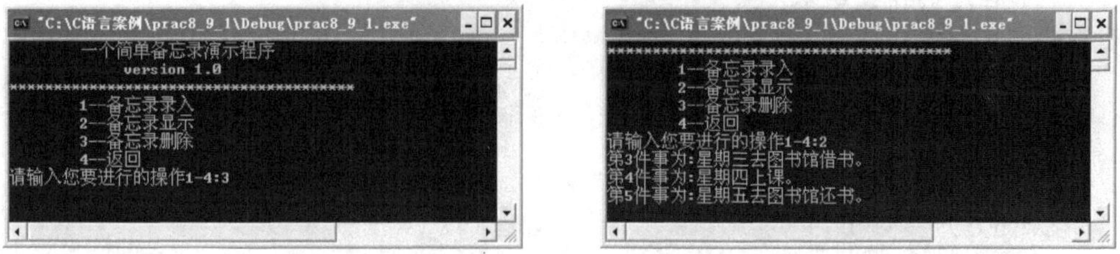

a）　　　　b）

图 8-53　删除备忘录中的信息并进行显示

a）输入 3 进行删除　b）删除后进行记录的显示

3．项目分析

本项目综合前面多章的知识点，涉及选择结构、循环结构、数组、函数及本章的指针。函数 menu_select 的功能是创建一个菜单，用户选择相应的选项标号后返回到主调函数中，在主函数中循环进行菜单项的显示。程序中定义了 char *p[5]表示该备忘录最多存 5 条记录，读者可以根据需要进行添加，记录的空间是利用 malloc 函数动态开辟。程序中 system("cls.exe")表示利用系统函数 system 调用操作系统的清屏命令 cls.exe 进行清屏，atoi 函数是将字符或字符串转成十进制整型数据。本项目中的备忘录只是存入内存之中，不能长久保存，读者在学习第 12 章以后，可以尝试将本备忘录程序进行功能添加，将记录保存于文件之中，既可以长期保存，又可以作为一个较为实用的程序使用。

习　题

一、选择题

1. 若 x 为整型变量，pb 是类型为整型的指针类型变量，则正确的赋值表达式是（　　）。

A. pb=&x;　　B. pb=x;　　C. *pb=&x;　　D. pb=*x;

2. 如果执行 int a[10],i=3,*p; p=&a[5]; 则下面不是数组 a 的元素的表达式是（　　）。

A. p[−5]　　B. a[i+5]　　C. *p++　　D. a[i−5]

3. 下面程序的输出结果是（　　）。

```
#include  "stdio.h"
char s[]="ABCD";
main()
  {
        char *p;
        for(p=s; p<s+4; p++)
        printf("%s\n",p);
   }
```

A.	B.	C.	D.
ABCD	A	D	ABCD
BCD	B	C	ABC
CD	C	B	AB
D	D	A	A

4. 如果定义了 char*str= “hello”; 下面的程序正确的是（　　）。

A. char c[],*p=c;strcpy(p,str)　　B. char c[5],*p;strcpy(p,str)

C. char c[10],*p=c;strcpy(p,str)　　D. char c[5];strcpy(p,str)

5. 下面程序的输出结果是（　　）。

```
#include "stdio.h"
#include "string.h"
main()
{
  char  *p1="abc", *p2="ABC", str[50]= "xyz";
  strcpy(str+2,stcat(p1,p2));
  printf("%s\n",str);
}
```

A. xyzabcABC　　B. zabcABC　　C. xyabcABC　　D. yzabcABC

6. 假设有如下定义 int(*p)(); 下面正确的叙述为（　　）。

A. p 是一个普通的变量

B. p 是指向整型数据的指针变量

C. p 是一个函数名，该函数的返回值是指向整型数据的指针变量

D. p 是指向函数的指针变量，该函数的返回值是整型数据

7. 要求函数的功能是交换 x 和 y 中的值，且通过正确调用返回交换结果。能正确执行此功能的函数是（　　）。

A. funa(int *x, int *y)

```
{int   *p;*p=*x; *p=*y; *y=*p;}
```

B. funb(int x, int y)

```
{int   t; t=x; x=y; y=t;}
```

C. func(int *x, int *y)

```
{int   *x=*y;   *y=*z;}
```

D. fund(int *x, int *y)

```
{*x=*x+*y;   *y=*x−*y;   *x=*x−*y; }
```

8. 下面程序的输出结果是（　　）。

```
main()
{
 int a[3][4]={1,3,5,7,9,11,13,15,17,19,21,23};
int (*p)[4]=a,i,j,k=0;
for(i=0;i<3;i++)
for(j=0;j<2;j++)
    k=k+*(*(p+i)+j);
printf("%d\n",k);
}
```

A. 99　　B. 68　　C. 60　　D. 168

9. 下面程序的输出结果是（　　）。

```
#include   "stdio.h"
main()
{
char *alpha[6]={ "ABCD","EFGH","IJKL","MNOP","QRST","UVWX"};
char **p;
int i;
p=alpha;
for(i=0;i<4;i++)   printf("%s",p[i]);
 printf("\n");
 }
```

A. ABCDEFGHIJKL　　B. ABCDEFGHIJKLMNOP

C. ABCD　　D. AEIM

10. 执行以下程序后，y 的值是（　　）。

```
#include   "stdio.h"
main()
{
 int a[]={2,4,6,8,10};
 int y=1, x, *p;
p=&a[1];
for(x=0;x<3x++)
     y+=*(p+x);
printf("%d\n",y);
}
```

A. 17　　B. 18　　C. 19　　D. 20

二、填空题

1. 有以下程序段:

```
int a[6]={1,5,10,15,20,25},*p=a;
```

如果使 p 指向数值为 10 的数组元素，则 p+=________。

2. 下面语句中的指针 s 所指字符串的长度是________。

```
char *s="\t\\hello\n";
```

3．设有如下程序段:

```
int *p, a;
a=100; p=&a; a=*p+10;
```

执行上面的程序段后，a 的值为________。

4．设有如下的程序段:

```
char str[]="Hello"; char *ptr; ptr=str;
```

执行上面的程序段后，*（ptr+5)的值为________。

5．请将下面的函数补充完整，使其具有求和的功能。

void sum(int a,int b,________c)

{

        =a+b;

}

三、阅读下面各程序，写出运行结果

1．#include "stdio.h"

```
main()
{
int a[10]={1,2,3,4,5,6,7,8,9,10},*p=a;
pritnf("%d\n",*(p+2));
}
```

2．#include "stdio.h"

```
main()
{
char *str="I am a student";
pritnf("%s\n",str+4);
}
```

3．#include "stdio.h"

```
f(char *s)
{
char *p=s;
while(*p!= '\0')
    p++;
return(p−s);
}
main()
{
pritnf("%d\n",f("hello"));
}
```

4．#include "stdio.h"

```
main()
{
int **K,*j,i=200;
j=&i; k=&j;
printf("%d\n",**k);
}
```

5. #include "stdio.h"

```
#include "string.h"
void fun(char *pstr,int n)
{
char ch,*p,*q;
p=pstr;q=pstr+n-1;
while(p<q)
{ch=*p++;*p=*q--;*q=ch;}
}
main()
{
char str[]="ABCDEFG";
 fun(str,strlen(str));
 puts(str);
}
```

6. #include "stdio.h"

```
main()
{
char str[20]= "goodschool!",*pstr=str;
pstr=pstr+2;
pstr="to";
puts(str);
}
```

四、编程题

1. 已知一个整型数组 a[5]，它的元素值为 1、2、3、4、5。请使用指针表示法，求数组元素的和。

2. 编写一个函数，求一个字符串的长度。

3. 输入一行文字，找出其中大写字母、小写字母、空格、数字及其他字符各有多少。

4. 将 n 个数按输入顺序的逆序排列，用函数实现。

5. 从键盘上输入一字符串，删除字符串中的非字母字符。例如，输入字符串为"89abcd12%&#efg!"，输出字符串为"abcdefg"，将删除字符串中的非字母字符定义成一个函数进行调用。

6. 有 m 个人围成一圈，按 1 到 m 顺序排号。现在从第 1 个人开始报数（从 1～3 报数），只要报数为 3 的人自动退出圈子，问最后留下的是原来的第几号那个人?

7. 分别利用 malloc 函数和 calloc 函数分配 10 个 double 型数据的存储单元，并进行赋值，然后将利用 calloc 函数开辟的空间里面的 10 个数据按照顺序一个个放到利用 malloc 函数开辟的存储单元后面，当空间不够时利用 realloc 函数增加空间，最后输出合并后的 20 个数。

第 9 章　编译预处理

如果在 C 语言程序的开头写有预编译命令，则程序在编译之前又多了一个阶段，该阶段就是预编译，也叫做编译预处理。预编译阶段所做的工作主要就是代码的替换。预编译命令有宏定义、文件包含、条件编译等，本章主要讲述前两种。在源程序中，用#define 写出的预处理命令称为宏定义，用#include 写出的预处理命令称为文件包含，当源程序进行预编译时，就会用相应的代码替换用#define 定义的宏，用头文件中的内容替换#include 包含的头文件。使用预编译命令的好处之一就是可以提高软件开发的效率。

9.1　宏定义

知识导例

求圆的面积。

程序名：ex9_1_1.c

```
#define PI 3.14                                      /*定义宏 PI 代表 3.14*/
#define R 2                                          /*定义宏 R 代表 3.14*/
#define S PI*R*R                                     /*定义宏 S 代表 PI*R*R */
#include "stdio.h"
main()
{
    double r=2,area,l;
    l=2*r*PI;                                        /*使用宏 PI*/
    area=PI*r*r;                                     /*使用宏 PI*/
    printf("PI=%f,r=%f,l=%f,area=%f\n",PI,r,l,area);  /*使用宏 PI*/
    print f("S=%f\n",S);                             /*使用宏 S*/
}
```

程序运行结果如图 9-1 所示。

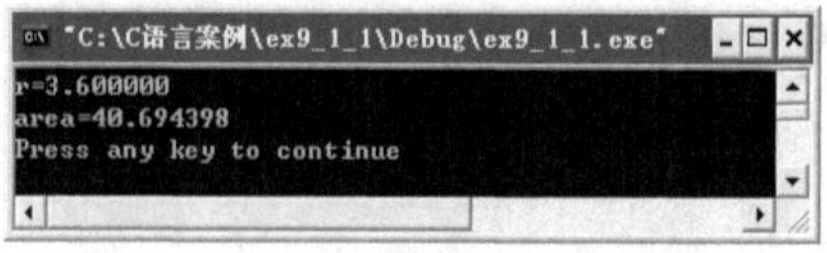

图 9-1　程序 ex9_1_1.c 运行结果

相关知识

1．宏的概念

在 C 语言源程序中往往用一个指定的标识符来代表一个字符串，称为“宏”，这个标识符称为“宏名”。所谓“宏”，是指能独立实现某种功能的代码段。在源程序中出现宏名，称为“宏引用”或“宏替换”。在编译预处理时，对源程序中所有出现的“宏名”，均可用宏定义中的字符串去替换，这种将宏名替换成字符串的过程称为“宏替换”或“宏展开”。

宏分为无参数的宏（即无参宏）和有参数的宏（即有参宏）两种。

2．无参宏的定义及使用

无参数宏定义的一般格式为：

```
#define 标识符 字符串
```

例如，程序 ex9_1_1.c 中的“#define PI 3.14”，其中“#”就表示这是一条预处理命令。凡是以“#”开头的均为预处理命令。“define”为宏定义命令，“标识符”为所定义的宏名，“字符串”可以是常数、表达式和格式串等。在预编译时会将程序中出现的宏名替换为对应的字符串。

宏名一般习惯用大写字母表示，以便与变量名相区别。但这并非规定，也可以使用小写字母。使用宏名代替一个字符串，可以减少程序中重复书写某些字符串的工作量。宏定义是用宏名代替一个字符串，只作简单置换，不作正确性检查，只有在编译已被宏展开后的源程序时才会发现语法错误并报错。宏定义不是C语句，不必在行末加分号，如果加了分号则会连分号一起进行置换。

#define 命令出现在程序中函数的外面，宏名的有效范围为定义命令之后到本源文件结束。#define 命令通常写在文件开头、函数之前，作为文件的一部分，在此文件范围内有效。可以用#undef 命令终止宏定义的作用域。在进行宏定义时，可以引用已定义的宏名，进行层层置换。

对程序中用双引号括起来的字符串内的字符，即使与宏名相同，也不进行置换。宏定义是专门用于预处理命令的一个专用名词，它与定义变量的含义不同，只作字符替换，不分配内存空间。

3．有参宏的定义及使用

有参数宏的一般格式为：

```
#define 标识符(形参表)  形参表达式
```

例如以下程序段：

```
#define   S(a,b)   ((a)*(b))
      …
area=S(3,2);
```

在此，不是进行简单的字符串替换，而是要进行参数替换。对带实参的宏，如 S（3，2），则按#define 命令行中指定的字符串从左到右进行置换。若字符串中包含宏中的形参（如 a、b），则将程序中相应的实参（可以是常量、变量或表达式）代替形参。如果宏定义字符串中的字符不是参数字符（如 a*b 中的*号），则保留，这样就形成了置换的字符串。

4．带参数的宏和函数的区别

1）函数调用时，先求出实参表达式的值，然后代入形参；而使用带参数的宏只是进行简单的字符替换。

2）函数调用是在程序运行时处理的，为形参分配临时的内存单元；而宏展开则是在编译前进行的，在展开时并不分配内存单元，不进行值的传递处理，也没有“返回值”的概念。

3）对函数中的实参和形参类型要求一致；而宏名无类型，它的参数也无类型，只是一个符号代表，展开时代入指定的字符串即可。宏定义时，字符串可以是任何类型的数据。

4）调用函数只可得到一个返回值，而使用宏则可以设法得到几个结果。

实践训练

【实训项目一】

1．实训内容

求两个数中的最大数。

2．解决方案

程序名：prac9_1_1.c

```
#define MAX(a,b) (a>b)?(a):(b)                    /*定义带参数的宏 MAX */
#include "stdio.h"
main()
{
  int a=2,b=3,max;
  max=MAX(9,5);                                   /*使用宏 MAX(9,5) ，预编译用(9>5)?(9):(5)替换*/
  printf("max=%d\t",max);
  max=MAX(a,b);
  printf("max=%d\n",max);
}
```

程序运行结果如图 9-2 所示。

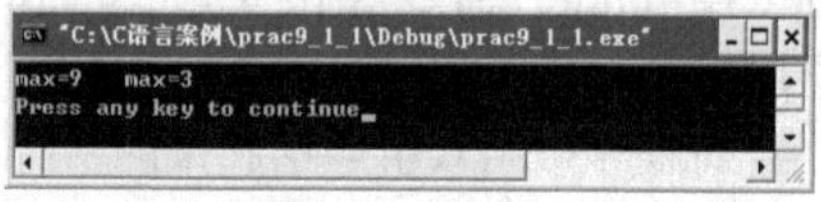

图 9-2　程序 prac9_1_1.c 运行结果

3．项目分析

利用宏来实现，该宏实现求两个数中的最大值，两次调用就可以求出三个数中的最大值。在输出语句中，输出项 MAX(MAX(a,b),c)两次调用宏，实现了求出最大值的目的。解决这类问题时，使用宏更简单，代码量更少。

【实训项目二】

1．实训内容

已知三角形的面积公式为

$$area=\sqrt{s*(s-a)(s-b)(s-c)}。$$

其中，s=1/2（a+b+c），a、b、c 为三角形的三边，定义两个带参数的宏，一个用来求 s，一个用来求 area，在程序中用带实参的宏名来求面积 area。

2．解决方案

程序名：prac9_1_2.c

```
/*输入三角形的三条边，求其面积*/
#define S(a,b,c) ((a+b+c)/2)                                                  /*定义带参数的宏 S */
#define AREA(a,b,c) (sqrt(S(a,b,c)*(S(a,b,c)-a)*(S(a,b,c)-b)*(S(a,b,c)-c)))   /*定义有参宏 AREA*/
#include "math.h"
#include "stdio.h"
main()
{
  float a,b,c;
```

```
    printf("请输入三角形的三条边:");
    scanf("%f%f%f",&a,&b,&c);
    if(a+b>c&&a+c>b&&b+c>a)
       printf("面积为:%8.2f.\n",AREA(a,b,c));
    else
       printf("不能构成三角形\n");
}
```

程序运行结果如图 9-3 所示。

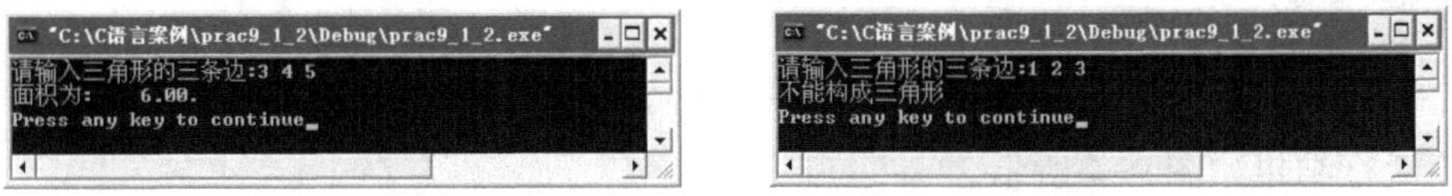

a）　　　　b）

图 9-3　程序 prac9_1_2.c 运行结果

a）三条边能构成三角形的运行结果　b）三条边不能构成三角形的运行结果

3. 项目分析

宏名与括号之间不可以有空格，有些参数表达式必须加上括号，否则在实参表达式替换时会出现错误。带参数的宏与函数类似，都有形参和实参，从效果上看有时也一样，但它们的本质是不同的，主要区别如下：

1）函数的形参都要定义类型，实参也必须有明确的类型，二者要求一致；而宏不存在参数类型问题，它只是一个符号代表，展开时代入指定的字符即可。宏定义时的字符串可以为任意类型。

2）函数调用影响运行时间，宏替换影响编译时间，即在编译之前进行了预编译。函数调用在运行时分配临时的内存单元，而宏替换在编译前进行，展开时不分配内存。

3）函数只有一个返回值，而宏替换可能有多个结果。

9.2　文件包含

知识导例

下面程序定义了一些宏，体会宏使用的方法，并且把宏的定义都放在一个头文件中，以便在源程序中使用。源程序中还同时包含了其他头文件。

程序名：ex9_2_1.c

```
/*下面的代码，首先把所有宏定义放在头文件 hong.h 中*/
#define PR printf              /*定义宏 PR*/
#define N    "\n"              /*定义宏 N*/
#define D    "%d"              /*定义宏 D*/
#define D1 D N                 /*定义宏 D1*/
#define D2 D D N               /*定义宏 D2*/
#define D3 D D D N             /*定义宏 D3*/
#define S "%s"                 /*定义宏 S*/
/*在源程序开头，使用#include 包含定义的头文件 hong.h 和系统提供的头文件 stdio.h*/
#include    "stdio.h"
```

```
#include   "hong.h"
main()
 { int a,b,c,d;
   char string[]="C language ";
   a=1;b=2;c=3;
   PR(D1,a);            /*使用宏 PR、D1，在预编译时用 printf("%d" "\n",a)替换*/
   PR(D2,a,b);          /*使用宏 PR、D2，在预编译时用 printf("%d" "%d" "\n",a,b)替换*/
   PR(D3,a,b,c);
   PR(S,string);
   PR(N);
 }
```

程序运行结果如图 9-4 所示。

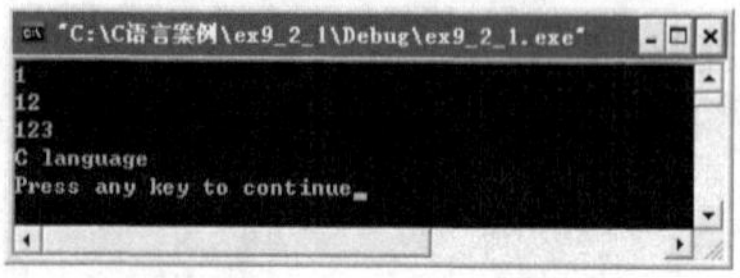

图 9-4　程序 ex9_2_1.c 运行结果

相关知识

文件包含命令行的一般形式为：

```
#include "文件名"
```

在前面已经多次使用此命令包含含有库函数的头文件。例如：

```
#include "stdio.h"
#include "math.h"
```

文件包含命令的功能是把指定的文件内容插入该命令行位置取代该命令行，从而把指定的文件内容和当前的源程序文件连成一个源文件。

在程序设计中，文件包含是非常有用的，它可以将一个大的程序分为多个模块，由多个程序员分别编写。有些公用的符号常量或宏定义可单独组成一个文件，在其他文件的开头用包含命令包含该文件即可使用。这样，可避免在每个文件开头都去书写那些公用的常量，从而节省时间，减少出错。

对文件包含命令还要说明以下几点：

1）包含命令中的文件名可以用双引号括起来，也可以用尖括号括起来。例如，以下写法都是允许的：

```
#include "stdio.h"
#include <math.h>
```

但是这两种形式是有区别的，使用尖括号表示在包含文件目录中去查找（包含目录是由用户在设置环境时设置的），而不在源文件当前目录中去查找，此为标准方式；使用双引号则表示首先在当前的源文件目录中查找，若未找到就到包含目录中去查找。用户编程时还可以将头文件放在当前的程序目录或者其他目录中，此时使用双引号方式包含头文件，因为此种方式可以带路径，这种方式为扩展方式。

2）一个 include 命令只能指定一个被包含文件，若有多个文件要包含，则需要使用多个 include 命令。

3）文件包含允许嵌套，即在一个被包含的文件中又可以包含另一个文件。

实践训练

【实训项目】

1．实训内容

输入两个数，分别求它们的和、差、积、商。

2．解决方案

先定义一个头文件，头文件名：prac9_2_1.h

```
#include  "stdio.h"
#define ADD(a,b) ((a)+(b))          /*定义宏，实现两数的加法*/
#define SUB(a,b) ((a)-(b))
int MUL(int a,int b)                /*定义函数，实现两数的乘法*/
   {
    return a*b;
  }
float DIV(float a,float b)
   {  if(b!=0)
         return a/b;
      else
         printf("错误！除数不能为零!");
   }
```

再编写一个源程序，程序名：prac9_2_1.c

```
#include "prac9_2_1.h"              /*包含自定义头文件*/
main()
{  int a,b;
   int sum,product;
   float difference,quotient;
   printf("请输入两个数字:");
   scanf("%d%d",&a,&b);
   sum=ADD(a,b);
   difference=SUB(a,b);
   product=MUL(a,b);
   quotient=DIV(a,b);
   printf("sum=%d    difference=%f\n",sum,difference);
   printf("product=%d    quotient=%f\n",product,quotient);
}
```

程序运行结果如图 9-5 所示。

a）　　　　b）

图 9-5　程序 prac9_2_1.c 运行结果

a）输入正常数据的运行结果　b）输入异常数据的运行结果

3．项目分析

此项目中实现两个数的和、差、积、商，其中实现和、差是利用宏定义，两个数的积、商是利用函数来实现的，以便进行对比，然后将宏定义和两个函数统一放在一个头文件中，再在主程序中进行头文件的包含。

9.3 综合实训

【综合实训】

1．实训内容

设计所需的各种各样的输出格式（包括整数、实数、字符串等），用一个文件名 format.h 把这些信息都存放在此文件内，另外编写一个程序文件，用#include "format.h"命令能使用这些格式。

2．解决方案

```
/*format.h*/
#define INTEGER(d) printf("%d\n",d)          /*输出整数*/
#define FLOAT(f) printf("%8.2f\n",f)         /*输出实数*/
#define STRING(s) printf("%s\n",s)           /*输出字符串*/
```

然后，编写程序，开头包含该头文件，程序名：prac9_3_1.c

```
#include "stdio.h"
#include "format.h"
main()
{int d,num;
float f;
char s[80];
printf("请选择输出格式:1–整数,2–实数,3–字符串:");
scanf("%d",&num);
switch(num)
{case 1:printf("请输入整数:");
        scanf("%d",&d);
        INTEGER(d);
          break;
 case 2:printf("请输入实数:");
        scanf("%f",&f);
        FLOAT(f);
          break;
 case 3:printf("请输入字符串:");
        scanf("%s",&s);
        STRING(s);
          break;
    default:printf("输入错误!\n");
}
}
```

程序运行结果如图 9-6 所示。

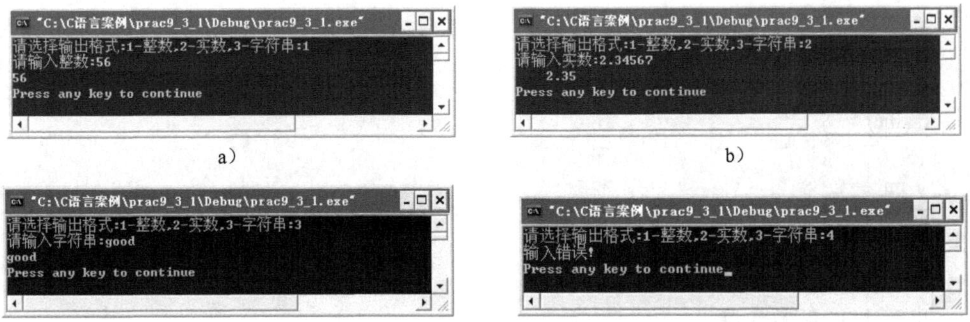

a）　b）　c）　d）

图 9-6　程序 prac9_3_1.c 运行结果

a）输入整型数据的运行结果　b）输入实型数据的运行结果

c）输入字符串的运行结果　d）输入错误数据的运行结果

3．项目分析

此项目中将宏定义放在头文件 format.h 中，然后在主程序 prac9_3_1.c 中包含头文件 format.h，在主程序中用 switch 语句分别实现输入不同数据类型的数据。

习　题

一、选择题

1．以下程序的输出结果是（　　）

```
#include "stdio.h"
#define f(x)    x*x
main( )
{int i;
 i=f(4+4)/f(2+2);
 printf("%d\n" ,i);
}
```

A．28　　B．22　　C．16　　D．4

2．以下 for 语句构成的循环执行了（　　）次。

```
#include "stdio.h"
#define N 2
#define M N+1
#define NUM (M+1)*M/2
main()
{   int i , n=0;
    for ( i=1;i<=NUM;i++ )
    {
       n++ ;
       printf("%d",n);
    }
 printf("\n");
}
```

A．5　　B．6　　C．8　　D．9

3．以下程序的输出结果是（　　）。

```
#include "stdio.h"
```

```
#define FUDGE(y) 2.84+y
# define PR(a) printf("%d",(int)(a))
# define PRINT1(a) PR(a);putchar('\n')
main()
{
   int x=2;
PRINT1(FUDGE(5)*x);
}
```

A. 11　　B. 12　　C. 13　　D. 15

4. 以下叙述正确的是（　　）。

A. 可以把 define 和 if 定义为用户标识符

B. 可以把 define 定义为用户标识符，但是不能把 if 定义为用户标识符

C. 可以把 if 定义为用户标识符，但是不能把 define 定义为用户标识符

D. define 和 if 都不能定义为用户标识符

5. 以下程序的输出结果是（　　）。

```
#include "stdio.h"
#define P 3
int F(int x){return(P*x*x);}
main()
{printf("%d\n",F(3+5));}
```

A. 192　　B. 29　　C. 25　　D. 编译出错

6. 以下叙述中正确的是（　　）。

A. 预处理命令行必须位于源文件的开头

B. 在源文件的一行中可以有多条预处理命令

C. 宏名必须用大写字母表示

D. 宏替换不占用程序的运行时间

二、填空题

1. 以下程序的输出结果是____________。

```
#include "stdio.h"
#define   MAX(x,y)   (x)>(y)?(x):(y)
main()
{ int   a=2,b=4,c=1,d=2,t;
t=MAX(a+b,c+d)*10;
printf("%d\n",t);
}
```

2. 程序中头文件 typel.h 的内容是:

```
#define   N    5
#define   M1   N*3
```

程序如下:

```
#include "stdio.h"
#include "type1.h"
#define   M2   N*2
main()
{ int i;
i=M1+M2;
```

```
printf("%d\n",i);
}
```

程序编译后运行的输出结果是__________。

3. 在“文件包含”预处理语句中，当#include 后面的文件名用双引号括起时，寻找被包含文件的方式为________________________________。

4. 执行下面的程序后，a 的值是______________。

```
#include "stdio.h"
#define     SQR(X)   X*X
main( )
{ int a=10,k=2,m=1;
a/=SQR(k+m)/SQR(k+m);
printf("%d\n",a);
}
```

5. 设有以下宏定义

```
#define   N   3
#define   Y(n)   ((N+1)*n)
```

则执行语句：z=2 * (N+Y(5+1)); 后，z 的值为_________。

6. 下面程序的运行结果是_________。

```
#include "stdio.h"
#define     N     10
#define     s(x)    x*x
#define     f(x)    (x*x)
main()
{int i1,i2;
i1=1000/s(N);
i2=1000/f(N);
printf("%d,%d\n",i1,i2);
}
```

7. 执行下列程序后 i 的值是_________。

```
#include "stdio.h"
#define N 2
#define M N+1
#define NUM (M+1)*M/2
main()
{ int i;
 for(i=1; i<=NUM; i++);
printf("%d",i);}
```

三、编程题

1. 输入两个整数，求它们相除的余数，用带参的宏来实现，编写程序。

2. 分别用函数和带参的宏，从 3 个数中找出最大数。

3. 定义一个带参数的宏，使两个参数的值互换，并写出程序，输入两个数作为使用宏时的实参，输出已交换后的两个数。

4. 给出一个年份 year，定义一个宏，以判别该年份是否是闰年。提示：宏名可定义为 LEAP_YEAR，形参为 y。

5. 请设计输出实数的格式，包括：①一行输出一个实数；②一行输出 2 个实数；③一行输出 3 个实数。实数用“8.3f”格式输出。

第 10 章　结构体和共用体

结构体和共用体属于 C 语言中的构造数据类型，第 6 章介绍的数组就是构造数据类型。在生活中经常遇到一些关系密切而数据类型不同的数据，而且这些数据大多数都是对某一种事物的特征进行描述。例如，要编写与学生有关的程序时，经常要关心学生的学号、姓名、性别、班级、成绩等信息，这些信息是用来描述学生的，不是用来描述其他群体的，这些特征构成了一个有机的整体，用它们能够定义一类事物。为了处理方便，C 语言常把它们组织在一起，并定义为结构体类型，这些特征也构成了结构体类型中的成员。结构体的标识符是 struct，它是由用户自定义的一种数据类型，用户可以决定结构体中成员的个数。用结构体类型定义的变量称为结构体变量，结构体变量可以进行拆分，拆分后的每一个成员是基本数据类型或者其他类型定义的变量，所以结构体类型属于构造数据类型，链表是结构体的一个重要应用。与结构体类型相似的还有共用体类型，其标识符是 union，它的作用与结构体大致相同，二者主要的不同之处是共用体中的成员共享同一块存储单元，共用体也因此而得名。

10.1　结构体及结构体变量

知识导例

阅读并理解下面的程序。

程序名：ex10_1_1.c

```
#include "stdio.h"
#include "string.h"
typedef struct person                          /*定义一个结构体类型*/
{
      char name[20];
      char sex;
      int age;
}HUMAN;                                        /*给结构体类型 struct person 起一个新名称 HUMAN*/
typedef int INTEGER;                           /*使用 typedef 定义 int 类型的别名*/
main()
{
      INTEGER i=10;                            /*使用 int 类型的别名 INTEGER 定义整型变量*/
      struct person p1={"zhang",'m',20};       /*使用已定义过的结构体类型定义结构体变量并赋初值*/
      HUMAN p2;                                /*使用结构体类型的新名称 HUMAN 来定义结构体变量*/
      strcpy(p2.name,"li");                    /*使用字符串的拷贝函数为 p2.name 赋值*/
      p2.sex='f';                              /*为 p2.sex 赋值*/
      p2.age=19;                               /*为 p2.age 赋值*/
      printf("i=%d\n",i);
```

```
printf("变量 p1:name=%s,sex=%c,age=%d\n",p1.name,p1.sex,p1.age);   /*输出结构体变量 p1 各成员的值*/
printf("变量 p2:name=%s,sex=%c,age=%d\n",p2.name,p2.sex,p2.age);   /*输出结构体变量 p2 各成员的值*/
}
```

程序运行结果如图 10-1 所示。

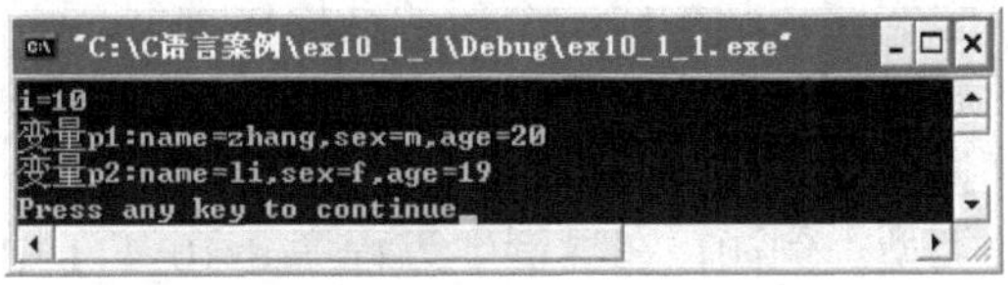

图 10-1　程序 ex10_1_1.c 运行结果

相关知识

在前面的章节中，已经介绍了 C 语言提供的基本数据类型，但在实际中仅仅应用这些基本数据类型并不能很好地满足需要。例如要描述一个人，可以通过姓名、性别、年龄等信息进行描述，这些不同类型的信息组合起来就是一个有机的整体，因为这些信息都和某一个特定的事物相关联。为了满足类似的需求，在 C 语言中允许程序员自己定义能满足需要的数据类型。例如，程序 ex10_1_1 中用 struct 标识符定义了 struct person 类型，该类型就是用户自定义的结构体类型。

在 C 语言中，程序员可以通过 4 种方法自定义数据类型，分别是：

1）结构体（关键字是 struct）。

2）共用体（关键字是 union）。

3）枚举类型（关键字是 enum）。

4）typedef 关键字为已存在的类型定义新名字。

本章主要介绍这些自定义类型的使用。

1. typedef 关键字

在 C 语言中，可以使用 typedef 关键字来定义新的类型名。实际上，typedef 是为已经存在的类型（可以是 C 语言提供的标准类型或者是用户自定义的其他类型）重新定义一个新的名字，可以用这个新的名字代替原来的类型名，使用它并不会产生一种新的数据类型。

例如程序 ex10_1_1 中，使用 typedef 为 int 类型定义了一个新的名字 INTEGER，然后就可以使用 INTEGER 来定义变量，使用时和使用 int 完全相同。

在实际应用中，typedef 多用在为用户自定义的类型定义一个新的名字，以方便用户自定义类型变量的定义和使用。例如，程序 ex10_1_1 中为结构体类型 struct person 定义了一个新的名字 HUMAN，然后就可以使用 HUMAN 定义结构体变量。

2. 结构体类型的定义

使用 struct 关键字可以定义新的复合数据类型，这种类型叫做结构体类型。

结构体类型是一种较为复杂却非常灵活的数据类型，其定义的一般格式是：

```
struct  结构体类型名
{
  类型标识符 1      成员名 1;
  类型标识符 2      成员名 2;
```

```
    ┆
  类型标识符 n      成员名 n;
};
```

其中，struct 是关键字，说明所定义的类型是结构体类型，花括号中包含的是结构体的成员（也叫做域）列表，它们在一起构成一个新的结构体类型。

结构体类型定义中的成员列表是由一个个具有不同数据类型的成员组成的，每一个成员就是一个变量的定义，变量的类型是任意的，既可以是基本数据类型（如 int、char 等），也可以是结构体类型等其他类型。例如，在导例中为程序 ex10_1_1 中的 struct person 类型增加一个成员 birthday，而 birthday 又是一个结构体类型，它们的定义如下：

```
struct birthday{
        int year;
        int month;
        int day;
};
struct person              /*定义一个结构体类型*/
{
        char name[20];
        char sex;
        int age;
        struct birthday bir;
};
```

注意：结构体类型定义结束后，要以 “;” 结尾。

3. 结构体变量

（1）结构体变量的定义　程序ex10_1_1中的代码：

```
struct person              /*定义一个结构体类型*/
{
        char name[20];
        char sex;
        int age;
};
```

仅仅是定义了一个结构体类型，并没有具体的数据存在，因此也不占用内存。如果要使用这种类型，必须定义该类型的变量，然后就可以在变量中存取数据。

定义结构体变量有以下 3 种方法：

1）先定义结构体类型，再定义结构体变量，在程序 ex10_1_1 中就是使用这种方法。

2）在定义结构体类型的同时定义结构体变量。

因此，程序 ex10_1_1 中用到的结构体变量 p1 和 p2，可以在定义结构体的同时定义：

```
struct person
{
        char name[20];
        char sex;
        int age;
}p1,p2;
```

这样定义之后，在 main 函数中不需要再定义就可以直接使用变量 p1 和 p2 了。

3）直接定义结构体变量。例如：

```
struct
```

```
    {
        char name[20];
        char sex;
        int age;
    }p1,p2;
```

这种方式也是定义了两个结构体变量 p1 和 p2，可以在程序中直接使用变量 p1 和 p2。这种方式与前两种方式的区别是省略了结构体类型的名字 person，其缺点是无法在程序中根据需要再定义此种类型的变量，因为该结构体类型没有名字，所以无法引用该类型来定义变量。

使用结构体类型定义变量时，不能只写结构体类型的名称，必须和前面的 struct 关键字一起使用。

在使用结构体类型时需要注意以下几点：

1）类型和变量是不同的概念，结构体类型仅仅是一个类型，系统不会为一个类型分配存储空间，而会为这个类型定义的变量分配存储空间。

2）结构体变量中的成员（域）可以单独使用，它的作用相当于普通变量。

3）结构体中的成员可以是任意类型的变量，当然也可以是一个结构体类型的变量。

4）结构体中的成员名，可以同程序中其他变量名同名而互不影响，因为二者代表的不是同一个对象。

（2）结构体变量的存储结构　对于结构体变量，由于其中含有多个成员，所以与整型、实型、字符型等简单变量的存储有所不同，系统会为结构体变量中的每一个成员都分配存储空间。需要注意的是，不同的编译系统为结构体分配存储空间的策略和实现也不相同。在 Turboc中，系统为结构体变量所分配的空间大小等于结构体中各成员所占的空间长度之和，但在VC++ 6.0环境中却不一样。

下面介绍在 VC++ 6.0 和 32 位操作系统环境中系统为结构体变量分配内存的情况。

VC++ 6.0 中为结构体变量分配内存时，首先找出该结构体成员中占用内存最多的数据类型（假设该类型长度为 L，即占用 L 个字节），然后以该类型的长度为单位（以 L 个字节为单位）进行内存分配。也就是说，结构体变量最后所分配的内存长度一定是该数据类型长度的整数倍（即 L 的整数倍）。分配过程大体如下：首先为结构体分配 L 个字节的内存长度，然后在这 L 个字节中依次为结构体中的成员分配空间，直至剩余空间不够再为下一个结构体成员分配时为止，然后再为该结构体分配 L 个字节的空间，如此下去，直到为所有成员分配完空间为止。

下面以程序中定义的结构体变量为例来做一个说明。

```
    struct person
    {
        char name[20];
        char sex;
        int age;
    }p1;
```

在结构体变量 p1 中，它的成员有三个，其中 name 是字符数组，sex 是字符变量，它们所对应的类型 char 占用 1 个字节；age 为整型变量，长度为 4，是占用字节数最多的成员，因此在内存分配时将以 4 个字节为单位进行分配。字符数组 name 占用 20 个字节，因此要先分配 5 个单位长度（每个单位长度为 4 个字节），然后再分配第 6 个单位长度，sex 占用这第 6 个单位长度的首字节，还剩下三个字节空闲，接着为 age 分配内存，要占用 4 个字节，剩余空间不够为 age 分配空间，因此要分配第 7 个单位长度的内存单元，以便为 age 分配内存空间。因此，结构体变量 p1 占用的内存大小总共是 4*7=28 个字节的长度。结构体变量的长度可以用 sizeof 运算求得，如求结构体变量 p1 所占用的内存空间的长度可以使用 sizeof(p1)或者 sizeof(struct person)来求得。

因此，变量 p1 在内存中的存储情况如图 10-2 所示。

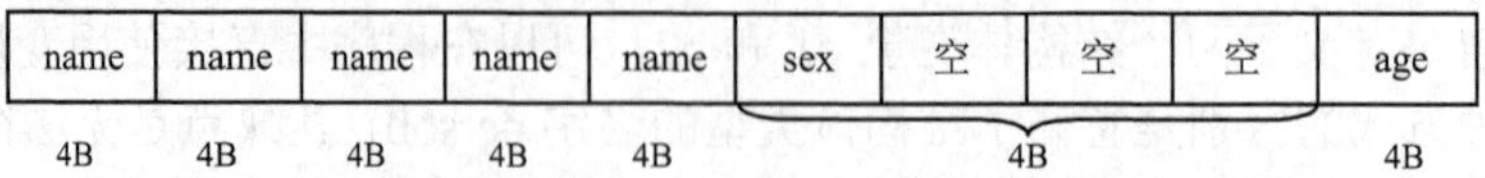

图 10-2　结构体变量 p1 在内存中的存储情况（B 表示 Byte）

为什么结构体变量的成员 sex 后面空了三个字节，而不是 age 把这三个字节占用后在 age 后面空三个字节呢？这是 VC 编译系统对变量存储的一个特殊处理。为了提高 CPU 的存储速度，在 VC++ 6.0 中对一些变量的起始地址做了“对齐”处理。在默认情况下，VC 编译系统规定各成员变量存放的起始地址相对于结构体变量的起始地址的偏移量必须是该变量的类型所占用的字节数的整数倍。因此，可以总结出结构体变量中常用成员变量类型在 VC++ 6.0，并且是 32 操作系统环境下的对齐方式，见表 10-1。

表 10-1　结构体变量中不同数据类型成员的对齐方式

类　型	对齐方式（变量存放的起始地址相对于结构体的起始地址的偏移量）
char	偏移量必须为 sizeof(char)，即 1 的倍数
int	偏移量必须为 sizeof(int)，即 4 的倍数
float	偏移量必须为 sizeof(float)，即 4 的倍数
double	偏移量必须为 sizeof(double)，即 8 的倍数
short	偏移量必须为 sizeof(short)，即 2 的倍数

根据上面的规则，定义结构体类型的变量 p2 如下例所示，则变量 p2 在内存中的存储情况如图 10-3 所示。

```
struct person2
{
 char name[20];
 char sex;
 short no;
 int age;
}p2;
```

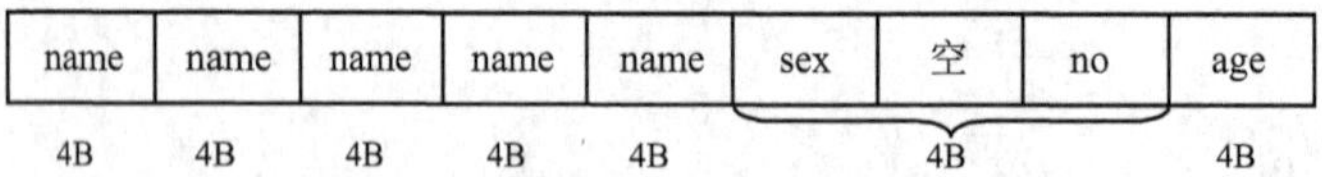

图 10-3　结构体变量 p2 在内存中的存储情况（B 表示 Byte）

需要注意，结构体的成员 sex 和 no 共占用 4 个字节，但由于 short 要求偏移量必须为 2 的整数倍，因此 sex 后面空 1 个字节的位置。

（3）结构体变量的引用　在定义了一个结构体变量以后，就要对这个变量进行存取，但是在C语言中对结构体变量进行操作的时候，除了可以对相同类型的结构体变量进行整体赋值外，不能对一个结构体变量进行整体的输入输出，而是要逐成员引用。

结构体变量引用的格式为：

```
结构体变量名.成员名
```

其中，“.”是成员运算符，也叫做域运算符，它表明了点后面的成员是属于哪个结构体变量。如果结构体变量的成员也是一个结构体变量。那么要逐级引用，其格式是：结构体变量名.成员名.成员名，依次类推，更多级的结构体变量的成员引用也是如此。

例如，可以定义如下结构体及结构体变量：

```
struct birthday{
        int year;
        int month;
        int day;
};
struct person
{
        char name[20];
        char sex;
        int age;
        struct birthday bir;
}p1;
```

可以这样引用 p1 里面的成员：

```
p1.name，p1.name[0]，p1.sex，p1.age。
```

那么，在 p1 里面，怎么引用 bir 呢？因为 bir 是 struct birthday 这个结构体定义的，所以引用的时候要一级一级引用：

```
p1.bir.year，p1.bir.month，p1.bir.day。
```

通过上述方式引用得到的结构体变量的成员，可以像普通的变量一样使用，也就是说，可以对这些变量进行运算、赋值和输入输出等操作。例如：

```
p1.age=20;或者 scanf("%d",&p1.age);
scanf("%s",p1.name);
p1.sex='M';
```

要对 bir 进行赋值，按如下方法进行：

```
p1.bir.year=1992;
p1.bir.month=8;
p1.bir.day=20;
```

（4）结构体变量的初始化　和其他类型一样，结构体变量在定义的时候，也可以直接初始化。

一种初始化方式是像程序 ex10_1_1 中所展示的那样，在 main 函数中定义变量 p1 的同时初始化：

```
struct person p1={"zhang",'m',20};
```

当然也可以在定义结构体类型及变量的同时对结构体变量初始化：

```
struct person
{
        char name[20];
        char sex;
        int age;
}p={"lisi",'f',20};
```

前面讲过的三种结构体变量的定义形式均可以采用此种方式进行初始化。

在初始化过程中，各结构体成员的值用“，”分隔开，如果有成员不进行初始化，需要用“,”分隔跳过。

实践训练

【实训项目】

1．实训内容

结构体类型的定义及结构体变量的定义、初始化和使用。

2．解决方案

程序名：prac10_1_1.c

```
#include "stdio.h"
struct birthday{
 int year;
 int month;
 int day;
};
typedef struct birthday BIR;
struct person
{
 char name[20];
 char sex;
 int age;
 BIR bir;
}p1={"张三",'M',20,{1992,10,10}};
main()
{
 BIR bir1 = {1993,2,2};
 struct person p2={"李四",'F',19};
 p2.bir = bir1;
 printf("p1:name=%s,sex=%c,age=%d,bir.year=%d,bir.month=%d,bir.day=%d\n",p1.name,p1.sex,p1.age,p1.bi
r.year,p1.bir.month,p1.bir.day);
 printf("p2:name=%s,sex=%c,age=%d,bir.year=%d,bir.month=%d,bir.day=%d\n",p2.name,p2.sex,p2.age,p2.bi
r.year,p2.bir.month,p2.bir.day);
}
```

程序运行结果如图 10-4 所示。

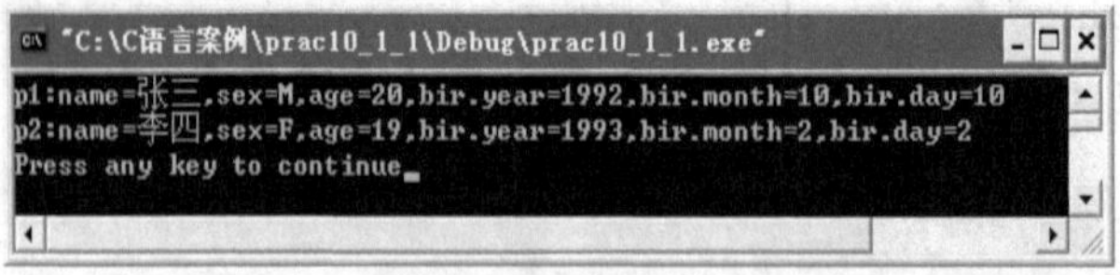

图 10-4　程序 prac10_1_1.c 运行结果

3．项目分析

程序首先定义了一个结构体类型 birthday，它有三个成员，接着使用 typedef 定义了一个新的名字 BIR 来替代结构体类型 birthday。接着定义了另外一个结构体类型 person，并且 person 中有一个成员的类型就是 BIR，同时还定义了一个结构体变量 p1，并为该变量赋初值。请注意为结构体变量赋初值时的方法，如果结构体成员还是结构体类型，则对该成员赋初值时也需要使用花括号括起来。

在 main 方法中定义了一个 BIR 类型的结构体变量 bir1，定义了一个 struct person 类型的变量 p2，同时为 p2 赋初值。在为 p2 的成员 bir 赋初值时直接将 bir1 赋值给了它，因为二者的类型一致。

最后是输出两个结构体变量 p1 和 p2 的值。

该程序虽然比较简单，但要注意学习结构体变量的使用方法。

10.2　结构体数组

知识导例

阅读下面的程序，理解并掌握结构体数组的使用。

程序名：ex10_2_1.c

```
#include "stdio.h"
struct Date
{
 int year;
 int month;
 int day;
};
main()
{
 int i=0;
 struct Date d1[3]={{2000,1,1},{2001,2,2}};
 printf("请输入年月日:\n");
 scanf("%d,%d,%d",&d1[2].year,&d1[2].month,&d1[2].day);
 printf("日期分别是：\n");
 for(;i<3;i++){
       printf("%d-%d-%d\n",d1[i].year,d1[i].month,d1[i].day);
 }
}
```

程序运行结果如图 10-5 所示。

相关知识

结构体变量中存放了一个事物的一组数据，如果有多个这样的事物需要描述，那么就需要用到结构体数组。例如，在程序 ex10_2_1 中就定义了一个表示日期的结构体数组 d1，它可以存放三个日期，每一个日期都包含了年、月、日三项信息。

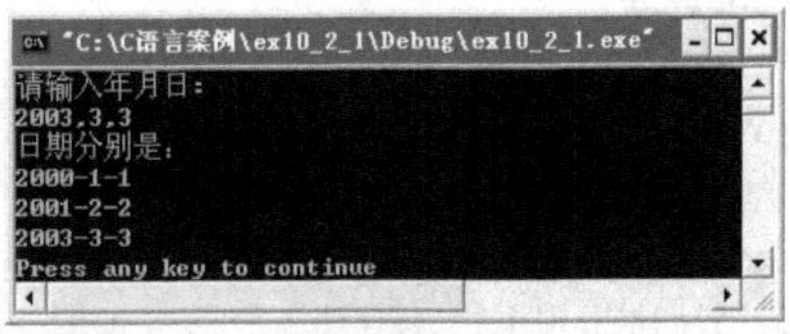

图 10-5　程序 ex10_2_1.c 运行结果

1．结构体数组的定义

定义结构体数组的方法与定义结构体变量的方法类似，都有三种定义方法，可参照 10.1 节定义结构体变量的方法。

除了在程序 ex10_2_1 中定义结构体数组的方法外，还可以这样定义结构体数组：

```
struct Date
{
        int year;
        int month;
        int day;
}d2[10];
```

或者

```
struct
{
        int year;
        int month;
        int day;
}d3[10];
```

在程序 ex10_2_1 中，结构体数组 d1 各数组元素的值如图 10-6 所示。

	year	month	day
d1 [0]	2000	1	1
d1 [1]	2001	2	2
d1 [3]	2003	3	3

图 10-6　结构体数组 d1 中各数组元素的值

每一个数组元素占 12 个字节的内存单元，因此结构体数组 d1 共占 36 个字节的内存单元。

2．结构体数组的引用

结构体数组的引用和一般数组的引用一样，只是这里的数组名为结构体数组的名字，因此结构体数组引用的一般格式为：

```
结构体数组名[下标]
```

3．结构体数组的初始化

结构体数组的初始化与其他类型的数组初始化方法一样，在结构体数组定义的地方进行初始化，使用花括号把对应的值括起来。因此，也可以使用下面的初始化形式：

```
struct Date
{
  int year;
  int month;
  int day;
}d1[3]={{2000,1,1},{2001,2,2}};
```

这里只是初始化了数组 d1 的前两个元素的值。

实践训练

【实训项目】

1．实训内容

现有 10 个学生，输入他们的名字和成绩，然后找出成绩最高和最低的那两个人，并输出他们的名字和成绩。

为了程序处理得简单，这里假设这些人名字中间不含空格，成绩也不相同。

2．解决方案

程序名：prac10_2_1.c

```
#include "stdio.h"
struct student{
      char name[20];
      int score;
};
main()
{
      struct student stu[10];
      int i=0,max,min,maxNo=0,minNo=0;
      printf("请输入这 10 个人的姓名和成绩，中间用空格隔开：\n");
      for(i=0;i<10;i++){
            scanf("%s%d",stu[i].name,&stu[i].score);      /*输入学生姓名和成绩*/
      }

      max=stu[0].score;
      min=stu[0].score;
      for(i=1;i<10;i++){
            if(max<stu[i].score){
                  max = stu[i].score;                     /*记录当前的最高成绩*/
                  maxNo = i;                              /*记录当前最高成绩所对应的数组下标*/
            }
            if(min>stu[i].score){
                  min = stu[i].score;                     /*记录当前的最低成绩*/
                  minNo = i;                              /*记录当前最低成绩所对应的数组下标*/
            }
      }
      printf("分数最高的同学是%s,分数为%d\n",stu[maxNo].name,stu[maxNo].score);
      printf("分数最低的同学是%s,分数为%d\n",stu[minNo].name,stu[minNo].score);
}
```

程序运行结果如图 10-7 所示。

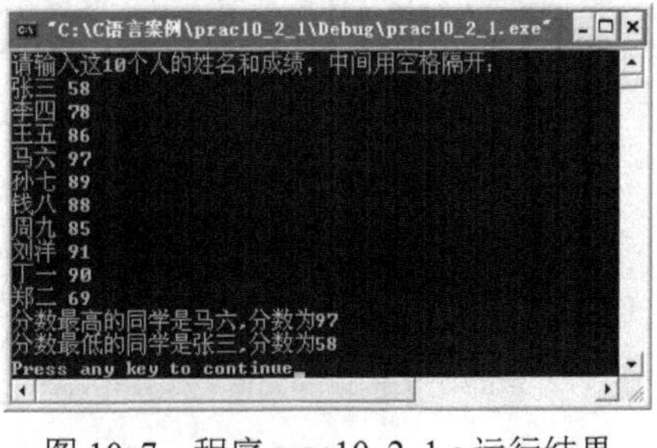

图 10-7　程序 prac10_2_1.c 运行结果

3．项目分析

程序的基本思路是首先定义结构体类型 student，该类型的变量可以存储姓名和分数，然后使用结构体类型的数组存储从键盘输入的数据。程序定义了用来表示最高分数和最低分数的变量 max、min，同时还定义了 maxNo 和 minNo 来保存当前最高分数和最低分数的数组下标，初始位置是 0。然后使用 for 循环进行数据的输入，输入数据后进行最高分数和最低分数的查找，最后将信息输出。

如果人名中有空格，可以使用 gets 方法进行人名的输入。因为 scanf 方法遇到输入中的空格时认为输入结束。

知识拓展

和基本类型的数组一样，如果需要也可以定义二维、三维和多维的结构体数组。

例如：

```
struct person p[2][3];          /*定义了一个二维的结构体数组*/
struct person p[2][3][4];       /*定义了一个三维的结构体数组*/
```

多维结构体数组的使用与操作和基本类型的多维数组一样。

10.3 结构体指针

知识导例

1．阅读下面的程序，理解并掌握结构体及指针的使用

程序名：ex10_3_1.c

```
#include "stdio.h"
struct person{
        char name[20];
        char sex;
        int age;
}p1={"张三",'M',20},
p2[3]={{"李四",'F',21},{"王五",'M',18},{"赵六",'F',19}};
main()
{
        struct person *pt1;       /*定义了一个结构体指针*/
        struct person *pt2;       /*定义了一个结构体指针*/
        int i;
        pt1 = &p1;                /*结构体指针指向了一个结构体变量*/
        pt2 = p2;                 /*结构体指针指向了一个结构体数组*/
        printf("p1:name=%s,sex=%c,age=%d\n",p1.name,p1.sex,p1.age);
        printf("p1:name=%s,sex=%c,age=%d\n",(*pt1).name,(*pt1).sex,(*pt1).age);
        printf("p1:name=%s,sex=%c,age=%d\n",pt1->name,pt1->sex,pt1->age);
        printf("----------------------------------\n");
        for(i=0;i<3;i++){
                printf("p2[%d]:name=%s,sex=%c,age=%d\n",i,p2[i].name,p2[i].sex,p2[i].age);
        }
        printf("----------------------------------\n");
        for(i=0,pt2=p2;pt2<p2+3;pt2++,i++){
        printf("p2[%d]:name=%s,sex=%c,age=%d\n",i,(*pt2).name,(*pt2).sex,(*pt2).age);
        }
```

```
        printf("-----------------------------------\n");
        for(i=0,pt2=p2;pt2<p2+3;pt2++,i++){
                printf("p2[%d]:name=%s,sex=%c,age=%d\n",i,pt2->name,pt2->sex,pt2->age);
        }
}
```

程序运行结果如图 10-8 所示。

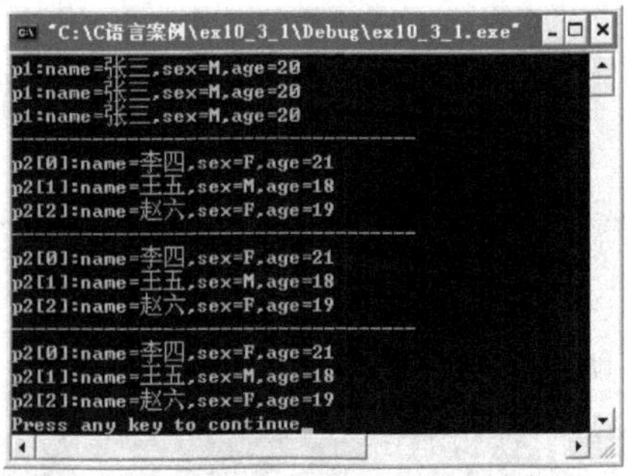

图 10-8　程序 ex10_3_1.c 运行结果

2．阅读下面的程序，理解并掌握函数之间有关结构体类型数据的传递

程序名：ex10_3_2.c

```
#include "stdio.h"
struct person{
 char name[20];
 char sex;
 int age;
};
void print1(struct person);
void print2(struct person *);
void print3(struct person *);
main()
{
 struct person p={"张三",'M',20};
 struct person p2[2]={{"李四",'F',21},{"王五",'M',18}};
 struct person *pt1;
 struct person *pt2;
 pt1 = &p;
 pt2 = p2;
 printf("调用 print1 函数输出结构体变量 p 的有关信息：\n");
 print1(p);
 printf("调用 print2 函数输出结构体变量 p 的有关信息：\n");
 print2(pt1);
 printf("调用 print3 函数输出结构体数组 p2 的有关信息：\n");
 print3(pt2);
}

void print1(struct person p)
{
 printf("在函数 print1 中:name=%s,sex=%c,age=%d\n",p.name,p.sex,p.age);
}
```

```
void print2(struct person *p)
{
 printf("在函数 print2 中用“(*p).成员”方式输出:name=%s,sex=%c,age=%d\n",
(*p).name,(*p).sex,(*p).age);
 printf("在函数 print2 中用“p->成员”方式输出:name=%s,sex=%c,age=%d\n",
p->name,p->sex,p->age);
}
void print3(struct person *p){
 printf("在函数 print3 中用“(*p).成员”方式输出:name=%s,sex=%c,age=%d\n",
(*p).name,(*p).sex,(*p).age);
 p++;
 printf("在函数 print3 中用“p->成员”方式输出:name=%s,sex=%c,age=%d\n",
p->name,p->sex,p->age);
}
```

程序运行结果如图 10-9 所示。

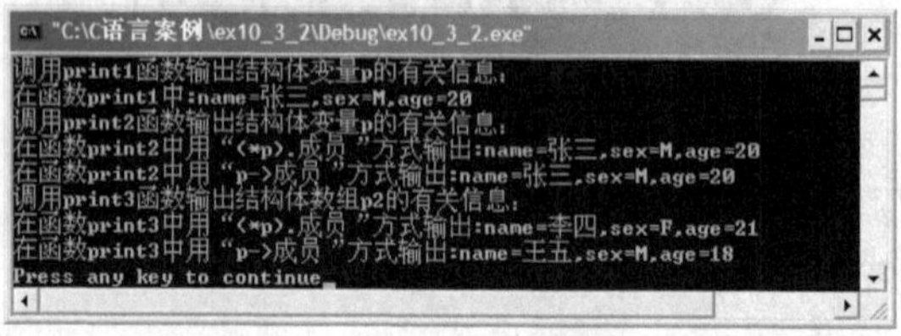

图 10-9　程序 ex10_3_2 运行结果

相关知识

1．指向结构体变量的指针

指向结构体变量的指针称为结构体指针，其定义格式和基本数据类型的指针变量定义一样。当结构体指针指向一个结构体变量时，该指针变量的值就是该结构体变量的起始地址。

在程序 ex10_3_1，main 函数首先定义了一个结构体指针 pt1，然后它指向了结构体变量 p1（见图 10-10），即将结构体变量 p1 的起始地址赋值给结构体指针 pt1。

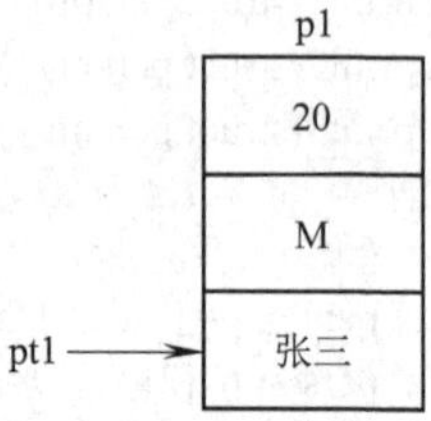

图 10-10　指向结构体类型的指针

在定义了指向结构体类型变量的指针后，就可以通过结构体指针访问和操作结构体变量的成员，常用的访问方式是：

```
结构体指针->成员名
```

其中，“->”称为指向运算符，用来使用结构体指针来访问结构体变量。

程序中还使用了“(*结构体指针名）.成员名”这种方式来访问结构体变量的成员。

pt1 是指向结构体变量的指针，(*pt1)表示 pt1 指向结构体变量 p1，因此(*pt1).name 就是访问 pt1 指向的结构体变量 p1 的 name 成员。

注意：由于成员运算符“.”的优先级高于“*”运算符，因此*pt1 两侧的括号不可省略。

从前面的分析和程序的运行结果可以看出，下面三种访问结构体成员的方式等价：

（1）结构体变量.成员名

（2）(*结构体指针).成员名

（3）结构体指针–>成员名

2．指向结构体数组的指针

定义指向结构体数组的指针和定义一个指向基本类型（整型、实型、字符型）数组的指针的方法一样，其含义也相同。例如，导例程序 ex10_3_1 中所示，可以把结构体数组的数组名赋值给结构体指针，也就是把结构体数组的首地址赋值给结构体指针，如图 10-11 所示。

在程序 ex10_3_1 中，pt2 指向结构体数组 p2，在循环输出中有 pt2++操作，pt2++意味着 pt2 所增加的值是一个结构体元素的长度，即 sizeof(p2[0])=28 个字节。

注意：在 VC++ 6.0 环境中不是简单的结构体成员所占字节数的相加（20+1+4=25），具体计算方法请参考 10.1 节。

也就是说，如果 pt2 指向结构体数组的首地址，那么 pt2+1 就指向结构体数组第二个元素的首地址，如图 10-11 所示。在访问结构体数组中每一个元素的成员时，同样也可以使用指针的方式，如程序 ex10_3_1 中所使用的那样。

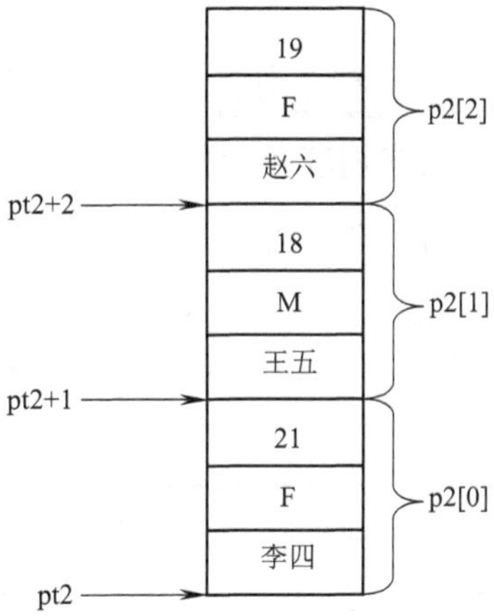

图 10-11　指向结构体数组的指针

3．函数之间有关结构体类型数据的传递

定义和调用函数时，可以使用结构体作为参数。在函数之间传递结构体的方式有三种：向函数传递结构体的成员、向函数传递结构体变量和向函数传递结构体的指针。

（1）使用结构体变量的成员作为函数的参数　也就是在调用函数时，向函数传递一个结构体变量的成员，因为结构体变量成员可以当做一个普通变量使用，当然也可以作为函数的参数来进行数据的传递。

结构体变量的成员作为函数的参数时，如果结构体变量的成员是指针成员或者是表示地址的成员，那么实参向形参传递的就是地址，产生的是“传址调用”；如果结构体变量成员是普通的非地址成员，那么实参向形参传递的是数值，产生的是“传值调用”。该内容在第 8 章已经介绍得非常清楚。

（2）使用结构体变量作为函数的参数　把结构体变量作为一个整体传送给被调用的函数，这时实参向形参传递的是结构体变量的值，系统将为结构体类型的形参开辟相应的存储单元，并将实参中各成员的值传递给形参的各个成员，此种参数传递方式的函数调用属于传值调用。

例如，在程序 ex10_3_2 中调用 print1 函数时就是这种情况。

需要注意的是，如果在函数 print1 中对参数的值进行了更改，那么更改后的结果不能返回到主调函数中。也就是说，main 方法中定义的结构体成员变量 p 和函数 print1 中的参数 p 是两个完全独立的变量，各自有独立的内存空间，在 print1 中更改参数 p 不会影响到 main 函数中的变量 p。

（3）使用指向结构体变量（或结构体数组）的指针作为函数的参数　在程序ex10_3_2中，函数print2和print3的参数都是结构体指针，在调用时可以给它们传递结构体的地址，或者是结构体的指针。当然，传递结构体数组的指针也是可以的，函数print3在调用时就是传递结构体数组的指针，因此在方法体中还进行了指针的加1操作用来指向结构体数组的下一个元素。

用结构体指针作为参数，传递的是结构体变量的地址，因此被调函数中形参的更改会影响到主调函数中实参值的改变，因为它们共同指向了同一个结构体变量的存储单元。

使用结构体指针作为函数的参数时，实参向形参传递的就是地址，产生的是“传址调用”。

实践训练

【实训项目一】

1．实训内容

假设某班级有 4 个人，请输入学生姓名和 3 门功课的成绩，然后计算出平均成绩，并按照类似于表 10-2 的形式将结果输出。

表 10-2　成绩登记表

姓　名	英　语	数　学	语　文	平 均 分
张三	89	90	83	
李四	90	91	89	
王五	88	76	79	
赵六	87	100	87	

2．解决方案

程序名 prac10_3_1.c

```
#include   "stdlib.h"
#include   "stdio.h"
struct student                        /*定义结构体 struct student 类型*/
{
    char name[20];
    float score[4];
};
void input( );                        /*函数声明*/
void aver( );
void output( );
main( )
{
     struct student stu[4];           /*定义结构体数组*/
    struct student *p=stu;            /*定义指向结构体数组的指针*/
     input(stu, 4);                   /*调用函数输入数据*/
    aver(p,4);                        /*调用函数计算每一个学生的平均成绩*/
    output(stu, 4);                   /*调用函数输出结果*/
}
void input(struct student stu[ ],int n)
{
    int i;
    for(i=0;i<n;i++)
     {
          printf("请输入第%d 个学生的姓名和各门功课的成绩：\n",i+1);
          scanf("%s%f%f%f",stu[i].name,&stu[i].score[0],&stu[i].score[1],&stu[i].score[2]);
     }
```

```
}
void aver( struct student *stu,int n)        /*求每一个人平均成绩的函数*/
{
    int i,j;
    for(i=0;i<n;i++)
    {
        stu[i].score[3]=0;
        for(j=0;j<3;j++)
            stu[i].score[3]=stu[i].score[3]+stu[i].score[j];
        stu[i].score[3]=stu[i].score[3]/3;
    }
}
void output( struct student *stu,int n)     /* 输出函数*/
{
    int i,j;
    printf("      *************成绩登记表*************\n");
    printf("---------------------------------------------\n");
    printf("|%10s|%7s|%7s|%7s|%7s|\n","姓名","英语","数学","语文","平均分");
    printf("---------------------------------------------\n");
    for (i=0;i<n;i++)
    {
        printf("|%10s|",stu[i].name);
        for(j=0;j<4;j++)
            printf("%7.2f|",stu[i].score[j]);
        printf("\n");
        printf("---------------------------------------------\n");
    }
}
```

程序运行结果如图 10-12 所示。

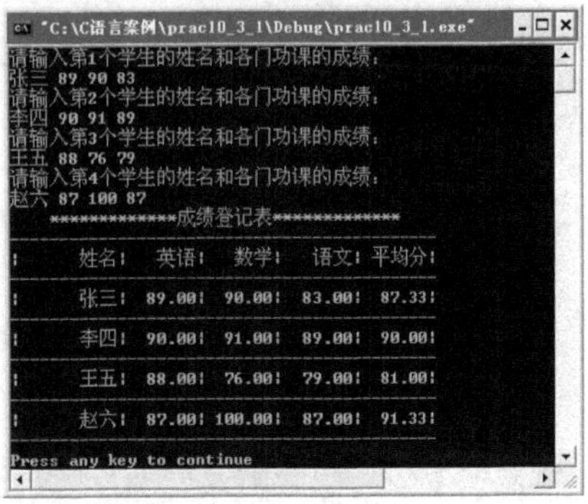

图 10-12　程序 prac10_3_1.c 运行结果

3. 项目分析

程序首先定义了一个 struct student 类型的结构体，在程序中使用该类型的数组来存储学生信息和有关分数。程序中定义了三个函数来分别处理程序数据的输入、求平均分和程序结果的输出，这三个函数都有一个结构体类型指针的参数，因此在 main 函数中调用时，既可以传递结构体数组名，也可以传递指向结构体数组的指针。

【实训项目二】

1. 实训内容

输入 10 本书的书名和单价，然后按照单价的降序进行排序并把结果输出。

2. 解决方案

程序名：prac10_3_2.c

```
/*首先输入 10 本书的信息，然后使用冒泡排序法进行排序，最后输出。*/
```

```
#include "stdio.h"
struct book
{
 char name[20];
 float price;
};
void sort(struct book *);

main()
{
 struct book books[10];
 int i;
 for(i=0;i<10;i++)
 {
        printf("请输入第%d 本书的名字和单价：",i+1);
        scanf("%s%f",books[i].name,&books[i].price);
 }
 sort(books);
 printf("排序后的结果为：\n");
 for(i=0;i<10;i++){
        printf("%10s %6.2f\n",books[i].name,books[i].price);
 }
}
void sort(struct book *b)
{
 struct book tmp;
 int i,j;
 for(j=0;j<9;j++)
 {
        for(i=0;i<10-j;i++)
        {
              if(b[i].price<b[i+1].price)
              {
                    tmp = b[i];
                    b[i]=b[i+1];
                    b[i+1]=tmp;
              }
        }
 }
}
```

程序运行结果如图 10-13 所示。

3．项目分析

程序首先定义了 struct book 类型的结构体，为了存储 10 本书的有关信息，程序中使用了结构体数组。然后从键盘接收书籍的有关信息，再使用冒泡排序法按照单价进行降序排列，最后输出已排好序的结果。

图 10-13　程序 prac10_3_2.c 运行结果

10.4　链表

知识导例

1．阅读下面的程序，理解并掌握链表的概念与使用

程序名：ex10_4_1.c

```
#include "stdio.h"
struct person
{
        int no;
        char name[20];
        struct person *next;
};
main()
{
        struct person p1={1,"zhangsan",NULL},p2={2,"lisi",NULL},
p3={3,"wangwu",NULL};
        struct person *head,*pt;
        head = &p1;
        p1.next=&p2;
        p2.next=&p3;
        p3.next=NULL;
        pt = head;
        while(pt!=NULL)
        {
                printf("no=%d,name=%s\n",pt->no,pt->name);
                pt = pt->next;
        }
}
```

程序运行结果如图 10-14 所示。

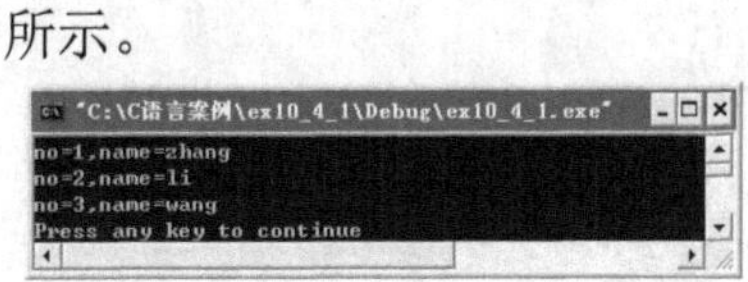

图 10-14　程序 ex10_4_1.c 运行结果

2．利用结构体创建一个链表，然后进行链表的动态创建、插入、删除等操作

程序名：ex10_4_2.c

```
#include "stdio.h"
#include "malloc.h"
#define SIZE sizeof(struct person)
struct person
{
	int no;                    /*人员编号，每个人的编号都不同*/
	char name[20];
	struct person *next;
};
/*动态创建一个链表，该函数返回一个指向该链表头的指针，若链表为空，则返回 NULL。在创建链表
  节点的过程中，接收从键盘输入的数据，如果输入的人员编号 no 为 0，则停止输入，即所有链表节
  点输入结束*/
struct person * creat()
{
	struct person *head;
	struct person *p1,*p2;
	printf("请输入 no 和 name 的值，中间以空格分隔开，若要结束输入请输入“0  0”：\n");
	p1=p2=(struct person *)malloc(SIZE);
	scanf("%d%s",&p1->no,p1->name);
	head=p1;
	while(p1->no != 0)         /*no 等于 0，则结束*/
	{
		p2->next=p1;
		p2=p1;
		p1=(struct person *)malloc(SIZE);
		scanf("%d%s",&p1->no,p1->name);
	}
	if(head->no ==0)           /*head 的 no 等于 0，说明 while 一次也没执行，即没有创建一个节点*/
	{
		head=NULL;             /*链表为空，没有节点，将返回 NULL*/
		free(p1);              /*释放掉用 malloc 分配的内存（while 语句前面的 malloc 函数）*/
	}else{                     /*创建了至少一个节点，即 while 至少执行了一次*/
		p2->next=NULL;         /*把链表最后一个节点的 next 设置为 NULL*/
		free(p1);              /*把 while 最后一次执行时分配给 p1 的空间释放掉*/
	}
	return head;
}
/*输出链表各个节点的值。参数 head 为要输出链表的链表头指针，即第一个节点的指针*/
void output(struct person * head)
{
	struct person * p = head;
	if(head == NULL)
	{
		printf("链表为空！ \n");
	}
	else
	{
		printf("链表各节点的值如下:\n");
```

```
            do
            {
                printf("no=%d,name=%s\n",p->no,p->name);
                p=p->next;
            }while(p!=NULL);
        }
    }
    /*求出链表的长度。参数 head 为要输出链表的链表头指针，即第一个节点的指针*/
    int getlinklength(struct person * head)
    {
        int count=0;
        struct person * p = head;
        if(head==NULL)                          /*head 为空，则链表长度为 0*/
    {
            return 0;
    }
        while(p!=NULL)
        {
            count++;
            p = p->next;
        }
        return count;
    }
    /*将节点 p 插入 head 所指向的链表的第 i 个节点之后，返回值为指向新链表表头的指针。如果 i 大于链
表的长度，则插入最后一个位置，若 i<=0 则插入第一位置*/
    struct person * insert(struct person *head,struct person *p,int i)
    {
        struct person *tmp;
        int n=1;
        if(head == NULL)                        /*链表为空，则不论 i 为何值 p 都是第一个节点*/
        {
            head = p;
            head->next = NULL;
        }else{
            if(i<=0){                           /*i<=0 时都是把 p 插入作为第一个节点*/
                tmp = head;
                head=p;
                head->next=tmp;
            }else{
                for(tmp = head;n<i&&tmp->next!=NULL;n++)
                /*利用循环让 tmp 依次指向下一个节点，直到最后一个节点或 tmp 为第 i 个节点*/
                {
                    tmp = tmp->next;
                }
                p->next = tmp->next;            /*在节点 tmp 后面插入新的节点 p */
                tmp->next=p;
            }
        }
        return head;
    }
     /*根据节点的 no 的值删除节点，即删除 no 的值为参数 no 的节点。由于要求 no 的值唯一，因此只会
       删除一个节点。如果没有找到则不删除。返回值是删除节点后的链表头的指针（若没找到还是原
```

```
   链表）*/
  struct person * delByNo(struct person *head,int no)
  {
      struct person *p1=head,*p2=head;
      int n=1;                                /*记录当前是链表的第几个节点*/
      if(head == NULL)
      {
          printf("空链表！\n");
          return NULL;
      }
      while(p1->no!=no&&p1->next!=NULL){
          p2=p1;
          p1=p1->next;
          n++;
      }

      if(p1->no==no){                        /*找到了相应的节点*/
          if(p1==head){                      /*如果找到的是第一个节点*/
              head=p1->next;
          }else{                             /*不是第一个节点*/
              p2->next=p1->next;
          }
          free(p1);                          /*释放 p1 所占内存空间*/
          printf("找到并删除了第%d 个节点。\n",n);

      }
      return head;
  }
 /*根据位置删除节点，即删除链表第 position 个节点。如果 position 小于等于 0 或者大于链表长度，则
   不删除任何节点。返回值是删除节点后的链表的表头指针（若没找到还是原链表）*/
 struct person * delByPosition(struct person *head,int position)
 {
      int i=1;
      struct person *p1 = head,*p2=head;
      if(position<=0 || position>getlinklength(head)){
          printf("要删除的节点位置不合法，请重新输入。\n");
          return head;
      }
      for(i=1;i<position;i++){
          p2 = p1;
          p1=p1->next;
      }
      if(position==1){               /*如果要删除第一个节点*/
          head = p1->next;
      }else{                         /*不是第一个节点*/
          p2->next=p1->next;
      }
      free(p1);                      /*释放 p1 所占内存空间*/
      printf("已经删除了第%d 个节点。\n",position);
      return head;
 }
 main()
```

```
{
    struct person p1 = {10,"name10"};
    struct person *head;
    printf("        *******动态创建链表*******        \n");
    head = creat();
    printf("            *******输出链表*******        \n");
    output(head);
    printf("链表长度（即节点数）为：%d\n",getlinklength(head));
    printf("        *******动态插入一个节点*******        \n");
    head = insert(head,&p1,3);
    printf("        *******再次输出链表*******        \n");
    output(head);
    printf("链表长度（即节点数）为：%d\n",getlinklength(head));
    printf("        *******删除 no 等于 1 的节点*******        \n");
    head = delByNo(head,1);
    printf("        *******再次输出链表*******        \n");
    output(head);
    printf("链表长度（即节点数）为：%d\n",getlinklength(head));
    printf("        *******删除第一个位置的节点*******        \n");
    head = delByPosition(head,1);
    printf("        *******再次输出链表*******        \n");
    output(head);
}
```

程序运行结果如图 10-15 所示。

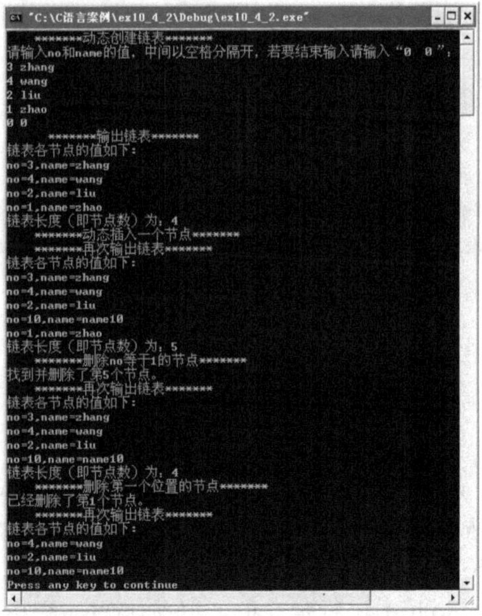

图 10-15　程序 ex10_4_2.c 运行结果

相关知识

1. 链表的概念

结构体应用之一就是用来构造链表，在计算机内存中，对于数据的存储方式有两大类，一种是顺序存储，把数据存放在连续的存储单元中，这些数据在内存中的物理顺序是一个挨着一个存放。顺序存储可以利用数组静态实现，也可以利用动态分配函数 malloc()来进行动态实现。另一种就是链式存储，数据可以不按照内存的物理顺序来进行存储，而是可以存储在不同的区域，但是为了不改变其逻辑顺序，需要使用指针来指向下一个元素的存放位置，这就要求在进行数据存放的时候，同时要用一个指针来指向下一个元素的地址。那么，有哪种数据类型能同时保存数据本身的信息，还能保存下一个数据存放的地址信息呢？结构体用来解决这种问题，就非常方便。

如何来设计这种结构体呢？很显然，设计结构体的目的主要是为了存放数据，要使用链式存储，需要在结构体内定义一个指针，而这个指针必须是指向本结构体类型的一个指针，这样才能存放下一个结构体变量存储单元的地址。由这样的结构体变量一个接一个地存储，而且又通过指针将各个存储单元连接在一起构成一个链条式数据的存储结构，称为“链表”。“链表”中存放数据的一个个存储单元，称为节点。一个节点一般要含有一个或多个存放数据的数据域和存放下一个数据元素地址的指针域，如导例程序 ex10_4_1 中 head、p1、p2 和 p3，它们均含有两个数据域和一个指针域。它们构成的链表如图 10-16 所示。

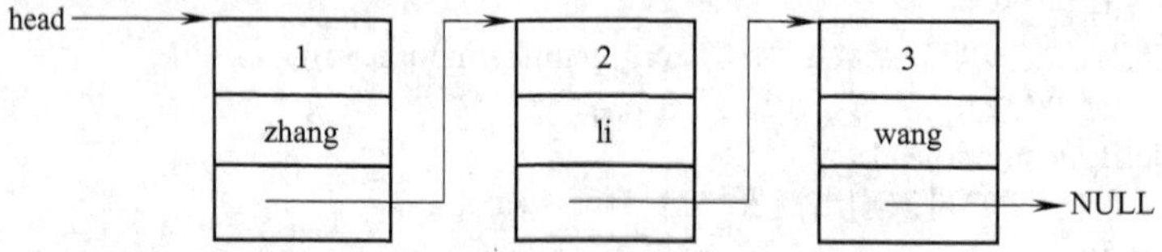

图 10-16　程序 ex10_4_1.c 中的链表结构

因此，构成链表节点的结构体一般定义格式如下：

```
struct 节点结构体名称
 {
   数据类型   成员名称 1;
   数据类型   成员名称 2;
   …
   struct 节点结构体名称   *结构体指针名;
 };
```

例如，程序中的结构体类型 person 的定义：

```
struct person
{
        int no;
        char name[20];
        struct person *next;
};
```

no 和 name 是数据域，next 是指针域，next 指针域必须是指向自身结构类型的指针。

图 10-16 所示的链表结构，是由 p1、p2 和 p3 三个节点组成的，指针 head 指向该链表结构的第一个节点 p1，p1 的下一个节点是 p2，p2 的下一个节点是 p3，p3 的下一个节点是 NULL，表示空指针。NULL 是在 stdio.h 中进行定义的，必须大写。空指针值还可以用字符“\0”或者整数 0 来表示。为了便于访问链表，通常在链表的头部设一个头节点，这个头节点通常不存储数据或者存储链表中节点的个数等信息，访问链表的时候，一般先从头节点开始，然后向后访问，特别是只有一个指针域的链表，只能从头节点处开始访问。

2. 动态创建链表

图 10-16 所示的链表只是一个简单的链表，而且在创建过程中，构成链表的三个节点已经存在，程序中只是给相应节点的指针域进行赋值，并将其构造成链表。这种链表的各个节

点已经事先存在，我们所做的工作只是把它们链接在一起，构成一个链表而已。在实际应用中，都是利用一些函数来进行动态地创建，即边创建节点，边构造链表。

动态创建链表主要是利用动态分配内存的函数，如 malloc、calloc、realloc、free 等，这些函数在第 8 章已有详细的介绍。

动态建立链表是程序在执行过程中从无到有地建立起一个链表，一个个地开辟节点和输入各节点的数据，此种节点都需要动态分配存储空间。需要强调的是，在这种动态链表中，每个节点元素都没有自己的名字，只能靠指针维系相邻节点之间的关系，一旦某个元素的指针“断开”，后继元素就无法找寻，这是对链表进行操作时需要特别注意的地方。

在这里还要再说明一个概念，就是“单向链表”。单向链表其实就是在结构体中含有一个指针域的链表，这个指针域仅仅指向其后继元素的地址。此外，还有双向链表、循环链表等概念，有兴趣的读者可以参考《数据结构》等有关书籍。

通常所创建的链表，为了操作方便，都带有一个头节点。头节点与链表中有数据的节点基本相同，唯一差别就是头节点一般不存放数据，有时可以在数据域存放链表中节点个数的信息，这样就为在链表中做统计时提供了方便。

在程序 ex10_4_2 中，函数 creat 的作用就是动态地创建一个链表，创建完毕后返回新创建链表的头节点指针 head。该函数根据用户的输入进行节点的创建，每一个新创建的节点都通过“p2->next=p1;　p2=p1;”这两条语句将它和已有节点连在一起，然后继续接收新的节点的值，直到输入“0 0”，即 no 等于 0 认为用户输入结束。在用户输入结束后，所创建的链表结构如图 10-17 所示（用户输入数据请参考程序运行结果如图 10-15 所示）。

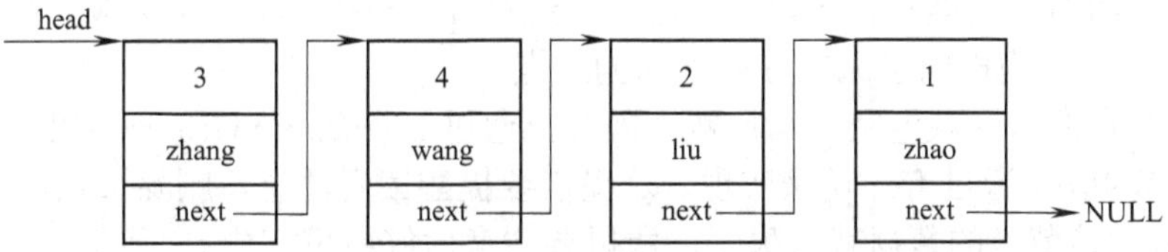

图 10-17　动态创建的链表

3．查找链表中的节点

在查找链表中的节点时，从头节点指针 head 开始，然后根据当前节点的值是否满足要求来决定是否进行下一个节点的查找。如果结构体指针 p 开始指向链表的表头，那么 p=p->next 操作使得指针指向当前节点的下一个节点，可以使用“p->no”或“p->name”的形式引用当前节点的成员的值并进行相应的操作。

在程序 ex10_4_2 中，根据 no 的值删除节点时就是要先查找该节点，然后进行删除操作。另外，求链表的长度操作就是遍历整个链表后计数求得，这里面都包含了查找节点的操作。

4．在链表中插入节点

在链表中插入一个新的节点是链表中最基本的操作，在操作之前，先要定位到要插入的位置。插入的位置一般有这样几种情况：一是插入到链表表头，作为第一个节点；二是插入到链表中任意一个节点之后；三是插入到链表的末尾。不论是哪一种情况，要想正确在链表中插入一个节点，必须首先找到插入的位置。程序中是利用临时节点指针 tmp 将节点 p 插入到 head 所指向的链表中。

在做链表插入操作时，要注意插入过程中的断链情况，因为链表一旦断链，而且没有指针指向待插入节点之后的链表时，后面的节点就会丢失。所以，假如待插入的节点为 p，插入的位置是链表中节点 q 之后，其步骤是：

1）新建节点 p 并为节点赋值。

2）将 p 连到 q 后面的节点之前，可通过 p->next=q->next 实现。此时，节点 p 和 q 的指针域都指向同一个节点，即都连着后面的链。

3）将 p 连入链表中，q 和原指向的节点断开，可通过 q->next=p 实现。由于 p 指向原来 q 所指向的节点，所以此链不会断。

上面阐述的是在链表中一个普通的位置插入一个节点的方法和详细步骤，在链表的头部和尾部插入节点，相对简单，请读者自行分析。具体程序请参考 ex10_4_2 中的 insert 函数。

5．在链表中删除一个节点

在链表中删除一个节点也是常见的操作，在删除之前，首先定位要删除的节点。

删除一个节点时，有两种情况：一是根据位置删除，也就是删除链表中的第几个节点；二是根据链表节点中的数据是否符合条件进行删除，如在程序 ex10_4_2 中，根据 person 的 no 的值进行节点的删除。第一种情况要根据给定的位置进行定位，也就是要遍历链表找到要删除的节点的位置，然后删除节点；第二种情况也是要遍历链表，然后比较节点成员的值和给定的值，根据比较节果决定是否删除。

在进行链表删除操作时，要同时考虑删除相关节点后的断链情况。现在假设待删除的节点为 p，p 前面的节点为 q，其步骤是：

1）将 p 后面的节点连到 q 节点的后面，可通过 q->next=p->next 实现。此时，q 已经和 p 断开，但是 p 和 q 均指向了原来 p 所指向的节点。

2）将 p 节点的指针域置空，与原链表断开，通过 p->next=NULL 来实现。

3）销毁节点 p，通过 free(p)来实现。这里需要提醒读者注意，删除节点后，特别是销毁待删除节点后，该节点的数据就丢失了，所以要注意做好备份工作。

具体实现请参考 ex10_4_2 中的 delByNo 和 delByPosition 函数。

实践训练

【实训项目】

1．实训内容

从键盘接收表 10-3 所列的数据，动态构建链表，然后遍历链表，输出各节点的值。根据用户输入的学号删除相应的学生信息，并再次输出链表。

表 10-3　成绩登记表

学　号	姓　名	性　别	年　龄
1	张三	M	20
2	李四	F	21
3	王五	M	19
4	赵六	M	20
5	孙七	F	18

2．解决方案

程序名 prac10_4_1.c

```
#include "stdio.h"
#include "malloc.h"
#include "string.h"
#define SIZE sizeof(struct person)
struct person
{
    int no;                          /*人员编号，每个人的编号都不同*/
    char name[20];
    char sex;
    int age;
    struct person *next;
};
/*动态地创建一个链表，该函数返回一个指向该链表头的指针，若链表为空，则返回 NULL*/
struct person * creat()
{
    struct person *head=NULL;
    struct person *p1,*p2;
    int i=1;                         /*表示当前是第几个学生*/
    printf("请输入第%d 个学生姓名，若要结束输入请输入“0”后按回车：",i);
    p1=p2=(struct person *)malloc(SIZE);
    scanf("%s",p1->name);
    if(strcmp(p1->name,"0")!=0){
        printf("请输入第%d 个学生的学号、性别和年龄：",i);
        scanf("%d %c %d",&p1->no,&p1->sex,&p1->age);
        head=p1;
    }

    while(strcmp(p1->name,"0")!=0)  /*p1->name 等于"0"，说明输入结束*/
    {
        i++;
        p2->next=p1;
        p2=p1;
        p1=(struct person *)malloc(SIZE);
        printf("请输入第%d 个学生姓名，若要结束输入请输入“0”后按回车：",i);
        scanf("%s",p1->name);
        if(strcmp(p1->name,"0")==0)
        {
            break;
        }
        printf("请输入第%d 个学生的学号、性别和年龄：",i);
        scanf("%d %c %d",&p1->no,&p1->sex,&p1->age);
    }
    if(strcmp(head->name,"0")==0)   /*head->name 等于"0"，说明 while 一次也没执行，即没有创建
                                      一个节点*/
    {
        head=NULL;                   /*链表为空，没有节点，将返回 NULL*/
        free(p1);                    /*释放掉用 malloc 分配的内存（while 语句前面的 malloc 函数）*/
    }else{                           /*创建了至少一个节点，即 while 至少执行了一次*/
        p2->next=NULL;               /*把链表最后一个节点的 next 设置为 NULL*/
```

```
        free(p1);                  /*把 while 最后一次执行时分配给 p1 的空间释放掉*/
    }
    return head;
}
                                   /*输出链表各个节点的值*/
void output(struct person * head)
{
    struct person *p = head;
    if(head == NULL)
    {
        printf("链表为空，没有信息需要显示！\n");
    }
    else
    {
        printf("学号\t 姓名\t 性别\t 年龄\n");
        do
        {
            printf("%d\t%s\t%c\t%d\t\n",p->no,p->name,p->sex,p->age);
            p=p->next;
        }while(p!=NULL);
    }
}
/*根据学生学号值删除节点。如果没有找到则不删除。返回值是删除节点后的链表头的指针（若没找
  到还是原链表）*/
struct person * delByNo(struct person *head,int no)
{
    struct person *p1=head,*p2=head;
    int n=1;                           /*记录当前是链表的第几个节点*/
    if(head == NULL)
    {
        printf("空链表！\n");
        return NULL;
    }
    while(p1->no!=no&&p1->next!=NULL){
        p2=p1;
        p1=p1->next;
        n++;
    }
    if(p1->no==no){                    /*找到了相应的节点*/
        if(p1==head){                  /*如果找到的是第一个节点*/
            head=p1->next;
        }else{                         /*不是第一个节点*/
            p2->next=p1->next;
        }
        free(p1);                      /*释放 p1 所占内存空间*/
        printf("找到并删除了第%d 个节点的学生信息。\n",n);
    }else{
        printf("没有找到学号为%d 的学生。\n",no);
    }
    return head;
}
main()
```

```
{
        struct person *head;
        int no;
        printf("        *******动态创建链表*******        \n");
        head = creat();
        printf("            *******输出链表*******        \n");
        output(head);
        printf("请输入你要删除的学生的学号：\n");
        scanf("%d",&no);
        head = delByNo(head,no);
        printf(" 删除后所有学生的信息为：       \n");
        output(head);
}
```

程序运行结果如图 10-18 所示。

图 10-18　程序 prac10_4_1.c 运行结果

3. 项目分析

本程序从键盘接收用户输入的数据，动态创建链表，然后对链表进行遍历输出。接着接收用户要删除的学生学号，删除相对应的节点后再次输出。

需要注意的是，在接收学生信息时，由于要从输盘分别输入整型数据、字符类型数据和字符数组（字符串）类型的数据，而字符数组类型和字符类型的输入不能在同一个 scanf 语句中实现，因此程序设计需先使用一个 scanf 接收 name 的值，然后再分别接收 no、sex 和 age 的值。

10.5　共用体

知识导例

阅读下面的程序，理解并掌握共用体的使用。

程序名：ex10_5_1.c。

```
#include "stdio.h"
union data                    /*定义共用体类型*/
{
    char c;
    short s;
    int i;
};
main()
{
    union data data1;         /*定义共用体变量*/
                              /*输出各种类型的长度*/
    printf("%d,%d,%d,%d\n",sizeof(char),sizeof(short),sizeof(int),sizeof(union data));
    data1.c=1;                /*为共用体变量的成员赋值*/
    data1.s=2;
    data1.i=3;
    printf("%d\n",data1.c);
    /*以十进制的方式输出各成员的地址*/
    printf("%d,%d,%d\n",&data1.c,&data1.s,&data1.i);
}
```

程序运行结果如图 10-19 所示。

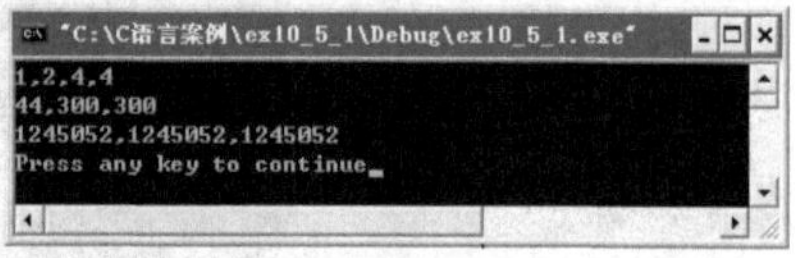

图 10-19　程序 ex10_5_1.c 运行结果

相关知识

程序中使用 union 关键字定义的数据类型叫做共用体类型，它是指将不同的数据项组织成一个整体，它们在内存中占用同一段内存单元。在程序设计中，使用共用体要比使用结构体节省存储空间，但是访问效率相对低一些。

1. 共用体类型的定义

共用体类型的定义与结构体类型定义相似，其一般格式是：

```
union 共用体名
{
  类型标识符    成员名列表;
  类型标识符    成员名列表;
     …
  类型标识符    成员名列表;
};
```

共用体变量所占内存的长度，不像结构体那样等于各个成员所占内存长度之和（VC 中对结构体的内存分配做了一些优化，具体请参考结构体部分的内容），而是等于共用体中所占内存最长的那个成员的长度，而且这些数据都是以同一地址开始存放的，共用体中存储空间的开辟也遵循结构体中的对齐原则。

例如，导例 ex10_5_1 中定义的共用体 data 类型，它定义的变量 data1 有三个成员，分别应该占用 1、2、4 个字节，各成员在内存中的存储情况如图 10-20 所示。

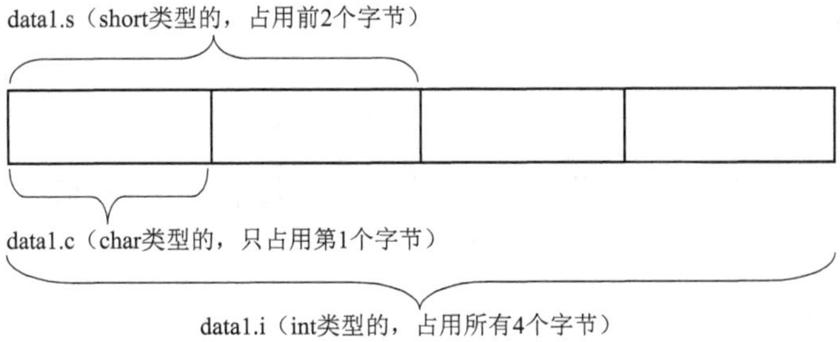

图 10-20 共用体变量在内存中存储情况示意图

从图 10-19 和图 10-20 中可以看出，共用体类型的变量，其所有成员占用同一块内存单元，各成员使用的起始地址也是相同的，所占内存长度等于最长的成员所占内存，程序中的共用体变量 data1 在内存中所占字节数为 4，共用体各成员共用这块内存单元，但是在某一个时刻，只有一个成员使用这个内存空间，各成员不能同时使用这块内存单元。

在 VC++ 6.0 平台下，编译系统对于共用体内存的划分，与在 TURBOC 等 16 位编译系统下不同。例如下面的共用体：

```
union stu
{
 char name[6];
 int age;
 char sex;
};
main()
{
 printf("%d\n",sizeof(union stu));
}
```

该程序输出结果为 8，既不是 age 的长度 4，也不是 name[6]的长度 6。原理是这样的：系统先找出 char、int 两者之中占用存储空间字节数最长的数据类型是 int，然后按此标准分配内存，所以如果给 name 分配内存，应分配 8（4*2）个字节，这样占用存储空间最多的成员是 name，所以给此共用体分配的字节数就是 8。

2. 共用体变量

和结构体变量的定义类似，共用体变量的定义也可以采用相应的几种方式，引用共用体变量的成员的用法与结构体完全相同，即使用运算符“.”（共用体变量）和“->”（共用体指针）。

在使用共用体变量时，要注意：

1）在程序执行的某一时刻，只有一个共用体成员起作用，而其他的成员不起作用。也就是说，如果对共用体的不同成员进行连续的多次赋值，那么只有最后一次的赋值起决定作用，前面的赋值随着后一次的赋值而失效。

2）两个具有相同共用体类型的变量可以互相赋值。

3）可以对共用体变量进行取地址运算。

实践训练

【实训项目】

1．实训内容

根据共用体类型的特点，分别取出 short 类型的变量中高字节和低字节的值。

2．解决方案

程序名：prac10_5_1.c

```
union Get
{
        char c[2];
        short s;
};
main()
{
        union Get data1;
        data1.s=300;
        printf("data.s 的高字节的值为：%d，低字节的值为：%d\n",data1.c[1],data1.c[0]);
}
```

程序运行结果如图 10-21 所示。

图 10-21　程序 prac10_5_1.c 运行结果

3．项目分析

共用体变量 data1 中包含两个成员：字符数组 c 和短整型变量 s，它们恰好都是占 2 个字节的存储单元。由于是共用存储单元，c[0]就使用了 a 的低字节，c[1]就使用 a 的高字节。

data1.s 的值为 300，转换为二进制就是“0000 0001 0010 1100”。在共用体的存储空间中，各个成员变量全部都是从低地址开始向高地址方向使用内存，也就是 c[0]中放置低字节的数值，c[1]中放置高字节的数值，详细情况如图 10-22 所示。

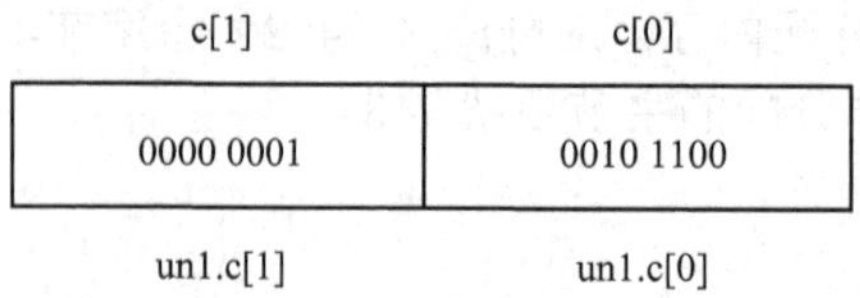

图 10-22　共用体变量 un1 存储情况示意图

10.6　综合实训

【综合实训】

1．实训内容

编写简单的学生管理系统，用户可以选择添加、删除、显示、修改学生的有关信息。用户可以进行以下操作：

*********简单学生管理系统主菜单*********

1）插入一个学生信息（请输入“1”）

2）删除指定位置的学生信息（请输入“2”）

3）根据学生学号删除学生信息（请输入“3”）

4）根据学生学号修改学生信息（请输入“4”）

5）统计当前有多少学生（请输入“5”）

6）输出全部学生信息（请输入“6”）

7）重新显示菜单（请输入“7”）

8）退出系统（请输入“8”）

2．解决方案

程序名 prac10_6_1.c

```
#include "stdio.h"
#include "malloc.h"
#include "string.h"
#define SIZE sizeof(struct person)
struct person
{
 int no;                      /*人员编号，每个人的编号都不同*/
 char name[20];
 struct person *next;
};
/*动态地创建一个链表，该函数返回一个指向该链表表头的指针，若链表为空，则返回 NULL。在创建
链表节点的过程中，接收从键盘输入的数据，如果输入的人员编号 no 为 0，则认为数据输入结束，即
所有链表节点创建结束*/
struct person * creat()
{
 struct person *head;
 struct person *p1,*p2;
      printf("请输入 no 和 name 的值，中间以空格分隔开，若要结束输入请输入“0   0”：\n");
 p1=p2=(struct person *)malloc(SIZE);
 scanf("%d%s",&p1->no,p1->name);
 head=p1;
 while(p1->no != 0)           /*no 等于 0，则结束*/
 {
      p2->next=p1;
      p2=p1;
      p1=(struct person *)malloc(SIZE);
      scanf("%d%s",&p1->no,p1->name);
 }
      if(head->no ==0)        /*head 的 no 等于 0，说明 while 一次也没有执行，即没有创建一个节点*/
 {
      head=NULL;              /*链表为空，没有节点，将返回 NULL*/
      free(p1);               /*释放掉用 malloc 分配的内存（while 语句前面的 malloc 函数）*/
 }else{                       /*创建了至少一个节点，即 while 至少执行了一次*/
      p2->next=NULL;          /*把链表最后一个节点的 next 设置为 NULL*/
      free(p1);               /*把 while 最后一次执行时分配给 p1 的空间释放掉*/
 }
```

```
  return head;
 }
 /*输出链表各个节点的值。参数 head 为要输出链表的链表头指针，即第一个节点的指针*/
 void output(struct person * head)
 {
  struct person * p = head;
  if(head == NULL)
  {
        printf("链表为空，没有信息需要显示！\n");
  }
  else
  {
        printf("所有学生的信息如下的值如下:\n");
        printf("学号\t 姓名\n");
        do
        {
              printf("%d\t%s\n",p->no,p->name);
              p=p->next;
        }while(p!=NULL);
  }
 }
 /*求出链表的长度。参数 head 为要输出链表的链表头指针，即第一个节点的指针*/
 int getlinklength(struct person * head)
 {
  int count=0;
  struct person * p = head;
  if(head==NULL)                /*head 为空，则链表长度为 0*/
  {
        return 0;
  }
  while(p!=NULL)
  {
        count++;
        p = p->next;
  }
  return count;
 }
 /*将节点 p 插入 head 所指向的链表的第 i 个节点之后，返回值为指向新链表表头的指针。如果 i 大于链
表的长度，则插入最后一个位置，若 i<=0 则插入第一位置*/
 struct person * insert(struct person *head,struct person *p,int i)
 {
  struct person *tmp;
  int n=1;
  if(head == NULL)              /*链表为空，则不论 i 为何值，p 都是第一个节点*/
  {
        head = p;
        head->next = NULL;
  }else{
        if(i<=0){               /*i<=0 时都是把 p 插入作为第一个节点*/
              tmp = head;
              head=p;
              head->next=tmp;
```

```
        }else{
            for(tmp = head;n<i&&tmp->next!=NULL;n++)        /*利用循环让 tmp 依次指向下一个节点，直
到最后一个节点或 tmp 为第 i 个节点*/
            {
                tmp = tmp->next;
            }
            p->next = tmp->next; /*在节点 tmp 后面插入新的节点 p*/
            tmp->next=p;
        }
    }
    printf("已成功地插入了学生记录。\n");
    return head;
}
/*根据节点的 no 的值删除节点，即删除 no 的值为参数 no 的节点。由于要求 no 的值唯一，因此只会删
  除一个节点。如果没有找到则不删除。返回值是删除节点后的链表头的指针（若没找到还是原链表）*/
struct person * delByNo(struct person *head,int no)
{
    struct person *p1=head,*p2=head;
    int n=1;                        /*记录当前是链表的第几个节点*/
    if(head == NULL)
    {
        printf("空链表！\n");
        return NULL;
    }
    while(p1->no!=no&&p1->next!=NULL){
        p2=p1;
        p1=p1->next;
        n++;
    }

    if(p1->no==no){                 /*找到了相应的节点*/
        if(p1==head){               /*如果找到的是第一个节点*/
            head=p1->next;
        }else{                      /*不是第一个节点*/
            p2->next=p1->next;
        }
        free(p1);                   /*释放 p1 所占内存空间*/
        printf("找到并删除了第%d 个节点的学生信息。\n",n);
    }else{
        printf("没有找到学号为%d 的学生。\n",no);
    }
    return head;
}
/*根据位置删除节点，即删除链表第 position 个节点。如果 position 小于等于 0 或者大于链表长度，则
  不删除任何节点。返回值是删除节点后的链表的表头指针（若没找到还是原链表）*/
struct person * delByPosition(struct person *head,int position)
{
    int i=1;
    struct person *p1 = head,*p2=head;
    if(position<=0){
        printf("你输入的节点位置不合法，不能删除！\n");
        return head;
```

```
    }
    if(position>getlinklength(head)){
        printf("你输入的节点位置大于链表长度，不能删除！\n");
        return head;
    }
    for(i=1;i<position;i++){
        p2 = p1;
        p1=p1->next;
    }
    if(position==1){                    /*如果要删除第一个节点*/
        head = p1->next;
    }else{                              /*不是第一个节点*/
        p2->next=p1->next;
    }
    free(p1);                           /*释放 p1 所占内存空间*/
    printf("已经删除了第%d 个节点。\n",position);
    return head;
}
```

/*根据学生学号，修改学生信息（学号唯一不能修改），返回修改后链表表头的指针。head 是链表的头指针，newp 是含有新信息的节点，no 是学生学号*/

```
struct person * modify(struct person *head,struct person *newp,int no)
{
    struct person * p = head;
    if(head == NULL)
    {
        printf("链表为空，没有可以修改的学生信息！\n");
    }
    else
    {
        while(p!=NULL && p->no!=no){
            p=p->next;
        }
        if(p==NULL)
        {
            printf("没有找到学号为%d 的学生。\n",no);
        }

        else                            /*找到，则把 p 的值更新为 newp 的值*/
        {
            strcpy(p->name,newp->name);
            printf("学号为%d 的学生信息已修改成功！\n",no);
        }
    }
    return head;
}
void dispMenu()
{
    printf("*********简单学生管理系统主菜单*********\n");
    printf("    1) 插入一个学生信息(请输入“1”)\n");
    printf("    2) 删除指定位置的学生信息(请输入“2”)\n");
    printf("    3) 根据学生学号删除学生信息(请输入“3”)\n");
    printf("    4) 根据学生学号修改学生信息(请输入“4”)\n");
```

```
    printf("     5) 统计当前有多少学生(请输入“5”)\n");
    printf("     6) 输出全部学生信息(请输入“6”)\n");
    printf("     7) 重新显示菜单(请输入“7”)\n");
    printf("     8) 退出系统(请输入“8”)\n");
    printf("*********简单学生管理系统主菜单*********\n");
}
main()
{
    int option=8;
    struct person *p1=NULL;
    struct person *head=NULL;
    int position=1;
    int no=1;
    dispMenu();
    printf("请输入你要进行的操作：");
    scanf("%d",&option);
    while(option!=8)
    {
        switch(option)
        {
            case 1:
                printf("请输入你要插入的学生的学号、姓名和要插入到链表中的位置：\n");
                p1=(struct person *)malloc(SIZE);
                scanf("%d%s%d",&p1->no,p1->name,&position);
                head = insert(head,p1,position-1);
                break;
            case 2:
                printf("请输入你要删除的学生在链表中的位置：");
                scanf("%d",&position);
                head = delByPosition(head,position);
                break;
            case 3:
                printf("请输入你要删除的学生学号：");
                scanf("%d",&no);
                head = delByNo(head,no);
                break;
            case 4:
                printf("请输入你要修改的学生学号和新的名字：");
                p1=(struct person *)malloc(SIZE);
                scanf("%d%s",&p1->no,p1->name);
                head = modify(head,p1,p1->no);
                break;
            case 5:
                printf("当前共有学生人数（即链表长度）：%d\n",getlinklength(head));
                break;
            case 6:
                output(head);
                break;
            case 7:
                dispMenu();
                break;
            default:          /*其他的值不合法*/
```

```
            printf("你选择的菜单不存在！");
            break;
        }
        printf("请输入你要进行的操作：");
        scanf("%d",&option);
    }
    printf("程序结束！\n");
}
```

程序运行结果如图 10-23 所示。

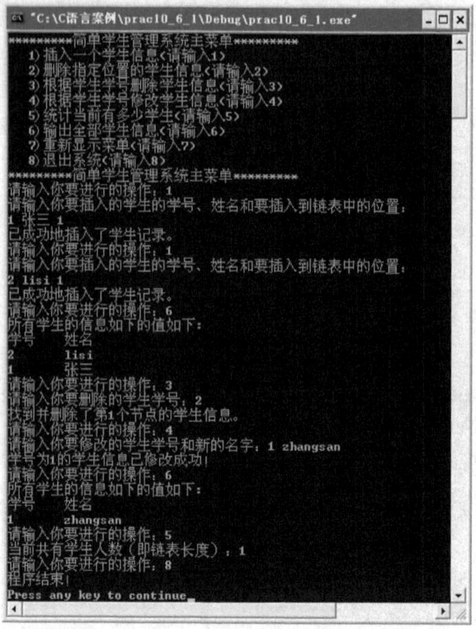

图 10-23　程序 prac10_6_1.c 运行结果

3．项目分析

本程序模拟了一个简单的学生管理系统，用户可以根据需要在结构体 person 类型中增加相关成员的数据。本程序是对链表的增删改查等基本操作的综合运用，体现了链表的强大功能。本程序还有一点需要注意，在 printf 函数中，格式控制部分的双引号，如果是英文的双引号，则需要转义输出；如果是中文的双引号，不必转义可以直接输出。

习　题

一、选择题

1．以下程序的输出结果是（　　）。

```
#include "stdio.h"
union un
{
 int i;
 long k;
 char c;
};
```

```
struct data
{
 short a;
 long b;
 union un c;
}r;
main()
{
 printf("%d\n",sizeof(r));
}
```

A. 10　　B. 12　　C. 16　　D. 8

2. 设有如下定义：

```
struct sample
{
  int a;
  int b;
};
struct st
{
  int a;
  float b;
  struct sample *p;
}st1,*pst;
```

若有 pst=&st1;则以下引用正确的是（　　）。

A. (*pst).p.a　　B. (*pst)–>p.a　　C. pst–>p–>a　　D. pst.p–>a

3. 若有以下程序：

```
struct st
{
 int n;
 struct st *next;
};
 struct st a[3],*p;
 a[0].n=5;a[0].next=&a[1];
 a[1].n=7;a[0].next=&a[2];
 a[2].n=9;a[0].next='\0';
p=&a[0];
```

则值为 6 的表达式是（　　）。

A. p++–>n　　B. p–>n++　　C. (*p).n++　　D. ++p–>n

4. 若已建立下面的链表结构，指针 p、s 分别指向图中所示节点，则不能将 s 所指的节点插入到链表末尾的语句组是（　　）。

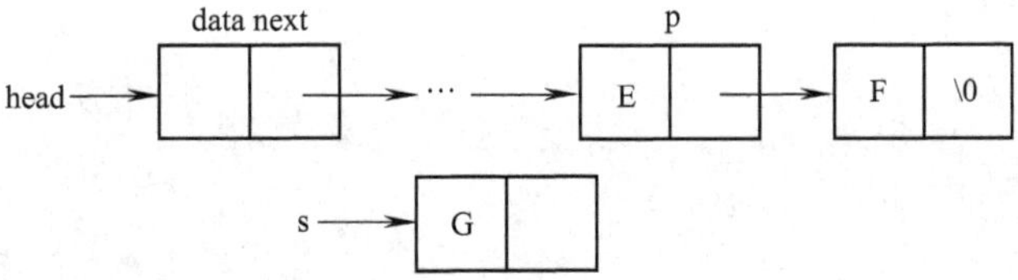

A. s–>next=NULL;p=p–>next;p–>next=s;

B. p=p–>next;s–>next=p–>next;p–>next=s;

C. p=p–>next;s–>next=p;p–>next=s;

D. p=(*p).next;(*s).next=(*p).next;(*p).next=s;

5. 根据以下定义：

```
struct person
{
  char name[9];
  int age;
};
struct person persons[10]={"Johu",17,"Paul",19,"Mary",18,"Adam",16};
```

下面能输出字母 M 的语句是（　　）。

A. printf("%c\n",persons[3].name);

B. printf("%c\n",persons[3].name[1]);

C. printf("%c\n",persons[2].name[1]);

D. printf("%c\n",persons[2].name[0]);

6. 下面程序的输出结果是（　　）。

```
main()
{
  struct cmplx{
        int x;
        int y;
  }cnum[2]={1,3,2,7};
  printf("%d\n",cnum[0].y/cnum[0].x*cnum[1].x);
}
```

A. 0　　B. 1　　C. 3　　D. 6

7. 已知数组的第 0 个元素在低位，则以下程序的输出结果是（　　）。

```
main()
{
  union{
            int i[2];
            long k;
            char c[4];
        }r,*s=&r;
        s–>i[0]=0x39;
        s–>i[1]=0x38;
        printf("%x\n",s–>c[0]);
  }
```

A. 39　　B. 9　　C. 38　　D. 8

8. 以下程序的输出结果是（　　）。

```
#include "stdio.h"
typedef union {
  long x[2];
  int y[4];
  char z[8];
} MyType;
MyType them;
main()
```

```
{
  printf("%d\n",sizeof(them));
}
```

A. 32　　B. 16　　C. 8　　D. 24

9. 以下程序的输出结果是（　　）。

```
#include "stdio.h"
struct st
{
  int x;
  int *y;
}*p;
int a[4]={10,20,30,40};
struct st b[4]={50,&a[0],60,&a[0],60,&a[0],60,&a[0]};
main()
{
  p=b;
  printf("%d\t",++p->x);
  printf("%d\t",(++p)->x);
  printf("%d\n",++(*p->y));
}
```

A. 10　20　20　　B. 50　60　21　　C. 51　60　11　　D. 60　70　31

10. 以下程序的输出结果是（　　）。

```
#include "stdio.h"
typedef union
{
long i;
int k[5];
char c;
}DATE;
struct date
{
  int cat;
  DATE d1;
  double d;
};
main()
{
  printf("%d\t",sizeof(DATE));
  printf("%d\n",sizeof(struct date));
}
```

A. 20　32　　B. 20　60　　C. 20　40　　D. 4　32

二、填空题

1. 在 C 语言中，要定义一个结构体类型，必须使用关键字__________。
2. 在 C 语言中，使几个不同的变量共占同一段内存的结构称为__________。
3. 以下程序的输出结果为__________。

```
main()
{
```

```
    struct cmplx{int x;int y;}cnum[2]={1,3,2,7};
    printf("%d\n",cnum[0].y/cnum[0].x*cnum[1].x);
}
```

4. 以下程序的输出结果为__________。

```
#include "stdio.h"
struct
{
  int x;
  char *c;
}st[2]={{1,"ab"},{2,"cd"}},*p=st;
main()
{
  printf("%c\t",*p->c);
  printf("%s\n",(++p)->c);
}
```

5. 已知：

```
struct
{
  int day;
  int month;
  int year;
}a,*b=&a;
```

可以使用 a.day 引用结构体中的成员 day，请写出使用指针变量 b 引用成员 day 的两种形式，它们分别是__________和___________。

三、编程题

1. 定义一个结构体类型，包含年、月、日三个成员，然后从键盘接收数据动态创建链表，当输入 0 时结束输入，然后按照“yyyy 年 mm 月 dd 日”的形式输出链表中所有的日期。

2. 输入学生的学号、姓名和成绩建立链表，然后按照成绩的降序输出所有的学生信息。

3. 将一个链表按照逆序排列，即将链表进行翻转。

第11章 位 运 算

位运算是指在计算机中对字节的二进制位进行的运算。在系统软件中，经常要处理二进制位的问题。例如，将一个存储单元中的各二进制位左移或右移一位、两个数按位进行相加、将一个字节的某些位翻转、清零或置 1 等，都需要具备能够进行按位进行运算的能力，而 C 语言正具有这样的功能和特点。这是 C 语言优越于其他语言的特点之一，也是 C 语言具有低级语言功能的主要标志。

11.1 常用位运算符及运算

知识导例

用移位运算对数据进行处理，取某一个整数从最右端开始数第 4～7 位。

程序名：ex11_1_1.c

```
#include "stdio.h"
main()
{
        unsigned a,b,d;
        scanf("%o",&a);                    /*从键盘输入一个 8 进制数 */
        b=a>>4;                            /*将 a 中的每个二进制位右移 4 位 */
        d=b&15;
        printf("%o,%d\n%o,%d\n",a,a,d,d);
}
```

程序运行结果如图 11-1 所示。

图 11-1 程序 ex11_1_1.c 的运行结果

相关知识

C 语言是为描述系统而设计的，具有汇编的功能，既具有高级语言的功能，又具有低级语言的功能。具有低级语言的功能主要表现在对位的操作上，对位的操作是由几个位运算符来实现的。位运算的作用是按二进制位对变量进行运算。常用的位运算符如下：

<< 按位左移

>> 按位右移

～ 按位取反

& 按位与

|　　按位或
^　　按位异或

位取反运算符“～”是单目运算符，要求有一个操作数，其他的位运算符都是双目运算符，要求有两个操作数。位运算符连接的操作数只能是整型或字符型，不能为实型数据（浮点型）。

1．位左移运算（<<）

由位左移运算符组成的表达式格式是：

```
操作数 1<<操作数 2
```

操作数 1：指被移位的数据。

操作数 2：指移位的位数。

左移运算的规则：将一个数的各二进位按位左移若干位，左边的移出位舍弃，右边补 0。

例如定义：

```
char a=0x2a;
```

2aH 为十六进制，用二进制表示的形式为 0010 1010，等于十进制的 42。现在对变量 a 进行如下操作：

```
a=a<<1;
```

即将 a 的值左移 1 位。左移 1 位后，其对应的二进制序列是：0101 0100。

此二进制对应的十六进制是 54，十进制是 84。

在移位运算中，左移也就是向高位移动，在不考虑溢出的情况下，对于二进制来说每左移一位相当于该数乘以 2。利用这一性质可以快速地做乘法运算，此结论只适用于该数左移时被溢出舍弃的高位中不包含 1 的情况。

2．位右移运算（>>）

由位右移运算符组成的表达式格式是：

```
操作数 1>>操作数 2
```

操作数 1：指被移位的数据。

操作数 2：指移位的位数。

右移运算的规则：将一个数的各二进位按位右移若干位，右边的移出位舍弃，对于无符号数，左边补 0；对于有符号数，左边补最高位，即符号位为 0 补 0，符号位为 1 则补 1。

例如定义：

```
char a=0x2a;
```

2aH 为十六进制，用二进制表示的形式为 0010 1010，等于十进制的 42。现在对变量 a 进行如下操作：

```
a=a>>1;
```

即将 a 的值右移 1 位，右移 1 位后，其对应的二进制序列是：0001 0101。

此二进制对应的十六进制是 15，十进制是 21。

在移位运算中，右移也就是向低位移动，对于二进制来说每右移一位相当于该数除以 2。同样，利用这一性质可以快速地做除法运算。此结论在两种情况下不适用：一是该数右移时被溢出舍弃的低位中包含 1；二是高位右移时补 1。

3．按位取反（～）

“～”是一个单目的运算符，主要是用来对一个二进制数按位进行取反，即0变成1，1变成0。单目运算符构成的表达式格式是：

```
~操作数
```

例如定义：

```
char a=0xF0;
```

F0H 为十六进制数，该数等于二进制的 1111 0000。现对变量 a 进行如下操作：

```
a=~a;
```

该语句执行的结果，将变量 a 的各位进行按位取反，得出的结果用二进制表示是 0000 1111，用十六进制表示是 0F，用十进制表示是 15。

在实际应用中，如果要将某个数的某些二进制位进行“翻转”，可以根据按位取反的这种运算特点运用该运算符。

4．按位与运算（&）

按位与是把两个数的每一个二进制位按对应位置做相与运算，该运算符构成的表达式格式是：

```
操作数 1 & 操作数 2
```

按位与运算符的运算规则见表 11-1。

表 11-1 位运算符&的运算规则

二进制位	二进制位	位运算	运算结果
0	0	&	0
0	1	&	0
1	0	&	0
1	1	&	1

按位与运算的这种特点，常常用于将某些二进制位进行清零，某些二进制位保持不变。方法是：如果要将某些二进制位清零，将这些二进制位和二进制数 0 进行与运算，因为 0 与 0、1 相与均为 0；如果要保持不变，将这些二进制位和二进制数 1 进行与运算，因为 1 与 0 相与为 0，1 与 1 相与为 1。

例如：

```
char a=0xA8,b=0x0F,c;
```

0xA8 为十六进制，相当于二进制的 1010 1000，十六进制 0x0F 相当于二进制的 0000 1111。现将 a 和 b 进行按位与运算。

```
c=a&b;
```

运算结果为 0000 1000，相当于十六进制的 08。从运算结果可以看出，变量 a 的高 4 位实现了清零，低 4 位保持了不变。

5．按位或运算（|）

按位或是把两个数的每一位做相或运算，该运算符所构成的表达式格式是：

```
操作数 1 | 操作数 2
```

按位或运算符的运算规则见表 11-2。

表 11-2 位运算符|的运算规则

二进制位	二进制位	位运算	运算结果
0	0	|	0
0	1	|	1
1	0	|	1
1	1	|	1

按位或运算的这种特点，常常用于将某些二进制位进行置 1，某些二进制位保持不变。方法是：如果要将某些二进制位置 1，将这些二进制位和二进制数 1 进行或运算，因为 1 与 0、1 相或均为 1；如果要保持不变，将这些二进制位和二进制数 0 进行或运算，因为 0 与 0 相或为 0，0 与 1 相或为 1。

例如定义：

```
char a=0x30,b=0x0F,c;
```

0x30 为十六进制，相当于二进制的 0011 0000，十六进制 0x0F 相当于二进制的 0000 1111。现将 a 和 b 进行按位或运算。

```
c=a | b;
```

运算结果为 0011 1111，相当于十六进制的 3F。从运算结果可以看出，变量 a 的高 4 位保持不变，低 4 位进行了置 1。

6．按位异或运算（^）

按位异或是把两个数的每一位二进制位做相异或运算，该运算符所构成的表达式格式是：

```
操作数 1 ^ 操作数 2
```

按位异或运算符的运算规则见表 11-3。

表 11-3　位运算符^的运算规则

二进制位	二进制位	位运算	运算结果
0	0	^	0
0	1	^	1
1	0	^	1
1	1	^	0

按位异或运算的这种特点，常常用于将某些二进制位进行翻转，某些二进制位保持不变。方法是：如果要将某些二进制位翻转，将这些二进制位和二进制数 1 进行按位异或，因为 1 与 0 异或为 1、1 与 1 异或为 0，即实现了翻转；如果要保持不变，将这些二进制位和二进制数 0 进行按位异或，因为 0 与 0 异或为 0，0 与 1 异或为 1，即保持不变。

例如定义：

```
char a=0xA5,b=0x0F,c;
```

0xA5 为十六进制，相当于二进制的 1010 0101，十六进制 0x0F 相当于二进制的 0000 1111。现将 a 和 b 进行按位异或运算。

```
c=a^b;
```

运算结果为 1010 1010，相当于十六进制的 AA。从运算结果可以看出，变量 a 的高 4 位保持不变，低 4 位实现了翻转。

实践训练

【实训项目一】

1．实训内容

编写一个函数，用来实现左右循环移位。函数名为 move，调用方法为 move（value，n），其中 value 为要循环移位的数，n 为移动的位数。n>0 为右移，n<0 为左移。例如 n=4，表示要右移 4 位；n=-4，表示要左移 4 位。

2．解决方案

程序名：prac11_1_1.c

```
#include "stdio.h"
main()
{
  unsigned short moveright(unsigned short,short);
  unsigned short moveleft(unsigned short,short);
  unsigned short a;
  short n;
  printf("Input an octal number:");
  scanf("%o",&a);
  printf("Input n:");
  scanf("%d",&n);
  if(n>0)
  {
   printf("result：%o\n",moveright(a,n));
  }
  else
  {n=–n;
   printf("result：%o\n",moveleft(a,n));
  }
}
unsigned short moveright(unsigned short value, short n)
{
   unsigned short z;
   z=(value>>n)|(value<<(16–n));
   return(z);
}
unsigned short moveleft(unsigned short value, short n)
{
   unsigned short z;
   z=(value>>(16–n))|(value<<n);
   return(z);
}
```

程序运行结果如图 11-2 所示。

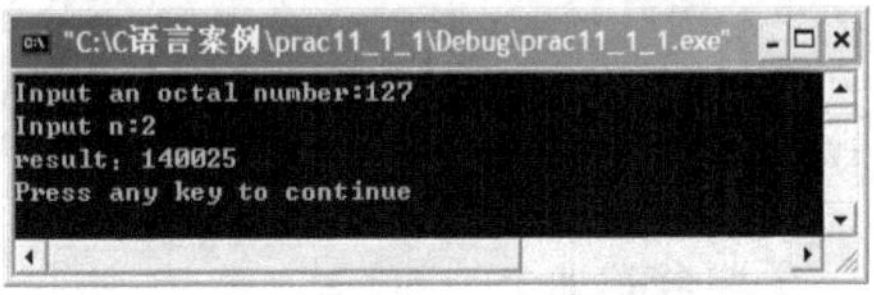

图 11-2　程序 prac11_1_1.c 的运行结果

3．项目分析

所谓循环移位，是指在移位时不丢失移位前原操作数的位，而是将它们作为另一端的补入位。例如，循环右移 n 位，是指各位右移 n 位，原来的低 n 位变成高 n 位。

可以通过以下步骤实现循环右移 n 位：

1）使 value 中各位左移（16–n）位，把要右移的低 n 位变成高 n 位，其余各位补 0。

2）将 value 右移 n 位，由于 value 不带符号，所以左端补 0。

3）使（value<<（16–n））|（value>>n），进行按位“或”运算。

4）同理，实现循环左移 n 位，可以用表达式（value>>（16–n））|（value<<n）来实现。

如果 n>0 表示右移，n<0 表示左移。

根据以上步骤，八进制的 127 等于二进制的 001 010 111，现按照无符号短整型存储，其二进制为 0000 0000 0101 0111，循环右移 2 位，为 1100 0000 0001 0101，该数等于八进制数的 140025。

【实训项目二】

1．实训内容

将一个 char 型数的高 4 位和低 4 位分离，分别输出。例如，129 的二进制为 10000001，输出高 4 位 1000 和低 4 位 0001。

2．解决方案

程序名：prac11_1_2.c

```
#include "stdio.h"
main()
{
    char a,b1,b2,c;
    scanf("%d",&a);          /*输入一个字符*/
    c=~(~0<<4);              /*设置一个低 4 位全为 1，其余全为 0 的数 c*/
    b1=a>>4;
    b1=b1&c;                 /*b1 存放高 4 位*/
    b2=a&c;                  /*b2 存放低 4 位*/
    printf("%d,%d",b1,b2);
}
```

程序运行结果如图 11-3 所示。

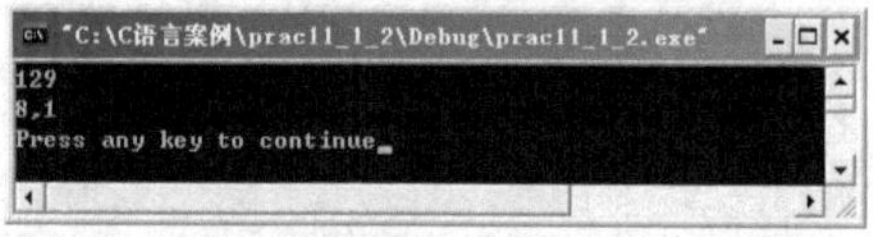

图 11-3 程序 prac11_1_2.c 的运行结果

3．项目分析

变量 a 表示要分离出高 4 位和低 4 位的数，b1 准备存放高 4 位，b2 准备存放低 4 位，c 为一个低 4 位全为 1，其余全为 0 的数，也即 15。

1）低 4 位分离，也就是把高 4 位清零，低 4 位保持原值不发生变化，把变量 a 和 c 相与运算。

2）高 4 位分离，先把高 4 位移到低 4 位，同第 1）步操作。

11.2 综合实训

【综合实训】

1．实训内容

编写一个函数 getbits，从一个 16 位的单元中取出某几位，方法是通过位运算让这几位保留原值，其余位为 0。函数调用形式为 getbits（value，n1，n2），其中 value 为该 16 位（2 个字节）单元中的数据值，n1 为欲取出的高位起始位，n2 为欲取出的低位结束位。例如，Getbits（010675，5，8）表示对八进制 10675 这个数取出它从左面起的第 5～8 位。

2．解决方案

程序名：prac11_2_1.c

```
#include "stdio.h"
unsigned short getbits(unsigned short value,short n1,short n2);
main()
{
 unsigned short a;
 short n1,n2;
 printf("Input an octal number: ");
 scanf("%o",&a);
 printf("input n1,n2: ");
 scanf("%d,%d",&n1,&n2);
 printf("result:%o\n",getbits(a,n1-1,n2));
}
unsigned short getbits(unsigned short value,short n1,short n2)
{
  unsigned short z;
  z=~0;
  z=(z>>n1)&(z<<(16-n2));
  z=value&z;
  z=z>>(16-n2);
  return(z);
}
```

程序运行结果如图 11-4 所示。

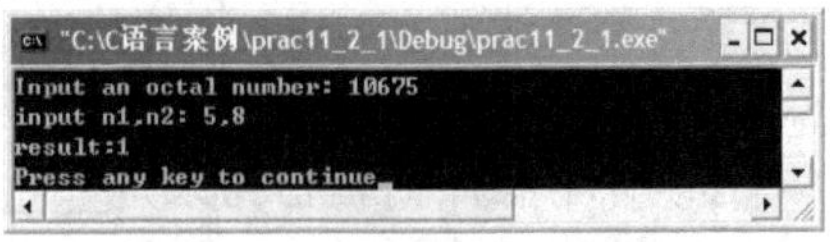

图 11-4　程序 prac11_2_1.c 的运行结果

3．项目分析

本项目对八进制数 10675，从左侧开始取出其第 5～8 位的数据。实现方法是：通过位运算，第 5～8 位保持不变，其余位进行清零，变量 a 用 unsigned short 定义为 16 位无符号的短整型。具体实现步骤如下：

1）取一个数 z 和 010675 相与，z 初始值为～0，即对整数 0 进行按位求反，得到二进制数为 1111 1111 1111 1111，然后分别通过右移 4 位（即 n1–1）得到 0000 1111 1111 1111，左移 8 位得到 1111 1111 0000 0000，然后将左移和右移后的这两个数相与得到 0000 1111 0000 0000，再用这个数和 010675 相与，就能将其第 5～8 位保持不变，其余位清零。具体实现方法是通过“z=（z>>n1）&（z<<（16–n2））;”语句给 z 赋值来实现的。

2）通过语句“z=z>>（16–n2）;”将 z 右移 8 位，将 z 的第 5～8 位移至最低位，即可输出该值的大小。

习　　题

一、选择题

1. 以下运算符优先级最低的是（　　），优先级最高的是（　　）。
   A. !=　　B. |　　C. &&　　D. –
2. 在位运算中操作数左移一位，相当于操作数（　　）。
   A. 乘以 2　　B. 除以 2　　C. 乘以 4　　D. 除以 4
3. 若 a=2，b=3，则 a&b 的结果是（　　）。
   A. 0　　B. 2　　C. 3　　D. 5

4. 若 x=1，y=2，则 x|y 的结果是（　　）。

A. 0　　B. 1　　C. 2　　D. 3

5. 表达式～0x13 的值是（　　）。

A. 0xFFEC　　B. 0xFF71　　C. 0xFF68　　D. 0xFF17

6. 以下程序中 c 的二进制数是（　　）。

```
char a=3,b=6,c;
c=a^b<<2;
```

A. 00011011　　B. 00010100　　C. 00011100　　D. 00011000

二、填空题

1. “与”运算的特殊用途是________________。
2. “或”运算的特殊用途是________________。
3. “异或”运算的特殊用途是________________。
4. 设 char 型变量 x 中的值为 10100111，则表达式（2+x）^（～3）的值是________。
5. 在不发生溢出的情况下，________运算可以实现乘 2 操作，________运算可以实现除 2 操作。
6. 在 C 语言中，&作为单目运算符时表示的是__________，作为双目运算符时表示的是__________。
7. 与表达式 a^=b–2 等价的另一种表达式形式是__________。
8. 测试 char 型变量 x 第 6 位是否为 1 的表达式是__________。
9. 以下程序的输出结果是__________。

```
#include "stdio.h"
main()
{
char x=040;
prinf("%d\n",x=x<<1);
}
```

三、程序分析题

1. 分析下面程序的输出结果。

```
#include "stdio.h"
main()
{
char z='A';
int x=35;
prinf("%d\n",(x&15)&&(z>'a'));
}
```

2. 分析下面程序的输出结果。

```
#include "stdio.h"
main()
{
int a=3,b=4;
a=a^b;
b=b^a;
a=a^b;
```

```
    prinf("a=%d,b=%d\n",a,b);
    }
```

3. 分析下面程序的输出结果。

```
    #include "stdio.h"
    main()
    {
    int i,count=0;
    char ch;
    prinf("input a character:\n",a,b);
    ch=getchar();
    for(i=0;i<8;i++)
    {if((ch&0x80)==0)
        count++;
     ch=ch<<1;
    }
    prinf("count=%d\n",count);
    }
```

四、编程题

1. 编写一个程序，将一个整数的高字节和低字节分别输出（用位运算方法）。

2. 编写一个程序，使一个整数的低4位翻转，用十六进制数输入和输出。

3. 编写一个函数，对一个16位的二进制数取出它的基数位（即从左边起第1、3、5、…、15位）。

第12章 文 件 操 作

前面所提到的输入和输出，都是以终端为对象的，即从键盘终端输入数据，运行结果输出到屏幕终端上，此种情况，不能把数据长久地存放。但是在程序运行时，常常需要将一些数据（运行的最终结果或中间数据）输出到磁盘上存放起来，以后需要时再从磁盘中输入到计算机内存，这时，就要用到磁盘文件。操作系统也是以文件为单位对数据进行管理的，如果要想找到存在于外部介质上的数据，必须先按文件名找到指定的文件，然后再从文件中读取数据。要向外部介质中存入数据，也必须先建立一个文件，才能向它输出数据。本章主要内容有：文件及文件指针，文件的打开与关闭，文本文件与二进制文件的操作方法，文件的定位等。

12.1 文本文件操作

知识导例

将第一个磁盘文件的内容复制到第二个磁盘文件中。

程序名：ex12_1_1.c

```
#include "stdio.h"
main( )
{
    FILE *in, *out;                          /*定义两个文件指针 in 和 out*/
    char ch;
    char infile[10], outfile[10];            /*字符数组 infile 和 outfile 是用来存放文件名字符串*/
    printf("请输入第一个文件的名称：\n");
    scanf("%s", infile);
    printf("请输入第二个文件的名称：\n");
    scanf("%s", outfile);
    if ((in = fopen(infile, "r"))= =NULL)     /*以只读方式打开一个磁盘文件*/
    {
        printf("打开文件%s 失败！ \n", infile);
        exit(0);
    }
    if((out = fopen(outfile, "w"))= =NULL)  /*以只写方式打开一个磁盘文件*/
    {
        printf("打开文件%s 失败！ \n", outfile);
        exit(0);
    }
    while(!feof(in))
        fputc(fgetc(in), out);
    printf("文件复制完毕\n");
    fclose(in);                              /*关闭 in 所指向的磁盘文件*/
    fclose(out);                             /*关闭 out 所指向的磁盘文件*/
}
```

程序运行结果如图 12-1 所示。

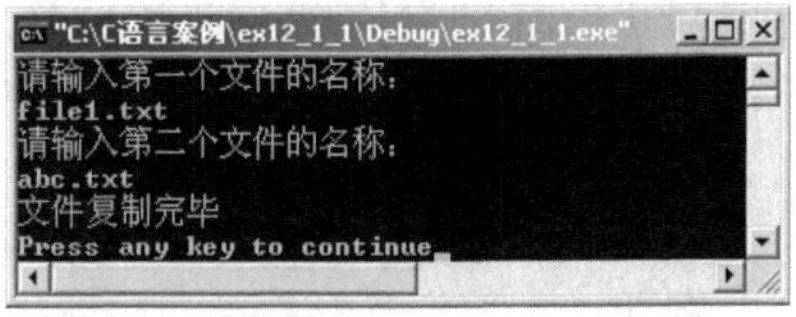

图 12-1　程序 ex12_1_1.c 运行结果

相关知识

1. 文件及文件指针

（1）文件　文件是根据特定目的而收集在一起并存储在外部介质上的有关数据的集合。其中，外部介质是指硬盘、光盘、软盘、磁带等。这个数据集有一个名称，叫做文件名。实际上在前面的各章中已经多次使用文件了，如源程序文件、目标文件、可执行文件、库文件（头文件）等。

操作系统是以文件的方法来管理各种数据的，从用户的角度看，文件可分为普通文件和设备文件两种。从操作系统的角度看，每一个与主机相连的输入、输出设备都可以看作是一个文件。例如，终端键盘是输入文件，显示器和打印机是输出文件。

普通文件是以磁盘为对象且没有其他特殊性能的文件，如常见的源程序文件、一个 Word 文档、程序运行的中间数据或结果等数据文件（通常以.dat 为扩展名）。设备文件是指与主机相连的各种外部设备，如显示器、打印机、键盘等。在操作系统中，把外部设备也看做是一个文件来进行管理，把它们的输入、输出等同于对磁盘文件的读和写。

C 语言把文件看作是一个字符（字节）的序列，即由一个一个字符（字节）的数据顺序组成。根据数据的组织形式，可分为文本文件和二进制文件两类。本节主要介绍文本文件，二进制文件将在 12.2 节介绍。

文本文件也称为 ASCII 文件，是指由字符组成的文件，每个字符用其相应的 ASCII 码存储。这种文件在磁盘中存放时，每个字符对应 1 个字节，用于存放对应的 ASCII 码。例如，数 5 678 的存储形式为：

```
ASCII 码    00110101 00110110 00110111 00111000
                ↓        ↓        ↓        ↓
十进制码        5        6        7        8
```

共占用 4 个字节，即一个数字字符占用 1 个字节。

文本文件可以在屏幕上按字符显示。例如，源程序文件就是文本文件，用 DOS 命令 TYPE 可显示文件的内容。由于是按字符显示，因此能读懂文件内容。

（2）文件指针　在C语言中，每个正在使用的文件在内存中都有一个对应的结构体变量，用来描述文件的有关信息（如文件的名字、文件状态及文件当前位置等）。该结构体类型是由系统定义的，名为FILE。在stdio.h文件中有以下的文件类型声明：

```
typedef struct
{short      level;              /*缓冲区“满”或“空”的程度*/
 unsigned  flags;               /*文件状态标志*/
 char      fd;                  /*文件描述符*/
 unsigned  char  hold;          /*如无缓冲区不读取字符*/
 short     bsize;               /*缓冲区的大小*/
 unsigned  char  *buffer;       /*数据缓冲区的位置*/
 unsigned  char  *curp;         /*指针，当前的指向*/
 unsigned  istemp;              /*临时文件指示器*/
 short     token;               /*用于有效性检查*/
}FILE;
```

用户可以通过定义 FILE 类型的变量来存放文件的信息，也可以用一个 FILE 类型指针变量指向 FILE 结构体，然后按结构变量提供的信息找到该文件，实施对文件的操作。习惯上也笼统地把 FILE 类型指针变量称为指向一个文件的指针。

定义文件类型指针的一般格式为：

```
FILE   *指针变量标识符;
```

例如：

```
FILE *fp;
```

其中，fp 是指向 FILE 结构的指针变量，通过 fp 即可找到存放某个文件信息的结构体变量，从而可以对该文件进行各种操作。

2. 文件的打开与关闭

文件在进行读写操作之前要先打开，使用完毕要关闭。使用文件的一般步骤是：打开文件→操作文件→关闭文件。

所谓打开文件，实际上是建立文件的各种有关信息，并使文件指针指向该文件，以便进行其他操作。关闭文件则是断开指针与文件之间的联系，也就禁止再对该文件进行操作。

在 C 语言中，文件操作都是由库函数来完成的。

（1）文件的打开（fopen函数） C语言用函数fopen( )实现打开文件操作。fopen函数调用的一般形式为：

```
文件指针名=fopen（文件名，使用文件方式）;
```

其中，“文件指针名”必须是被说明为 FILE 类型的指针变量；“文件名”是被打开文件的文件名，可以是字符串常量或字符串数组；“使用文件方式”是指文件的类型和操作要求。

例如：

```
FILE *fp;
fp=("file1.txt","r");
```

其意义是在当前目录下打开文件 file1.txt，且只允许进行“读”操作，并使 fp 指向该文件。如果使用的文件不在当前目录下，此时需要使用绝对路径。例如，在 C 盘“C 语言案例”目录下有一个 file2.txt 文件，要以只写方式打开它可以使用如下方法：

```
fp=fopen("C:\\C 语言案例\\file2.txt","r");
```

使用文本文件的方式有 6 种，见表 12-1。

表 12-1　文本文件使用方式标识符

文件使用方式	含　义
"r"（只读）	为输入打开一个文本文件
"w"（只写）	为输出打开一个文本文件
"a"（追加）	向文本文件末尾增加数据
"r+"（读写）	为读/写打开一个文本文件
"w+"（读写）	为读/写建立一个新文本文件
"a+"（读写）	为读/写打开一个文本文件

对于文件使用方式有以下几点说明：

1）用"r"打开一个文件时，该文件必须已经存在，且只能从该文件读出数据，不能向该文件写入数据。

2）用"w"打开的文件只能向该文件写入数据。若打开的文件不存在，则以指定的文件名建立该文件，若打开的文件已经存在，则将该文件删去，重建一个新文件。

3）若要向一个已存在的文件追加新的信息，只能用"a"方式打开文件。但此时该文件必须是存在的，否则将会出错。

4）用"r+"、"w+"、"a+"方式打开的文件可以读写数据。

5）在打开一个文件时，如果出错，fopen 将返回一个空指针值 NULL（NULL 在 stdio.h 文件中已被定义为 0）。在程序中可以用这一信息来判别是否完成打开文件的工作，并做相应的处理。因此，常用如下方法打开一个文件：

```
if((fp=fopen("C:\\C 语言案例\\file2.txt","r"))==NULL)
{
    printf("\n 打开文件错误!");
    exit(0);
}
```

6）在程序开始运行时，系统自动打开 3 个标准文件：标准输入文件（键盘）、标准输出文件（显示器）和标准出错输出（出错信息），可直接使用。

（2）文件关闭函数（fclose函数）　文件一旦使用完毕，应当用关闭文件函数把文件关闭，以避免文件的数据丢失等错误。

C 语言使用 fclose 函数关闭文件，fclose 函数调用的一般形式是：

```
fclose(文件指针);
```

例如：

```
fclose(fp);
```

正常完成关闭文件操作时，fclose 函数返回值为 0。否则返回 EOF（EOF 在 stdio.h 文件中已被定义为–1），表示关闭出错。

3. 文件读写

对文件的读和写是最常用的文件操作。在 C 语言中提供了多种文件读写的函数，常用的读写操作函数如下：

字符读写函数：fgetc 和 fputc。

字符串读写函数：fgets 和 fputs。

格式化读写函数：fscanf 和 fprintf。

使用以上函数都要求包含头文件 stdio.h。下面分别予以介绍。

（1）字符读写函数fgetc和fputc

1）fgetc 函数。fgetc 函数的功能是从指定的文件中读一个字符，该文件必须是以读或读写方式打开的，函数调用的一般形式为：

```
字符变量=fgetc（文件指针）;
```

例如：

```
ch=fgetc(fp);
```

其意义是从打开的文件 fp 中读取一个字符并送入 ch 中。fp 为文件型指针变量，ch 为字符变量。如果读取字符时文件已经结束或出错，fgetc 函数返回 EOF。

如果要从磁盘文件中顺序读入字符并在屏幕上显示，可用如下程序段实现：

```
whlie((ch=fgetc(fp))!=EOF)
    putchar(ch);
```

在文件内部有一个位置指针，用来指向文件的当前读写字节。在文件打开时，该指针总是指向文件的第一个字节。使用 fgetc 函数后，该位置指针将向后移动一个字节。因此，可连续多次使用 fgetc 函数，读取多个字符。应注意文件指针和文件内部的位置指针不是一回事。文件指针是指向整个文件的，需在程序中定义说明，只要不重新赋值，文件指针的值是不变的。文件内部的位置指针用以指示文件内部的当前读写位置，每读写一次，该指针均向后移动，它不需在程序中定义说明，是由系统自动设置的。

2）fputc 函数。fputc 函数的功能是把一个字符写入指定的文件中，被写入的文件可以用写、读写或追加方式打开，函数调用的形式为：

```
fputc(字符量，文件指针);
```

其中，待写入的字符量可以是字符常量或变量。例如：

```
fputc('a',fp);
fputc(ch,fp);
```

第一行的作用是把字符 a 写入 fp 所指向的文件中；第二行的作用是把字符变量 ch 中的内容写入 fp 所指向的文件中。fputc 函数也返回一个值：如果输出成功则返回值为输出字符；如果输出失败，则返回 EOF。可用此来判断写入是否成功。

使用 fputc 函数时需要注意，用写或读写方式打开一个已存在的文件时将清除原有的文件内容，写入字符从文件首开始。如需保留原有文件内容，希望写入的字符以文件末开始存放，必须以追加方式打开文件。被写入的文件若不存在，则创建该文件。每写入一个字符，文件内部位置指针向后移动一个字节。

（2）字符串读写函数fgets和fputs　C语言提供fgets和fputs函数实现文件的按字符串读写。

1）fgets 函数。fgets 函数的功能是从指定的文件中读一个字符串到字符数组中，函数调用的一般形式为：

```
fgets(字符数组名,n,文件指针);
```

其中，n 是一个正整数，表示从文件中读出的字符串不超过 n–1 个字符。在读入的最后一个字符后加上串结束标志'\0'，由此得到的字符串共有 n 个字符。例如：

```
fgets(str,n,fp);
```

其意义是从 fp 所指的文件中读出 n–1 个字符送入字符数组 str 中，str 的最后一个字符是'\0'。如果在读完 n–1 个字符之前遇到换行符或者 EOF，读入即结束。如果正确执行，则函数返回值为字符数组 str 的首地址；如果结束或者出错，则函数返回值为 NULL。

2）fputs 函数。fputs 函数的功能是向指定的文件写入一个字符串，函数调用的一般形式为：

```
fputs(字符串,文件指针);
```

其中，字符串可以是字符串常量，也可以是字符数组名或指针变量。例如：

```
fputs("abcd",fp);
```

其意义是把字符串"abcd"写入 fp 所指的文件之中。输出的字符串写入文件时，字符'\0'被自动舍去。函数调用成功，返回值为 0，否则返回 EOF。

（3）格式化读写函数fscanf和fprintf　fscanf和fprintf函数与前面使用的scanf和printf函数的功能相似，都是格式化读写函数。两者的区别在于fscanf和fprintf函数的读写对象不是键盘和显示器，而是磁盘文件。

这两个函数的调用格式为：

```
fscanf(文件指针,格式字符串,输入表列);
fprintf(文件指针,格式字符串,输出表列);
```

格式字符串、输入表列和输出表列的含义与前面 scanf 和 printf 函数相同。例如：

```
fscanf(fp,"%d%f",&i,&j);
fprintf(fp,"%3d%5.2f",a,x);
```

第一行语句完成从 fp 所指定的文件中读取 ASCII 字符，并按%d 和%f 型格式转换成二进制形式的数据送给变量 i 和 j。第二行语句是将整型变量 a 和实型变量 x 的值按%3d 和%5.2f 的格式输出到 fp 所指向的文件上。

实践训练

【实训项目一】

1．实训内容

将 C 盘“C 语言案例”目录中的 file2.txt 文件读入内存，并在屏幕上输出。file2.txt 文件中的内容是一行中英文字符“fputc 函数的功能是把一个字符写入指定的文件中”。

2．解决方案

程序名：prac12_1_1.c

```
#include "stdio.h"
main()
{
 FILE *fp;                            /*定义文件指针 fp*/
 char ch;
 if((fp=fopen("C:\\C 语言案例\\file2.txt","r"))==NULL)
 {
      printf("打开文件出错!\n");
      exit(0);
 }
 while((ch=fgetc(fp))!=EOF)           /*从 fp 指向的文件读入一个个字符，直到文件结束*/
 {
      putchar(ch);                    /*将所读字符输出到屏幕上*/
 }
 printf("\n");
 fclose(fp);                          /*关闭文件*/
}
```

程序运行结果如图 12-2 所示。

图 12-2　程序 prac12_1_1.c 运行结果

3．项目分析

本项目功能是从文件中逐个读取字符，并在屏幕上显示。程序定义了文件指针 fp，以读文本文件方式打开文件“C:\\C 语言案例\\file2.txt”，并使 fp 指向该文件。如果打开文件出错，给出提示并退出程序。程序第 11 行先读出一个字符，然后进入循环，只要读出的字符不是文件结束标志 EOF，就把该字符显示在屏幕上，再读入下一字符。每读一次，文件内部的位置指针自动向后移动一个字符，文件结束时，该指针指向 EOF。执行本程序将显示整个文件内容。

【实训项目二】

1．实训内容

从键盘输入一行字符，追加到 C 盘“C 语言案例”目录中的 file2.txt 文件，再把该文件内容读出，显示在屏幕上。

2．解决方案

程序名：prac12_1_2.c

```
#include "stdio.h"
```

```
main()
{
    FILE *fp;                                   /*定义文件指针 fp*/
    char ch;
    if((fp=fopen("C:\\C 语言案例\\file2.txt","a+"))==NULL)
    {
        printf("打开文件出错!\n");
        exit(0);
    }
    printf("请输入一串字符:\n");
    while ((ch=getchar())!='\n')              /*从键盘上输入一串字符，直到输入换行符*/
        fputc(ch,fp);                           /*将字符一个个写入到 fp 所指向的文件中*/
    rewind(fp);                                 /*文件内部位置指针定位到文件开头*/
    while((ch=fgetc(fp))!=EOF)                 /*从 fp 指向的文件读入一个个字符，直到文件结束*/
        putchar(ch);                            /*将所读字符输出到屏幕上*/
    printf("\n");
    fclose(fp);
}
```

程序运行结果如图 12-3 所示。

图 12-3　程序 prac12_1_2.c 运行结果

3. 项目分析

程序中第 6 行以读写文本文件方式打开文件，位置指针移到文件末尾。程序第 12 行从键盘读入一个字符后进入循环，当读入字符不为回车符时，则把该字符添加到文件末尾，然后继续从键盘读入下一个字符。每输入一个字符，文件内部位置指针向后移动一个字节。写入完毕，该指针已指向文件末尾。如果要把文件从头读出，必须把指针移向文件头，程序第 14 行“rewind(fp);”语句用于把 fp 所指文件的内部位置指针移到文件头。

【实训项目三】

1. 实训内容

向 C 盘“C 语言案例”目录中的 file3.txt 文件追加一个字符串，然后显示该文件中的前 10 个字符。

2. 解决方案

程序名：prac12_1_3.c

```
#include "stdio.h"
main()
{
    FILE  *fp;
    char  st[20],str[11];
    if((fp=fopen("C:\\C 语言案例\\file3.txt","a+"))==NULL)
    {
        printf("打开文件失败!");
        exit(0);
    }
    printf("请输入一个长度不大于 20 的字符串:\n");
```

```
        scanf("%s",st);                /*从键盘上输入一串字符*/
        fputs(st,fp);                  /*将字符串写入到 fp 所指向的磁盘文件中*/
        rewind(fp);                    /*文件内部位置指针定位到文件开头*/
        fgets(str,11,fp);              /*从文件中读取 10 个字符*/
        printf("文件的前 10 个字符是：%s",str);
        printf("\n");
        fclose(fp);
}
```

程序运行结果如图 12-4 所示。

图 12-4　程序 prac12_1_3.c 运行结果

3．项目分析

该项目在打开文件后使用“fputs(st,fp);”语句将字符串 st 的内容写入到文件 file3.txt 中，“rewind(fp);”语句用于把 fp 所指文件的内部位置指针移到文件头。“fgets(str,11,fp);”语句从 fp 所指的文件 file3.txt 中读入 10 个字符存入 str 中；然后通过 printf 语句将 str 的内容输出到屏幕上。

12.2　二进制文件操作

知识导例

从键盘输入两个学生数据，写入 C 盘“C 语言案例”目录中的 file4.dat 文件中，然后读出这两个学生的数据，并显示在屏幕上。

程序名：ex12_2_1.c

```
#include "stdio.h"
struct stu
{
        char name[10];
        char id[15];
        int age;
        char addr[50];
}stu1[2],stu2[2],*p;
main()
{
        FILE *fp;
        int i;
        p=stu1;                  /*结构体指针 p 指向结构体数组 stu1*/
        if((fp=fopen("C:\\C 语言案例\\file4.dat","wb+"))==NULL)
        {                        /*为读写打开磁盘上二进制文件 file4.dat*/
                printf("打开文件失败!");
                exit(0);
        }
        printf("请输入学生的姓名、学号、年龄和地址（以空格隔开）：\n");
        for(i=0;i<2;i++,p++)
                scanf("%s%s%d%s",p->name,p->id,&p->age,p->addr);
```

```
    p=stu1;
    fwrite(p,sizeof(struct stu),2,fp);
    rewind(fp);
    p=stu2;
    fread(p,sizeof(struct stu),2,fp);
    for(i=0;i<2;i++,p++)
        printf("姓名：%s\n 学号：%s\n 年龄：%d\n 家庭住址：
            %s\n",p->name,p->id,p->age,p->addr);
    fclose(fp);
}
```

程序运行结果如图 12-5 所示。

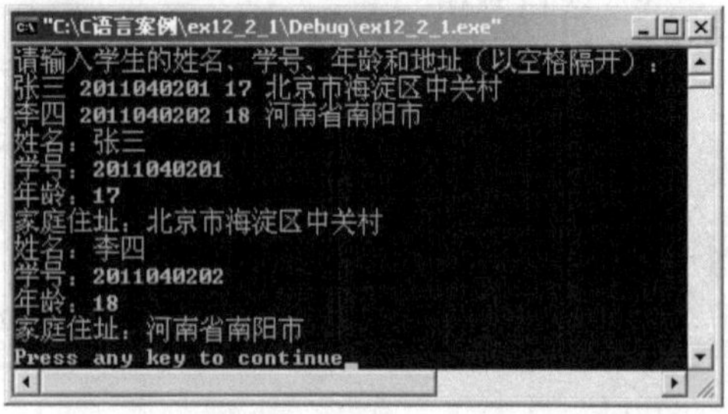

图 12-5　程序 ex12_2_1.c 运行结果

相关知识

1. 二进制文件

二进制文件是把内存中的数据按其在内存中的存储形式原样输出到磁盘上存放，也就是按二进制的编码方式来存放文件。

例如，整数 5 678 的二进制表现形式为：

00010110　00101110

如果在 32 位机下，一个整型数据在内存中占用 4 个字节，如果在 16 位机下，只占 2 个字节，本书使用的编译系统为 VC++ 6.0，该系统对于整型数据在内存中占 4 个字节，所以整型数 5 678 在内存中存储形式为：

00000000　00000000　00010110　00101110

二进制文件虽然也可以在屏幕上显示，但其内容无法读懂。C 语言编译系统在处理这些文件时，并不区分类型，都看成是字符流，按字节进行处理。输入输出字符流的开始和结束只由程序控制而不受物理符号（如回车符）的控制。因此，也把这种文件称为“流式文件”。

二进制文件与文本文件的区别主要在于：用文本文件形式输出数据，与字符一一对应，一个字节代表一个字符，因而便于对字符进行逐个处理，也便于输出字符。但一般占存储空间较多，而且要花费转换时间（二进制形式与 ASCII 码间的转换）。用二进制形式输出数据，可以节省外存空间和转换时间，但一个字节并不对应一个字符，不能直接输出字符形式。例如，数值 5 678 用文本文件存储占用 4 个字节，而用二进制文件存储时，用整型占用 4 个字节，用短整型只占用 2 个字节。

对于二进制文件，访问时在内存中的结构体变量和文本文件没有区别，也是使用相同的文件指针。二进制文件的打开与关闭操作和文本文件一样，但在打开二进制文件一般格式“fp=fopen（文件名，文件使用方式）;”中，文件使用方式有所不同，见表 12-2。

表 12-2　二进制文件使用方式标识符

文件使用方式	含　义
“rb”（只读）	为输入打开一个二进制文件
“wb”（只写）	为输出打开一个二进制文件
“ab”（追加）	向二进制文件末尾增加数据
“rb+”（读写）	为读/写打开一个二进制文件
“wb+”（读写）	为读/写建立一个新二进制文件
“ab+”（读写）	为读/写打开一个二进制文件

例如，在当前目录下打开二进制文件 fileb.dat，且只允许进行“读”操作，并使 fp 指向该文件，可用如下方法：

```
FILE *fp;
fp=("fileb.dat","rb");
```

一般情况下，常用如下方法打开一个二进制文件：

```
if((fp=fopen("C:\\C 语言案例\\fileb.dat","rb"))==NULL)
{
    printf("\n 打开文件错误!");
    exit(0);
}
```

前面讲过，对于读取磁盘中的文本文件并在屏幕上显示，常用如下程序段实现：

```
whlie((ch=fgetc(fp))!=EOF)
    putchar(ch);
```

其实对于二进制文件，也能用以上方式进行读取，但是要看进行什么操作，如果是进行文件的复制，完全可以使用以上方法；如果是想得到里面的数据，此种方式就不适合了，使用不当会得出错误的数据，因为 fgetc 是按字节来读取，而二进制数据是按照数据类型来存储的，所以读取会非常麻烦，而且读取出的数据可能有误。在使用读取文本文件的函数读取二进制文件的时候，要将打开文件的方式改为二进制打开方式。另外还要注意的是，在读取二进制文件的过程中，由于二进制数据的值可能为–1，而这又正好是文件结束标记 EOF 的值，因此 C 语言提供了一个 feof()函数来判断文件是否结束。如果文件结束，函数 feof(fp)的值为 1（真），否则为 0（假）。因此，要读取一个二进制文件中的数据，可用如下方式：

```
while(! feof(fp) )
{
    c=fgetc(fp);
    …
}
```

当文件未结束时，feof(fp)的值为 0，!feof(fp)为 1，读入一个字节的数据赋给整形变量 c，并对其进行相应处理，一直循环，直到文件结束。此时 feof(fp)值为 1，！ feof(fp)为 0，不再执行 while 循环。这种判断方法同样适用于文本文件。

2. 二进制文件读写函数 fread 和 fwrite

C 语言专门提供了适用于二进制文件的读写函数 fread 和 fwrite，对整块数据进行读写，可读写一组数据，如一个数组元素、一个结构变量的值等。

fread 函数调用的一般形式为：

```
fread(buffer,size,count,fp);
```

fwrite 函数调用的一般形式为：

```
fwrite(buffer,size,count,fp);
```

其中，buffer 是一个指针，在 fread 函数中，它表示读入数据在内存中的存放首地址。在 fwrite 函数中，它表示要写出数据在内存中的存放首地址。size 表示读写数据块的字节数。count 表示要读写的数据块块数。fp 表示文件指针。例如：

```
fread(a,4,5,fp);
```

其中，a 是一个实型数组名，其意义是从 fp 所指的文件中，每次读取 4 个字节（一个实数）送入实数组 a 中，连续读取 5 次，即读取 5 个实数到 a 中。又如：

```
fread(p,sizeof(struct stu),2,fp);
fwrite(p,sizeof(struct stu),2,fp);
```

第一行语句的意义是从指针 fp 所指的文件中，每次读取结构体 stu 类型大小的字节数，送入指针 p 所指向的内存空间中，连续读取 2 次。第二行语句的意义是将 p 指针所指向的内存空间数据写入指针 fp 所指的文件中，每次写入结构体 stu 类型大小的字节数，连续写入 2 次。

实践训练

【实训项目】

1．实训内容

将 C 盘“C 语言案例”目录中的 file4.txt 文件复制到 abc.dat 文件中。

2．解决方案

程序名：prac12_2_1.c

```
#include "stdio.h"
struct stu                          /*定义学生的结构*/
{
      char name[10];                /*存放学生姓名的成员*/
      char id[15];                  /*存放学生学号的成员*/
      int age;                      /*存放学生年龄的成员*/
      char addr[50];                /*存放学生家庭住址的成员*/
}student[2],*p;
main()
{
      FILE *fp1,*fp2;               /*定义文件指针*/
      p=student;
      if((fp1=fopen("C:\\C 语言案例\\file4.dat","rb+"))==NULL)
      {
            printf("打开文件 file4.dat 失败!");
            exit(0);
      }
      fread(p,sizeof(struct stu),2,fp1);          /*把 fp1 所指的文件的内容读出到 p 所指向的存储单元中*/
      fclose(fp1);
      if((fp2=fopen("C:\\C 语言案例\\abc.dat","wb+"))==NULL)
      {
            printf("打开文件 abc.dat 失败!");
            exit(0);
      }
      fwrite(p,sizeof(struct stu),2,fp2);         /*把缓冲区 p 中的内容写入到 fp2 所指的文件中*/
      printf("复制到文件 abc.dat 成功!\n");
      fclose(fp2);
}
```

程序运行结果如图 12-6 所示。

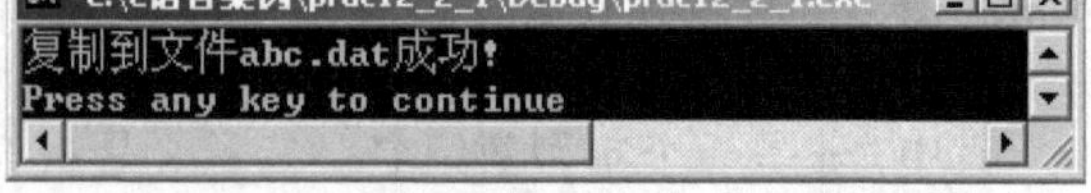

图 12-6　程序 prac12_2_1.c 运行结果

3．项目分析

本项目的完成要以结构体变量为单位进行，因此定义结构体的类型要和在 file4.dat 中存放时的结构体类型一致。文件指针 fp1 在打开 file4.dat 时使用"rb+"模式，以便在读取数据时不改变该文件原有数据。语句

“fread(p,sizeof(struct stu),2,fp1)；”实现将 file4.dat 文件中的数据读到内存中。语句“fwrite(p,sizeof(struct stu),2,fp2);”的功能是将指针 p 所指向的结构体变量的内容写入到 fp2 所打开的文件 abc.dat 中。

12.3　文件的定位

知识导例

用程序将文件 test.txt 中的内容输出两次。

程序名：ex12_3_1.c

```
#include "stdio.h"
#include "stdlib.h"
#include "string.h"
main( )
{
  char   str[80];                              /*定义字符数组*/
  FILE   *fp1;                                 /*定义文件指针*/
  if((fp1=fopen("test.txt", "r"))==NULL)       /*以只读方式打开文本文件 test.txt*/
     {
            printf("无法打开文件 test.txt\n");
            exit(0);
     }
  printf("第一遍输出文件：\n");
  while(!feof(fp1))
       putchar(fgetc(fp1));
  rewind(fp1);                                 /*将文件内部位置指针重新定位到文件开头*/
  printf("第二遍输出文件：\n");
  while(!feof(fp1))
       putchar(fgetc(fp1));
  fclose(fp1);
}
```

程序运行结果如图 12-7 所示。

图 12-7　程序 ex12_3_1.c 运行结果

相关知识

本章 12.1 节和 12.2 节使用的文件操作方法都是按照从前向后的顺序进行读写，从文件最前面的数据开始，依次进行读写。读写由文件内部的位置指针来控制，通过位置指针的移动对不同位置的数据进行读写。不过这样的文件读写方式并不方便，如果需要位置指针移动到指定位置进行读写，就无法实现了。

本节将介绍文件定位的三个函数：rewind 函数、fseek 函数和 ftell 函数。

1. rewind 函数

rewind 函数的作用是使文件内部的位置指针重新定位到文件的开始位置。rewind 函数是有参函数，调用该函数必须提供文件型指针作为实参。例如，声明有文件型指针：

```
FILE  *fp1;
```

则可以这样调用 rewind 函数：

```
rewind(fp1);
```

表示将文件指针 fp1 所指向的文件的内部位置指针重新定位到该文件的开始位置。rewind 函数没有返回值，因此只能作为语句使用。

2. fseek 函数

fseek 函数的作用是将文件内部位置指针移动到距离文件指定位置的若干字节之后。调用 fseek 函数如果移动内部位置指针成功，则返回值为 0；如果内部位置指针无法移动到指定位置，会返回–1，表示移动失败。

调用 fseek 函数需要依次提供三个实参：要进行移动的文件指针、要移动到的新位置距离文件起点位置的字节数、文件内部位置指针移动的起点。调用 fseek 函数的一般形式为：

```
fseek（文件指针变量，位移字节数，移动初始位置）;
```

需要注意的是，位移字节数要求是文件内部位置指针移动多少字节，需要用 long 类型的参数，如果直接提供整数作为参数，需要在整数后面加上“L”，表示该整数为长整型的。移动初始位置指明从文件的什么位置开始移动指针，它的取值可以是 0、1、2。初始位置为 0，表示从文件的头部开始移动，取值也可以是 SEEK.SET；初始位置为 1，表示从指针的当前位置开始移动，取值也可以是 SEEK.CUR；初始位置为 2，表示从文件的末尾开始移动，取值也可以是 SEEK.END。例如：

```
fseek(fp,20L,0);
```

或

```
fseek(fp,20L, SEEK.SET);
```

表示将文件内部位置指针从文件的起始位置移动到第 20 个字节的位置。

```
fseek(fp,10L,1);
```

表示将文件内部位置指针从当前位置向后移动 10 个字节。

其中的位移字节数也可以为负数。例如：

```
fseek(fp,–10L,1);
```

表示将文件内部位置指针从当前位置向前移动 10 个字节。

```
fseek(fp,–50L,2);
```

表示将文件内部位置指针从文件末尾向前移动 50 个字节。

如果调用 fseek 函数失败，则返回值为–1。使用 fseek 函数移动文件内部位置指针时如果越界，超出了文件的有效范围，如指向文件的起始位置再向前移动指针或指向文件末尾再向后移动指针，就会导致指针无法移动到指定的位置，fseek 调用失败就会返回–1。例如，上面使用的语句：

```
fseek(fp,20L,0);
```

如果文件的长度小于 20 个字节，fseek 函数就会调用失败，返回值为–1。为避免调用失败，使用时最好先判断 fseek 函数返回值是否为–1。

需要注意的是，fseek 函数通常用于二进制文件的读写，在文本文件的读写中使用 fseek 函数可能会导致无法读取理想位置的数据，因为 fseek 函数是以字节为单位移动的，而文本文件要进行字符的转换来计算所占的字节数。

3. ftell 函数

ftell 函数的作用是获得文件内部位置指针在当前文件中的读写位置。ftell 函数的返回值是长整型的数，是文件内部位置指针指向文件中第几字节。ftell 函数是有参函数，需要提供一个文件指针类型的实参。如果文件指针为 fp，长整型变量 i 用来记录当前位置，则 ftell 函数调用的格式为：

```
i=ftell(fp);
```

这样会把文件指针 fp 指向文件中的位置的字节数赋值给长整型变量 i。需要注意的是，如果获取当前指针位置失败，则返回值为-1，此时表示获取位置出错。因此，使用 ftell 函数获取文件内部位置指针的位置时，最好先判断其返回值是否为-1。

实践训练

【实训项目】

1. 实训内容

输入一个文件名，判断该文件占用多少字节。

2. 解决方案

程序名：prac12_3_1.c

```
#include "stdio.h"
main()
{
	FILE *fp;
	char name[30];
	printf("请输入文件名：\n");
	scanf("%s",name);
	if((fp=fopen(name,"r"))==NULL)
	{
		printf("无法打开文件%s\n",name);
	}
	fseek(fp,0,2);			/*将文件内部位置指针移动到文件尾部*/
	printf("文件%s 的长度为：%ld 字节\n",name,ftell(fp));
	fclose(fp);
}
```

程序运行结果如图 12-8 所示。

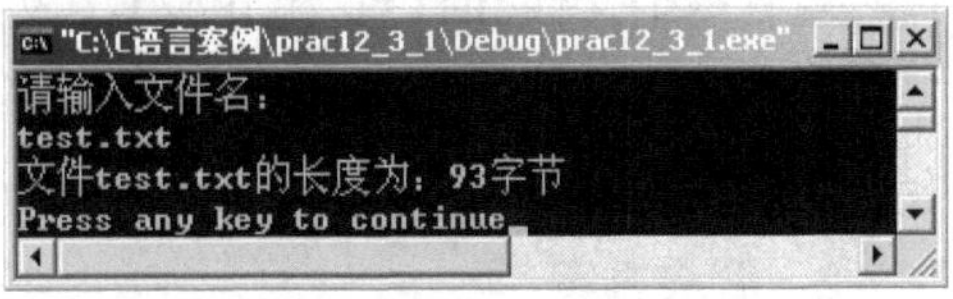

图 12-8　程序 prac12_3_1.c 运行结果

3. 项目分析

首先使用 fseek 函数，将文件内部位置指针移到文件的末尾，然后再使用 ftell 函数计算当前位置距离文件起始位置的字节数，这就是整个文件的长度。

12.4　综合实训

【综合实训一】

1. 实训内容

重写 test.txt 文件的内容，并指定从一个位置开始输出文件内容，计算文件的长度。

2. 解决方案

程序名：prac12_4_1.c

```
#include "stdio.h"
main()
{
    FILE *fp1,*fp;
    char b[128] = "",s[50];
    int i;
    fp1 = fopen("test.txt", "w+");
    printf("请输入新的内容:");
    scanf("%s",s);
    fprintf(fp1, s);
    fclose(fp1);
    printf("从什么位置开始输出文件:");
    scanf("%d",&i);
    fp = fopen("test.txt", "r");
    fseek(fp, i, 0);                /*将文件位置指针定位到距离文件起始位置 i 个字节处*/
    fread(b,1,20,fp);               /*每次读一个字节，连续读 20 次到缓冲区 b 中*/
    printf("%s\n",b);               /*输出缓冲区 b 中的字符串*/
    printf("文件 test.txt 共有%ld 字节\n", ftell(fp1));
    fclose(fp);
}
```

程序运行结果如图 12-9 所示。

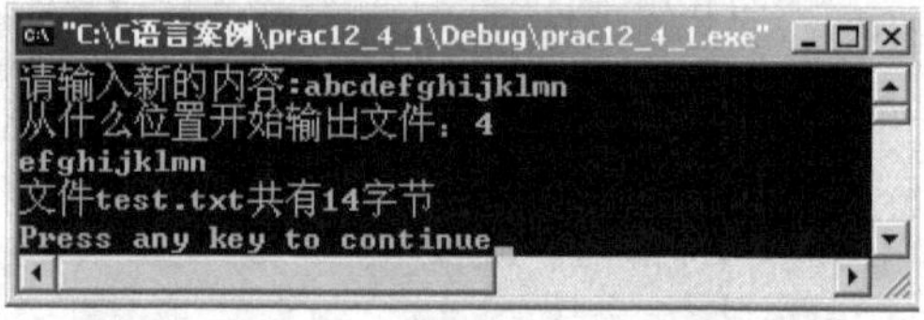

图 12-9　程序 prac12_4_1.c 运行结果

3. 项目分析

项目利用 fprintf 函数首先把文本文件进行了重写，然后根据输入的位置，读取并输出该位置以后的文本，最后利用 ftell 函数计算出文件的字节数。

【综合实训二】

1. 实训内容

现有两个文件 file1.txt 和 file2.txt，文件 file1.txt 中存放着 1～15 之间的奇数，文件 file2.txt 中存放着 2～16 之间的偶数。请将这两个文件的内容写入到文件 file3.txt 中，并按从小到大的顺序排列。

2. 解决方案

程序名：prac12_4_2.c

```
#include "stdio.h"
#include "stdlib.h"
main()
{
    FILE *fp1,*fp2,*fp3;                /*定义三个文件指针*/
    int m,n;
    fp1=fopen("file1.txt","r");         /*文件指针 fp1 以只读方式指向文本文件 file1.txt*/
```

```
        fp2=fopen("file2.txt","r");              /*文件指针 fp2 以只读方式指向文本文件 file2.txt*/
        fp3=fopen("file3.txt","w");              /*文件指针 fp3 以只写方式指向文本文件 file3.txt*/
        fscanf(fp1,"%d",&m);                     /*从 fp1 所指向的文件中读取一个整型数到变量 m 中*/
        fscanf(fp2,"%d",&n);                     /*从 fp2 所指向的文件中读取一个整型数到变量 n 中*/
        while(!feof(fp1) && !feof(fp2))
        {
            if(m<=n)                             /*比较 m、n 的大小*/
            {
                fprintf(fp3,"%d ",m);
                fscanf(fp1,"%d",&m);
            }
            else
            {
                fprintf(fp3,"%d ",n);
                fscanf(fp2,"%d",&n);
            }
        }
        if(feof(fp1))
        {
            while(!feof(fp2))
            {
                fscanf(fp2,"%d",&n);
                fprintf(fp3,"%d ",n);
            }
        }
        if(feof(fp2))
        {
            while(!feof(fp1))
            {
                fscanf(fp1,"%d",&m);
                fprintf(fp3,"%d ",m);
            }
        }
        fclose(fp1);
        fclose(fp2);
        printf("文件合并成功！\n");
        fclose(fp3);
}
```

程序运行结果如图 12-10 所示。

合并之后文件 file3.txt 的内容如图 12-11 所示。

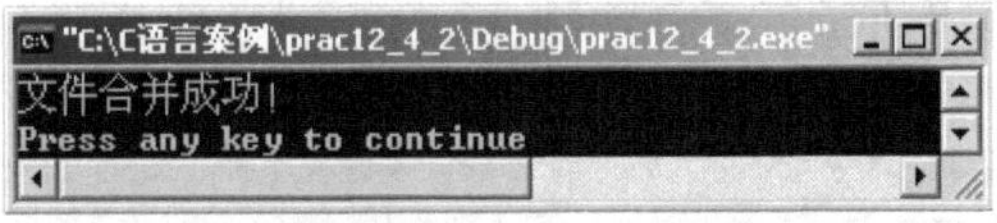

图 12-10　程序 prac12_4_2.c 运行结果

图 12-11　记事本 file3.txt 中内容

3．项目分析

项目利用 fscanf 函数分别从文本文件 file1.txt 和 file2.txt 读取数字字符，并进行比较，如果前者小，先将前者放入 file3.txt 中，如果后者小，先将后者放入 file3.txt 中，从而完成从小到大排序，并把排好序的数字合并到 file3.txt 文件中。

【综合实训三】

1．实训内容

已知三个学生的信息为：Tom，学号 01、性别男、年龄 20；Lily，学号 02、性别女、年龄 19；Jon，学号 03、性别男、年龄 21。要求将三个学生的信息写入到文件 stuinfo.txt 中。

2．解决方案

程序名：prac12_4_3.c

```
#include   "stdio.h"
#include   "stdlib.h"
struct student                  /*定义学生结构*/
{
    int ID;                     /*学号*/
    char name[8];               /*姓名*/
    int age;                    /*年龄*/
    char sex[4];                /*性别*/
};
main()
{
    FILE *fp1;
    int i=0;
    struct student s[3]={{1001,"Tom",20,"男",},{1002,"Lily",19,"女"},
{1003,"John",21,"男"}};
    fp1=fopen("stuinfo.txt","w+");
    while(i<3)
    {
        fprintf(fp1,"%d,%s,%d,%s\n",s[i].ID,s[i].name,s[i].age,s[i].sex);
         i++;
    }
    fclose(fp1);
}
```

运行程序后，打开程序所在目录下，可以看到一个文本文件，名称为 stuinfo.txt，文件的内容如图 12-12 所示。

3．项目分析

本项目利用 struct student 结构体类型定义了一个结构体数组，并初始化了三个元素，利用 fprintf 函数把结构体的三个元素以文本形式依次输出到文本文件 stuinfo.txt 中。

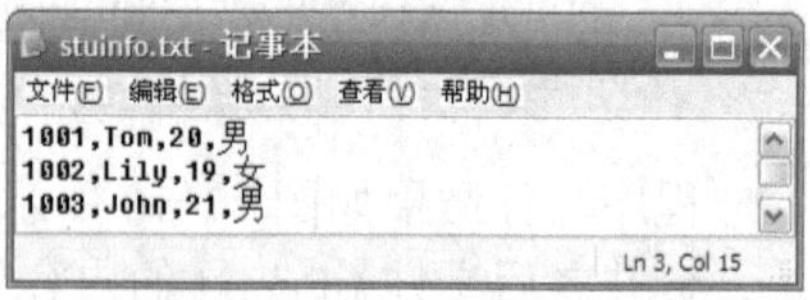

图 12-12　记事本 stuinfo.txt 中内容

习　题

一、选择题

1. 已知 fp 为文件类型的指针，要以只读方式打开 file.txt 文件，下面各选项正确的是(　　)。

A. fp=fopen("file.txt","r")　　B. fp=fopen("file.txt","w")

C. fp=fopen("file.txt","a")　　D. fp=fopen("file.txt","ab")

2. 使用 ftell 函数将文件指针移动到指定位置失败后，其返回值为（　　）。

A. 1　　B. 0

C. −1　　D. 非零值

3. 调用函数 fseek(fp,−50L,1)的作用为（　　）。

A. 将文件位置指针移到距离文件头 50 个字节处

B. 将文件位置指针从当前位置向后移动 50 个字节

C. 将文件位置指针从文件末尾处向文件头方向移动 50 个字节

D. 将文件位置指针从当前位置向前移动 50 个字节

4. C 语言中用于打开文件的库函数为（　　）。

A. fopen()　　B. fclose()　　C. fseek()　　D. rewind()

5. C 语言中用于关闭文件的库函数为（　　）。

A. fopen()　　B. fclose()　　C. fseek()　　D. rewind()

6. 用于从流中读取文件的是（　　）。

A. fprintf 函数　　B. fread 函数　　C. fwrite 函数　　D. fputc 函数

二、填空题

1. 在 C 语言的定位函数中，可以使文件指针移到文件起始位置的函数为________；能够在文件中的开头、末尾或当前位置将文件指针移动若干字节的函数为________；能够获取文件指针当前字节数的函数是________。

2. 对文件进行读写，应遵循的顺序为________________________。

3. 函数 fopen(char *filename,char *mode)用来打开文件 filename，其中 mode 用来指定打开方式。如果 mode 的值为 r，则表示对文件的处理方式为________，如果指定文件不存在，会________；如果 mode 的值为 w+，则表示对文件的处理方式为________，如果指定文件不存在，会________；mode 的值为 wb+和 mode 的值为 w+，区别在于________________。

4. 常用的格式化输入输出函数是________和________。

5. 下面程序的功能是统计文件 file.txt 中的字符数，请将下面程序补充完整。

```
#include "stdio.h"
main( )
{
        _________;
        int count=0;
        if((fp=fopen("file.txt","r"))= =NULL)
        {
                printf("打开文件错误!\n");
                exit(0);
        }
        while(_________
        {
                fgetc(fp);
                count++;
        }
        count−−;
```

```
        printf("字符总数为：%d\n",count);
        ________;
    }
```

三、编程题

1. 从键盘读入多行文本，并指定文件名，将输入的字符写入指定名称的文件中。

2. 输入多行英文单词，将其中所有单词的首字母转换为大写字母，然后将结果保存到指定名称的文件中。

3. 定义表示教师的结构体 teacher，其中包含教师的工号、姓名、性别和年龄，输入 5 名教师的信息并将结果保存到文件 teacher.dat 中。

4. 有一个磁盘文件 employee.dat，存放职工的数据。每个职工的数据包括：职工姓名、职工号、性别、年龄、住址、工资、健康状况、文化程度。要求将职工姓名、工资的信息单独抽出来另建一个简明的职工工资文件 salary.dat。

5. 输入文件名称，然后统计该文件中所有字符的个数。

附　　录

附录 A　常用字符与 ASCⅡ代码对照表

十 进 制	十 六 进 制	字　符	十 进 制	十 六 进 制	字　符
0	0x00	（null）	32	0x20	（space）
1	0x01	☺	33	0x21	!
2	0x02	☻	34	0x22	"
3	0x03	♥	35	0x23	#
4	0x04	◆	36	0x24	$
5	0x05	♣	37	0x25	%
6	0x06	♠	38	0x26	&
7	0x07	（beep）	39	0x27	'
8	0x08		40	0x28	(
9	0x09	（tab）	41	0x29	)
10	0x0a	（line feed）	42	0x2a	*
11	0x0b	（home）	43	0x2b	+
12	0x0c	（form feed）	44	0x2c	,
13	0x0d	（carriage return）	45	0x2d	-
14	0x0e	♫	46	0x2e	.
15	0x0f	☼	47	0x2f	/
16	0x10	►	48	0x30	0
17	0x11	◄	49	0x31	1
18	0x12	↕	50	0x32	2
19	0x13	‼	51	0x33	3
20	0x14	¶	52	0x34	4
21	0x15	§	53	0x35	5
22	0x16		54	0x36	6
23	0x17		55	0x37	7
24	0x18	↑	56	0x38	8
25	0x19	↓	57	0x39	9
26	0x1a	→	58	0x3a	:
27	0x1b	←	59	0x3b	;
28	0x1c		60	0x3c	<
29	0x1d		61	0x3d	=
30	0x1e	▲	62	0x3e	>
31	0x1f	▼	63	0x3f	?

（续）

十 进 制	十 六 进 制	字 符	十 进 制	十 六 进 制	字 符
64	0x40	@	96	0x60	`
65	0x41	A	97	0x61	a
66	0x42	B	98	0x62	b
67	0x43	C	99	0x63	c
68	0x44	D	100	0x64	d
69	0x45	E	101	0x65	e
70	0x46	F	102	0x66	f
71	0x47	G	103	0x67	g
72	0x48	H	104	0x68	h
73	0x49	I	105	0x69	i
74	0x4a	J	106	0x6a	j
75	0x4b	K	107	0x6b	k
76	0x4c	L	108	0x6c	l
77	0x4d	M	109	0x6d	m
78	0x4e	N	110	0x6e	n
79	0x4f	O	111	0x6f	o
80	0x50	P	112	0x70	p
81	0x51	Q	113	0x71	q
82	0x52	R	114	0x72	r
83	0x53	S	115	0x73	s
84	0x54	T	116	0x74	t
85	0x55	U	117	0x75	u
86	0x56	V	118	0x76	v
87	0x57	W	119	0x77	w
88	0x58	X	120	0x78	x
89	0x59	Y	121	0x79	y
90	0x5a	Z	122	0x7a	z
91	0x5b	[	123	0x7b	{
92	0x5c	\	124	0x7c	|
93	0x5d	]	125	0x7d	}
94	0x5e	^	126	0x7e	~
95	0x5f	_	127	0x7f	（del）

附录B　运算符优先级及结合性

优先级	运算符	名称或含义	使用形式	结合方向	说明
1	[]	数组下标	数组名[常量表达式]	→	
	()	圆括号	（表达式）/函数名（形参表）		
	.	成员选择（对象）	对象.成员名		
	->	成员选择（指针）	对象指针->成员名		
2	-	负号运算符	-表达式	←	单目运算符
	（类型）	强制类型转换	（数据类型）表达式		
	++	自增运算符	++变量名/变量名++		单目运算符
	--	自减运算符	--变量名/变量名--		单目运算符
	*	取值运算符	*指针变量		单目运算符
	&	取地址运算符	&变量名		单目运算符
	!	逻辑非运算符	!表达式		单目运算符
	~	按位取反运算符	~表达式		单目运算符
	sizeof	长度运算符	sizeof（表达式）		
3	/	除	表达式/表达式	→	双目运算符
	*	乘	表达式*表达式		双目运算符
	%	余数（取模）	整型表达式/整型表达式		双目运算符
4	+	加	表达式+表达式	→	双目运算符
	-	减	表达式-表达式		双目运算符
5	<<	左移	变量<<表达式	→	双目运算符
	>>	右移	变量>>表达式		双目运算符
6	>	大于	表达式>表达式	→	双目运算符
	>=	大于等于	表达式>=表达式		双目运算符
	<	小于	表达式<表达式		双目运算符
	<=	小于等于	表达式<=表达式		双目运算符
7	==	等于	表达式==表达式	→	双目运算符
	!=	不等于	表达式!= 表达式		双目运算符
8	&	按位与	表达式&表达式	→	双目运算符
9	^	按位异或	表达式^表达式	→	双目运算符
10	|	按位或	表达式|表达式	→	双目运算符
11	&&	逻辑与	表达式&&表达式	→	双目运算符
12	||	逻辑或	表达式||表达式	→	双目运算符
13	?:	条件运算符	表达式1?表达式2：表达式3	←	三目运算符

（续）

优先级	运算符	名称或含义	使用形式	结合方向	说明
14	=	赋值运算符	变量=表达式	←	
	/=	除后赋值	变量/=表达式		
	*=	乘后赋值	变量*=表达式		
	%=	取模后赋值	变量%=表达式		
	+=	加后赋值	变量+=表达式		
	−=	减后赋值	变量−=表达式		
	<<=	左移后赋值	变量<<=表达式		
	>>=	右移后赋值	变量>>=表达式		
	&=	按位与后赋值	变量&=表达式		
	^=	按位异或后赋值	变量^=表达式		
	|=	按位或后赋值	变量|=表达式		
15	,	逗号运算符	表达式，表达式，…	→	

附录 C　常用库函数

1．数学函数

数学函数的应用非常广泛，可以用来处理数学、物理等方面的问题，如三角函数、幂函数等。有很多种数学函数，它们的原型在 math.h 头文件中，在运用时，应该在源文件中包含该头文件。具体函数见附表 C-1。

附表 C-1　数学函数

函数类别	函数名称	函数用途	函数原型	返回值
三角函数	acos 反余弦函数	计算 $\cos^{-1}$（x）的值 $-1 \leqslant x \leqslant 1$	double acos（x）； double　x；	计算结果
	asin 反正弦函数	计算 $\sin^{-1}$（x）的值 $-1 \leqslant x \leqslant 1$	double asin（x）； double　x；	计算结果
	atan 反正切函数	计算 $\tan^{-1}$（x）的值	double atan（x）； double　x；	计算结果
	atan2 反正切函数	计算 $\tan^{-1}$（x/y）的值	double atan2（x，y）； double　x，y；	计算结果
	cos 余弦函数	计算 cos（x）的值 x 的单位为弧度	double cos（x）； double　x；	计算结果
	cosh 双曲余弦函数	计算 cosh（x）的值	double cosh（x）； double　x；	计算结果
	sin 正弦函数	计算 sin（x）的值 x 的单位为弧度	double sin（x）； double　x；	计算结果
	sinh 双曲正弦函数	计算 x 的双曲正弦函数 sinh（x）的值	double sinh（x）； double　x；	计算结果

（续）

函数类别	函数名称	函数用途	函数原型	返回值
三角函数	tan 正切函数	计算 tan（x）的值 x 的单位为弧度	double tan（x）； double x;	计算结果
	tanh 双曲正切函数	计算 x 的双曲正切函数 tanh（x）的值	double tanh（x）； double x;	计算结果
指数函数	exp 指数函数	求 ex 的值	double exp（x）； double x;	计算结果
幂和对数函数	log 自然对数函数	求自然对数	double log（x）； double x;	计算结果
	log10 以 10 为底的对数	求以 10 为底的对数	double log10（x）； double x;	计算结果
	pow 幂函数	幂函数计算 x^y 的值	double pow（x，y）； double x，y;	计算结果
绝对值	fabs 绝对值函数	double fabs（x）； double x;	double fabs（x）； double x;	计算结果
取整和求余函数	floor 取整函数	求不大于 x 的最大整数	double floor（x）； double x;	该整数的双精度实数
	fmod 求余函数	求整除 x/y 的余数	double fmod（x，y）； double x，y;	返回余数的双精度实数
双精度分解函数	frexp 双精度分解函数	把双精度数 val 分解为数字部分（尾数）x 和以 2 为底的指数即 val=$x*2^n$，n 存放在 eptr 指向的变量中	double frexp（val，*eptr）； double val; int *eptr;	val 的小数部分
	modf 双精度分解函数	把双精度数 val 分解为整数部分和小数部分，把整数部分存到 iptr 指向的单元	double modf（value，*iptr）； double value; double *iptr;	数字部分 x 0.5≤x<1
求平方根	sqrt 平方根函数	计算 $\sqrt{x}$	double sqrt（x）； double x;	计算结果

2. 字符处理函数

字符处理函数一般用来处理单个字符，它的原型在 ctype.h 中，ANSIC 标准中要求在运用字符函数时，应该在源文件中使用#include "ctype.h "或#include <ctype.h >包含该头文件。具体函数见附表 C-2。

附表 C-2 字符处理函数

函数类别	函数名称	函数用途	函数原型	返回值
字符判断	isalnum	检查 ch 是否是字母或数字	int isalnum（int ch）； int ch;	是字母或数字返回 1，否则返回 0
	isalpha	检查 ch 是否是字母	int isalpha（ch）； int ch;	是字母返回 1，否则返回 0
	iscntrl	检查 ch 是否控制字符（其 ASCII 码在 0 和 0x1F 之间，数值为 0～31）	int iscntrl（ch）； int ch;	是控制字符返回 1，否则返回 0

（续）

函数类别	函数名称	函数用途	函数原型	返回值
字符判断	isdigit	检查 ch 是否是数字（0~9）	int isdigit（ch）； int ch;	是数字返回 1，否则返回 0
	isgraph	检查 ch 是否可显示字符（其 ASCII 码在 ox21～ox7E 之间），不包括空格	int isgraph（ch）； int ch;	是可显示字符返回 1，否则返回 0
	islower	检查 ch 是否小写字母（a～z）	int islower（int ch）； int ch;	是小写字母返回 1，否则返回 0
	isprint	检查 ch 是否是可打印字符（包括空格），其 ASCII 码在 ox20～ox7E 之间	int isprint（int ch）； int ch;	是可打印字符返回 1，否则返回 0
	ispunct	检查 ch 是否是标点字符（不包括空格），即除字母、数字和空格以外的所有可打印字符	int ispunct（int ch）； int ch;	是标点字符返回 1，否则返回 0
	isspace	检查 ch 是否是空格符和跳格符（控制字符）或换行符	int isspace（ch）； int ch;	是返回 1，否则返回 0
	isupper	检查 ch 是否是大写字母（A～Z）	int isupper（ch）； int ch;	是大写字母返回 1，否则返回 0
	isxdigit	检查 ch 是否是一个 16 进制数学字符（即 0～9，或 A～F，或 a～f）	int isxdigit（ch）； int ch;	是返回 1，否则返回 0
大小写转换	tolower	将 ch 字符转换为小写字母	int tolower（ch）； int ch;	返回 ch 所代表的字符的小写字母
	toupper	将 ch 字符转换成大写字母	int toupper（ch）； int ch;	与 ch 相应的大写字母

3．字符串处理函数

字符串是C语言程序中非常重要的对象，标准库中提供了许多与字符串有关的内置函数。字符串处理函数多用来处理文本，包含在 string.h 头文件中。要使用标准库字符串处理函数，程序前应该包含：#include "string.h"或#include <string.h>，具体函数见附表 C-3。

附表 C-3　字符串函数表

函数类别	函数名称	函数用途	函数原型	返回值
字符串处理	strcmp	比较字符串 str1、str2	int strcmp（str1，str2）； char *str1; char *str2;	str1<str2，为负数；str1=str2，为 0；str1>str2，为正数
	strlen	统计字符串中字符的个数（不包括终止字符"\0"）	unsigned int strcmp（str）； char *str1;	返回 str1
字符串控制	strcat	把字符串 str2 接到 str1 后面，并取消原来 str1 最后面的串结束符"\0"	char *strcat（str1，str2）； char *str1; char *str2;	返回 str1
	strcpy	把 str2 指向的字符串拷贝到 str1 中去	char *strcpy（str1，str2）； char *str1; char *str2;	返回 str1

（续）

函数类别	函数名称	函数用途	函数原型	返回值
字符串控制	strnset	将字符 ch 拷贝到 buf 所指向的数组的前 count 个字符中	char *setnsett(buf, ch, count) char *buf; char ch; unsigned int count;	返回 buf
	strset	将 buf 所指向的字符串中的全部字符都变为字符 ch	char *setsett（buf，ch，） char *buf; char ch;	返回 buf
字符串查找	strchr	在字符串 str 中查找给定字符 ch 的第一个匹配之处	char *strchr（str，ch）； char *str; char ch;	返回执行该位置的指针，若找不到，则返回 null
	strstr	在字符串 str1 中查找 str2 字符串的第一次出现的位置	char *strstr（str1，str2）； char *str1; char *str2;	返回 str2 执行的子字符串第一次出现的指针，若找不到，则返回 null

4. 动态存储分配函数

在数据结构的链表编程中，常使用内存申请和内存释放函数来生成节点，附表 C-4 中给出了常用的内存操作函数。必须注意的是，内存操作函数和系统的编译模式有关，不同的函数在不同的编译环境下，操作内存的位置和可用空间的大小不同。

内存操作函数包含两类：内存申请和内存释放，包含在 stdlib.h 中，有些编译系统是包含在 malloc.h 中，在使用时程序前应该包含这些头文件。具体函数见附表 C-4。

附表 C-4 内存操作函数

函数类别	函数名称	函数用途	函数原型	返回值
内存申请	calloc	分配主存储器，分配 n 个数据项的内存连续空间，每个数据项的大小为 size	void *calloc（n，size）； unsigned n; unsigned size;	返回分配内存单元的起始地址，若分配不成功，返回 0
	malloc	分配 size 字节的内存区	void *malloc（size）； unsigned size;	返回所分配的内存区地址，若内存不够，则返回 0
	realloc	重新分配主存，将 ptr 所指的已经分配的内存区改为 size（size 可以比原来分配的空间大或者小）	void *realloc （*ptr，size）； void *ptr; unsigned size;	返回该内存区重新分配区域的开始地址。若重新分配失败，返回 null
内存释放	free	释放已指针 ptr 所指向的内存区	void free（*ptr）； void *ptr;	无

5. 输入和输出函数

C 语言本身没有提供输入、输出操作语句。C 语言程序的输入和输出完全依靠调用 C 语言的标准输入、输出函数来完成。输入输出函数包含在标准的输入输出头文件 stdio.h 中，具体函数见附表 C-5。

附表 C-5　输入输出函数

函数类别	函数名称	函数用途	函数原型	返回值
内存释放	文件打开和关闭	关闭文件	int close（fp） int fp;	关闭成功返回 0，不成功返回-1
	fclose	关闭 fp 所指的文件，释放文件的缓冲区	int fclose（fp） FILE　*fp;	关闭成功返回 0，不成功返回非 0
	open	以 mode 指定的方式打开已存在的名为 filename 的文件	int　open（filename，mode） char *filename; int mode;	返回文件号（正数）；若文件打开失败，返回-1
	fopen	以 mode 指定的方式打开已存在的名为 filename 的文件	FILE *fopen(filename，mode） char *filename，*mode;	成功，则返回一个文件指针；否则返回 0
常用输入输出函数	getchar	从标准输入设备读取下一个字符	int getchar（）	返回字符；若遇文件结束或出错，返回-1
	scanf	从标准输入设备按 format 指示的格式字符串规定的格式，输入数据给指针 args 所指向的单元	int scanf（format，args，…） char *formart;	读入并赋给 args 数据个数。遇文件结束返回 EOF，否则返回 0
	putchar	把字符 ch 输出到标准输出设备	int putchar（ch） char ch;	输出字符 ch，若出错返回 EOF
	printf	在 formart 制定的字符串格式的控制下，将输出列表 args 的值输出到标准输出设备	int printf（ormat，args，…） char *formart;	输出字符的个数。若出错，则返回负数
文件定位	fseek	将 fp 所指向的文件的位置指针移动到 base 所指出的位置为基准，以 offset 为位移量的位置	int fseek（fp，offset，base） FILE *fp; long offset; int base;	返回当前位置，否则返回-1
	ftell	返回 fp 所指向的文件中的读写位置	long ftell（fp） FILE *fp;	返回文件中的读写位置，否则返回 0
	rewind	将文件指针重新置于文件头，并清除文件结束标志和错误标志	int rewind（*fp） FILE *fp;	无
文件读出	fgetc	从 fp 指向的文件中取得下一个字符	int fgetc（fp） FILE *fp;	返回得到的字符。若出错，返回 EOF
	fgets	从 fp 指向的文件读取一个长度为 n-1 的字符串，存入起始地址为 buf 的空间	char *fgets（buf，n，fp） char *buf; int n; FILE *fp;	返回地址 buf，若遇到文件结束或出错，则返回 EOF
	fread	从 fp 所指向的文件中读取长度为 size 的 n 个选项，存入 pt 所指向的内存区	int fread（pt，n，fp） char *pt; unsigned size; unsigned n; FILE *fp;	返回所读的数据选项的个数，若遇文件结束或出错，返回 0
	fscanf	从 fp 所指向的文件中按照给定的 format 格式将读入的数据送到指针 args 所指向的内存变量中	int fscanf （fp，format，arg，…） FILE *fp; char format;	已输入的数据个数
	getc	从 fp 所指向的文件中读入下一个字符	int getc（fp） FILE *fp;	返回读入的字符；若遇文件结束或出错，返回 EOF

（续）

函数类别	函数名称	函数用途	函数原型	返回值
文件写入	fputc	将字符ch输出到fp指向的文件中	int fputc（ch，fp） char ch; FILE *fp;	成功，则返回该字符，否则返回EOF
	fputs	将str指向的字符串输入到fp所指定的文件中	int fputs（str，fp） char *str; FILE *fp;	成功，则返回0，否则返回EOF
	fprint	把args的值以format指定的格式输出到指针fp所指向的文件中	int fprintf(fp, format, arg, …) FILE *fp; char format;	实际输出的字符数
	fwrite	把ptr所指向的n*size个字节输出到fp所指向的文件中	int fwrite（void *ptr， int size， int nitems， FILE *stream）; void *ptr; unsigned size， n; FILE *fp;	写到fp文件中的数据项的个数
	putc	把一个字符ch输出到fp所指向的文件中	int putc（ch，fp） int ch; FILE *fp;	成功返回输出的字符ch，若出错，返回EOF
	puts	把str所指向的字符串输出到标准输出设备，将“\0”转换为回车换行符	int puts（str） char *str; FILE *fp;	成功则返回换行符，否则返回EOF
文件控制	clearerr	清除文件指针错误，使fp所指向的文件的错误标志和结束标志置零	void cleareer（fp） FILE *fp;	无
	feof	检查文件是否结束	int feof（fp） FILE *fp;	遇文件结束符返回非0，否则返回0
	remove	删除以fname为文件名的文件	int remove（fname） char *fname;	成功返回0，出错返回-1
	rename	把oname所指向的文件名改为nname所指向的文件名	int rename（oname，nname） char * oname; char * nname;	成功返回0，出错返回-1

6. 硬件操作函数

硬件操作函数可以直接对各种硬件芯片和接口电路进行操作。用途一般有两个：一是编写底层硬件驱动软件，如串并口通信、硬盘操作、显示控制等；二是用于设计控制插入PC总线的专用软件。硬件操作函数包含头文件dos.h中。具体函数见附表C-6。

附表C-6 硬件操作函数

函数类别	函数名称	函数用途	函数原型	返回值
I/O接口访问函数	inportb	从指定端口地址读一个字节	unsigned char inportb（portid） int portid;	返回要输出的字节
	inport	从指定端口地址读一个字	int inport（portid） int portid;	返回要输出的字
	outportb	输出一个字节到端口中的函数	void outportb（portid，r value） int portid; unsigned char value;	返回要输出的字节
	outport	往指定端口地址输出一个字	void outport（portid， value） int portid; int value;	返回要输出的字

（续）

函数类别	函数名称	函数用途	函数原型	返回值
存储器访问	pokeb	返回指定内存中字节的函数	void pokeb（seg，offset， byte） int seg； unsigned offset； int byte；	返回地址为 seg:offset 的字节单元的值
	poke	在指定的内存中存储一个字的函数	void poke （seg，offset，word） int seg； unsigned offset； int word	返回地址为 seg:offset 的字单元的值
	peekb	返回指定内存中字节的函数	char peekb（seg，offset） int seg； unsigned offset；	返回地址为 seg:offset 的字节单元的值
	peek	返回指定内存中字的函数	int peek（seg， offset） int seg； unsigned offset；	返回地址为 seg:offset 的字单元的值

7．其他函数

其他函数是 C 语言的标准库函数，由于不方便归于某一类，因此单独将其列出来，并按照字母的先后顺序进行排列，便于使用时查找。这些函数的原型大部分在 stdlib.h 中，具体函数见附表 C-7。

附表 C-7　其他函数

函数名称	函数用途	函数原型	返回值
abs	计算整数 num 的绝对值	int abs（num） int num；	返回计算结果
atof	把 s 所指向的字符串转换成 double 类型的值	double atof（s） char *s；	字符串的转换值
atoi	把 s 所指向的字符串转换成 int 类型的整数	int atoi（s） char *s；	字符串的转换值。若出错则返回 0
atol	把 s 所指向的字符串转换成 long int 类型	long atol（s） char *s；	字符串的转换值。若出错则返回 0
chmod	改变文件存取权限的函数	int chmod（path，amode）； char *path； int amode；	成功返回 0，否则返回-1
clock	测得从程序开始到调用处理机所用的时间头文件 time.h	long clock（void）	无
exit	终止程序运行。将 status 的值返回调用的过程	void exit （status） int status；	无
getenv	读取环境变量的当前值的函数	char *getenv（name）； const char *name）	返回一个给定的环境变量值，环境变量名可大写或小写。如果指定的变量在环境中未定义，则返回一个空字符串
itoa	把整型数转换为字符串的函数，将整数 value 的值按照 radix 进制转换为以 null 结束字符串，并将结果存在 string 中	char*itoa（value，string，radix） int value； char *string； int radix；	返回一个指向 string 的指针

（续）

函数名称	函数用途	函数原型	返回值
labs	计算长整型 num 的绝对值	long labs（num） long num;	返回计算结果
_lrotr	将一个无符号长整型数右循环移位的函数，将 value 向右循环移动 count 位	unsigned long _lrotr（value count） unsigned long value; int count;	将 value 向右循环移动 count 位后的值
ltoa	把长整型数转换为字符串的函数，把 value 的值按照 radix 进制转换为以 null 结束的字符串，并把结果存在 string 中	char *ltoa（lvalue，string，radix） long value; char *string; int radix;	返回一个指向 string 的指针
mkdir	创建目录函数，按给定的路径建立一个新的目录。在头文件 dir.h 中	int mkdir（path） char *path;	成功返回 0，否则返回−1
rand	产生 0 到 rand_max 之间的随机数。rand_max 在头文件中定义	int rand（）	返回一个随机（整）数
random	产生 0 到 m 之间的随机数	int random（num） int num;	返回一个随机（整）数
randomize	随机函数的初始化函数，使用时要包含头文件 time.h	void randomize（）	无
strtod	将 start 指向的数字字符串转换成 double 类型，直到出现不能转换浮点数的字符为止，剩余的字符串赋给指针 end	double strtod（start，end，radix） char *start; char **end; int radix;	返回转换结果。若未进行转换则返回 0。若转换错误，返回 HUGE_VAL 表示上溢出，或者返回−HUGE_VAL 表示下溢出
strtol	将 start 指向的数字字符串转换成 long 类型，直到出现不能转换为长整型的字符为止，剩余的字符串赋给指针 end	long int strtol（start，end） char *start; char **end;	返回转换结果。若未进行转换则返回 0。若转换错误，返回 LONG_MAX 表示上溢出，或者返回−LONG_MAX 表示下溢出
system	int system（str） char *str;	将 str 所指向的字符串作为命令传递给 DOS 的命令处理器	返回所执行命令的退出状态

参考文献

[1] 谭浩强．C 程序设计[M]．2 版．北京：清华大学出版社，2003．

[2] 谭浩强．C 程序设计题解与上机指导[M]．3 版．北京：清华大学出版社，2008．

[3] 沈大林．C 语言程序设计案例教程[M]．北京：中国铁道出版社，2007．

[4] 向华．C 语言程序设计[M]．北京：清华大学出版社，2010．

[5] 郭继展，郭勇，苏辉．新编 C 语言程序设计[M]．北京：机械工业出版社，2007．

[6] 李宇明．C 语言程序设计[M]．武汉：武汉理工大学出版社，2007．

[7] 丁爱萍，郝小会，孙宏莉．C 语言程序设计案例教程[M]．西安：西安电子科技大学出版社，2002．

[8] 李凤霞．C 语言程序设计教程[M]．北京：北京理工大学出版社，2004．

[9] Herbert Schildt．C 语言大全[M]．4 版．王子恢，戴健鹏，等译．北京：电子工业出版社，2001．

[10] Samuel P.Harbison III, Guy L.Steele．C 语言参考手册（原书第 5 版）[M]．邱仲潘，译．北京：机械工业出版社，2003．

[11] 教育考试研究中心．全国计算机等级考试考点与解析二级教程 C 语言程序设计[M]．北京：长征出版社，2006．

[12] 全国计算机等级考试命题研究组．全国计算机等级考试上机考试习题集[M]．天津：南开大学出版社，2006．

[13] 李文兵．Turboc 及其应用开发[M]．北京：电子工业出版社，1995．

[14] 刘振安，等．C 语言程序设计[M]．2 版．北京：清华大学出版社，2008．

[15] 张福祥．C 语言程序设计[M]．沈阳：辽宁大学出版社，2007．

[16] 连伟民，许磊．C 语言程序设计[M]．郑州：大象出版社，2007．

[17] 段兴．C 语言实用程序设计 100 例[M]．北京：人民邮电出版社，2007．